T0135408

V&R

Novum Testamentum et Orbis Antiquus / Studien zur Umwelt des Neuen Testaments

In Verbindung mit der Stiftung »Bibel und Orient«
der Universität Fribourg/Schweiz
herausgegeben von Max Küchler (Fribourg), Peter Lampe,
Gerd Theißen (Heidelberg) und Jürgen Zangenberg (Leiden)

Band 77

Vandenhoeck & Ruprecht

Ulrich Mell

Christliche Hauskirche und Neues Testament

Die Ikonologie des Baptisteriums
von Dura Europos und das Diatessaron Tatians

Vandenhoeck & Ruprecht

Mit 38 Abbildungen und 5 Tabellen

Bibliografische Information der Deutschen Nationalbibliothek

Die Deutsche Nationalbibliothek verzeichnet diese Publikation in der
Deutschen Nationalbibliografie; detaillierte bibliografische Daten sind
im Internet über http://dnb.d-nb.de abrufbar.

ISBN 978-3-525-53394-9

Vorwort

Interdisziplinarität oder *Transdisziplinarität* ist das Schlüsselwort, das in der aktuellen Diskussion um die Leistungsfähigkeit der Geisteswissenschaften am Beginn des 21. Jahrhunderts eine herausragende Rolle spielt. Von dem Zusammenwirken mehrerer Disziplinen werden plausiblere Ergebnisse bei der Erforschung zivilisatorischer Kulturleistungen erwartet. Und von der fächerübergreifenden Ausrichtung der akademischen Lehre an den Universitäten und Hochschulen werden entscheidende Fortschritte bei der Vermittlung von geisteswissenschaftlichen Lehrinhalten vermutet. Ist die komplexe geschichtliche Wirklichkeit des Menschen nicht aufgeteilt in einzelne Sektoren, so soll auch der forschende und didaktische Zugang auf die ganzheitlich erscheinende Tatsächlichkeit nicht von der eingeschränkten Perspektive von wissenschaftsgeschichtlich bedingten Einzeldisziplinen gelenkt werden.

Diese Studie zur Interpretation der Bilder des Baptisteriums in der Hauskirche von Dura Europos versteht sich als eine interdisziplinäre und, wenn man gerne will, transdisziplinäre Untersuchung. Sie versucht einen Gegenstand christlicher Kulturgeschichte in den Blick zu nehmen, der zumeist von einzelnen geisteswissenschaftlichen Fächern, so von der (Klassischen oder Christlichen) Archäologie und der (antiken) Kunstgeschichte, der antiken Handschriftenkunde sowie der Geschichte bzw. Kirchengeschichte, in sektional intensiver, aber auch fachlich eingegrenzter Weise thematisiert wird. In dieser Monographie wird der Versuch unternommen, alle genannten im Bereich historischer Forschung eingeführten Wissenschaftszweige auf gemeinsame Weise an der Erschließung und Deutung eines christlichen Kulturdenkmals zu beteiligen. Dem Vorwurf des wissenschaftlichen Dilettantismus – wie kann ein fachlich geprägter Wissenschaftler das in jeder einzelnen Disziplin entwickelte spezifische methodische Instrumentarium erfolgreich beherrschen und anwenden? – begegnet die Studie mit einer eindeutigen Standortbestimmung: Die nachfolgenden Überlegungen zur Ikonografie und Ikonologie der Bilder der Hauskirche von Dura Europos wollen immer erkennen lassen, dass sie aus der hermeneutischen Perspektive eines Bibelwissenschaftlers, respektive eines Neutestamentlers geschrieben sind. Sie versuchen an einem konkreten antiken Kunstwerk die Erkenntniswege der benachbarten geisteswissenschaftlichen Disziplinen für das Thema der Neutestamentlichen Wissenschaft zu mobilisieren, welches

sich als die Erforschung der historischen Zeugnisse der frühen Christenheit
im Kontext der antiken hellenistisch-römischen Kultur beschreiben lässt.

Ausgehend von dieser Aufgabenbeschreibung Neutestamentlicher Wissenschaft ist der Forschungsgegenstand dieser Untersuchung recht ungewöhnlich. Statt literarischer Text aus der Feder urchristlicher Autoren bilden Fresken aus der Hand eines Künstlers den zu interpretierenden Gegenstand. Entstanden sind die Bildwerke zudem in der Mitte des 3. Jh. n.Chr.,
einer Zeit also, die gemeinhin forschungsgeschichtlich dem Bereich der
Alten Kirche als einem Teilgebiet der christlichen Kirchengeschichte –
oder, besser noch: der Christlichen Archäologie – und nicht dem Bereich
des Neuen Testaments, der Zeit des so genannten Urchristentums, zugeordnet wird. Drei Gründe sind jedoch zu nennen, die einen Literaturwissen-
schaftler aus dem Fachgebiet des Neuen Testaments zu dem außergewöhn-
lichen Weg einer altkirchlichen Bildinterpretation bewegen:
1. Die frühe christliche Kirche im Bereich des antiken Syrien stellt entwicklungsgeschichtlich so etwas wie die »Mutterkirche« der sich in erster Linie
im politischen Gebilde des Römischen Reiches ausbreitenden Christenheit
dar. In diesem Gebiet – z.B. in der Großstadt Antiochia am Orontes – wurden von den ersten Christen besondere religiöse Erfahrungen gemacht und
theologische Entscheidungen vollzogen, die mit der Zeit ihre Wirkung auf
große Teile, wenn nicht sogar auf die ganze »katholische« Christenheit
entfaltet haben: In Syrien begannen frühe Christen völkerchristliche Gemeinden zu gründen, so dass in der Folge das Christentum vom Frühjudentum als Religionsgemeinschaft unterscheidbar war. Und Syrien – und
Kleinasien – hatte in der Anfangszeit des Christentums den zahlenmäßig
höchsten Anteil christlicher Bevölkerung. Aus diesen Gründen haben Beobachtungen an historischen Relikten der syrischen Christenheit aus sehr
viel späterer Zeit, i.d.F. aus der Mitte des 3. Jh. n.Chr., eine besondere
Rückwirkung auf das Verstehen der urchristlichen Sozial-, Literatur- und
Theologiegeschichte vor 150 n.Chr. Im konkreten Fall wird es sich erweisen, dass mit der Interpretation der Fresken des Baptisteriums in der Hauskirche von Dura Europos eines der spannendsten Probleme der neutestamentlichen Wissenschaft verbunden ist: nämlich die Klärung der Frage, wie
es in der 1. Hälfte des 2. Jh. n.Chr. zur Entstehung der Vierevangeliensammlung im historischen Kontext der Formierung des neutestamentlichen
Schriftenkanons gekommen ist.
2. Der weitere Grund für die Fokussierung auf die Hermeneutik der Bilder
gerade dieser Hauskirche der syrischen Christenheit ist schlichtweg ihre
historische Einmaligkeit. Bis heute kann die relativ gut erhaltene Hauskirche im syrischen Dura Europos der neutestamentlichen Wissenschaft auf
anschauliche Weise vermitteln, wie sich die christlichen Gemeinden der
Frühzeit ohne eigenen christlichen Kultbau architektonisch und – im Fall

von Dura Europos – auch ikonografisch einrichteten. Wenn nicht alles täuscht, dürfen die Bilder des Baptisteriums eben dieser Hauskirche neben der in Rom verbreiteten Katakombenmalerei zu den ältesten gemalten Artefakten der Christenheit gehören, die bisher archäologisch entdeckt und der Öffentlichkeit zugänglich gemacht wurden.

3. Darf schon allein letztere Begründung ausreichen, dieser Darstellung ihre monographische Legitimation zu geben, so ist es schließlich die fast stiefmütterlich zu nennende Beachtung, die die Hauskirche von Dura Europos einschließlich ihres Bildprogramms bis heute in der deutschsprachigen neutestamentlichen Wissenschaft erfahren hat. Gewiss gibt es den eindrücklichen und materialreichen »Final Report« zur Archäologie des »Christian Building«, der von dem damaligen Direktor der Dura-Europos-Publikationen, C.BR. WELLES, aufgrund der schweren Erkrankung des eigentlichen Autors des Schlussberichtes, C.H. KRAELING, im Jahre 1966 der Öffentlichkeit übergeben wurde.[1] Bei verschiedenen Vorträgen und Gesprächen konnte ich jedoch die Erfahrung machen, dass diese umfassende Analyse des christlichen Gebäudes von Dura Europos, die die vorläufigen Forschungsberichte zu den bereits 1932 erfolgten Ausgrabungen der Hauskirche ersetzen will,[2] wenig Eingang in das kollektive christliche Gedächtnis gefunden hat. Wenn es dieser Studie nur gelänge, die archäologisch und historisch unumstrittenen Ergebnisse der Veröffentlichung des Final Reports der historisch orientierten Fachwelt wie dem geschichtlich Interessierten zugänglich zu machen, wäre Sinn und Zweck dieses Buches bestens erfüllt. –

Zu den in dieser Studie entwickelten eigenen Thesen zum Verständnis der Hauskirche und ihres baptismalen Bildensembles muss einschränkend bemerkt werden, dass die von literarischen Quellen und archäologischen Fakten überreiche Zeit der römischen Spätantike nicht in erschöpfender Vollständigkeit präsentiert werden kann. Die vorliegende Interpretation geht eklektisch vor und folgt dabei dem methodischen Grundsatz, bei der Interpretation des Bildmaterials im Prinzip nur geschichtliche Zeugnisse bis zur Mitte des 3. Jh. n.Chr. zu berücksichtigen. Da das Christentum in Dura

---

[1] Vgl. »Preface of the Editor« in: C.H. KRAELING, The Christian Building, with a contribution by C.Br. Welles, The Excavations at Dura-Europos conducted by Yale University and the French Academy of Inscriptions and Letters, Final Report Bd. VIII/II, New Haven/New York 1967, VII.

[2] CL. HOPKINS, The Christian Church, in: M.I. Rostovtzeff (Hg.), The Excavations at Dura Europos. Conducted by Yale University and the French Academy of Inscriptions and Letters. Preliminary Report of Fifth Season of Work October 1931–March 1932, New Haven u.a. 1934, 238–253; P.V.C. BAUR, The Paintings in the Christian Chapel with an Additional Note by A.D. Nock/Cl. Hopkins, in: M.I. Rostovtzeff (Hg.), The Excavations at Dura Europos. Conducted by Yale University and the French Academy of Inscriptions and Letters. Preliminary Report of Fifth Season of Work October 1931–March 1932, New Haven u.a. 1934, 245–288.

Europos zu dieser Zeit weitgehend durch den Zuzug aus dem Bereich des Römischen Reiches geprägt wurde, werden nicht nur »östliche«, sondern auch »westliche« Quellen in die ikonologische Interpretation einbezogen. Sollten weitergehende Forschungen zu archäologischen, ikonologischen wie historischen Einzelheiten zur Situation der frühen Christenheit in Syrien von dieser Studie angeregt werden, so können sie die Freude des Verfassers dieser Zeilen auf ihrer Seite wissen.

Meinen Dank für das Zustandekommen dieses Buches gilt zuerst den ehemaligen Kollegen/-innen an der Theologischen Fakultät der Christian-Albrechts-Universität zu Kiel, besonders Herrn Dr. G. WARMUTH, mit dessen Hilfe der Verfasser seine schulischen Lateinkenntnisse auffrischen konnte. Sodann danke ich Frau Privatdozentin Dr. M. SCHUOL, die ihre profunden Kenntnisse als Althistorikerin beigesteuert hat. Zu danken habe ich ferner den Herausgebern der Reihe »Novum Testamentum et Orbis Antiquus«, den Herren Profs. Drs. M. KÜCHLER, P. LAMPE, G. THEISSEN und J. ZANGENBERG, die sich entschließen konnten, diese transdiziplinäre Studie in das Veröffentlichungsprogramm aufzunehmen. Dankende Anerkennung sage ich auch meinen Mitarbeitern am Lehrstuhl für »Evangelische Theologie und ihre Didaktik« an der Universität Hohenheim, Frau W. KLOCKE und Herrn T. STAIB, für ihre Unterstützung beim Korrekturlesen. Zu danken habe ich ferner Herrn Dr. J. RENZ, durch dessen Unterstützung die computergesteuerte Anfertigung der Druckvorlage gelingen konnte. Auch bedanke ich mich bei den Verlagen für die freundlicherweise erteilten Abdruckgenehmigungen. Last but not least gilt mein Dank dem Rektor der Universität Hohenheim, Herrn Professor Dr. H.-P. LIEBIG, der es mir durch die Gewährung eines Forschungsfreisemesters ermöglichte, meine Deutung der Hauskirche von Dura Europos sowie der Fresken des Baptisteriums abzuschließen und der Öffentlichkeit zu präsentieren. Dem Institut für Kulturwissenschaften der Universität Hohenheim schulde ich zuletzt meinen herzlichen Dank, weil es durch einen großzügigen finanziellen Beitrag die Veröffentlichung dieser Monografie förderte.

Hohenheim, im Oktober 2009   *Ulrich Mell*

Inhalt

Abkürzungen

Die im Text, in den Anmerkungen und im Literaturverzeichnis Verwendung findenden Abkürzungen folgen dem Abkürzungsverzeichnis zur Theologischen Realenzyklopädie, herausgegeben von S. SCHWERTNER, Berlin/New York [2]1994. Die konsultierte Literatur wird bei wiederholter Bezugnahme allein mit Autornamen und Kurztitel oder Abbreviatur (bei Kommentaren nach den Abkürzungen biblischer Bücher) zitiert.

Die Abkürzungen für Autoren und Werktitel der christlichen Antike richten sich nach dem Lexikon der antiken christlichen Literatur, herausgeben VON S. DÖPP/W. GEERLINGS, Freiburg u.a. 1998, und die Abkürzungen für lateinische und griechische Autoren und Werktitel folgen dem Reallexikon Der Neue Pauly 1, Stuttgart/Weimar 1999. Die Nomenklatur zur Bezeichnung der Perikopen der neutestamentlichen Evangelienschriften folgt K. ALAND (Hg.), Synopsis Quattuor Evangeliorum. Locis parallelis evangeliorum apocryphorum et patrum adhibitis, Stuttgart [15]1996, 565–591. Darüber hinaus finden folgende Abkürzungen Verwendung:

Evv	Evangelien
joh	johanneisch
JohEv	Evangelium nach Johannes
lk	lukanisch
LkEv	Evangelium nach Lukas
mk	markinisch
MkEv	Evangelium nach Markus
mt	matthäisch
MtEv	Evangelium nach Matthäus
par./r.	(Synoptische) Parallelstellen
Vv.	Verse
Zz.	Zeilen

Abbildungen, Figuren und Tabellen

1. Die archäologische Besonderheit
der christlichen Hauskirche von Dura Europos

Die Christianisierung der vorkonstantinischen Zeit konnte in Hinsicht auf eine Architektur, die von einer nichtchristlichen Öffentlichkeit wahrgenommenen werden konnte und sollte, auf verschiedene Weise erfolgen: Christen konnten einerseits christliche Gedenkorte, wie z.B. die verehrten Gräber von bekannten Märtyrern, und andererseits christliche Versammlungsstätten baulich ausstatten. Die Erforschung der überlieferten Artefakte aus der frühchristlichen Zeit durch die »Christliche Archäologie« führte dabei in Bezug auf die Klassifizierung von christlichen Versammlungsorten zu drei verschiedenen Haustypen: Unterscheidbar sind antike Privathäuser mit christlichen Emblemen (1) von Häusern mit eingebauten christlichen Hauskapellen (2) von schließlich Privathäusern, die zu christlichen Hauskirchen umgebaut wurden (3).[1]

Der bislang veröffentlichte archäologische Befund lässt den Schluss zu, dass für letztere Kategorie die christliche Hauskirche aus dem ostsyrischen Dura Europos zu den einigen wenigen Beispielen zählt.[2] Dieser rare Befund verwundert angesichts der literarisch häufigen Bezeugung, dass im Laufe der ersten drei Jahrhunderte christlicher Ära nicht etwa ein Kirchbau das eingeführte Versammlungslokal der regional sich organisierenden Christenheit bildete, sondern dass in Städten wie Ortschaften das private Haus zu christlichen Kultzwecken adaptiert und zu Gottesdiensten benutzt wurde (s.u. Kap. 3). Bei einer Bewertung der geringen Zahl archäologisch nachgewiesener christlicher Kulthäuser aus der Zeit vor der Konstantinischen Wende – seien es Hauskirchen, seien es Hauskapellen –, sind denn auch einige wichtige Bedingungen zu berücksichtigen:

Schon die archäologische Frage: »Woran kann ein Haus als Ort christlicher Versammlungen erkannt werden?« macht darauf aufmerksam, dass der religiöse Charakter des regelmäßigen[3] christlichen Gottesdienst mit der Versammlung der Gläubigen zu Wortverkündigung und Kultmahl dazu

---

[1]   Vgl. B. BRENK, Die Christianisierung der spätrömischen Welt. Stadt, Land, Haus, Kirche und Kloster in frühchristlicher Zeit, Spätantike – Frühes Christentum – Byzanz. Kunst im ersten Jahrtausend R. B: Studien und Perspektiven 10, Wiesbaden 2003, 49.

[2]   Vgl. CHR. FREIGANG, Art. Kirchenbau II. Im Westen 1. Alte Kirche, RGG⁴ 4, 2001, Sp. 1061–1067, 1062.

[3]   Ausgeklammert wird der Taufgottesdienst als unregelmäßig begangener christlicher Ritus, der im Freien an Seen, Flüssen oder anderen Wasserstellen abgehalten werden konnte.

führt, dass es zu keinen archäologisch nachweisbaren Spuren an den zur Kultausübung benutzen Hausbauten kommt. So kann ein christlicher Versammlungsraum, der durch Anpassung privater Räume an christlich-kultische Bedürfnisse entstanden ist, »auf diskrete Weise oder mit vergänglichem Material erfolgt sein, so dass die Tatsache einer christlichen Umnutzung [eines Hauses] der Archäologie vermutlich in vielen Fällen entgangen ist«.[4] In der christlichen Frühzeit dürfte es auch die Ausnahme von der Regel gewesen sein, dass eine christliche Ortsgemeinde reich begütert war und es sich leisten konnte, ihren Versammlungsraum mit Bildern an den Wänden oder mit Bodenmosaiken zu verzieren, die von christlichen Motiven geprägt sind. Schließlich ist hervorzuheben, dass es in frühchristlicher Zeit überhaupt keine architektonische Norm für einen christlichen Kultbau gegeben hat. So bleibt, dass vielleicht ein kultisch nach Osten ausgerichteter, etwas größerer Raum eines Hauses – vielleicht zusammen mit anderen Kleinfunden – von der Archäologie als Versammlungsstätte einer Gruppe von Christen angenommen werden kann. Und wenn dann durch spätere Überbauten noch die ursprüngliche Stratigrafie des oder der Vorgängerbaus/-ten erhalten wurde, kann es u.U. gelingen, eine christlich-kultische Hausnutzung aus der Zeit der ersten drei Jahrhunderte nachzuweisen. Zusammen genommen erklären diese Hinweise, dass von Seiten der Archäologie nur wenige Befunde für den Nachweis christlicher Kulträume aus frühchristlicher Zeit zu erwarten sind.

Komplementär ergänzt wird die prekäre archäologische Situation durch den geschichtlichen Umstand, dass im Zuge der Konstantinischen Wende in der ersten Hälfte des 4. Jh. n.Chr. eine große Zahl von Erstbauten christlicher Kulthäuser erfolgte. Aufgrund der religiösen Akzeptanz des Christentums in der römischen Gesellschaft und aufgrund der starken Zunahme von Christen und christlichen Gemeinden kam es dazu, dass christliche Versammlungen in ex Novo errichteten großen Sälen oder sogar in Basiliken abgehalten wurden. Es ist nur verständlich, dass der repräsentative Neubau, der den Statuswechsel des Christentums zu einer *Religio licita* der Römischen Gesellschaft dokumentierte, die bisher genutzten häuslichen Versammlungsstätten an den Rand drängte. Endlich konnte das Christentum mit einer eigenständigen Architektur mit den paganen Tempeln und Kultbauten in der Öffentlichkeit gleichziehen bzw. diese sogar zu überbieten versuchen. Aufgrund ihrer zu gering gewordenen Kapazität und ihrer minimalen Ausstrahlungskraft auf die Öffentlichkeit verloren die bislang benutzten Hauskapellen und -kirchen alsbald ihre Funktion als christliche Versammlungsorte. Und da es in der aufstrebenden christlichen Religion keine musealen Ambitionen zu den identifizierbaren Wurzeln ihrer eigenen

---

[4]   B. BRENK, Christianisierung, 65.

Geschichte gegeben hat, wurden außer Gebrauch genommene christliche Hauskirchen und -kapellen für die Nachwelt nicht eigens konserviert und als Museum zugänglich gemacht.

Diese beiden Beobachtungen zu den Schwierigkeiten des archäologischen Nachweises wie zum geschichtlichen Hintergrund der Konstantinischen Wende zur Akzeptanz des Christentums erläutern die große Bedeutung, die den wenigen archäologischen Befunden aus den ersten drei Jahrhunderten zukommt. An diesen raren Artefakten ist eine frühchristliche Zeit architektonisch zugänglich, in der es zur religiösen und sozialen Formation des Christentums als einer unabhängig vom Judentum zu identifizierenden Heilsreligion im Römischen Reich gekommen ist. Hinsichtlich des Typs einer Hauskirche ergibt eine Sichtung für die christliche Frühzeit dabei bis dato folgende archäologischen Resultate:

1. In Qirqbize (Nordsyrien) entstand nach den Untersuchungen von G. TCHALENKO im ersten Drittel des 4. Jh. n.Chr. unmittelbar neben einer im 3. Jh. n.Chr. errichteten Villa rustica eine christliche Kirche.[5] Da der bäuerliche Zweifamiliengutshof und die Kirche architektonisch aufeinander bezogen sind, lässt sich von einer »Hauskirche« sprechen. Größe und architektonischer Aufwand sprechen dafür, dass das Gebäude für die gesamte Christenheit des Ortes errichtet wurde. Handelt es sich in Qirqbize um einen Kirchenneubau, so eben nicht um eine durch Umbau eingerichtete Hauskirche.[6] Neuerdings erwägt C. STRUBE[7] anhand einer Beurteilung der Dekorationsformen, dass die Kirche erst am Ende des 4. oder Anfang des 5. Jh. n.Chr. errichtet worden sei.

2. Der nördlichste Raum einer römischen Villa rustica in Lullingstone (Kent, England) soll nach den Überlegungen von G.W. MEATES[8] in der Zeit des 4. Jh. n.Chr. in eine »house church« umgewandelt worden sein. Da der mit christlichen Wandmalereien verzierte Kultraum später einstürzte, kann über seine ursprüngliche Form, Ausstattung und Größe nichts Genaues gesagt werden. Die erhaltenen Christogramme weisen auf eine Hauskirche

---

[5]   Vgl. Villages antiques de la Syrie du Nord Bd. 1, Paris 1953, 319–342; Bd. 2, Taf. 101–107.

[6]   Den Kirchneubau von Qirqbize eine Aula ecclesiae zu nennen (so L.M. WHITE, Building God's House in the Roman World. Architectural Adaption among Pagans, Jews, and Christians, The ASOR Library of Biblical and Near Eastern Archaelogy, Baltimore/London 1990, 129) steht im Widerspruch zu White's eigener Definition: »The term (sc. aula ecclesiae) is intended to connote a direct continuity with the domus ecclesiae, from which it evolved through a continued, natural course of adaptation« (ebd., 128).

[7]   Hauskirche und einschiffige Kirche in Syrien. Beobachtungen zu den Kirchen vom Marmaya, Isruq, Nariye und Banaqfur, Studien zur spätantiken und byzantinischen Kunst 1, Bonn 1986, 109–123, 122.

[8]   The Roman Villa at Lullingstone, Kent, Monograph Series of the Kent Archaeology Society 1, London 1979, 18.

oder auf ein Privathaus hin, das von der Institution Kirche verwaltet und künstlerisch ausgestaltet wurde.[9]

In der Stadt Rom soll an zwei Kirchbauten eine an ihren jeweiligen Vorgängerbauten erfolgte Renovation eines vormaligen Privathauses zu christlichen Zwecken nachzuweisen sein:

3. R. KRAUTHEIMER[10] zufolge kann anhand von Malereien in einem sog. Botteghen- und Apartmenthaus – der sog. Aula dell'Orante – unter der Basilica SS. Giovanni e Paolo (*titulus Byzantis*) eine christliche Nutzung für das 3. Jh. n.Chr. nachgewiesen werden. Schon H. MIELSCH hielt jedoch den abgebildeten Oranten und eine schreibende und lesende Figur für paganen Ursprungs[11] und jüngst hat B. BRENK mit guten Gründen erwogen, dass es sich um Repräsentationsräume handelt, die durch eine »triviale philosophische und mythologische Thematik«[12] ausgemalt wurden. Sicher aber ist, dass in der 2. Hälfte des 4. Jh. n.Chr. im umgebauten Domus ein christlicher Anbetungsraum eingerichtet wurde. Aufgrund der kleinen Raumgröße ist jedoch von einer Privatkapelle auszugehen, deren christliche Wandbilder verschiedene Oranten und drei Martyrien zeigen.[13]

4. Unter der Kirche San Clemente (*titulus Clementis*), die ihre Basilikaform im 5. Jh. n.Chr. erhielt, soll ein Vorgängerbau im 3. Jh. in verschiedenen Abschnitten zu einer Hauskirche umgebaut worden sein. Der Befund ist allerdings schwer nachzuvollziehen, da die Errichtung der Basilika auf früheren Bauebenen erfolgte, sodass die Überreste der Vorgängerbauten z.T. abgeräumt wurden.[14]

Schließlich wurde jüngst

5. im Jahr 2005 in Palästina, näherhin im südlichen Galiläa in der Jesreel-Ebene, eine »Christian Prayer Hall of the Third Century« entdeckt und freigelegt.[15] Aufgrund der Münzfunde lässt sich die Benutzung des Gebäudes »to the first third of the third century CE ... until the end of that century«[16] und damit zeitlich parallel zur Einrichtung der Hauskirche in Dura Europos datieren. Der ca. 5 x 10 m messende, nicht geostete Raum, der Teil eines vierflügeligen, von römischen Militärangehörigen bewohnten Baukomplexes war, gehörte zu einer Siedlung mit Namen »Kefar ʿOthnay«, die

---

[9]   Vgl. B. BRENK, Christianisierung, 73f.

[10]   Corpus Basilicarum Christianarum Romae Bd. 1, Monumenti di Antichità cristiana II. Serie II, Rom 1937, 265–300, 297.

[11]   Zur stadtrömischen Malerei des 4. Jh. n.Chr., RM 85, 1978, 151–207, 162.

[12]   Christianisierung, 96.

[13]   Dazu B. BRENK, Christianisierung, 99–101.

[14]   Vgl. R. KRAUTHEIMER, Corpus, 293ff.

[15]   Vorbericht der Ausgrabungen von Y. TEPPER/L. DI SEGNI, A Christian Prayer Hall of the Third Century CE at Kefar ʿOthnay (Legio). Excavations at the Megiddo Prison 2005, Jerusalem 2006.

[16]   Y. TEPPER/L. DI SEGNI, Prayer Hall, 28.

in unmittelbarer Nähe des römischen Legionärslager der Legio VI Ferrata in Megiddo, genannt Legio, lag. Der Fußboden des Hauptraums, zu dem noch ein Vestibül und ein Nebenraum (»service room«) gehörte,[17] war vollständig mit einem mehrfarbigen Mosaikboden versehen. Wahrscheinlich dürften auch die Wände, darauf verweisen herabgefallene Freskenfragmente, bemalt gewesen sein.[18] Als christlicher Kultraum ist er identifizierbar durch die Mosaikinschrift einer Frau mit Namen »Akeptous«, die einen »Tisch dem Gott Jesus Christus zum Gedenken« gestiftet hat. Anzunehmen ist, dass sich ein Tisch auf einem installierten steinernen Podium von 0,60 x 0,70 m in der Mitte des Raumes befand, an dem die Eucharistie, bestehend aus Kult- und Sättigungsmahl, im Rahmen eines christlichen Gottesdienstes, in dem Männern von Frauen getrennt saßen/standen, begangen wurde. War der Stifter des Mosaikbodens der römische Zenturio Gaianus Porphyrius,[19] so handelt es sich wahrscheinlich um einen christlichen Versammlungsraum, der sich innerhalb einer Bäckerei, die dem römischen Militär gehörte, befand. Es ist darum folgerichtig, wenn die Ausgrabenden diesen singulär überlieferten christlichen Kultraum nicht als »Hauskirche«, sondern eher als Kapelle bezeichnen.[20] –

Diese wenigen und teilweise in der Interpretation umstrittenen archäologischen Befunde mögen durch den einen oder anderen Hinweis auf einen christlichen Kultraum aus der Zeit bis zum 3. Jh. n.Chr. ergänzt werden können. An der einmaligen Stellung der christlichen Hauskirche von Dura Europos für die Christliche Archäologie können jedoch die vorliegenden und – wie es scheint – sogar auch alle weiteren archäologische Hinweise kaum etwas ändern: Es hat nämlich den Eindruck, dass Dura Europos vom Typ her »die einzige wirkliche Hauskirche«[21] ist, die der Nachwelt erhalten blieb. Und zugleich ist sie bis heute das einzige exakt zu datierende christlich-archäologische Zeugnis einer Hauskirche aus vorkonstantinischer Zeit. Die Frage stellt sich, warum das so ist?

Der Grund für die archäologische Besonderheit der Hauskirche von Dura Europos als Beispiel für einen frühchristlichen Versammlungsraum liegt darin, dass sie von ihren Nutzern im Jahre 255/6 n.Chr. mit voller Absicht außer Betrieb genommen wurde. Im Anschluss an die Stillegung als christlicher Versammlungsraum wurde das von allem mobilen Inventar geleerte Gebäude in den Kontext der römischen Verteidigungsmaßnahmen einbezogen. Es galt, sich gegen die gegen Dura Europos städtischen Westwall

---

17 Vgl. Y. Tepper/L. di Segni, Prayer Hall, 24, vgl. 22-24.
18 Vgl. Ebd., 26.
19 Vgl. Ebd., 34f.
20 Vgl. Ebd., 45.50f.
21 B. Brenk, Christianisierung, 65, vgl. A. Fürst, Die Liturgie der Alten Kirche. Geschichte und Theologie, Münster 2008, 62.

oberirdisch mit Rammböcken und unterirdisch via Tunnel angreifenden
Sasaniden zu rüsten.[22] Das leere Haus wurde daher von den römischen
Verteidigungstruppen durch die Errichtung eines Verteidigungswalls zu
großen Teilen zerstört bzw. die noch stehen gebliebenen Wände wurden
systematisch mit Schutt aufgefüllt, um in die mächtigen Verteidigungswal-
lung gegen die von Westen gegen Dura Europos anstürmenden Sasaniden
einbezogen zu werden. Zur Vorgehensweise der römischen Verteidigungsanstrengungen hat H. KÄHLER illustrativ Folgendes ausgeführt:[23]

»Man begann Truppen zu konzentrieren und Dura in den Verteidigungszustand zu
versetzen; auf der Innenseite gegen die dreieinhalb Meter starke Westmauer, ..., errichtete man eine Böschung aus Lehmziegeln, um sie, wie bei den altitalienischen
Befestigungen mit dem Erdwall hinter der Feldmauer gegen die Stöße feindlicher
Rammböcke vor dem Einsturz zu schützen. Die fünf Meter breite Gasse hinter der
Mauer, die von der Bebauung bis dahin freigelassen war, genügte nicht für den an
seiner Sohle etwa fünfzehn Meter tiefen Damm. Man war daher gezwungen, Teile der
Häuser, die an dieser Mauergasse lagen, in die Verstärkung mit einzubeziehen. Man
tat das zunächst mit einer gewissen Vorsicht, ohne die Mauern, Türen, Decken und
auch die Malereien auf dem Wandverputz zu beschädigen, indem man die an der
Mauergasse liegenden Räume ebenfalls mit Lehmziegeln auffüllte; denn natürlich
konnte man diese Räume nicht etwa in der Böschung als Höhlungen aussparen. ...
Aber die Hintermauerung schien im Blick auf die sich ... massierende persische
Streitmacht doch noch nicht stark genug. Man verstärkte daher die erste Böschung
noch um weitere drei Meter, jetzt ohne Rücksicht auf die in der Hintermauerung
steckenden Häuser. Zum Teil dienten als Material für die zweite Verstärkung die
Überreste der Bauten, die nun, soweit sie nicht in der zweiten Verstärkung steckten,
abgerissen wurden ... Dank der Verwendung von Lehmziegeln konnte die Böschung
mit einem Winkel von 60^0 angelegt werden; so blieben große Teile der Häuser, auch
wenn die nachträgliche Verstärkung, da sie nicht in die zuerst errichtete Böschung
einband, später bei Regenfällen ins Gleiten kam und die aus der ersten Böschung
herausragenden Hausmauern verschob, bis auf unsere Tage erhalten.«

Da geplant war, die in das römische Verteidigungsbollwerk einbezogene
Hauskirche nach gewonnener Schlacht wieder in Betrieb zu nehmen – wozu
es aufgrund der Sasanidischen Eroberung der Stadt jedoch nicht gekommen
ist –, hat die Christenheit von Dura Europos und natürlich in erster Linie die
römische Militärverwaltung der Stadt unfreiwillig dafür gesorgt, dass die
Substanz dieser christlichen Hauskirche der Nachwelt erhalten geblieben
ist. Der sich an den verlorenen Krieg um Dura Europos anschließende

---

[22]   A. VON GERKAN, Zur Hauskirche von Dura Europos, in: Mullus, FS Th. Klauser, JbAC.E
1, Münster 1964, 143–149, 147: »Die Hauskirche wurde ja nicht zerstört, sondern mit aller Scho-
nung und Sicherung von der Erdböschung überschüttet, wobei alle Türen und Öffnungen sorgfältig ausgemauert wurden, damit sie den Druck aushielten. Man hat also ... damit gerechnet, ... die
Räume nach dem Kriege wieder freizulegen, allein sie hielten die Last doch nicht aus«.

[23]   Die frühe Kirche. Kult und Kultraum, Berlin 1972, 26.

zwangsweise Exodus der ansässigen Bevölkerung in das Sasanidische Reich, der den Ort in der Folge (fast) unbewohnt blieben ließ, sowie der aus der Arabischen Wüste herbeiwehende Wüstensand, der die verlassene Ruinenstätte am Euphrat Stück für Stück unter sich begraben hat, haben ein Übriges dazu getan, dass verschiedene städtische Gebäude von Dura Europos, so auch die christliche Hauskirche, aus der Zeit der römischen Besatzung auf bestmögliche Weise für die Nachgeborenen erhalten blieben. So wird es aus diesem geschichtlich einmaligen Umstand bei dem Urteil bleiben, dass »Dura Europos is all the more significant, therefore, since it offers such evidence without later levels of usage«.[24]

Steht bei der christlichen Hauskirche von Dura Europos aufgrund ihres einmaligen Erhaltungszustands wie bei keinem anderen archäologischem Zeugnis die Tür zur Wahrnehmung ihrer ehemaligen geschichtlichen Funktion recht weit offen, so betrifft diese Zugänglichkeit auch das von ihr an Decken und Wänden erhalten gebliebene Bildmaterial. Eine ikonografische Bestandsaufnahme der Fresken des Baptisteriums der christlichen Hauskirche (= Kap. 6) und eine anschließende ikonologische Interpretation (= Kap. 8) erlaubt es daher der Archäologie wie der Geschichtswissenschaft, in dezidierter Weise Einblick in das architektonisch und ikonologisch ausgedrückte Selbstverständnis einer überwiegend römischen Christenheit in der Mitte des 3. Jh. n.Chr. zu nehmen. In welcher Weise bisher forschungsgeschichtlich von dieser Möglichkeit Gebrauch gemacht wurde, soll der nächste Abschnitt zu klären versuchen.

---

[24]   M.L. WHITE, Building, 116.

2. Zur forschungsgeschichtlichen Rezeption der christlichen Hauskirche von Dura Europos

Im Jahre 1967 veröffentlichte der damalige Leiter C.Br. WELLES den sogenannten »Final Report« über die Ausgrabungen des christlichen Hauses in der antiken Stadt Dura Europos.[1] Kurz zuvor war der mit diesem Schlussbericht beauftragt Archäologe C.H. KRAELING verstorben. Sein Abschlussbericht hatte sich u.a. zum Ziel gesetzt, den sogenannten »Preliminary Report« aus dem Jahre 1934 abzulösen, der ehemals von CL. HOPKINS angefertigt worden war[2]. Diese Aufgabe hat der Final Report mit großer Sorgfalt versucht zu erfüllen. In Bezug auf die archäologischen Daten bildet er darum auch die Grundlage dieser Studie.[3]

Es ist nun hier nicht der Ort, die gesamte Publikationsgeschichte zur christlichen Hauskirche von Dura Europos in Abhängigkeit zu dem durch den Final Report korrigierten bzw. präzisierten Preliminary Report aus den 30iger Jahren aufzuarbeiten. Hingewiesen werden soll an dieser Stelle nur auf die deutschsprachige Rezeption, nämlich auf den Umstand, dass seit dem Erscheinen des Final Report 1967 neben einigen wenigen Lexikonartikeln[4] sich nur ein einziger Aufsatz[5] mit der christlichen Hauskirche beschäf-

---

[1] C.H. KRAELING, Building.

[2] The Christian Church, in: M.I. Rostovtzeff (Hg.), The Excavations at Dura Europos. Conducted by Yale University and the French Academy of Inscriptions and Letters. Preliminary Report of Fifth Season of Work October 1931–March 1932, New Haven u.a. 1934, 238–253.

[3] Erwähnenswert ist besonders die Korrektur des Grundrisses der Hauskirche, die auf A. VON GERKAN, Hauskirche, 144 (vgl. DERS., Die frühchristliche Kirchenanlage von Dura, RQS 42, 1934, 219f) zurückgeht. Aufgrund der Fehlerhaftigkeit eines Vermessungsgerätes wurden schiefe Winkel erzeugt (vgl. CL. HOPKINS, The Christian Church, in: M.I. Rostovtzeff [Hg.], The Excavations at Dura Europos. Conducted by Yale University and the French Academy of Inscriptions and Letters. Preliminary Report of Fifth Season of Work October 1931-March 1932, New Haven u.a. 1934, 238–253, Taf. 39), die jedoch gegen gerade Winkel zu ersetzen sind. Der Final Report hat diese Korrektur übernommen, vgl. C.H. KRAELING, Building, 4. Trotzdem bleibt ein gravierender Unterschied bestehen: Anders als C.H. KRAELING nimmt A. VON GERKAN (in der Korrektur seines publizierten Grundrisses aus dem Jahre 1934) an, dass für das christliche Haus aufgrund des umlaufenden Diwans in Raum Nr. 4 A keine Tür zu Raum Nr. 4 B und 3 existierte. Raum Nr. 4 B hatte nur einen Zugang von Raum Nr. 5 aus und Raum Nr. 3 wurde durch eine Tür vom Portico aus genutzt. Da dieser Sachverhalt jedoch nur für den (christlichen) Haushalt des christlichen Hauses der Jahre 232/3 bis ca. 240 n.Chr. von Bedeutung ist, wird diese Differenz in dieser Studie vernachlässigt.

[4] Vgl. W.M. GESSEL, Art. Hauskirche. I. Historisch-theologisch, LThK[3] 4, 1995, Sp. 1217–1218; L.V. RUTGERS, Art. Dura-Europos III. Christliche Gemeinde, RGG[4] 2, 1999, Sp. 1026–1028.

[5] P.W. HAIDER, Eine christliche Hauskirche in Dura Europos, in: Ders. u.a., Religionsgeschichte Syriens. Von der Frühzeit bis zur Gegenwart, Stuttgart u.a. 1996, 284–288.

tigt hat. Die Folge ist, dass in der deutschsprachigen Kunstgeschichte in Vergessenheit geraten ist, dass durch das reiche Bildmaterial des Baptisteriums der Hauskirche von Dura Europos die Anfänge der christlichen Ikonografie dokumentiert werden können,[6] und – was besonders bedauerlich ist – dass in der deutschsprachigen Christlichen Archäologie zum Thema Einsichten verbreitet werden, die seit der Publikation des Final Report als nicht zutreffend angesehen werden dürfen. Auf drei wichtige Korrekturen zur Wahrnehmung der christlichen Hauskirche von Dura Europos sei darum bereits einleitend aufmerksam gemacht:

1. Das christliche Haus von Dura Europos beherbergte ehemals keinen heimlich begangenen Kult.[7] Erst recht handelt es sich auch nicht um ein irgendwie häretisch geprägtes ostsyrisches Christentum, das in dieser Stadt seinen christlichen Gottesdienst feierte.

Die nachfolgende Untersuchung (s. Kap. 4) wird u.a. zeigen, dass Dura Europos Mitte des 3. Jh. n.Chr. kein abgelegener Ort am Rande der Arabischen Wüste war, so verlassen etwa, wie er sich heutzutage seinen Besuchern zeigt. Vielmehr war der verkehrsgünstige Ort am Euphrat von Menschen verschiedener Herkunft bevölkert und wurde zum Großteil von der römischen Militärverwaltung in Beschlag genommen, die Dura Europos auf recht geschäftige Weise zur Festungsstadt gegen das Sasanidische Reich ausbauen ließ.

Aus diesem Grund konnten regelmäßige religiöse Versammlungen einer Christenheit mit einer größeren Teilnehmerzahl nicht vor der städtischen Öffentlichkeit, ja erst recht nicht vor den kommunalen Behörden geheim gehalten werden. Im Gegenteil: Schon die Lage des von Christen für ihren Gottesdienst genutzten Stadthauses im städtischen Bebauungsplan veranschaulicht, dass die christliche Gemeinde zu den in Dura Europos anerkannten Kultgemeinden zählte. Ihr gottesdienstliches Zentrum lag zwar in unmittelbarer Nähe der westlichen Stadtmauer, keineswegs aber an der kommunalen Peripherie, wie die unmittelbare Nähe zum Haupttor, zur städtischen Karawanserei und zum öffentlichen Bad zeigen (s.u. Abb. 7).

---

[6]   Vgl. Fr. BÜTTNER/A. GOTTDANG, Einführung in die Ikonographie. Wege zur Deutung von Bildinhalten, München 2006, 27: »Die christliche Ikonographie entstand vermutlich in Mausoleen und Hauskirchen, von denen sich jedoch nichts erhalten hat. Die Überlieferung der Bildzeugnisse beschränkt sich auf Katakomben ...«. Anders dezidiert FR.W. DEICHMANN, Einführung in die christliche Archäologie, Darmstadt 1983, 120: »Die Überreste der Darstellungen (sc. in der Hauskirche von Dura Europos) sind die einzigen erhaltenen Zeugnisse kirchlicher Malerei in vorconstantinischer Zeit überhaupt, und es bedarf kaum eines Hinweises, welche Bedeutung ihnen für die Religions- und Kunstgeschichte zukommt«.

[7]   Gegen O. EISSFELDT, Art. Dura-Europos, RAC 4, 1959, Sp. 358–370, 362; B. BRENK, Christianisierung, 66. Dass B. BRENK trotz seiner Kenntnis, dass die Fenster an der Westwand von Raum Nr. 4 B zur Straße offen waren (vgl. ebd., 66) an der Heimlichkeitsthese festhält, ist schon mehr als bemerkenswert.

Mit guten Gründen wahrscheinlich machen lässt sich außerdem der geschichtliche Umstand, dass der Umbau des christlichen Hauses zu einer zentralen Hauskirche von Dura Europos zu einer Zeit erfolgte,[8] als sich die christliche Gemeinde der Stadt durch Zuzug von Christen aus dem Römischen Reich stark im Wachstum befand. Es ist daher gleichfalls wenig wahrscheinlich, dass sich eine Christenheit in Dura Europos konstituierte, die von den allgemeinen »katholischen« Entwicklungen in Theologie und Kirchenlehre unbeeinflusst ein Sonderleben an der österlichen Peripherie des Römischen Imperiums führte.

2. Raum Nr. 6 des Gebäudes wurde nicht als christliches Martyrium genutzt,[9] sondern war seit der Umnutzung von Anfang an das Baptisterium der christlichen Hauskirche.[10] Die Gründe, dass dieser Raum »is the earliest-known indoor baptismal chamber«[11] sind sowohl archäologischer als auch stadtgeschichtlicher Natur:

Die Bestattung von menschlichen Leichnamen innerhalb der Stadtmauern wurde von der Römischen Kommune aufgrund von Seuchengefahr o.ä. in keiner Weise toleriert. Daran haben sich, so lehrt das Beispiel der Katakomben von Rom, auch Christen gehalten.[12]

---

[8]   Unzutreffend und ungenau ist die Datierung der Wandmalereien in die Zeit »zwischen dem ersten Drittel des 3. Jahrhunderts und dem 6. Jahrhundert« (23) bzw. auf den »Beginn des 3. Jahrhunderts«, so E. CARBONELL ESTELLER, Frühes Christentum. Kunst und Architektur, Petersberg 2008, 52.

[9]   Vgl. P.V.C. BAUR, The Paintings in the Christian Chapel with an Additional Note by A.D. Nock/Cl. Hopkins, in: M.I. Rostovtzeff (Hg.), The Excavations at Dura Europos. Conducted by Yale University and the French Academy of Inscriptions and Letters. Preliminary Report of Fifth Season of Work October 1931-March 1932, New Haven u.a. 1934, 245–288, 255: »This (sc. the aedicula) may have been the tomb of a martyr ... I do not believe that the receptacle could have been used as a baptisterium, for in all early Christian basilicas converts were baptised by immersion and privately in a side chamber«.

[10]   Gegen die ältere Literatur wie H. LIETZMANN, Rezension von: M. Rostovtzeff u.a. (Hg.), The Excavations at Dura-Europos Conducted by Yale University and the French Academy of Inscriptions and Letters. Preliminary Report of Fifth Season of Work October 1931-March 1932; Preliminary Report of the Sixth Season of Work 1932-March 1933, New Haven 1934 + 1936, Gnomon 13, 1937, 225–237, Gnomon 13 (1937), 224–237, 233f; DERS., Dura-Europos und seine Malereien, ThLZ 65, 1940, 113–117, 117. Vgl. die Retraktation von E. DINKLER, Jesu Wort vom Kreuztragen, in: Neutestamentliche Studien für Rudolf Bultmann, BZNW 21, Berlin ²1957, 110–129, 118f.

[11]   R.M. JENSEN, The Dura Europos Synagogue, Early Christian Art, and Religious Life in Dura Europos, in: St. Fine (Hg.), Jews, Christians, and Polytheists in the Ancient Synagogue. Cultural Interaction During the Greco-Roman Period, Baltimore Studies in the History of Judaism, London/New York 1999, 174–189, 181.

[12]   Vgl. die Gräberfelder außerhalb der städtischen Westmauer von Dura Europos, zu sehen in der Abb. 4 bei O. EISSFELD, Art. Dura-Europos, 359f.

Gegen die Platzierung eines Leichnams im Behältnis unter der Ädikula sprechen sodann nicht nur seine zu kleinen Abmessungen,[13] sondern auch die erhaltene Stufung innerhalb des angeblichen Reliquienkastens, die sorgfältige Auskleidung mit Platten sowie das Fehlen eines irgendwie gearteten Hinweises, dass der Behälter einen Deckel bzw. eine Schließung durch Mauerwerk gehabt haben könnte.[14] So bleibt die beste Hypothese, dass der Kasten ein Behältnis für eine Flüssigkeit war, in diesem Fall Wasser, weil er im Rahmen des christlichen Kultes zur Durchführung des Initiationsritus, einer Taufe, vom Neophyten bestiegen wurde.

Dass kein Zu- und Abflusskanal für die Wasserfüllung des Taufbeckens vorhanden war, ist bei der kleinen Füllmenge nicht zwingend erforderlich gewesen – Wasser wurde im antiken Dura Europos in Krügen vom nahen Euphrat her transportiert, die Aufnahme des Wassers ist durch Schwämme etc. möglich –, und dass ein Täufling angeblich keinen Platz im Taufbecken gefunden hat, ist nur bei einer angenommenen Immersion zutreffend. Dass in der frühen Christenheit eine kleine Piscina mit einer geringen Füllhöhe für Taufen Verwendung fand, dafür gibt es genügend archäologische Belege.[15]

3. Recht unterschiedliche Angaben werden über die Zahl der im Baptisterium auf dem unteren Register der Wandbemalung zu sehenden Frauengestalten gemacht. Mal werden in der Forschung

– zwei[16] oder drei Frauengestalten,[17] dann

– vier und fünf[18] (= neun?) oder

---

[13]   A. VON GERKAN, Hauskirche, 147: »Der Tote [müßte] geradezu zusammengestaucht« in den Sarkophag gepresst worden sein.

[14]   Vgl. dazu A. VON GERKAN, Hauskirche, 147; B. BRENK, Christianisierung, 68.

[15]   Vgl. S. RISTOW, Frühchristliche Baptisterien, JbAC.E 27, Münster 1998, 27–52.

[16]   Vgl. G. SCHILLER, Ikonographie der christlichen Kunst 3. Die Auferstehung und Erhöhung Christi, Gütersloh ²1986, 19.

[17]   Vgl. den Preliminary Report von P.V.C. BAUR, Paintings, 270, der nur die Szene auf der Nordwand mit drei Frauen kennt. S. auch E. DINKLER, Art. Dura-Europos III. Bedeutung für die christliche Kunst, RGG³ 2, 1958, Sp. 290–292, 291; A. GRABAR, Die Kunst des frühen Christentums. Von den ersten Zeugnissen christlicher Kunst bis zur Zeit Theodosius' I., Universum der Kunst, München 1967, 68; M. WICHELHAUS, Art. Auferstehung II. Auferstehung Jesu Christi 3. Kunstgeschichtlich, RGG⁴ 1, 1998, Sp. 926–928, 926; E. CARBONELL ESTELLER, Christentum, 52, u.a.m.

[18]   So M. SOMMER, Roms orientalische Steppengrenze. Palmyra – Edessa – Dura-Europos – Hatra. Eine Kulturgeschichte von Pompeius bis Diocletian, Oriens et Occidens 9, München 2005, 336.

– sieben[19] oder

– fünf[20] und drei Frauen[21] angenommen.

Die verschiedenen Angaben entstehen einerseits durch die Annahme, dass die in Yale (New Haven) von H. PEARSON ehemals aufgebaute Rekonstruktion der Hauskirche eine exakte Wiedergabe des archäologischen Befundes von Dura Europos darstelle. Was nicht zutreffend ist. Und dass das Bildmaterial von den dort in Yale rekonstruierten Wandbildern dementsprechend die archäologisch erhaltene ursprüngliche Bemalung des Baptisteriums wiedergäbe. Das ist jedoch – wie noch zu zeigen wird (s.u. Kap. 6) – nur eingeschränkt der Fall. Der durch die PEARSONSCHE Rekonstruktion entstehende Eindruck, es seien auf der Nordwand nur drei Frauengestalten zu identifizieren, ist auf jeden Fall zu korrigieren.

Und andererseits beruhen die verschiedenen Zahlenangaben auf der unterschiedlichen ikonologischen Interpretation der Bilder. Zur Diskussion steht nämlich, ob die Frauenbildnisse verschiedene Einzelpersonen darstellen oder ob dieselben Personen eventuell zweimal dargestellt werden. Näherhin ist die Entscheidung zu fällen, ob es sich bei dem Bildmaterial um Einzelbilder zu verschiedenen Themen oder um einen einheitlich gestalteten Bildzyklus zu einem Thema handelt. Ikonologisch wird geurteilt, dass die Frauenbildnisse entweder

– die fünf klugen und die fünf törichten Jungfrauen aus dem neutestamentlichen Gleichnis Mt 25,1–15[22] oder

– eine Tempelprozession von Frauen, die nach ProtEvJak 7,2 die dreijährige Maria mit ihrem Vater Joachim begleitet haben sollen,[23] oder

– die Frauen an Christi Grab – so die Mehrheit der Interpreten – vorstellen sollen.

Im letzteren Fall entsteht die Frage, welcher urchristliche Text für die ungewöhnliche Zahl von Frauengestalten – drei, fünf oder acht oder doch zehn? – Pate gestanden haben könnte.

Es wird weiter unten zu klären sein (s.u. Kap. 6.3.3), dass sich aufgrund des vorhandenen archäologischen Materials eine Rekonstruktion des Bildmaterials des unteren Registers in der Hinsicht ergibt, dass zwei vorhandene Bildtrenner einen einheitlichen Bildzyklus von insgesamt drei Bildern ab-

---

[19] So O. EISSFELD, Art. Dura-Europos, Sp. 366; KL. WESSEL, Art. Dura-Europos, RLBK 1 1966, Sp. 1217–1230, 1225; A. EFFENBERGER, Frühchristliche Kunst und Kultur. Von den Anfängen bis zum 7. Jahrhundert, München 1986, 87; A. FÜRST, Die Liturgie der Alten Kirche. Geschichte und Theologie, Münster 2008, 187.

[20] So E. DINKLER, Die ersten Petrusdarstellungen. Ein archäologischer Beitrag zur Geschichte des Petrusprimates, Marburger Jahrbuch für Kunstwissenschaft 11, 1939, 1–80, 12.

[21] So D.R. CARTLIDGE/J.K. ELLIOTT, Art and the Christian Apocrypha, London/New York 2001, 36.

[22] Vgl. E. DINKLER, Petrusdarstellungen, 12.

[23] So D.R. CARTLIDGE/J.K. ELLIOTT, Art, 36.

teilen, der auf zwei verschiedenen Großbildern jeweils dieselben fünf Frauengestalten, also, genau gesprochen: *zwei Mal fünf Frauengestalten* abbildet. Und das vorhandene Bildmaterial, u.a. ein Sarkophag mit zwei Sternensymbolen, wird weiterhin den ikonologischen Schluss zulassen, dass der Bildzyklus sich mit dem Thema der Auferstehung Christi[24] beschäftigt. Er wird daher im Folgenden der »Auferstehungszyklus« genannt. –

Aufgrund der heutzutage anzutreffenden Bedingungen, dass das Bildmaterial der christlichen Hauskirche von Dura Europos im Großen und Ganzen nur in einer sekundären archäologischen Rekonstruktion zugänglich ist, wird sich eine gewisse Unschärfe in der Wahrnehmung der Wandmalereien des Baptisteriums in der Hauskirche nicht vermeiden lassen. Ob es jedoch hinsichtlich der Ikonologie bei dem Diktum von P. MASER, bleiben muss, dass »die Hauskirche von Dura Europos ... genau genommen mehr Probleme auf[-gibt], als sie lösen hilft«,[25] soll der genehme Rezipient nach der Lektüre dieser monografischen Publikation noch einmal für sich entscheiden.

---

[24] Darum ist auch die Vermutung abwegig, die auf dem mittleren Bild zu sehende offenstehende Tür bedeute die Tür des Tempels, gegen D.R. CARTLIDGE/J.K. ELLIOTT, Art, 36.

[25] P. MASER, Synagoge und Ekklesia. Erwägungen zur Frühgeschichte des Kirchenbaus, in: Begegnungen zwischen Christentum und Judentum in Antike und Mittelalter, FS H. Schreckenberg, hg. v. D.-A. Koch/H. Lichtenberger, Schriften des Institutum Judaicum Delitzschianum 1, Göttingen 1993, 271–292, 274.

3. Zur Geschichte von Hausgemeinde und Hauskirche im frühen Christentum

Zu den soziokulturellen Bedingungen des Christentums in vorkonstantinischer Zeit gehörte es, dass christlichen Gemeinden für ihre regelmäßigen Zusammenkünfte keine eigens für den christlichen Kult errichteten Gebäude zur Verfügung standen.[1] Erst im geschichtlichen Verlauf der Durchsetzung und schließlichen Akzeptanz des Christentums in Staat und Gesellschaft des Römischen Reiches setzte in der ersten Hälfte des 4. Jh. n.Chr. eine gesellschaftspolitische Wende ein,[2] die zur Errichtung von christlichen Kultbauten führte.[3] Einen Eindruck von der Architektur der ersten Kirchengebäude der Christenheit lassen sich von der Lateranbasilika in Rom – erbaut ca. 313ff n.Chr. – und einer Basilika im phönizischen Tyros – erbaut ca. 316/7 n.Chr. – gewinnen.[4] Wobei die unbekannten Anfänge der christli-

---

[1]   Vgl. W. RORDORF, Was wissen wir über die christlichen Gottesdiensträume der vorkonstantinischen Zeit?, ZNW 55, 1964, 110–128, 111.

[2]   Es bleibt eine unbegründete Annahme, dass schon gegen Ende des 2. Jh. n.Chr. »auch eigentliche Kirchengebäude existierten, die von einzelnen Lokalgemeinden erbaut wurden« (so W. RORDORF, Gottesdiensträume, 111), dazu FR.W. DEICHMANN, Einführung, 74: »Aber nicht einen einzigen, noch so geringen Hinweis gibt es für das Vorhandensein vorkonstantinischer kirchlicher Zentralbauten«.

[3]   Vgl. den stereotypen Vorwurf von Nichtchristen, die Christen hätten weder Tempel, Altäre noch Götterbilder, bezeugt für das 2. Jh.: Min. Fel. 10,2, das 3. Jh.: Orig., Cels. 8,17–19, und das 4. Jh. n.Chr.: Arnob. 6,1, und dazu die Aufzählung erster als Kirchen anzusprechender christlicher Gebäude bei W. RORDORF, Gottesdiensträume, 123f. Näheres zum Kirchenbau unter Konstantin bei U. SÜSSENBACH, Christuskult und kaiserliche Baupolitik bei Konstantin. Die Anfänge der christlichen Verknüpfung kaiserlicher Repräsentation am Beispiel der Kirchenstiftungen Konstantins – Grundlagen, Abhandlungen zur Kunst-, Musik- und Literaturwissenschaft 241, Bonn 1977.

[4]   Vgl. H. BRANDENBURG, Die frühchristlichen Kirchen Roms vom 4. bis zum 7. Jahrhundert. Der Beginn der abendländischen Kirchenbaukunst, Regensburg ²2005; DERS., Art. Kirchenbau I. Der frühchristliche Kirchenbau, TRE 18, 1989, 421–442, 423f; zur Lateranbasilika vgl. auch R. KRAUTHEIMER, Early Christian and Byzantine Architecture, Baltimore 1965, 15–17. – Als erster Kirchenbau wird gemeinhin die im Jahre 201 n.Chr. durch eine Überschwemmung zerstörte »Kirche« im syr. Edessa (Chronicon Edessenum 1,8) angesehen (vgl. A. VON HARNACK, Die Mission und Ausbreitung des Christentums in den ersten drei Jahrhunderten, Leipzig ⁴1924, Nachdr. Wiesbaden o. J., 615). Allerdings ist der Beleg umstritten: So wird er seit W. BAUER, Rechtgläubigkeit und Ketzerei im ältesten Christentum, hg. v. G. Strecker, BHTh 10, Tübingen ²1964, 18f, für eine orthodoxe Rückprojektion des 6. Jh. n.Chr. angesehen, da der Ausdruck »das Heiligtum der Kirche der Christen« eine kirchliche Architektur voraussetzt, die es am Beginn des 3. Jh. n.Chr. noch nicht gegeben hat. Darum ist es auch möglich, dass das als Kirche angesprochene Gebäude ein Domus ecclesiae oder eine Aula ecclesiae gewesen war (vgl. C.H. KRAELING, Building, 137; L.M. WHITE, Building God's House in the Roman World. Architectural Adaption

chen Offizialbauten als sehr viel bescheidener einzustufen sein dürften als diese beiden herausragenden Kirchenbauten.[5]

Vor der sog. »Konstantinischen Wende« des Jahres 312 v.Chr.[6] organisierte sich das frühe Christentum über den langen Zeitraum von fast drei Jahrhunderten vornehmlich[7] im Rückgriff auf das Haus. Dieses bildete die räumliche Basis des gesamten antiken Lebens, in dem sich das (groß-) familiäre Leben als Wohn- und Produktionsgemeinschaft organisierte.[8] Die frühe Christenheit teilte dabei die Praxis einer kultischen Benutzung des antiken Privathauses mit anderen Kultvereinen der hell.-röm. Zeit wie dem Mithraskult[9] und den Mysterienvereinen sowie besonders den jüdischen Gemeinschaften, die sich in sog. »Haussynagogen«[10] trafen. Der Grund dafür, dass diese großenteils städtischen Kultvereine Privathäuser – und nicht etwa Tempelanlagen – für ihren Kult bevorzugen, liegt in ihrer auf die versammelten Kultgenossen bezogenen sozial vermittelten Religionsausübung: Die Verlesung von Heiligen Schriften, die Beteiligung von Kultgenossen mit eigenen Beiträgen und das gemeinsame Kultmahl benötigten Gottesdiensträume, in denen sich die ganze Gemeinde einschließlich ihrer Funktionsträger face to face versammeln können.[11]

Für die Anfangszeit des Christentums, in der es um die Adaption des antiken Hausraumes für die kultischen Bedürfnisse der christlichen Gemeinde

---

among Pagans, Jews, and Christians, The ASOR Library of Biblical and Near Eastern Archaeology, Baltimore/London 1990, 118).

[5] Dazu L. VOELKL, Die konstantinischen Kirchenbauten nach den literarischen Quellen des Okzidents, RivAC 30, 1954, 99–136.

[6] Zur Fiktionalität der »Konstantinischen Wende« vgl. CHR. LINK, Art. Konstantinisches Zeitalter, RGG[4] 4, 2001, Sp. 1620.

[7] Christl. Zusammenkünfte in paganen (öffentlichen) Gebäuden wie der Halle des Tyrannus in Ephesus (Apg 19,9) dürften als Ausnahme anzusehen sein, vgl. noch M. Paul 1 (104,4), dass eine »Scheune (ὅρριον)«, und Clems. recogn. 2,11, dass eine »Schola« als christl. Versammlungsort benutzt wurde.

[8] Vgl. Aristot., pol. 11252b10–22, dazu S. KRÜGER, Zum Verständnis der Oeconomica Konrads von Megenberg. Griechische Ursprünge der spätmittelalterlichen Lehre vom Haus, DA 20, 1964, 475–561, 478–513.

[9] Das Mithraeum des romanisierten Mithraskultes kommt als Versammlungsort über das gesamte Römische Reich verteilt vor. Von mehr als 60 ausgegrabenen Heiligtümern des Mithraskultes sind nur ungefähr zehn aktuelle Neubauten. Die anderen wurden in renovierten Wohnhäusern, Apartments, Läden und Warenhäuser gefunden, dazu L.M. WHITE, Art. House Churches, The Oxford Encyclopaedia of Archaeology in the Near East 3, 1997, 118–121, 119.

[10] Vgl. dazu H.-J. KLAUCK, Hausgemeinde und Hauskirche im frühen Christentum, SBS 103, Stuttgart 1981, 83–97; W.A. MEEKS, Urchristentum und Stadtkultur. Die soziale Welt der paulinischen Gemeinden, Gütersloh 1993, 159–180.

[11] Vgl. P. MASER, Synagoge und Ekklesia. Erwägungen zur Frühgeschichte des Kirchenbaus, in: Begegnungen zwischen Christentum und Judentum in Antike und Mittelalter, FS H. Schreckenberg, hg. v. D.-A. Koch/H. Lichtenberger, Schriften des Institutum Judaicum Delitzschianum 1, Göttingen 1993, 271–292, 276, für die Gemeinsamkeit von jüd. und christl. Religionsausübung.

ging,[12] lassen sich dabei mindestens drei[13], besser sogar vier räumlich-soziale Gestaltweisen christlicher Gemeinschaft unterscheiden:[14]

Außer Betracht bleibt im Folgenden das »christliche« Haus, also die von einem getauften Pater familias geführte christliche Hausgemeinschaft sowie die liturgischen Möglichkeiten derselben, wie sie z.B. die Privatkapellen, die in einem christlichen Haus eingerichtet wurden, darstellen.[15] Hervorzuheben nämlich ist, dass nicht jeder christliche Haushalt auch eine Hausgemeinde beherbergte (vgl. 1Kor 1,16).[16]

1. ist die *Hausgemeinde* zu nennen, zu der Christen eines Ortes oder – bei größeren Städten – eines Ortsteils gehören. Sie treffen sich regelmäßig, zumeist wöchentlich, in den in der sonstigen Zeit bewohnten Privaträumen

---

[12]   Von den ersten Jahrhunderten christl. Glaubens als »der Zeit der Hauskirchen« zu sprechen (so W. RORDORF, Gottesdiensträume, 111), ist, gemessen an der historischen Komplexität, zu ungenau. – Die christlich-liturgische Hausnutzung als einen »Notbehelf« (ebd. 125) zu bezeichnen, legt spätere Maßstäbe des bestehenden Kirchenbaus an die frühchristliche Zeit an. Kritisch zu hinterfragen ist gleichfalls die Bewertung, dass das antike Haus »der natürlichste Ansatzpunkt für die allerersten Anfänge von Gemeinde« war (so H.-H. POMPE, Der erste Atem der Kirche. Urchristliche Hausgemeinden – Herausforderung für die Zukunft, Neukirchen-Vluyn 1996, 22).

[13]   Anders die nicht zwischen *Domus ecclesiae* und *Aula ecclesiae* differenzierende Definition von H.-J. KLAUCK, Hausgemeinde, 69: »Gebäude oder Wohnanlage geräumigeren Zuschnitts, teils noch in Privatbesitz, teils schon kollektives Eigentum der Gemeinde, in denen es eigene gottesdienstliche Räume gab, die der profanen Nutzung entzogen waren, daneben Wohnungen für den Klerus und Räume für sonstige Gemeindevollzüge«. Anders M.L. WHITE, Building, 111, der nur zwischen einer »house church« der paulinischen Periode und dem christlich adaptierten Hausbau als einer »house of the church ... a domus ecclesiae« unterscheidet.

[14]   Dazu H.-J. KLAUCK, Die Hausgemeinde als Lebensform im Urchristentum, MThZ 32, 1981, 1–15 (überarbeitet in: DERS., Hausgemeinde); DERS., Art. Hausgemeinde, NBL 2, 1995, Sp. 57–58; W. VOGLER, Die Bedeutung der urchristlichen Hausgemeinden für die Ausbreitung des Evangeliums, ThLZ 107, 1982, Sp. 785–794; J. GNILKA, Die neutestamentliche Hausgemeinde, in: Freude am Gottesdienst. Aspekte ursprünglicher Liturgie, FS J.G. Plöger, hg. v. J. Schreiner, Stuttgart 1983, 229–242; E. DASSMANN, Art. Haus II (Hausgemeinschaft), C. Christlich, RAC 13, 1986, Sp. 854–905; M. GIELEN, Art. Hausgemeinde, LThK[3] 4, 1995, Sp. 1216; J. REUMANN, One Lord, One Faith, One God, but many House Churches, in: Common Life in the Early Church, FS G.F. Snyder, hg. v. J.V. Hills, Harrisburg 1998, 106–117; R.W. GEHRING, Hausgemeinde und Mission. Die Bedeutung antiker Häuser und Hausgemeinschaften von Jesus bis Paulus, BWM 9, Gießen 2000, 37f.478f. – Die hier gegebenen Definitionen scheinen notwendig, weil im Englischen »house church« sowohl »Hausgemeinde« als auch »Hauskirche« bedeuten kann, und die Literatur keine klaren Unterscheidungen pflegt (vgl. als Negativbeispiele TH. LORENZEN, Die christliche Hauskirche, ThZ 43, 1987, 333–352, 335; R.W. GEHRING, Hausgemeinde, 226.229.235 u.ö.).

[15]   Dazu B. BRENK, Die Christianisierung der spätrömischen Welt. Stadt, Land, Haus, Kirche und Kloster in frühchristlicher Zeit, Spätantike – Frühes Christentum – Byzanz. Kunst im ersten Jahrtausend Reihe B: Studien und Perspektiven 10, Wiesbaden 2003, 64f.

[16]   Dazu vgl. C. OSIEK/D.L. BALCH, Families in the New Testament World. Households and House Churches, The Family, Religion, and Culture, Louisville 1997, 91ff; K. LEHMEIER, OIKOS und OIKONOMIA. Antike Konzepte der Haushaltsführung und der Bau der Gemeinde bei Paulus, MThSt 92, Marburg 2006, 315ff.

eines Hauses, das i.d.R. einem christlichen Hausvater oder Patron/-in zu eigen ist.[17]

2. ist die *Hauskirche* anzuführen,[18] die in der Forschung gelegentlich als Domus ecclesiae bezeichnet wird.[19] Sie ist ein ausschließlich für christlich-kultische Zwecke genutzter und daher in der Regel[20] unbewohnter, zumeist zentraler Versammlungsort der Ortsgemeinde, der in einem ehemaligen Privathaus durch Umbau eingerichtet wurde. Wenn nötig, wurde das Gebäude von einem Küster bewacht.

3. Sodann ist die Hauskirche besonderer Größe zu unterscheiden, die *Saalkirche*[21] oder auch *Aula ecclesiae* bezeichnet wird.[22] Sie steht in baulicher Kontinuität zur Hauskirche, denn sie reizt ihre räumlichen Grenzen durch intensiven Ausbau des zur Verfügung stehenden Hauses auf eine größtmögliche Versammlungsräumlichkeit aus.

4. Schließlich ist das gegliederte christliche *Gemeindezentrum* anzusprechen, das durch Zusammenfügung mehrerer nebeneinanderliegender, vormals einzelner Hausbauten entsteht, sodass neben geräumigen Gottesdiensträumen auch eine Wohnung für den Klerus und eine Herberge für reisende Missionare bereitgestellt werden können.

An der Wende vom 2. zum 3. Jh. n.Chr. dürfte sich in der altchristlichen Literatur die Bezeichnung *ecclesiae* bzw. *domus ecclesiae* für das geweihte christliche Versammlungshaus in Anlehnung an die ntl. Metaphorik der Kirchenmitglieder[23] eingebürgert haben.[24] So erklärt Clemens von Alexandrien (140/150–220 n.Chr., Strom 7,5): »Ich nenne (hier) nicht den Raum, sondern die Gemeinschaft der Auserwählten die Ecclesia«. Origenes (185–253 n.Chr.), Cels 6,77; In Matth 24,9, spricht vom »Bau der Kirche«. Einen ähnlichen Sprachgebrauch pflegen Tertullian (160–220 n.Chr.), De idol. 7, Hippolyt von Rom (170–235 n.Chr.), Dan. comm. 1,20: ὁ οἶκος τοῦ Θεοῦ und Cyprian (249–258 n.Chr.), de eccl. unitate cath. 6,8,12,8: Domus Dei.

---

[17] Vgl. L.M. WHITE, The Social Origins of Christian Architecture 2 Bd., HThS 42, Valley Forge 1996f, 1,21.

[18] Vgl. W.M. GESSEL, Art. Hauskirche I. Historisch-theologisch, LThK³ 4, 1995, Sp. 1217–1218, sowie die Definition einer Hauskirche von B. BRENK, Christianisierung, 65: »eine Hauskirche ist ein römisches Privathaus, dessen Räume für den kultischen Gebrauch umgebaut bzw. hergerichtet worden sind«.

[19] So z.B. C.H. KRAELING, Building, 127ff; G.F. SNYDER, Ante Pacem. Archaeological Evidence of Church Life Before Constantine, Mercer 1985, 67.

[20] Zum Zwecke der Bewachung, der Öffnung für Gottesdienste und der Instandhaltung können Haus- wie Saalkirchen auch eine Wohnung für einen Küster vorsehen, s. für die Hauskirche von Dura Europos die durch eine Treppe erreichbare Wohnungseinrichtung im Obergeschoss, dazu C.H. KRAELING, Building, 28f.155.

[21] Vgl. R.W. GEHRING, Hausgemeinde, 38.

[22] Vgl. L.M. WHITE, Origins, 1, 22.22, Anm. 49.

[23] Vgl. 1Tim 3,15; 1Petr 4,17; Hebr 3,6; 10,21.

[24] Herm 90,9(sim 9,13,9); 91,1(sim 14,1), vgl. 14,1(vis 3,6,1).

Entsprechend der progressiven Entwicklung einer örtlichen Christenheit in Bezug auf ihre wachsende Zahl von Mitgliedern und ihrer sozialen wie religiösen Akzeptanz in der Polis können diese vier Adaptionsweisen des antiken Hauses zu kultischen Zwecken als geschichtliche Entwicklungsstufen durchlaufen werden. Perioden akuter Christenverfolgung lokaler oder reichsweiter Art – letztere z.B. unter den römischen Kaisern Decius 249–251 und Valerianus 253–260 n.Chr. – werden allerdings auf die räumlichen Gemeindeverhältnisse retardierend gewirkt haben: Wenn von römischen Zivilbehörden bekannte christliche Versammlungsräume[25] als Bekämpfung des christlichen (Aber-) Glaubens konfisziert werden,[26] sind Christen zur Durchführung ihrer Gottesdienste wieder auf die in bewohnten Privaträumen stattfindende Konstitution als christliche Hausgemeinde verwiesen.[27]

Aufgrund der Archäologie des christlichen Hauses von Dura Europos (s.u. Kap. 4) sind zwei von den hier beschriebenen vier soziokulturellen Raumverhältnissen einer christlichen Ortsgemeinde in vorkonstantinischer Zeit, die Institution einer *Hausgemeinde in einem Privathaus* und die nachfolgende Einrichtung einer *zentralen Hauskirche* durch Umbau eben dieses Privathauses archäologisch nachweisbar. Die folgenden Überlegungen versuchen darum, die geschichtlichen Rahmenbedingungen der für die christliche Ekklesiologie und Ethik[28] so entscheidenden Übernahme der antiken Institution des Hauses für kultische Zwecke in der Zeit des frühen Christentums aufzuzeigen. Während sich der erste Abschnitt mit der christlichen Hausgemeinde beschäftigt, widmet sich der zweite dem Aufkommen von christlichen Hauskirchen.

3.1 Die Hausgemeinde in einem christlichen Privathaus

Die geschichtliche Entwicklung, dass sich einander fremde Christen in einem Privathaus zu Gottesdiensten versammeln, setzte bereits in früher nachösterlicher Zeit ein.[29] Gut begründet ist, dass die galiläischen Wallfah-

---

[25]   Vgl. Eus., HE 7,11,6.

[26]   Vgl. das Beispiel der christl. Hauskirche im numidischen Cirta (Nordafrika), konfisziert durch röm. Zivilbehörden am 19. Mai 303, s. Gesta apud Zenoph(f)ilum, in: CSEL 26, 185–197.

[27]   Vgl. Optatus, Donatist. Schisma 1,14, in: CSEL 26,16, dass die Synode in privaten Häusern zusammenkam, »weil die Kirchen noch nicht wieder neu erbaut waren«, die als Folge des Ediktes von 303 n.Chr. zerstört worden waren.

[28]   Vgl. J. ROLOFF, Die Kirche im Neuen Testament, GNT 10, Göttingen 1993, 254–256.

[29]   Mit C. OSIEK, Art. Haus III. Hausgemeinde (im Urchristentum), RGG[4] 3, 2000, 1477–1478, gegen R.W. GEHRING, Hausgemeinde, 87ff, der christl. Hausgemeinden in Palästina (vgl. Gal 1,22) auf die Zeit des irdischen Jesus von Nazaret zurückführen möchte. Letzterer übersieht, dass Jesu Berufung von zwölf Schülern als Zeichen für seine Zuwendung an ganz Israel (vgl. Mk

rer, die gemeinsam mit Jesus von Nazaret von Galiläa aus nach Jerusalem zum Passahfest des Jahres 30 n.Chr. gezogen waren,[30] sich nach Jesu unerwartetem gewaltsamem Tod im Geist des Auferstehungsglaubens zunächst im Tempel (vgl. Lk 24,53; Apg 2,46; 5,42), und zwar in der sog. »Halle Salomos« (vgl. 3,11; 5,12) getroffen haben. Ging es in diesen ersten Tagen und Wochen nach Jesu Tod um die Artikulation des neu gefundenen Auferstehungsglaubens in Gebäuden, die der jüdischen wie paganen Allgemeinheit offen standen, so dürften sich die Christen zur rituellen Wiederholung der letzten Mahlfeier von Jesus mit seinen Jüngern vor seinem Tod[31] einen häuslichen Ort ausgewählt haben. Ihr Bedürfnis galt einem wohnlichen Gebäude, dass es erlaubt, auf die sozialen wie kommunikativen und hauswirtschaftlichen Bedürfnisse einer kultischen Mahlfeier einzugehen.

Schenkt man den Angaben der lukanischen Apostelgeschichte Vertrauen (Abfassungszeit ca. 90 n.Chr.)[32], so versammelte sich die Jerusalemer Urgemeinde zu Lehre und Herrenmahlsfeier in einem »Obergemach«, d.i. im oberen Stockwerk eines geräumigen (Stadt-) Hauses (Apg 1,13f; 12,12–14).[33] Dieser Jerusalemer Gemeindetreffpunkt, der außerhalb der christlichen Versammlungszeiten von der Familie zu Wohnzwecken genutzt wurde, dürfte der Gemeinde wohl von seinem weiblichen Haushaltsvorstand[34], nämlich von Maria, der Mutter des Johannes Markus,[35] zur Verfügung gestellt worden sein.[36]

3,14; 14,10; Joh 6,70f) von häuslicher Einrichtung der Jesusbewegung in Orten von Galiläa als einem Teilgebiet Israels konterkariert würde.

[30] Vgl. Mk 14,12ff; Joh 13,1.29; 18,28; 19,14.31.

[31] Vgl. Mk 14,22–24 parr.; 1Kor 11,23–25.

[32] Vgl. U. Schnelle, Einleitung in das Neue Testament, Göttingen [5]2005, 288.

[33] Zur Archäologie des palästinischen Hauses hell.-röm. Zeit vgl. P.J.J. Botha, Houses in the World of Jesus, Neotest. 32, 1998, 37–74, 58: »The ›traditional‹ Israelite/Palestinian house ... was a two storeyed construction ... The second floor was suitable for dining, sleeping, and other activities«. Zur Benutzung des Obergemaches vgl. R.W. Gehring, Hausgemeinde, 132: »Obergemächer wurden in der Regel, anders als der untere große Wohnraum, nicht für die allgemeinen, täglichen Lebensfunktionen (Schlafen, Kochen, Essen usw.) verwendet. Sie waren eher Orte der Ruhe [vgl. 1Kön 17,19.23] und konnten bereits im AT gelegentlich eine gewisse religiöse Bedeutung haben (1Kön 17,19ff; 2Kön 4,10f; Dan 6,11). Deshalb wurden sie später zur bevorzugten Versammlungsstätte für Schriftgelehrte« (vgl. mShab 1,4; MShir 2,14[101^b]; bMen 41^b = alle Bill. 2,594).

[34] Vgl. C. Osiek, Women in House Churches, in: Common Life in the Early Church, FS G.F. Snyder, hg. v. J.V. Hills, Harrisburg 1998, 300–315, 312.

[35] Nach Kol 4,10 soll Johannes Markus Vetter des aus Zypern stammenden Leviten Barnabas (vgl. Apg 4,36f) gewesen sein. Dann gehörte die in Apg 1,14; 12,12 genannte »Maria« zu einer aus der jüd. Diaspora stammenden wohlhabenden Familie, die sich in Jerusalem aus dem religiösem Grund der Nähe zum Tempel niedergelassen hatte.

[36] Anders R.W. Gehring, Hausgemeinde, 143. – Zurückhaltung ist gegenüber der Tradition zu üben, die das Haus der Mutter des Johannes Markus auf dem Jerusalemer Zionsberg lokalisiert, so wie es W. Rordorf, Gottesdiensträume, 113, im Anschluss an Th. Zahn, Die Dormitio Sanctae Virginis und das Haus des Johannes Markus, NKZ 19, 1899, 377–429, behauptet.

Da Apg 12,17 voraussetzt, dass in Jerusalem der Herrenbruder Jakobus sich zusammen mit anderen Brüdern an einem anderen Ort als dem Haus der Maria aufhält, ist von einem weiteren städtischen Versammlungslokal der Jerusalemer Urgemeinde auszugehen. Diese Beobachtung korreliert mit der Einrichtung eines zweiten, griechischsprachigen Leitungsgremiums, das neben dem von Anfang an bestehenden für aramäischsprachige (galiläische) Christen (vgl. 6,1–7)[37] seine Arbeit in der Betreuung der griechischsprachigen Gläubigen aufnahm. Da sich die Jerusalemer Gemeinde im Bereich des griechischsprachigen Judentums vergrößerte, dürfte ein weiterer Jerusalemer Haushalt als Treffpunkt herangezogen worden sein. Dort dürften die sog. »Hellenisten« die kultische Abhaltung von Lehre und Herrenmahlsfeier in griechischer Sprache durchgeführt haben. Dieses zweite Versammlungslokal der Urgemeinde könnte im Bereich der Jerusalemer Synagogen in unmittelbarer Nähe des Tempelberges (vgl. Vv.8–10)[38] gelegen haben.[39]

Die in Jerusalem begonnene Selbstverständlichkeit, Privatraum für christlichen Gottesdienst zu nutzen, wird sich auch außerhalb Jerusalems bzw. Palästinas fortgesetzt haben.[40] In den Blick kommen zunächst Städte im Norden Palästinas[41] und im Bereich von Syrien. Zu den dortigen Diasporasynagogen, ihrer ehemaligen Heimat, waren nämlich Hellenisten von Jerusalem aus geflohen. Der griechischsprachige Teil der Jerusalemer Urgemeinde befürchtete nämlich aufgrund des Lynchmordes an Stephanus, ihrem Leitungshaupt (vgl. Apg 6,5; 7,55–8,1), weitere gegen sie gerichtete Nachstellungen, veranlasst von der jüdischen Autorität von Jerusalem.[42]

Durch die für die Hellenisten erzwungene Rückkehr in die Diaspora existierte in der syrischen Stadt Damaskus bereits um das Jahr 32 n.Chr.

---

[37]   Vgl. dazu M. HENGEL, Zwischen Jesus und Paulus. Die »Hellenisten«, die »Sieben« und Stephanus (Apg 6,1–5; 7,54–8,3), ZThK 72, 1975, 151–206.

[38]   Dass es sich bei den »Hellenisten« »um die Entstehung einer eigenständigen hellenistisch-judenchristlichen Hausgemeinde in Jerusalem« gehandelt hat (so W. KRAUS, Zwischen Jerusalem und Antiochia. Die ›Hellenisten‹, Paulus und die Aufnahme der Heiden in das endzeitliche Gottesvolk, SBS 179, Stuttgart 1999, 26), ist den Apg-Texten nicht zu entnehmen.

[39]   Weitere Informationen über die soziale Wirklichkeit der Jerusalemer Urgemeinde sind von Apg 12,12–17; Gal 1,18; 2,2 her schwerlich zu gewinnen. Allenfalls, dass es in Jerusalem mehrere christl. Hausgemeinschaften gab (vgl. Apg 8,3), dazu F.V. FILSON, The Significance of the Early House Churches, JBL 58, 1939, 105–112, 106; W. RORDORF, Gottesdiensträume, 114.

[40]   Von der (erfolgreichen) christlichen Mission in Samarien (vgl. Joh 4,1–42; Apg 8,4–25) sind keine Hausgemeinden bekannt.

[41]   Vgl., dass die lk Apg Häuser in Joppe (10,5) und Caesarea (maritima) (21,8) erwähnt, in denen Apostel gastliche Aufnahme fanden.

[42]   Da nach der von Apg 8,1bc bezeugten Flucht der ganzen Urgemeinde wie selbstverständlich in Jerusalem eine christl. Gemeinde besteht (vgl. 9,26), ist anzunehmen, dass nur ein Teil, nämlich der sog. *Stephanuskreis*, aus Furcht vor jüd. Nachstellungen aus Jerusalem in die Diaspora geflohen war.

eine judenchristliche Gruppe. Sie traf sich zunächst im institutionalisierten Rahmen der Synagoge.[43] Dort wird sie von jüdischer Seite unter Zuhilfenahme des pharisäischen Gelehrten Paulus wegen ihres Selbstverständnisses angegriffen (vgl. Gal 1,23). Der theologische Anlass für die innerhalb der Synagoge sich abspielende Auseinandersetzung dürfte die Definition der Hellenisten von (ganz) Israel gewesen sein. Wie ihre selbstverständlichen Kontakte zum Samaritanischen Judentum (vgl. Apg 8,5–8) sowie zu rituell devianten Juden (8,26–39) zeigen, ging ihre christliche Definition von Israel über den eingeschränkten Rahmen der mosaischen Tora hinaus.[44]

Die damaszenische Synagoge aber war nicht gewillt, eine torawidrige Verkündigung in ihren eigenen Reihen zu dulden und entschloss sich, ihre christusgläubigen Mitglieder durch das Mittel der synagogalen Prügelstrafe zu relegieren.[45] Bei Fortbestehen ihrer mit der Tora nicht konformen Einstellung wurde auch der Ausschluss aus der jüdischen Religionsgemeinschaft in Betracht gezogen.[46] Die Folge für das Judenchristentum von Damaskus war, dass es eine eigene, von der Diasporasynagoge unabhängige Organisationsform entwickeln musste. Für die verwaiste Gruppe kamen dafür nur private Häuser in Frage, die von judenchristlichen Haushaltsvorständen geführt wurden. So ist anzunehmen, dass im Haus des Judas, das an der sog. »Geraden Straße« in Damaskus lag (Apg 9,11), sich außerhalb von Palästina in Syrien eine christliche Hausgemeinde abseits der Synagoge traf.[47]

Da nun Judenchristen des zur syrischen Großstadt Antiochia am Orontes gelangten Christentums – wahrscheinlich wiederum Hellenisten – dazu übergingen, Gemeinden zu gründen, die sich ausschließlich aus Völkerchristen zusammensetzen,[48] kam es ca. 10 bis 15 Jahre nach Jesu Tod zur ständigen Konstitution von christlichen Gemeinschaften ganz unabhängig von dem auf Einhaltung der Mosetora pochenden Diasporajudentums. Die Trennung der nicht nur für ganz Israel, sondern auch für alle Völker aufge-

---

[43]   Vgl. Apg 9,2.

[44]   Vgl. Joh 4,1–42; Apg 8,5–8.26–40. Vom *orthodoxen Standpunkt* eines Jerusalemer Judentums sind Samaritaner aufgrund ihres anderen, nicht von der Mosetora ausgewiesenen Kultortes Schismatiker (vgl. Lk 10,33; Joh 4,9b), desgleichen gehört ein jüd. Eunuch nach der Mosetora nicht zur jüd. Gemeinde, vgl. Dtn 23,2.

[45]   Vgl. Gal 1,13; Phil 3,6. S. auch die später von Paulus als christlichem Missionar eines torakritischen Evangeliums von der Synagoge erlittene Züchtigungsstrafen (2Kor 11,24f).

[46]   Zur Anwendung des Bannes für Juden, die die nomistischen Grundsätze des Judentums mißachten, vgl. CL.-H. HUNZINGER, Art. Bann II. Frühjudentum und Neues Testament, TRE 5, 1980, 161–167.

[47]   Vgl. die Darstellung Apg 9,11.18, dass Paulus im Haus des Judas die christl. Taufe empfing.

[48]   Vgl. Apg 11,20f.

schlossenen »Christianer« (Apg 11,26)[49] von ihrer jüdischen Heimatreligion lässt das private Haus als Ort für die christliche Kultausübung vermehrt in Betracht kommen.

Wenn bei diesem religiösen Abspaltungsvorgang vom Judentum Gläubige zum großen Teil aus dem Bereich der sog. »Gottesfürchtigen« gewonnen wurden, Menschen, die ehemals Sympathisanten der theologischen wie ethischen Einstellung des jüdischen Glaubens waren,[50] so dürften aus diesem zum gehobenen städtischen Bürgertum zählenden Kreis[51] die meisten christlichen Hausmütter[52] und -väter stammen, die christlichen Gemeinschaften in ihrem Haus Aufenthalt gewährten (vgl. Gal 2,12).[53]

Der zuerst für den syr. Raum dokumentierte Trennungsprozess des jungen Christentums von seiner jüd. Mutterreligion bedeutete für die Christenheit einen (schmerzlichen) Verzicht auf ein in der Polis anerkanntes Versammlungslokal, nämlich die zu kultischen, erzieherisch-bildenden wie sozialen Zwecken genutzten Räumlichkeiten der Synagoge.[54] Wie das Beispiel der syr. Stadt Dura Europos zeigt, benutzte die jüd. Ortsgemeinde für ihre Zusammenkünfte ab dem Jahre 165 n.Chr. zunächst eine Haussynagoge und ab ca. 200 n.Chr. durch die Einbeziehung eines weiteren Hauses ein mit einem relativ großen Versammlungsraum ausgestattetes Gemeindezentrum.[55] Die Christen von Dura Europos werden die recht respektablen, u.a. mit prächtigen Wandmalereien im Versammlungsraum ausgestalteten synagogalen Räumlichkeiten gekannt haben, durften – und wollten! – sie aber für die eigenen religiösen Zwecke nicht nutzen. Ihnen stand die Gemeinschaftspflege in einer oder mehreren Hausgemeinden offen, wobei ein christl. Haus um das Jahr 240 n.Chr. zu einer Hauskirche umgebaut werden konnte. Erst in diesem christl. Zentrum konnten die Christen ihre eigenen religiösen, erzieherischen und sozialen Überzeugungen architektonisch und ikonografisch verwirklichen (s.u. Kap. 4f).

Zu den urchristlichen Hausgemeinden, deren Existenz nur aufgrund literarischer Quellen belegt sind, zählen weiterhin diejenigen aus der Zeit der paulinischen Zentrumsmission von Mazedonien und Achaia (Griechenland) sowie der Asia (Kleinasien), die Paulus von den Städten Korinth und Ephe-

---

[49] Vgl. Gal 2,2.
[50] Vgl. Apg 13,16.26.50; 17,17, dazu das Schema einer völkergewinnenden Missionspredigt 1Thess 1,9f.
[51] Vgl Apg 10,2.22; 16,14; 17,4, auch Lk 7,4f, dazu K.G. KUHN/H. STEGEMANN, Art. Proselyten, PRE.S 9 (1962), Sp. 1248–1283, 1267; F.V. FILSON, Significance, 112.
[52] Vgl. Apg 16,14f.40: die Purpurhändlerin Lydia; Kol 4,15: Nympha.
[53] Vgl. R.W. GEHRING, Hausgemeinde, 208.
[54] Vgl. F.G. HÜTTENMEISTER, Die Synagoge. Ihre Entwicklung von einer multifunktionalen Einrichtung zum reinen Kultbau, in: Gemeinde ohne Tempel. Zur Substituierung und Transformation des Jerusalemer Tempels und seines Kults im Alten Testament, antiken Judentum und frühen Christentum, hg. v. B. Ego u.a., WUNT 118, Tübingen 1999, 357–370.
[55] Dazu C.H. KRAELING, The Synagogue, The Excavations at Dura-Europos conducted by Yale University and the French Academy of Inscriptions and Letters, Final Report Bd. VIII/1, New Haven 1956.

sus aus durchführte (ca. 49–56 n.Chr.). Wie die von Paulus in seinen Ge-
meindebriefen aus dieser Zeit benutzte stehende griechische Wendung ἡ
κατ'οἶκον + Genitiv + ἐκκλησία zum Ausdruck bringt, ist für den Apostel
»die in einem Haus (zum Gottesdienst) sich versammelnde Gemeinde« eine
selbstverständliche Einrichtung.[56] Darum wird zu schließen sein, dass die
Existenz von christlichen Hausgemeinden auf dem paulinischen Missions-
feld nicht erst auf die von Paulus gestaltete Missionsstrategie zurückgeführt
werden kann. Eher ist zu urteilen, dass Paulus eine ihm aus der gemeindlichen Praxis von Antiochia bekannte Gemeinschaftsform für seine eigene
Mission übernahm.[57]

In dem um ca. 54 n.Chr. in Ephesus[58] abgefassten 1. Korintherbrief berichtet Paulus von der in Korinth eingeführten Praxis, dass Gemeindeglieder ihre privaten Häuser verlassen, um sich gemäß christlicher Sitte an
einem vorher vereinbarten Ort zur wöchentlichen Feier des Herrenmahls zu
treffen (1Kor 11,20.33f). Führt Paulus an anderer Stelle des Briefes lobend
das Haus des Stephanas als einen in der korinthischen Gemeinde bekannten
christlichen Haushalt an (16,15), der nach Paulus »und die ganze Gemeinde« gastlich aufnahm (V.23), so dürfte sich in diesem Haus des Erstbekehr-
ten der römischen Provinz Achaia eine christliche Hausgemeinde versammelt haben.[59] Diese Hausgemeinde dürfte eine der ersten gewesen sein, die
in der korinthischen Gemeinde gegründet wurde, und zu ihr dürften von
vorneherein die getauften Glieder von Stephanas' Hauswesen gehört haben.[60]

Dass die Gemeinde von Korinth sich aufgrund ihres durch die zweijähri-
ge paulinische Missionsarbeit angeregten Wachstums an Gemeindegliedern

---

[56]   Vgl. Röm 16,3.5; 1Kor 16,19; Phlm 1f, nachpaulinisch Kol 4,15. M. Gielen, Zur Interpretation der paulinischen Formel ἡ κατ'οἶκον ἐκκλησία, ZNW 77, 1986, 109–125, 110–112,
hat nachgewiesen, dass die im Deutschen mögliche Übersetzung des paulinischen Ausdrucks mit
»die hausweise zusammenkommende Gemeinde« das ekklesiologische Mißverständnis einer in
Hausgemeinden und Gemeindevollversammlungen sich organisierende Gemeinde nahelegt.
Gemeint ist mit der griech. Begrifflichkeit jedoch nur »eine lokale, räumliche Bestimmung über
den Ort des christlichen Lebensvollzuges im kultischen Bereich, bezeichnet also die Versammlungsstätte«, präzisiert B. Grimm, Untersuchungen zur sozialen Stellung der frühen Christen in der
römischen Gesellschaft, o.O. 1975, 205 (ähnlich R.W. Gehring, Hausgemeinde, 275–277).

[57]   Vgl. J. Becker, Paulus und seine Gemeinden, in: Die Anfänge des Christentums. Alte
Welt und neue Hoffnung mit Beitr. von Dems. u.a., Stuttgart u.a. 1987, 102–159, 125.

[58]   Vgl. 1Kor 16,8.

[59]   Vgl. K. Lehmeier, OIKOS, 321, näher Fr.W. Horn, Stephanas und sein Haus – die erste
christliche Hausgemeinde in der Achaia. Ihre Stellung in der Kommunikation zwischen Paulus
und der korinthischen Gemeinde, in: Paulus und die antike Welt. Beiträge zur zeit- und religionsgeschichtlichen Erforschung des paulinischen Christentums, FS D.-A. Koch, hg. v. D.C. Bienert
u.a., FRLANT 222, Göttingen 2008, 82–98.

[60]   Vgl. 1Kor 1,16.

in mehrere Hausgemeinden mit verschiedenen Leitern aufgeteilt hat,[61] ist indirekt einer Mahnung von Paulus zu entnehmen: Am Ende des 1. Korintherbriefs rät Paulus nämlich, dass die Gemeinde sich »solcherart von Leuten« die, wie Stephanas und die Seinigen der korinthischen Gemeinde mit ihrem Haus dienen, bereitwillig unterordnen möge (1Kor 16,16). Aus dieser Bemerkung ist zu folgern, dass es in der Großstadt Korinth neben Stephanas noch weitere christliche Hausherren gibt, die zu einer christlichen Versammlung in ihr Privathaus einluden.

Dass mehrere korinthische Hausgemeinden existierten, ist sodann der von Paulus in 1Kor 1,12–16; 11,18f geäußerten Klage über abträgliche Spaltungen in der Gemeinde zu entnehmen:[62] Da er im Zusammenhang der von ihm getadelten Gruppenbildung das Hauswesen des Stephanas (1,16) erwähnt, dürfte das Problem der Fraktionsbildung in der korinthischen Gemeinde neben der ursächlichen Bindung an den ganze Hausfamilien taufenden Gründungsmissionar auch auf eine Fraktionierung der großstädtischen Gemeinde von Korinth in einzelne Haushalte zurückzuführen sein.[63]

Weitere Informationen über die korinthischen Hausgemeinden ist aus dem wenig später, nämlich ca. 56 n.Chr. in Korinth abgefassten Römerbrief[64] zu entnehmen: So nennt Paulus in der Grußliste einen gewissen Gaius und bemerkt, dass dieser als christlicher Hausvater sein Hauswesen der Gemeinde von Korinth gastfreundlich zur Verfügung gestellt hatte (Röm 16,23). Auch erwähnt Paulus die Patronin Phoibe, die in dem zur Stadt Korinth zählenden Hafenort Kenchreai wohnt, und dort als Gastgeberin für christliche Gläubige einer Filialgründung der korinthischen Gemeinde vorsteht (Vv.1f).[65]

Schaut man jetzt von Griechenland aus hinüber zu dem zweiten Bereich paulinischer Zentrumsmission, nämlich nach Kleinasien, so existiert – nach der Adresse des paulinischen Philemon-Briefes (ca. 54 n.Chr.) zu urteilen – in Philemons Haus eine christliche Hausgemeinde (Phlm 2). Sein Hauswesen dürfte sich im Lykostal, wahrscheinlich in der Stadt Kolossae befunden

---

[61]   Aus Röm 16,23; 1Kor 11,20; 14,23 meinen W.A. MEEKS, Urchristentum, 160f; H.-J. KLAUCK, Hausgemeinde, 34–38; J. GNILKA, Der Philemonbrief, HThK 10/4, Freiburg u.a. 1982, 27, zu schließen, dass in Korinth ein Nebeneinander von einzelnen Haus- und Gemeindevollversammlungen bestand. Die von Paulus gemachten Äußerungen, einmal ekklesiologische Grundsatzerwägungen über die ganze christliche Gemeindeversammlung, sodann Grüße an örtlich getrennt existierende christliche Hausgemeinden, lassen diese Schlussfolgerung jedoch nicht zu (vgl. M. GIELEN, Interpretation, 112ff).

[62]   Vgl. G. THEISSEN, Soziale Schichtung in der korinthischen Gemeinde. Ein Beitrag zur Soziologie des hellenistischen Urchristentums, in: DERS., Studien zur Soziologie des Urchristentums, WUNT 19, Tübingen ³1989, 231–271, 235–249.

[63]   Dazu K. LEHMEIER, OIKOS, 247ff.

[64]   Vgl. U. SCHNELLE, Einleitung, 130.

[65]   Dazu K. LEHMEIER, OIKOS, 321f.

haben.[66] Hinsichtlich der Ortslage Genaueres ist hingegen über eine Hausgemeinde in der Großstadt Ephesus in Erfahrung zu bringen: Nach der
Grußliste des 1. Korintherbriefes ist der Haushalt des handwerklich tätigen[67]
Ehepaars Prisca[68] und Aquila Standort einer Hausgemeinde (1Kor 16,19,
vgl. Apg 18,18f). Hier wird Paulus, der über mehrere Jahre in und um
Ephesus missionarisch wirkte und bei diesem Ehepaar wahrscheinlich Arbeit und Lohn fand, an christlichen Gottesdiensten mitgewirkt haben.

Das israelchristliche Ehepaar Prisca und Aquila,[69] das sich bereits in
Rom zur christlichen Gemeinde hielt und wahrscheinlich im Jahre 49 n.Chr.
aufgrund des zur Bekämpfung von Glaubenstumulten in der römischen
Synagoge ausgesprochenen sog. Claudius-Ediktes[70] aus der Hauptstadt des
Römischen Reiches fliehen musste,[71] um danach über Korinth[72] bis nach
Ephesus zu gelangen, ist kurze Zeit später wieder an seine frühere Wir-
kungsstätte in Rom zurückgekehrt. Nicht ohne nach Auskunft der paulinischen Grußliste des Römerbriefes eine Hausgemeinde in ihrem stadtrömischen Haus um sich zu scharen (vgl. Röm 16,5).

Dass weitere christliche Hausgemeinden in der antiken »Millionenstadt«
Rom existierten,[73] dürfte in Analogie zum synagogal fraktionierten stadtrömischen Judentum nicht von der Hand zu weisen. Paulus' Römerbrief
belegt die Existenz dreier stadtrömischer Hausgemeinden: Einerseits grüßt
er diejenige Hausgemeinde, die sich bei Prisca und Aquila versammelt
(Röm 16,5) und andererseits ist aus der Grußübermittlung an namentlich
genannte Gemeindeglieder sowie von »Brüdern« (= »Geschwister« V.14)

---

[66]   Vgl. Kol 4,9.17, dazu U. SCHNELLE, Einleitung, 167.

[67]   Vgl. Apg 18,3.

[68]   In der Apg Priszilla genannt, vgl. 18,2.18.26.

[69]   Da Paulus Stephanas und sein Haus als Erstbekehrte der röm. Provinz Asia bezeichnet
(vgl. 1Kor 16,15), dürfte das wenig später erwähnte Ehepaar Prisca und Aquila (V.19) bereits in
Rom zur christlichen Gemeinde gehört haben.

[70]   Vgl. Suet., Claud. 25 mit Apg 18,2 und Oros. 7,6,15f, dazu H. BOTERMANN, Das Judenedikt des Kaisers Claudius. Römischer Staat und Christiani im 1. Jahrhundert, Hermes. E 71,
Stuttgart 1996.

[71]   Vgl. als Analogie zur Ausweisung von Israelchristen aus Rom die Verfolgung der innerhalb der Diasporasynagoge existierenden christlichen Gemeinde von Damaskus durch den Phari-
säer Paulus (Gal 1,13; Phil 3,5) sowie die von Paulus 2Kor 11,24 berichtete Synagogenstrafe, die
er sich bei seiner Missionierung unter Juden von der jüd. Religionsgerichtsbarkeit zugezogen
haben dürfte.

[72]   Vgl. Apg 18,1f.

[73]   Vgl., dass P. LAMPE, Die stadtrömischen Christen in den ersten beiden Jahrhunderten, Untersuchungen zur Sozialgeschichte, WUNT 2.18, Tübingen ²1989, 124–153.301f.358; DERS., The
Roman Christians of Roman 16, in: K.P. Donfried (Ed.), The Romans Debate, Massachusetts
1991, 216–230, 229f, von Röm 16 und Apg 28,16.23.30f ausgehend bis zu acht stadtrömische
christliche Versammlungsorte rekonstruiert.

bzw. »Heiligen« (V.15),[74] die in den jeweiligen Häusern verkehren, zu folgern, dass Paulus in Rom von der Existenz zweier weiterer christlicher Hausgemeinden ausgeht.

Hat Paulus die Gemeinde von Rom nicht gegründet, so darf gefolgert werden, dass der Usus von städtischen Hausgemeinden zur eingeführten urchristlichen Praxis gehört. Es handelt sich um eine Sitte, die sich personal unabhängig von Jerusalem ausgehend im gesamten Urchristentum des Römischen Reiches von Ost nach West schnell und nachhaltig durchgesetzt hatte. –

Die Anbindung der christlichen Gemeinden an das antike Haus, so lässt ein Blick auf die hier skizzierten Anfänge der urchristlichen Hausgemeinden erkennen, hatte sowohl für das Selbstverständnis der Gemeinden als religiöse Gemeinschaft in Wort und Mahl als auch für das Verhältnis der Christen zur Gesellschaft beträchtliche Folgen.[75] Auf drei Aspekte soll aufmerksam gemacht werden:

1. Das zu regelmäßigen Zusammenkunft einladende Haus vermittelte den jungen Gemeinden zunächst die zum Fortbestehen notwendige innere Stabilität durch die Kontinuität des Ortes. So konnte sich im räumlichen Schutz des Hauses die Liturgie des christlichen Gottesdienstes entfalten.[76]

2. Christliche Hausgemeinden, die als religiöse Organisationsform in einem städtischen Christentum anzutreffen sind, wirkten sozial integrativ, insofern vermögende Gemeindeglieder[77] ihr Haus auch den familienfremden, großenteils weniger bemittelten christlichen Stadtbewohnern zu gottesdienstlichen Versammlungen öffneten.[78] In einer Atmosphäre der gesellschaftlichen Vertrautheit und Nähe vollzog sich die Integration der heterogen zusammengesetzten Gemeinde von Christen verschiedenen Ge-

---

[74]   Aufgrund der Parallelität der Ausdrücke »Brüder« und »Heilige« (vgl. Röm 8,27; 12,13; 15,25f.31; 16,2; 1Kor 1,2; 6,1f u.a.m.) bestellt Paulus Grüße an verschiedene, ihm unbekannt seiende personale Glieder zweier stadtrömischer Hausgemeinden, dazu P. LAMPE, Christen, 301f.

[75]   Vgl. W.A. MEEKS, Urchristentum, 162f; K.-H. BIERITZ/CHR. KÄHLER, Art. Haus III. Altes Testament/Neues Testament/Kirchengeschichtlich/Praktisch-theologisch, TRE 14, 1985, 478–492, 484.

[76]   Vgl. 1Kor 14,26.

[77]   Vgl. F.V. FILSON, Significance, 111; P. STUHLMACHER, Der Brief an Philemon, EKK 18, Zürich u.a. ²1981, 71: »Aquila und Priska sind kleinere reisende Unternehmer gewesen (Apg 18,2f); Philemon führt und besitzt ein Haus, hat Sklaven und verfügt über die Mittel, sich gegenüber den Glaubensgenossen wohltätig zu zeigen; Maria, die Mutter des Johannes-Markus, besitzt nach Apg 12,12ff in Jerusalem ein geräumiges Haus mit eigenem Torgebäude« sowie V.P. BRANICK, The House Church in the Writings of Paul, Zacchaeus Studies: New Testament, Wilmington 1989, 42f, zur Ermittlung der beträchtlichen (Miet-) Kosten eines städtischen Hauses.

[78]   Vgl. zur sozialen Zusammensetzung paulinischer Gemeinden G. THEISSEN, Schichtung, 245–257; E.W. STEGEMANN/W. STEGEMANN, Urchristliche Sozialgeschichte. Die Anfänge im Judentum und die Christusgemeinden in der mediterranen Welt, Stuttgart u.a. 1995, 249–261.

schlechtes, sozialen Standes und religiöser Herkunft.[79] Die Gemeinde übertrug dabei die in der Familie des Hauses anzutreffende Liebe auf die im Glauben gleichgesinnten Geschwister verschiedener Herkunft.[80]

3. Sodann ist zu beobachten, dass »die neue [christliche] Gruppe ... in ein bereits existierendes Netz von internen und externen Beziehungen – Verwandtschaft, *clientela* und häusliche Hierarchie, aber auch Freundschaftsbande und Arbeitsverhältnisse – eingefügt« wurde.[81] Der gewählte Versammlungsort in profanen Räumen und die zeitweise ausgeübte religiöse Gemeinschaft mit der dort wohnenden christlichen Gemeinschaft eines Haushaltes ließen fließende Übergänge zum »Gottesdienst im Alltag der Welt«[82] entstehen.

Nicht von der Hand zu weisen ist nun auf der anderen Seite, dass Hausgemeinden in Privathäusern auch ihre Probleme hatten: Als Konfliktherd nicht zu unterschätzen ist, dass das gleichberechtigte Rollenverständnis der Gottesdienstgemeinde, das auf die charismatische Begabung des Einzelnen allein Wert legt,[83] im privaten Haus auf die hierarchisch geordnete Hausgemeinschaft des Haushaltes prallte. Die soziale Rangordnung einer (Groß-) Familie, die Mutter, Kinder, aber auch entfernte Verwandte und darüber hinaus Sklaven, Freigelassene, Dienstboten und Arbeitskräfte einschloss, wurde von der Autorität des Pater familias angeführt und von ihm wurde der Haushalt nach außen hin zur Gesellschaft verantwortet.[84] So ist es kein Zufall, dass gerade die zur Hausversammlung einladenden christlichen Haushaltsvorstände als ungebundene Patrone in der Gemeinde wichtige Dienstverantwortung übernahmen:[85] Bekannt ist, dass sie ihr Haus nicht nur für missionarische Aktivitäten[86] des zumeist bei ihnen wohnenden Missio-

---

[79]   Vgl. 1Kor 1,26ff; 12,12; Gal 3,28.

[80]   Phlm 15f, vgl. auch bei Paulus die patriarchale Anrede der Gemeindeglieder als »Brüder«, Röm 1,13; 7,1.4 etc. (»Schwester« nur 16,1) sowie die Bezeichnung »Söhne« (8,14.19; 9,26; Gal 3,26) oder »Kinder Gottes« (Röm 8,16.21; 9,8; Phil 2,15), dazu J. GNILKA, Phlm, 31.

[81]   W.A. MEEKS, Urchristentum, 162; K. LEHMEIER, OIKOS, 219ff.

[82]   Vgl. Röm 12,1f. Das Diktum entstammt dem gleichnamigen Aufsatztitel von E. KÄSEMANN, in: DERS., Exegetische Versuche und Besinnungen Bd. 2, Göttingen 1964, 198–204.

[83]   Vgl. 1Kor 12–14.

[84]   Vgl. F.V. FILSON, Significance, 109f. – Als Beispiel sei auf die Hausgemeinde Philemons verwiesen, der nach Paulus' Vorschlag den entlaufenen Sklaven Onesimus nach seiner Konversion zum christl. Glauben als »lieben Bruder« aufnehmen möge (Phlm 16).

[85]   Vgl. Röm 16,1.23; 1Kor 16,15. Dazu H. GÜLZOW, Soziale Gegebenheiten der altkirchlichen Mission, in: H. Frohnes/U.W. Knorr (Hg.), Kirchengeschichte als Missionsgeschichte Bd. 1, München 1974, 189–225, 199; E. DASSMANN, Hausgemeinde und Bischofsamt, in: Vivarium, FS Th. Klauser, JAC.E 11, Münster 1984, 82–97, 89f.

[86]   Vgl. Apg 18,7.

nars[87] bereitstellten, sondern dass sie auch aufgrund ihrer finanziellen Unabhängigkeit in der christlichen Reisemission tätig wurden.[88] –

Mit einem Gruß, enthalten in einem Schreiben der Paulusschule (Kol 4,15), lässt sich nun auch für die Zeit der zweiten Generation des Urchristentums (ca. 70–90 n.Chr.) die geschichtliche Existenz von Hausgemeinden literarisch nachweisen: Empfänger des Kolosserbriefes ist nämlich eine im kleinasiatischen Laodicea, wahrscheinlich im Haus der Nympha, sich treffende Hausgemeinde.[89]

Dass Wandermissionare diese und andere Hausgemeinden gründen und von dieser Plattform aus materielle Förderung erhalten haben, geben dabei einerseits schon die paulinischen Gemeindebriefe,[90] aber auch Apg 16,15 zu verstehen, wo von einem missionarischen Aufenthalt des Paulus im Haus der wohlhabenden Purpurhändlerin Lydia berichtet wird. In diesem Zusammenhang ist auch ein vormarkinisches Logion (Mk 10,29f*)[91] erwähnenswert. Die apokalyptische Verheißungsaussage im Mund des erhöhten Jesus lautet nämlich:

Amen, ich sage euch, es gibt keinen, der Haus (οἰκίαν)[92] oder Brüder oder Schwestern oder Mutter oder Vater oder Kinder oder Äcker um meinetwillen verlassen hat, ohne dass er Hundertfaches empfangen wird: jetzt in dieser Zeit Häuser (οἰκίας) und Brüder und Schwestern und Mütter und Kinder und Äcker und im kommenden Äon ewiges Leben.

Während in der Nachfolge von Jesu Wanderexistenz der Verlust des eigenen Hauswesens partiell eintritt, besteht der allumfassende Gewinn der christlichen Missionare in neuen Häusern und Verwandten (der Vater fehlt im Sinne von Mt 23,9) sowie neuen Äckern. »Die auf den ersten Blick so befremdlichen neuen Äcker, das [aber] sind Hausgemeinden, die mit ihrem ganzen Hab und Gut dem Missionar neue Heimat, familiäre Gemeinschaft und materielle Existenzsicherung bieten«.[93]

---

[87]   Vgl. Apg 16,15; 18,3; Röm 16,23; Phlm 22.
[88]   Vgl. Apg 18,18; Röm 16,1–3; 1Kor 16,17.
[89]   Zur Textkritik von Kol 4,15 vgl. H.-J. KLAUCK, Hausgemeinde, 44f; R.W. GEHRING, Hausgemeinde, 223.
[90]   Vgl. Röm 16,23; Phlm 22.
[91]   Vgl. J. GNILKA, Das Evangelium nach Markus 2. T., EKK II/2, Zürich u.a. 1979, 91; mk-redaktionell sind die Zusätze »um des Evangeliums« (vgl. Mk 8,35) und »unter Verfolgungen« (vgl. 10,30).
[92]   Die Aufzählung von Familienmitgliedern und Sachgütern bedeutet, dass ein Hauswesen gemeint ist.
[93]   H.-J. KLAUCK, Hausgemeinde, 59. Ob Haus und Vermögen im Sinne von Apg 2,44f; 4,32.34; 5,1–11 der christl. Gemeinde zum Eigentum übertragen wurden, ist expressis verbis nicht gesagt.

Weitere Hinweise auf die im Urchristentum bevorzugten Hausgemeinden[94] sind der Apostelgeschichte des Lukas zu entnehmen. Es ist nämlich zu beachten, dass durch Lukas' historische Idealisierung urchristlicher Zustände die eigenen Gemeindeverhältnisse hindurchschimmern. So berichtet er Apg 10 von der Taufe des Völkerchristen Cornelius und seines Hauses im palästinischen Cäsarea (maritima) und betont dabei Folgendes:

Dass er »mit seinem gesamten Hauswesen (παντὶ τῷ οἴκῳ αὐτοῦ) fromm und gottesfürchtig« lebte (Apg 10,2), »zwei seiner (Haus-) Sklaven und einen frommen Soldaten aus seiner Umgebung« zu Petrus nach Joppe schickte (V.7) und »seine Verwandten und vertrauten Freunde« einlädt (V.24), sodass Petrus bei seinem Eintreffen »viele Menschen versammelt findet« (V.27).

Nach der lukanischen Darstellung wird mithin die Taufe von Cornelius mit seinem ganzen Haus von Petrus im Rahmen einer hausgemeindlichen Versammlung vollzogen.

Dem Völkerapostel Petrus wird nun in der Apostelgeschichte der zunächst als Israelmissionar vorgestellte, aufgrund mangelnden Erfolges jedoch auch zur Völkermission übergehende Evangelist Paulus an die Seite gestellt. Für das Wunder einer Totenauferweckung an dem jungen Mann Eutychus (Apg 20,9–12) schafft Lukas die Szenerie einer Hausgemeinde, die in den Räumen eines soliden Hauses in der myischen Stadt Troas beieinander ist (Vv.7–9):

Als wir am ersten Wochentag zum Brotbrechen versammelt waren, sprach Paulus zu ihnen. Da er tags darauf abreisen wollte, dehnte er seine Rede bis Mitternacht aus. Im Obergemach (ὑπερῴῳ), wo wir versammelt waren, brannten zahlreiche Lampen. Ein Jüngling namens Eutychus saß im offenen Fenster. Als nun Paulus länger redete, wurde er vom Schlaf überwältigt, stürzte im Schlaf vom dritten Stock hinab und wurde tot aufgehoben.

Die christliche Nachtversammlung mit Herrenmahl und anschließendem Wortgottesdienst begann am Abend des ersten Tages der Woche. Da nach Auskunft des »Wir-Erzählers« die versammelte Ortsgemeinde die jüdische Tageseinteilung pflegte, fand die Versammlung auf die Nacht von Samstag auf Sonntag. Anwesend waren Paulus, seine sieben Reisebegleiter (vgl. Apg 20,4), der wenig später wunderbar gerettete Eutychus und eine unbekannte Zahl von Mitgliedern der städtischen Christenheit.

---

[94] Die Angaben des Mk (vgl. 1,29.33; 2,1; 3,20; 9,33) und des Mt (9,28; 17,25 = Mt[S]) auf Versammlungen mit Jesus in einem Haus von Kapernaum dürfen als ein erzählerischer Reflex der Evangelisten auf die urchristlich allgemein eingeführte Praxis von christl. Hausgemeinden zu bewerten sein. Dass der Hebr an eine Hausgemeinde adressiert war (so F.V. Filson, Significance, 106), ist als Annahme nur möglich, wenn das Schreiben als Gemeindebrief, nicht jedoch als theologischer Traktat bestimmt wird.

Zum wiederholten Mal wird damit in der Apostelgeschichte die Räumlichkeit benannt, in dem im städtischen Christentum eine christliche Hausversammlung stattfindet: Vorausgesetzt dürfte von Lukas in Apg 20,7–9 ein mit dem Erdgeschoss insgesamt drei Stockwerke umfassendes Mehrfamilienhaus sein,[95] wie man es in Städten der damaligen Zeit antreffen konnte.[96] Das als privater Wohnbereich genutzte »Obergemach« oder »Söller« verspricht der anwesenden Zahl christlicher Gemeindeglieder einen genügend großen Versammlungsbereich.[97] Wenn es vielleicht auch über einen separaten Außenzugang verfügte, so bot es den Vorteil, dass die übrigen (nichtgläubigen) Hausbewohner von der christlichen Versammlung nicht gestört wurden.

Das stilistische Pendant zu diesen beiden exemplarischen Erzählungen über Hausgemeinden bilden in der Apostelgeschichte die summarischen Bemerkungen über das Leben der Jerusalemer Urgemeinde. So berichtet Apg 2,46 dass:

sie tagtäglich einmütig im Tempel (verweilten), hausweise (κατ᾽οἶκον) Brot (brachen), gemeinsam ihre Speise in Jubel und mit Einfalt des Herzens (nahmen),

und 5,42 weiß mitzuteilen, dass:

sie nicht auf(-hörten), Tag für Tag im Tempel und in den einzelnen Häusern zu lehren und Jesus, den Christus, zu verkündigen.

Lehre und Herrenmahlsfeier am ersten Tag der Woche, dazu unregelmäßig die Feier des Taufritals gehören für Lukas' Bild von den bleibend wichtigen Anfängen der ersten Gemeinde, wie er es in seinem zweiten Buch festhält, zu den bevorzugten Aufgaben der Institution von Hausgemeinden.[98]

Wenn die literarischen Belege für urchristliche Hausgemeinden gegen Ende des 1. Jh./Anfang des 2. Jh. n.Chr. rar werden,[99] so dürfte der Grund

---

[95] Vgl. noch die Erwähnung von christl. Hausgemeinschaften in Apg 1,13; 9,37.39, alles Stellen, bei denen ein zweigeschossiger, in Palästina (vgl. Ri 3,20; 2Sam 19,1; 2Kön 4,10; Jer 22,14) anzutreffender Haustyp insinuiert wird.

[96] Vgl. CHR. HÖCKER, Art. Haus, DNP 5, 1998, Sp. 198–210, 209f.

[97] Vgl. die jüd. belegte Sitte, den sog. Söller als Versammlungsraum für die Gelehrten zu benutzen (mShab 1,4 [R. Chanania b. Chizkilla b. Garon, T 1]: »Man zählte (die Anwesenden im Söller) und die Schule Schammais war zahlreicher vertreten als die des Hillel«; bMen 41[b] [Haus Hillels und Schammais, T 1]: »Einst stiegen die Ältesten der Schule Schammais und der Schule Hillels zum Söller des Jochanan b. Bathyra empor ...« (= Bill. 2,594).

[98] Vgl. noch Apg 16,15.40; 21,8–11.

[99] Dass in 3Joh 6–10 die Existenz von zwei christl. Hausgemeinden angesprochen wird, lässt sich aus dem Streit um den Umgang mit Wandermissionaren nicht schließen, gegen V.P. BRANICK, House Church, 25. – Auch, dass im Exempel Jak 2,2–4 die räumlichen Verhältnisse einer christlichen »Synagoge« (Belege bei W. SCHRAGE, Art. συναγωγή κτλ., ThWNT 7, 1964, 798–850, 839) angesprochen werden, ist umstritten. Zu beachten ist die nur kontextuell zu unterscheidende Metonymie von συναγωγή = »Versammlung – Versammlungsstätte – Gebäude«. Zwar werden in Jak 2,2–4 gezielt räumliche Vorstellungen angesprochen (»eintreten«, »hier

einerseits darin liegen, dass Hausgemeinden als »christliche Normalität« keine besondere Erwähnung bedürfen. Andererseits dürften den urchristlichen Autoren zunehmend die Gefahren bewusst werden, die die hausweise Zusammensetzung für die Einheit der Gemeinde vor Ort bedeuten,[100] und dass sie verstärkt das kirchliche Amt – den Monepiskopat – im Blick auf die Gesamtgemeinde betonen möchten.[101]

Dass Hausgemeinden in der christlichen Kirche des 2. und 3. Jh. n.Chr. bei weitem aber kein Auslaufmodell sind, ist ihrer konstanten Erwähnung in den Märtyrer- und Apostelakten zu entnehmen. Für deren literarisch recht späte Darstellung der christlichen Anfangszeit ist die Annahme berechtigt, dass sie in Wirklichkeit die Verhältnisse des eigenen Gemeindelebens widerspiegeln.

Zunächst ist das literarische Verhör zu nennen, welches der römische Präfekt mit dem christlichen Philosophen Justin geführt haben soll. Auf die Frage: »Wo kommt ihr zusammen?« antwortete Justin verständlicherweise ausweichend (M. Just. 3,1):

Dort, wo ein jeder will und kann, auch wenn du sicher meinst, wir würden alle an demselben Ort zusammenkommen. Das ist aber nicht so, weil ...

Da die Märtyrerakten des Justin anschließend Justins eigenen Wohnort in der Nähe eines bekannten römischen Bades als christlichen Versammlungsort ausweisen (M. Just 3,3):

Ich wohne oberhalb des Timothinischen Bades in dieser ganzen Zeit und bin jetzt das zweite Mal in der Stadt Rom; ich kenne außer diesem keinen anderen Versammlungsort; wer mich da besuchen wollte, dem teilte ich die Lehren der Wahrheit mit,

wird von ihnen vorausgesetzt, dass sich die stadtrömische Christenheit des 2. Jh. n.Chr. in Kontinuität zur paulinischen Zeit[102] in Hausgemeinden aufteilt und Justin als eine Persönlichkeit gilt, die einer von ihnen als christlicher Hausvater vorstand.

Diese hausgemeindlichen Gemeindeverhältnisse von Rom dürfen auch für den Bereich von Kleinasien gelten, wenn die Paulusakten (Ende 2. Jh.

---

niedersetzen«, »da hinstellen«, »unten an die Fußbank setzen«, so richtig P. MASER, Ekklesia, 278), jedoch sind Fußbänke, die zu einem »(Thron-)sessel« gehören, in christl. Versammlungsräumen urchristlicher Zeit nicht belegt (mit H. FRANKEMÖLLE, Der Brief des Jakobus, ÖTK 17/2, Gütersloh/Würzburg 1994, 388f, gegen L. ROST, Archäologische Bemerkungen zu einer Stelle des Jakobusbriefes [Jak. 2,2f], PJ 29, 1933, 53–66). Das ändert sich erst in weit späterer Zeit, als ein Bischofstuhl im christlichen Versammlungsraum aufgestellt wird. Dann aber ist im Gegensatz zur Intention von Jak 2,3fin. ein hervorgehobener Sitzplatz (auf dem Boden, s. Didasc 12) gemeint.

[100]   Vgl. 1Tim 5,13; 2Tim 3,6; Tit 1,11; 2Joh 10. – Bei 2Tim 4,19; Tit 1,11 ist davon auszugehen, dass mit οἶκος familiäre Hausgemeinschaften gemeint sind (so auch bei IgnSmyrn 13,1f), dazu H.-J. KLAUCK, Hausgemeinde, 62f.66.

[101]   Vgl. IgnPhil 4; IgnMagn 7,1f; IgnSmyrn 11,1f; Pol 8,1 mit IgnSmyrn 8,2.

[102]   Vgl. Röm 16,5.14f.

n.Chr.) die Figur des Apostels Paulus in das Haus des Onesiphorus in Ikonium einkehren lassen und dann berichten, dass dort (ActPaul 3,5.7):

> ... große Freude (herrschte). Man beugte die Knie, brach das Brot und hörte das Wort Gottes von der Enthaltsamkeit und von der Auferstehung. ... so sprach Paulus inmitten der Gemeinde im Haus des Onesiphorus.

Ist hier an einen christlichen Hausgottesdienst gedacht, so wird in der Szene von Korinth, wo Paulus in das Haus eines gewissen Epiphanius gekommen sein soll und deshalb große Freude herrschte (ActPaul 9):

> so daß alle die Unsrigen jubelten,

unverkennbar die Zusammenkunft einer Hausgemeinde vorgestellt. Dasselbe gilt für die Stadt Ephesus, wo der große Apostel angeblich im Haus von Priszilla und Aquila einen nächtlichen Hausgottesdienst mit den Brüdern feierte (ActPaul Anhang). In dieser Stadt soll nach den Johannesakten (Ende des 2. Jh. n.Chr.) auch der Apostel Johannes im Haus des Lykomedes einer großen Volksmenge gepredigt (ActJoh 26) und im Haus des Andronikus Predigt, Gebet, Eucharistie und Handauflegung vollzogen haben (vgl. 46). »Dort dürfte im Sinn des Autors auch der letzte Gottesdienst des Apostels vor seinem Tod mit Abschiedsrede und eucharistischem Mahl anzusetzen sein (ActJoh 106–110)«.[103]

Im Zusammenhang der damals populär werdenden Apostelakten ist nicht zuletzt an die Thomasakten zu erinnern, die den Apostel Judas Thomas auf dem Weg nach Osten begleiten und in Indien im Hause des Kriegsobersten Sifor in einem für die Lehre extra hergerichteten Triklinums[104] die Taufe an ihm, seiner Frau und seiner Tochter durchführen lassen (vgl. ActThom 132f). Nach dieser christlich-gnostischen Schrift wird in diesem Haus der Apostel von einem erhöhten Sitz aus die dort anwesende Hausgemeinde lehren (vgl. 138).[105]

Darf die Institution von Hausgemeinden nach diesen literarischen Zeugnissen um 200 n.Chr. in der ganzen katholischen Kirche von Ost bis West vorauszusetzen sein, so vermitteln »einen guten Eindruck in die Beschaffenheit eines christl.[ichen] H.[auses] u.[nd] in die Funktionen des H.[aus]herrn im Dienste der Gemeinde« die Petrusakten[106] (Ende 2. Jh. n.Chr.), besonders die Stelle ActPetr 7,19–22[107]:

---

[103] H.-J. KLAUCK, Hausgemeinde, 72.

[104] Das lat. Lehnwort könnte im Zusammenhang von Privatbauten im Gebiet von Mesopotamien auf den Diwan, wie er im christl. Gebäude von Dura Europos anzutreffen ist, verweisen, vgl. C.H. KRAELING, Building, 137, Anm. 2.

[105] Zu Berichten über gottesdienstliche Verrichtungen im Haus vgl. noch ActThom 65.81.105.119–121.

[106] E. DASSMANN, Art. Haus, Sp. 890.

[107] In der zusammenfassenden Wiedergabe von E. DASSMANN, ebd., Sp. 890f.

Marcellus versichert dem Petrus, er habe sein ganzes H.[aus], alle Speisezimmer, jeden Säulengang bis hinaus vor die Tür zusammen mit seinen Dienern, soweit sie gläubig seien, unter Anrufung des Namens Jesu mit Wasser besprengt, um es von den Spuren des Simon Magus zu säubern. Dann habe er Witwen u.[nd] alte Leute zum Gebet ins H.[aus] bestellt u.[nd] jedem ein Goldstück gegeben, damit sie als Diener Christi gelten könnten. Jetzt bittet er Petrus zusammen mit Marinus u.[nd] allen anwesenden Brüdern zum Gottesdienst in sein H.[aus]. Als Petrus eintritt, heilt er als erstes eine blinde Witwe. Dann geht er weiter in das Speisezimmer, wo bereits das Evangelium verlesen wird. Er rollt es zusammen u.[nd] beginnt mit der Predigt. Als die neunte Stunde abgelaufen ist, erheben sich alle zu gemeinsamem Gebet, bis es zu Wunderheilungen u.[nd] Lichterscheinungen kommt, die Petrus in einem Lobpreis Gottes interpretiert. Nach dem Gottesdienst beginnen Petrus, Marcellus u[nd]. die anderen Brüder »den Jungfrauen des Herrn zu dienen«. Marcellus als H[aus].herr bietet ihnen an, im H[aus]. zu bleiben: »Ihr habt, wo ihr wohnen könnt. Denn was als mein Eigentum gilt, wem sollte es sonst gehören als euch?«

Nach ActPetr 8,29f findet in Marcellus' Haus am Sonntag ein öffentlicher christlicher Gottesdienst einer Hausgemeinde statt.

3.2 Die Hauskirche in einem ehemaligen Privathaus

Der Übergang von der Hausgemeinde in den Privaträumen eines christlichen Hauses zur Einrichtung einer Hauskirche für die Christenheit eines bestimmten Ortes bzw. Ortsteiles lässt sich literarisch zuerst durch die in Cölesyrien entstandenen pseudoclementinischen Recognitionen (ca. 220–250 n.Chr.) nachweisen. Spiegelt sich in ihrer Darstellung urchristlicher Zustände wiederum die eigene christliche Wirklichkeitserfahrung, so existiert mit ihnen eine Quelle, die zur Zeit der Einrichtung einer Hauskirche im ostsyrischen Dura Europos datiert. In Clems. recogn. 10,71,2 heißt es nämlich über vorgeblich urchristliche Zustände in Antiochien:

Theophilus, der berühmter als alle Mächtigen in der Bürgerschaft war, weihte eine große Halle seines Hauses als eine Kirche (domus suae ingentem basilicam ecclesiae nomine consecraret), in welcher dem Apostel Petrus eine Cathedra von dem ganzen Volk eingerichtet wurde (constituta est ab omni populo cathedra), worauf sich täglich eine große Menge versammelte, um sein Wort zu hören.

Diese Stelle lässt erkennen, dass durch Weihung eines Hauses als eines Heiligtums der christlichen Kirche[108] und durch Hinzufügung von Einrichtungen für die Kirchenleitung – weniger also durch einen aufwendigen Umbau – aus einem christlichen Privathaus eine christliche Hauskirche entsteht. Auch die Bemerkung des Origenes (185–253 n.Chr.), dass manche

---

[108]   Vgl. Chronicon Edessenum 1,8: Heiligtum der christlichen Kirche.

Leute nicht geduldig abwarten können, bis die Lesungen in der Kirche (in ecclesia) vorgetragen würden (hom. in Ex. 12,2):

... sondern sich in Unabhängigkeit vom Ort als Haus Gottes weltlichen Gesprächen hingeben (in remotioribus dominicae domus locis saecularibus fabulis occupantur),

deutet auf die Benutzung normaler Häuser als Kirchenräume hin. Dass Christen in der Mitte des 3. Jh. n.Chr. Wohnhäuser zu kultischen Zwecken benutzten, ist auch den Edikten des Kaisers Maximian (286–305)[109], von Kaiser Galerius (305–311 n.Chr.) von 311 n.Chr.[110] und des Kaisers Licinius (308–324 n.Chr.)[111] zu entnehmen, die faktisch das Ende der römisch-staatlichen Christenverfolgung bedeuteten: Sie »sprechen ... von Häusern bzw. loca, die den Christen zurückzugeben seien«.[112] Die Gewohnheit in Häusern zusammenzukommen, hat die frühe Christenheit demnach noch lange ausgezeichnet.

Bei größer werdenden Gemeindegliederzahlen ist es nur zu verständlich, dass bestehende Hauskirchen entsprechend den gewachsenen Raumansprüchen durch einen Umbau zu einer Aula ecclesiae umgestaltet werden. Vielleicht lässt sich eine Bemerkung bei Eusebius dahingehend auswerten, dass in der Gemeinde der Großstadt Antiochia ein christliches Gemeindezentrum bestand. In dem Streit zwischen Paulus und Domnus um die Bischofswürde im Jahre 272 n.Chr. heißt es nämlich, dass (HE 7,30,19):

Paulus um keinen Preis das Haus der Kirche räumen wollte.

Der Kaiser muss schließlich eingreifen, dass Paulus seine in einer christlichen Kirche liegende Wohnung verlässt.

Der Abschied von der Institution der Hauskirche und der Übergang zum neu errichteten Kirchenhaus dürfte nun einerseits schlicht aufgrund der wachsenden Zahl von Christen motiviert gewesen sein: Ein gemeinsames Kultmahl war in den beschränkten Räumlichkeiten des Hauses mit den großen Mitgliederzahlen nicht mehr durchführbar. Andererseits werden innerreligiöse Entwicklungsgründe des Christentums eine Rolle gespielt haben: So hatte sich gegen Ende des 2. Jh. n.Chr. das vormals konsequent in das Herrenmahl integrierte Sättigungsmahl (vgl. 1Kor 11,17–34) zur Agapefeier verselbständigt.[113] Nur noch für das Sättigungsmahl,

---

[109]   Vgl. Eus., HE 9,10.
[110]   Vgl. Eus., HE 8,17; Lact., De mort. pers. 34,4 (ed. Creed 52).
[111]   Vgl. Lact., De mort. pers. 48 (ed. Creed 68ff).
[112]   R. LEEB, Konstantin und Christus. Die Verchristlichung der imperialen Repräsentation unter Konstantin dem Großen als Spiegel seiner Kirchenpolitik und seines Selbstverständnisses als christlicher Kaiser, AKG 58, Berlin/New York 1992, 76.
[113]   Vgl. M.L. WHITE, Building, 119f. Die ältesten Belege für die Trennung von Eucharistie und Agape sind Tertullian, Apol 39; Justin, apol. 1,65f.

nicht mehr jedoch für die den christlichen Gottesdienst tragende Eucharistie mit den Symbolen Brot und Wein waren hauswirtschaftliche Einrichtungen noch nötig: Die ritualisierte symbolische Kommunikation der
Christengemeinde konnte sich mehr und mehr vom häuslichen Versor-
gungsbereich, u.a. dem für die Speiseaufnahme normalerweise benutzten
Triklinum trennen.

Sodann ist die Entwicklung zur Entstehung eines christlichen Priester-
tums nicht zu unterschätzen: Der christliche Priester erstreitet sich sukzessive das alleinige Recht, im sakralen Bereich des Kirchenraums am Altar-
tisch zu administrieren.[114] Es besteht darum Bedarf, die Trennung von Priester und Laien auch in einer speziellen sakralen christlichen Raumarchitektur
zu verwirklichen.

Für den Kirchen-(neu-)bau ist nicht zuletzt auch ein äußerer Grund zu
nennen: Verfolgungszeiten der Christen durch den Römischen Staat bewirk-
ten, dass durch staatliche Eingriffe Versammlungsorte von Christen konfisziert[115] und/oder zerstört wurden.[116] Überstand eine Gemeinde die staatlichen
Verfolgungen bzw. ging sie aus der Zeit der Bedrohung gestärkt hervor, wird
sie ein Interesse an einem kirchlichen Neubau bekundet haben. Auf diese
Weise lässt sich gut erklären, dass in der 2. Hälfte des 3. Jh. n.Chr. Gemeinden, die es sich finanziell vielleicht leisten konnten, eigene Kirchengebäude
bauten. Dass dieser Vorgang auch von der nichtchristlichen Öffentlichkeit
wahrgenommen wurde, dokumentiert der Christengegner Porphyrios (226ff
n.Chr., frgm. 76 nach Macar. Magn., Apocr 4,21):

Aber auch die Christen ahmen die Herstellung von Tempeln nach und erbauen sehr
große Häuser (μεγίστους οἴκους), in denen sie zusammenkommen und beten.

---

[114]   Vgl. F. WIELAND, Mensa und Confessio. Studien über den Altar der altchristlichen Liturgie Bd. I, VKHSM II/11, München 1906, 155f.
[115]   Vgl., dass es unter Valerian 256/7 n.Chr. zu Konfiskationen gekommen sein muss, denn
sein Nachfolger P.L. Gallienus verfügt bei der Restitution die Herausgabe von »geweihten Stätten« (Eus., HE 7,13). Mit diesen Kultlokalen dürfen christl. Häuser gemeint sein, in denen sich
Hausgemeinden trafen oder bereits Hauskirchen eingerichtet waren, vgl. Lact., De mort. pers. 48,7
(vgl. 34,4), der von »loca« berichtet, »in denen sie vorher gewohnt waren zusammenzukommen
(ad quae antea convenire consuerant)«.
[116]   Vgl., dass nach Lact., De mort. pers. 12,2–5, in Nikomedia in Bithynien der Präfekt mit
Offizieren und Soldaten zur Kirche (ad ecclesiam) vorrückt, sie aufbrechen lässt und zur Plünderung freigibt, so dass dann Diokletian und Galerius vom Palast aus der Zerstörung der hochgele-
genen Kirche (in alto enim constituta ecclesia) zusehen. Auch diese »Kirche« »war sicher kein
monumentaler Bau ... Ihr Abriß in der diokletianischen Verfolgung war nach Laktanz die Arbeit
von ein paar Stunden, was bei einem größeren Bau unmöglich der Fall hätte sein können«
(R. LEEB, Konstantin, 77).

Obwohl die Hauskirche noch weiterhin in der Alten Kirche Bestand haben wird,[117] ist die Zeit der ersten drei Jahrhunderte, in der das christliche Gemeinschaftsleben von Hausgemeinde einerseits und Hauskirche andererseits bzw. ihrem Nebeneinander[118] geprägt ist, im Prinzip vorbei, als die Gemeinde ermahnt werden muss, dass nicht ein aus Steinen errichtetes Gebäude, also ein gesonderter Kirchenbau, sondern die gläubige Gemeinde von Christenmenschen das wahre Haus Gottes darstelle. So schreiben Hippolyt von Rom (170–235 n.Chr.) in Dan. comm. 1,18,5–8:

> Denn nicht ein Ort wird die Kirche genannt, auch nicht ein Haus von Stein noch Lehm erbaut ... Was nun ist die heilige Kirche? Die heilige Versammlung der in Gerechtigkeit Lebenden ... dies ist die Kirche, das geistliche Haus Gottes,

und Clemens von Alexandrien (180–203 n.Chr., strom. 7,29,3f):

> Wenn aber der Begriff »das Heilige« in zweierlei Bedeutung gebraucht wird, von Gott selbst und von dem zu seiner Ehre errichteten Bauwerk, wie sollten wir da nicht in vollem Sinn die Kirche, ..., ein Heiligtum Gottes nennen ... ich nenne hier nicht den Raum, sondern die Gemeinschaft der Auserwählten »Kirche«,

und erreichen mit ihren Definitionen die überlieferte urchristliche Heiligtumsmetaphorik, die die Gläubigen in der Zeit ohne christliches Kulthaus als »Tempel«[119] oder »Haus Gottes«[120] bezeichnen konnte. –

Rückblickend lässt sich sagen, dass die urchristliche Praxis, sich in Privathäusern zu kultischen Versammlungen einzufinden, keine absichtsvolle Entscheidung der Urchristenheit für einen bestimmten Weg war. Da das Auferstehungsevangelium Gläubige dazu begeisterte, sich anderen in neugefundener Sprache spontan mitzuteilen, und die Feier des Herrenmahls in der Nachfolge des letzten Jüngermahls mit Jesus Christusgläubige an einen gemeinsamen Tisch zusammenführte, war es auf der gesellschaftlichen Elementarbasis des antiken Hauses folgerichtig, wenn sich Gläubige in

---

[117] Vgl. Kl. Gamber, Domus Ecclesiae. Die ältesten Kirchenbauten Aquilejas sowie im Alpen- und Donaugebiet bis zum Beginn des 5. Jh. liturgiegeschichtlich untersucht, SPLi 2, Regensburg 1968, 33–62.

[118] Vgl. Clems., recogn. Epit. II.,144.

[119] Vgl. 1Kor 3,16; 6,19; 2Kor 6,16; Barn 16,6–10, auch Apg 7,48; 17,24, dazu Chr. Böttrich, »Ihr seid der Tempel Gottes«. Tempelmetaphorik und Gemeinde bei Paulus, in: Gemeinde ohne Tempel. Zur Substituierung und Transformation des Jerusalemer Tempels und seines Kults im Alten Testament, antiken Judentum und frühen Christentum, hg. v. B. Ego u.a., WUNT 118, Tübingen 1999, 411–425; J. Becker, Die Gemeinde als Tempel Gottes und die Tora, in: Das Gesetz im frühen Judentum und im Neuen Testament, hg. v. D. Sänger u.a, NTOA 57, Göttingen 2006, 9–25.

[120] Vgl. 1Tim 3,15; 1Petr 4,17; Hebr 3,6; 10,21, auch Eph 2,19–22; 1Petr 2,5, dazu J. Pfammatter, Die Kirche als Bau. Eine exegetisch-theologische Studie zur Ekklesiologie der Paulusbriefe, AnGr 110, Rom 1960, 5–139; Ph. Vielhauer, Oikodome. Das Bild vom Bau in der christlichen Literatur vom Neuen Testament bis Clemens Alexandrinus, in: Ders., Oikodome. Aufsätze zum Neuen Testament Bd. 2, hg. v. G. Klein, ThB 65, München 1979, 1–168.

Häusern unter der fürsorglichen Gastgeberschaft eines christlichen Hausvaters zu einer Wort- und Tischgesellschaft zusammenfanden. Erleichternd kam hinzu, dass die hellenistisch-römische Stadtgesellschaft die Versammlung von Kultgemeinschaften in privaten Häusern gewohnt[121] und dass mit dem Symposion als einer Einladung unter Freunden[122] eine eingeführte Sitte in Stadtgesellschaften vorhanden war.

So unentbehrlich die Hausgemeinden für die Konsolidierung der christlichen Gemeinschaft nach innen in Bezug auf Glaubenslehre, Liturgie und Leitungsstruktur waren, so positiv sie auch eine materielle Plattform für die Mission bildeten und so befruchtend sie auf die öffentliche Vertretung des Christentums in einer religiös plural eingestellten Umwelt durch die Hauspatrone wirkten, »problemlos war die Aufsplitterung für die Bewahrung der Einheit im Glauben nicht«[123]. Wenn Hausgemeinden sich nicht nach dem regionalen Prinzip organisierten, sondern in ihnen Gleichgesinnte sich zusammenfanden, dann konnten persönliche Sympathien für Apostel bzw. Missionare, aber auch die soziale Stellung und landsmannschaftliche Herkunft in einer die gesamte Gemeinschaft belastender Weise in den Vordergrund treten.[124] Schon in den Hausgemeinden der Ortsgemeinde von Korinth drohte nach Paulus die Gemeindezersplitterung aufgrund des übersprudelnden Taufgeistes,[125] nicht zu reden von der Untugend gutsituierter Gemeindeglieder, mit dem abendlichen Herrenmahl im Versammlungshaus bereits zu beginnen, mithin unter Standesgenossen zu feiern, ohne auf das Eintreffen ärmerer, noch zur Arbeit verpflichteter Gemeindeglieder zu warten.[126] Da ist es nur verständlich, dass der Gefahr von christlichen Gruppenbildungen, wenn Gemeindeglieder ohne Zustimmung des Bischofs oder der Presbyter Eucharistiefeiern (in Hausgemeinden?) abhielten, bereits von Ignatius von Antiochien (1. Hälfte des 2. Jh. n.Chr.) durch einen klaren Ruf zur kirchlichen Einheit begegnet wurde (IgnMagn 7,1f)[127]:

---

[121] Vgl. L.M. WHITE, Building 142: »The Hellenistic and Rom environment was quite open to the many groups that used and adapted private buildings for communal and cultic activity. Especially in the larger cities, the adaption of private buildings was a common sight that would have brought even the more exclusive religious groups, Mithraists, Jews, and then Christians, to publice notice.« Beispiele bei H.-J. KLAUCK, Hausgemeinde, 85–91; V.B. BRANICK, House Church, 46–49.

[122] Vgl. P. LAMPE, Das korinthische Herrenmahl im Schnittpunkt hellenistisch-römischer Mahlpraxis und paulinischer Theologia Crucis (1 Kor 11,17–34), ZNW 82, 1991, 183–213.

[123] E. DASSMANN, Art. Haus, Sp. 891, vgl. F.V. FILSON, Significance, 110.

[124] Vgl. E. DASSMANN, Hausgemeinde, 88.

[125] Vgl. 1Kor 1,10–16.

[126] Vgl. 1Kor 11,21.33f.

[127] Vgl. IgnEph 5,1f; IgnPhl 7,2; IgnSm 8,1.

Versucht auch nicht, euch etwas als vernünftig erscheinen zu lassen, [was ihr] privat [tun könntet], sondern in gemeinsamer Versammlung [bekunde sich] ein Gebet, ein Flehen, ein Sinn, eine Hoffnung in Liebe, in der untadeligen Freude: das ist Jesus Christus, über den nichts geht. Strömt alle zusammen als zu einem Tempel Gottes, als zu einem Opferaltar, zu einem Jesus Christus, der von einem Vater ausging und bei dem Einen war und [zu ihm] zurückkehrte.

4. Das christliche Gebäude von Dura Europos

In dem auf Arabisch »es-salehije« (Salihije[h]) genannten Ort am Westufer des mittleren Euphrats wurde am 17. Januar 1932 im Rahmen der fünften Grabungskampagne einer amerikanisch-französisch Equipe, bestehend aus Mitgliedern der amerikanischen University of Yale (New Haven, Connecticut) und der französischen Académie des Inscriptions et Belles-Lettres, eine antike christliche Hauskirche entdeckt und anschließend vollständig freigelegt.

Der damalige Leiter der archäologischen Ausgrabungen von Dura Europos, CL. HOPKINS, hat die Auffindung eines bemalten Hausraumes und die anschließende Identifizierung als Baptisteriums, das wiederum Teil einer christlichen Hauskirche ist, mit folgenden Worten beschrieben:[1]

I was checking the trenches before breakfast on the seventeenth [of January] when Abdul Messiah, our foreman, came up from the house at Tower 17 to announce they were uncovering a painting. The workmen had just cut through a doorway … and at the very inside corner of the door there appeared a red-and-black painted design with a geometric pattern beneath. …

… Next morning I arrived about seven, and Abdul Messiah had just uncovered the front of a vaulted canopy that had appeared suddenly in front of the rear (west) wall. … The vaulted area was full of plaster and debris, but on the soffit we could see rosettes and stars. Even the small space opened allowed me to see fragments of paining on the back wall and ornamentals bands on the sides. As we dug down in front of the vault and its supporting columns, part of the earth against the north wall gave way to reveal four small figures in half a boat …, and two figures in the foreground apparently standing in the water. Only later did we recognize Jesus walking on the water to meet Peter. Nearer to the canopy there seemed to be a continuation of the same scene, a man lying on a bed in the foreground, a god approaching on a cloud above, and a third figure in the rear hastening along with another bed. …

The day of rest for the workmen gave Deigert and myself opportunity to clear the canopy and uncover the scene on its back wall, a shepherd with his flock and, in the lower lefthand corner, two people nude except for white loincloths, picking fruit from a tree in the presence of a large serpent – obviously Adam and Eve. Next day Pearson and I shifted our efforts to the adjacent wall below the panel already uncovered. Patiently we exposed two figures carrying bowls and wands, advancing left, toward a large white unmarked building displaying a large star over each corner. Part of a third figure, posed like the first two, was later uncovered farther along the wall. … On the

---

[1]   CL. HOPKINS, The Discovery of Dura-Europos, hg. v. B. Goldman, New Haven/London 1979, 89–93.

south side of the room the wall was much destroyed …, but we could discern a painted figure holding a sword or club in its upraised right hand; along the forearm in clear Greek letters I could read DAOUID and above an immense prostrate figure, GOLITHA. On the same, south wall we also found the painting of a woman bending over a wellhead.

An inscription carefully composed of square Greek letters painted in the decorative band between the niche and the painting of David and Goliath read TON CH(RISTO)N IN UMEIN MNESKESTHE *PROKLOU* … I feel sure that this was the only dedication belonging to the original chapel; it confirmed the conclusion, …, that we were standing in a Christian chapel. …

We needed several days to dig out the Chapel and some additional days to identify all the scenes. … Above the panel of the woman at the well, fragments of painting show-ing only the foliage of trees and shrubs suggested a garden scene, that of paradise. That the room was a baptistery rather than a martyrium was clear from the absence of any signs of bones covering for the basin we found beneath the canopy.

Our camp was awestruck by the extraordinary preservation of Christian murals dated more than three-quarters of a century before Constantine had recognized Christianity in 312. The scenes were small, but they were unmistakable. It is true that compare with the paintings in the Temple of the Palmyrene Gods they were sketchy and ama-teurish, but that little mattered, for they were Christian!

The Christians had already been expelled from synagogues by the third century and were meeting in private houses, but a building openly dedicated to Christian use was a rarity indeed. …

… In any case, it seems almost a miracle that the Dura meetinghouse was preserved to give us a glimpse of a Christian community in the mid-third century. We have contemporary Christian painting only in the catacombs. While the private house as meeting place and church as such was continually mentioned in the early Church Fathers, the house at Dura is our sole archaeological representative for three centuries of houses dedicated to Christian use.

Diesen eindrücklichen Worten von CL. HOPKINS über den Fund einer christli-chen Hauskirche respektive Baptisteriums aus dem 3. Jh. n.Chr. ist noch beim heutigen Lesen abzuspüren, um welche archäologische Sensation es sich bei der Entdeckung damals handelte bzw. auch heute noch geht. Der Fundort ist Teil eines direkt am Euphrat gelegenen Ruinenortes, der ca. 73 Hektar um-fasst. Von drei Seiten von einer Mauer, auf der vierten Seite hingegen von dem Flusslauf begrenzt, ist deutlich eine antike Stadt erkennbar. Aufgrund von verschiedenen Inschriften konnte die Ruinenstätte mit dem antiken Ort »Dura Europos« identifiziert werden. Die folgenden Ausführungen versuchen, die stadtgeschichtlichen Rahmenbedingungen der christlichen Hauskirche von Dura Europos zu beschreiben. Während es zunächst um die antike Geschichte der Stadt Dura Europos geht, beschäftigen sich die weiteren Ausführungen mit der Geschichte eines ihrer Gebäude. Es beherbergte im letzten Stadium vor seiner Zerstörung eine christliche Hauskirche und wird deshalb als das *christ-liche Gebäude* von Dura Europos bezeichnet.

4.1 Das antike Dura Europos: der Ort und seine Geschichte

Der antike Ort Dura Europos liegt am Westufer des Euphrats, ungefähr auf der Hälfte des mit ca. 2760 km längsten Flusses Vorderasiens. Die Stätte befindet sich ungefähr 96 km südlich von der heutige Stadt Deir-ez Zor. Der direkt am Euphrat gelegene Ort zählt zum geographischen Gebiet von Mesopotamien.

4.1.1 Zur verkehrsgeografische Lage

Die Ortslage direkt am Euphratfluss weist die Stadt in der hellenistisch-römischen Antike als wichtigen Verkehrsknotenpunkt aus. Da ist zum einen der Verkehrsweg Euphrat: Der in antiker Zeit unmittelbar (und nicht erst wie heute über den Tigris) in den Persischen Golf mündende Euphrat gehörte zu den wichtigsten Verkehrsadern des Vorderen Orients. Der Fluss ließ »eine durchgehende, bei Stürmen nicht ungefährliche Flußschiffahrt«[2] auf dem oftmals mäandernden Flusslauf wahrscheinlich bis zur Mündung des Khaburs zu.[3] Über den Euphrat trieben deshalb die östlich gelegenen Länder am Persischen Golf einschließlich denen des indischen Kontinents Handel mit den im Westen befindlichen Ländern von Großsyrien sowie von Süd- und Ostkleinasien (s. Abb. 1).[4] Über die phönizischen Hafenstädte florierte der Handel mit den Mittelmeerländern.

So lag Dura Europos an einer der wichtigsten Handelsstraßen von ganz Vorderasien: Von Indien kommend berührte sie bei Spasinou Charax in Charakene den Persischen Golf und folgte dem Lauf des Euphrats, um sich dann durch die Syrische Wüste über Tadmor (= Palmyra) Richtung Emesa am Orontes zu orientieren. Von Emesa wurde auf mehreren Wegen das Mittelmeer respektive die großen phönizischen Hafenstädte erreicht. Zum Vorteil gereichte Dura Europos, dass das ursprüngliche Flussbett eine Ha-

---

[2]   K. KESSLER, Art. Euphrates, DNP 4, 1998, Sp. 269–272, 270.
[3]   In der Antike ist Flussschifffahrt auf dem Euphrat wahrscheinlich bis zur Mündung des Khabur möglich gewesen. Grundsätzlich ist Flussschifffahrt für den Euphrat bei Plinius belegt (nat. V 84.89; VI 124); Strabon berichtet, dass der Fluss (zumindest) bis Babylon schiffbar gewesen sei (vgl. XVI 1,9 [739f]).
[4]   Vgl. das Itinerar des Isidoros von Charax, Σταθμοὶ Παρθικοί, 2 (1–19) 571, aus dem 1. Jh. n.Chr., das den Weg von »Zeugma (Seleukeia/Euphrat) entlang des Balih und des Euphrats über Nikephorion und Dura-Europos bis Seleukeia/Tigris« schildert (M. SCHUOL, Die Charakene. Ein mesopotamisches Königreich in hellenistisch-parthischer Zeit, Oriens et Occidens 1, Stuttgart 2000, 115, vgl. ebd., 115–118).

fenanlage erlaubte, so dass Schiffe zum Gütertransport be- und entladen werden konnten.[5]

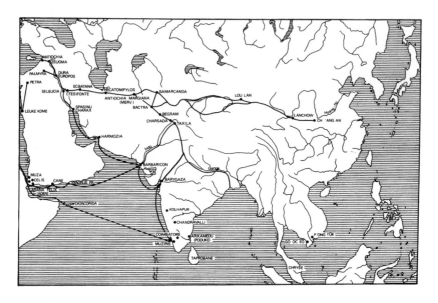

Abbildung 1: Land- und Seeverbindungen zwischen Syrien und dem Fernen Osten in der römischen Kaiserzeit (nach F. Coarelli)

Auf der anderen Seite sind die beiden Landstraßen zu nennen, die sich in Dura Europos treffen: Da ist zunächst einmal die Militär- und Handelsstraße längs des Euphrats zu erwähnen, die in Zeiten, wenn der Fluss unschiffbar bleib, die Verbindung mit Ober- und Untermesopotamien herstellte. Das Felsplateau zwang an dieser Stelle die Uferstraße die Nähe des Euphrats zu verlassen und über das Felsplateau wieder zum Fluss zurückzukehren. Dort, wo sie den Fluss erreichte, wurde sie von den Befestigungen der Stadt eingeschlossen (s. Abb. 3). Auf der Landseite nach Westen hin ist zweitens zu bemerken, dass Dura Europos Anfangs- wie Endpunkt eines Karawanenwegs durch die wüstenähnliche Steppe in Richtung auf die Oasenstadt Palmyra war. So wurde Dura Europos Standort von Kontoren und Agenturen palmyrenischer Kaufleute,[6] die in gildeähnlichen Verbänden organisiert

---

[5]   Anders M. Sommer, Roms orientalische Steppengrenze. Palmyra – Edessa – Dura-Europos – Hatra. Eine Kulturgeschichte von Pompeius bis Diocletian, Oriens et Occidens 9, München 2005, der annimmt, dass der Euphrat ehemals nur bis Hît schiffbar war, und daher die Gründung von Dura Europos auf das »Sicherheitsbedürfnis der Seleukiden« zurückführt.

[6]   Vgl. eine palmyrenische Inschrift aus dem Jahre 32 v.Chr., die die Stiftung eines Tempels außerhalb der Stadtmauern durch zwei palmyrenische Kaufleute bezeugt, dazu vgl. C.C. Torrey, III Inscriptions. A. Palmyrene, in: M.I. Rostovtzeff u.a. (Hg.), The Excavations at Dura Europos.

waren und mit Hilfe von Karawanenführern ihre entlang des Handelsweges bestehenden Niederlassungen ansteuerten.[7] Palmyra wiederum war auf verschiedenen Wegen mit Mittelsyrien sowie Palästina und der Levante verknüpft.

Die besondere Ortslage von Dura Europos, gelegen am Ende eines Wüstenplateaus, das zum ca. 40 m tiefer gelegenen Euphrattal steil abfällt, begünstigte den Bau einer strategisch wichtigen Festungsstadt. Finden sich nördlich und südlich zwei kleinere Schluchten, die zum Euphrat münden, so ergibt sich ein natürliches, von drei Seiten geschütztes Areal, das zum Schutze einer menschlichen Ansiedlung nur gegen Westen, zur Seite der Arabischen Wüste mit einer Verteidigungsanlage gesichert werden musste. Unmittelbar am Euphratstrom bot sich inmitten des geschützten städtischen Bereiches eine felsige Erhöhung zur Errichtung einer Zitadelle an. »Die Stadt war eine natürliche Festung, wie geschaffen zur Kontrolle des Flußtals«.[8]

Auf Bewässerungszonen am nördlich und südlich gelegenen fruchtbaren Westufer des Euphrats standen der Bevölkerung von Dura Europos seit prähistorischer Zeit ausreichend Flächen zum Ackerbau zur Verfügung.[9] »Das Flußtal, dessen Breite zwischen 6 und 14 km schwankt, ist in mehreren Terrassen tief ins Tafelland der Syrischen Wüste eingeschnitten. Die tiefste, nach-pleistozäne Terrasse bietet mit ihren fruchtbaren Alluvialböden ideale Wachstumsbedingungen für Pflanzen. Der Fluß selbst mäandriert, unter Bildung zahlreicher Inseln und Altarme, in der Talaue. ... Hochwasserperiode ist das Frühjahr: Der Flußpegel steigt dann ca. 4 m über seinen Normalstand, Kulturland und Siedlungen bleiben aber meist vom Wasser verschont. Das Tal bietet, trotz des arid-kontinentalen Klimas mit Niederschlagsmengen unter 200 mm im langjährigen Mittel, ausgezeichnete Bedingungen für Ackerbau auf Grundlage intensiver Bewässerung«.[10]

Agrarkultur und Fernhandel waren die wirtschaftlichen Grundlagen, um eine größere Bevölkerung in Dura Europos zu ernähren. Verkehrs-

---

Conducted by Yale University and the French Academy of Inscriptions and Letters. Preliminary Report of the Seventh and Eighth Seasons of Work 1933–1934 and 1934–1935 Bd. VIIf, New Haven u.a. 1939, 318–320, 318 (No. 916) und pl. LV,1; D.R. HILLERS/E. CUSSINI, Palmyrene Aramaic Texts, Baltimore/London 1996, 169 (Nr. 1067). Spätestens seit dem 1. Jh. v.Chr. ist von der Präsenz von Palmyrener in Dura Europos auszugehen. So sind mehrere Tempel, aber auch das Mithraeum (ca. 170 n.Chr., dazu FR. CUMONT, The Dura Mithraeum, in: Mithraic Studies. Proceedings of the First International Congress of Mithraic Studies Bd. 1, hg. v. J.R. Hinnells, Manchester 1975, 151–214, 162) palmyrenische Gründungen.

[7]   Zur Organisation des palmyrenischen Karawanenhandels vgl. R. DREXHAGE, Untersuchungen zum römischen Osthandel, Bonn 1988, 87–125.

[8]   M. SOMMER, Roms, 271.

[9]   Dazu E. WIRTH, Syrien. Eine geographische Landeskunde, Wissenschaftliche Länderkunde 4/5, Darmstadt 1971, 429–437.

[10]   M. SOMMER, Roms, 270.

geographisch gesehen, war Dura Europos mithin »eine bedeutende Station der sog. parthischen Königsstraße auf dem Weg von Babylon nach Syrien.«[11] Kulturgeographisch geurteilt, begegnete sich in Dura Europos der persisch-indische Osten mit dem syrisch-mediterranen Westen. Die Stadt selbst beteiligte sich am florierenden West-Ost-Handel mit handwerklichen und agrarischen Erzeugnissen.[12]

4.1.2 Der Name

Der überlieferte aramäisch-griechische Doppelname Dura Europos (Δοῦρα Εὐροπός) besteht aus einem semitischen und einem griechischen Namensteil: Während das aramäische Wort »Dura« (דור) »umfriedeter Ort« bedeutet und als Ortsnamen auf Graffitis in parthischer Zeit erscheint,[13] ist »Europos« (Εὐροπός) der Name des Geburtsortes von Seleukos I. Nikator (312–280 v.Chr.) in Mazedonien.[14] Die offizielle Bezeichnung für die Stadt am Euphrat in griechischen Dokumenten lautete: Εὐροπός ἐν Παραποταμίᾳ.[15] Damit wird angedeutet, dass der Ort die Funktion eines zentralen Verwaltungszentrums einer Satrapie des Seleukidischen Großreiches, nämlich Mesopotamien, übernehmen sollte.

Der in der Antike Verwendung findende aramäisch-griechische Doppelname[16] dürfte entstehungsgeschichtlich zu interpretieren sein: Eine ursprünglich vorhandene semitische Niederlassung[17] wurde in hellenistischer Zeit neu gegründet.[18] Die Wiederholung des makedonischen Ortsnamen Europos im Kontext der zeitgleich erfolgenden Städtegründungen mit makedonischen und griechischen Namen im Bereich von Großsyrien macht

---

[11]   E. REHM, Art. Syrien, in: Antike Stätten am Mittelmeer, Metzler Lexikon, Stuttgart 1999, 646–668, 653f.

[12]   Vgl. M.-L. CHAUMONT, Études d'histoire parthe V. La route royale des Parthes de Zeugma à Séleucie du Tigre d'après l'itinéraire d'Isidore de Charax, Syria 61, 1984, 63–107, 92.

[13]   Vgl. M. GÖRG, Art. Dura, NBL 1, 1991, Sp. 452 (vgl. als Nomen proprium Dan 3,1).

[14]   Gelegen nördlich von Pella am Arios.

[15]   Vgl. D. Perg. 21, Z. 3 und 40 (beide 87 n.Chr.), dazu M. ROSTOVTZEFF, Gesellschafts- und Wirtschaftsgeschichte der hellenistischen Welt Bd. 3, Darmstadt 1956 (Nachdr. 1998), 1199; S. MATHESON, Dura-Europos on the Euphrates, New Haven 1982, 370.

[16]   Vgl. Isidoros von Charax, Σταθμοὶ Πάρθικοι, 2 (1–19) 571: »Dura, Stadt des Nikanor, Gründung der Makedonier (von den Griechen Europos genannt)«.

[17]   Vgl. den Fund eines Keilschrifttäfelchens aus dem frühen 2. Jt. v.Chr. im Areal des Atargatis-Tempels, dazu F.J. STEPHENS, A Cunieform Tablet from Dura Europos, RA 34, 1937, 184–190.

[18]   Vgl. H. BENGTSON, 4. II. Syrien in hellenistischer Zeit, in: P. Grimal (Hg.), Fischer Weltgeschichte Bd. 6, Frankfurt a.M. 1965 (Nachdr. Bd. 2, 2003), 244–254, 250.

dabei deutlich, »daß die Seleukiden die Absicht hatten, den Kern ihres Reiches in ein neues Makedonien umzuwandeln.«[19]

4.1.3 Die hellenistische Stadt(neu-)gründung

Die Einrichtung von Europos als einer hellenistischen Stadt auf einer vorhandenen älteren semitischen Ansiedlung ist auf die Jahre um 300–280 v.Chr. anzusetzen. Der mazedonische Reitergeneral Seleukos I. Nikator, der zum Begründer der Seleukiden-Dynastie (312/1–64 v.Chr.) werden sollte, hatte sich nach dem Tod Alexanders des Großen (323 v.Chr.) der Satrapie Babylon bemächtigt und sich im Jahr 306 v.Chr. zum König erklären zu lassen. Aufgrund glücklicher Umstände gelang es ihm, seine Satrapie im Jahre 304 v.Chr. nach Osten hin bis zum Indus zu erweitern. Durch die Entscheidungsschlacht im 3. Diadochenkrieg um das Erbe Alexanders von 301 v.Chr. bei Ipsos in Phrygien, die Seleukos mit Kassandros und Lysimachos zu den Gewinnern gegen Antigonos und Demetrios zählen ließ, konnte Seleukos I. seinen Machtbereich über das Gebiet von Syrien und Mesopotamien ausdehnen.[20]

In diesem geschichtlich-erfolgreichen Moment sah sich Seleukos I. herausgefordert, die Herrschaft über sein instabiles Vielvölkergroßreich u.a. durch städtebauliche Maßnahmen zu stabilisieren.[21] Im Bereich von Großsyrien gründete Seleukos I. mehrere Städte,[22] um sie mit makedonischen sowie griechischen Militärkolonisten zu besiedeln (s. Abb. 2). Bei Dura ist davon auszugehen, dass die Stadt unter der Verantwortung von »Nikanor, den Generalgouverneur der oberen Satrapien unter Seleukos I., neu gegründet« wurde.[23] Das Ziel von Seleukos' I. Politik war es, »in der Form von Städten und Dörfern eine griechisch-makedonische Schicht über die einheimische Bevölkerung zu legen«.[24]

---

[19] M. ROSTOVTZEFF, Gesellschafts- und Wirtschaftsgeschichte 1, 373.
[20] Vgl. Diod. 21,1.5.
[21] Vgl. A. MOMIGLIANO, Hochkulturen im Hellenismus. Die Begegnung der Griechen mit Kelten, Juden, Römern und Persern, München 1979.
[22] Vgl. dazu J.D. GRAINGER, The Cities of Seleukid Syria, Oxford 1990, 31ff.
[23] H. BENGTSON, Syrien, 250.
[24] M. ROSTOVTZEFF, Gesellschafts- und Wirtschaftsgeschichte 1, 368.

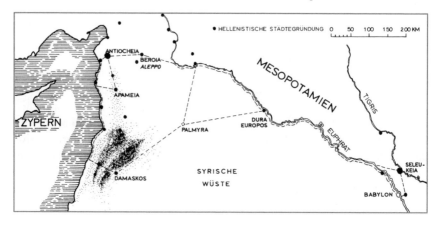

Abbildung 2: Dura Europos. Lage der Stadt im Seleukidischen Großreich

Das nach seinem Vater benannte Antiochia am Orontes ließ Seleukos I. dabei zur Residenzstadt seines Großreiches ausbauen. Ungefähr 1000 km östlich von Antiochia entfernt wurde Europos als makedonische Kolonie gegründet und als strategischer Verkehrs- und Handelsort eingerichtet. Die von Nikanor gegründete Stadt sollte als festungsähnlicher Wachtpunkt den Verkehr entlang des mittleren Euphrats auf dem Weg in Richtung auf das babylonische Seleukeia/Tigris kontrollieren. Durch Übertragung von königlichem Grund und Boden, der der Stadt bei ihrer Neugründung zugewiesen worden war, wurden Beamte und aktive Militärs wie Veteranen an die makedonische Dynastie zum Wohle des seleukidischen Großreiches gebunden. Die Makedonischen und griechischen Kolonisten, die zum Kriegsdienst verpflichtet waren, sollten sich als grundbesitzende Oberschicht in Europos mit der orientalischen Lebensweise und Kultur der einheimischen, aramäischsprachigen Unterschicht auseinandersetzen. In deren Händen lagen zunächst Handel, handwerkliche Betriebe und landwirtschaftliche Produktion. Gerade aber die Verbindung von hellenistischer und semitischer Kultur und Religion sollte das städtische Gepräge von Dura Europos entscheidend befruchten.[25]

---

[25]   Zur Charakterisierung dieser »exogene(n) Urbanisation mit sicherheitspolitischem Hintergrund« FR. VITTINGHOFF, »Stadt« und Urbanisierung in der griechisch-römischen Antike, in: Ders., Civitas Romana. Stadt und politisch-soziale Integration im Imperium Romanum der Kaiserzeit, hg. v. W. Eck, Stuttgart 1994, 11–24, 21.

4.1.4 Zur Stadtanlage

In der hellenistischen Gründungszeit wurde das Areal gegen Westen hin durch eine festungsähnliche (Lehmziegel-) Mauer abgetrennt. Ihre strategische Aufgabe war es, die Stadt vor Angriffen aus dem Bereich der Arabischen Wüstensteppe zu schützen. Die Stadtmauer ging an der nördlichen und südlichen Ecke in Richtung des Flusses in kleinere Begrenzungsmauern über. Diese waren in der Höhe niedriger gehalten und passten sich variabel dem Gelände der beiden Schluchten an (s. Abb. 3). Dagegen bildet die große westliche Stadtmauer einen relativ gradlinig verlaufenden Mauerbau, der in regelmäßigen Abständen durch quadratische Türme, die auf der Land- wie Stadtseite vorkragen, verstärkt wurde.[26]

Abbildung 3: Rekonstruktion des hellenistischen Europos aus der Vogelschau (Zeichnung H. Pearson)

Etwas südlich der Mitte erhielt die Stadtmauer ein zentrales Tor, heute das *Palmyra-Tor* genannt. Seine Funktion war es, die die Stadt in West-Ost-

---

[26]   Der Gesamtumfang der Stadtmauer betrug 3,3 km, vgl. W. Kroll, Nachtrag Art. Dura, in: RE.S 5, 1931, Sp. 183–186, 183.

Richtung querende Hauptstraße aufzunehmen. Diese erreichte ungefähr in der Stadtmitte die Agora, um von dort aus sich in Richtung auf das (nicht mehr erhaltene) städtische Flusstor fortzusetzen. Im Norden der Agora wurden kommerzielle Gebäude angelegt, während südlich davon griechische Tempelanlagen gebaut wurden. Auf dem von dem relativ ebenen Stadtgrund abgetrennten höheren Felsplateau wurde die mit einer Palastanlage versehene Zitadelle zur Aufnahme einer Garnison errichtet. Gegenüber der Zitadelle wurde die sogenannte Redoute, das Verwaltungsgebäude des städtischen Gouverneurs erbaut.

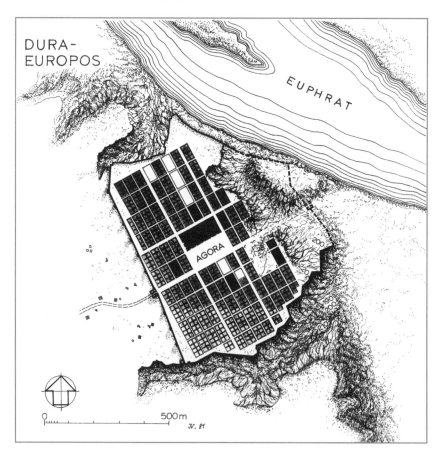

Abbildung 4: Dura Europos. Stadtanlage am Euphrat

Zur Aufnahme des Großteiles der Bevölkerung erhielt Dura Europos in der Schlussphase der Seleukidenherrschaft (ca. 150 v.Chr.)[27] ein System rechteckiger Wohn-Insulae (ca. 35 x 70 m) mit parallelen, sich rechtwinklig kreuzenden Straßen (Breite ca. 4,50 m), die in nordwest-südöstlicher und südwest-nordöstlicher Richtung gerastet waren. Jede Wohninsel teilte sich wiederum in acht Wohneinheiten auf. Die einzelnen Wohnbereiche wurden im Verlaufe der Stadtgeschichte sukzessive mit Häusern bebaut (s. Abb. 4).

Bei den städtischen Häusern handelt es sich um sog. orientalische Typenhäuser: Dabei ist die in Männer- und Frauentrakt gegliederte Wohnanlage um einen zentralen Innenhof angelegt. Auch das zu einer Hauskirche umgebaute christliche Gebäude gehörte zu diesem repräsentativen Wohnhaustyp. Dieses Stadthaus lag unmittelbar an der großen Stadtmauer im baulichen Schatten eines respektablen Verteidigungsturmes; von ihm war es nur durch den Weg direkt hinter der Mauer getrennt (s. Abb. 7).

4.1.5 Zur Stadtgeschichte

Trotz der in Dura Europos gefundenen zahlreichen Inschriften und Münzen und trotz der recht häufigen Erwähnung des Ortes in literarischen Quellen lässt sich die politische Geschichte der Stadt nur unzureichend rekonstruieren.[28] Anhand der Bebauung können die ungefähr sechs Jahrhunderte des Bestehens von Dura Europos
– in eine seleukidische (300–113 v.Chr.),
– in eine parthische (113 v.Chr.–166 n.Chr.) und
– in eine römische Zeit (167–256/7 n.Chr.)
unterschieden werden. Die parthische Ära lässt sich wiederum zweiteilen.[29]

In der zwei Jahrhunderte dauernden seleukidischen Epoche von ca. 300 v.Chr. an prägte der makedonische Adel, der die Stadt als Siedlungskolonie militärischen Charakters gegründet hatte, die Ortslage. Europos wurde rundherum mit Mauerzügen befestigt. Als hellenistische Polis[30] wurde die Siedlung mit einer Agora und mit davon getrennt liegenden Wohngebäuden

---

[27]   Zur Datierung des Straßenrasters und der Stadtbefestigungen jetzt P. LERICHE/A. AL-MAHMOUD, Bilance des Campagnes 1991–1993 de la mission francosyrienne à Doura-Europos, in: P. Leriche/M. Gelin, Études IV. 1991–1993, Beyrouth 1997, 1–20, 16.

[28]   Dazu vgl. M.I. ROSTOVTZEFF, Dura and the Problem of Parthian Art, YCS 5, 1935, 157–304, 195ff.

[29]   Vgl. M.I. ROSTOVTZEFF, Dura (1935), 195–202; CL. HOPKINS, Discovery, 251ff; H. KLENGEL, Syrien zwischen Alexander und Mohammed, Denkmale aus Antike und frühem Christentum, Berlin 1985, 159ff; P.W. HAIDER, Hellenistische und römische Neugründungen, in: Ders. u.a., Religionsgeschichte Syriens. Von der Frühzeit bis zur Gegenwart, Stuttgart u.a. 1996, 147–188; M. SOMMER, Roms, 271.

[30]   Dazu M. SOMMER, Roms, 81–88.

sowie mit Verwaltungsbauten und Tempelanlagen, u.a. einem Tempel für die Artemis, ausgestattet. Auf die seleukidische Zeit geht auch der orthogonale Plan der Stadt samt Markt gemäß der Stadtarchitektur des griechischen Städtebauers Hippodamos aus Milet zurück.[31]

In seleukidischer Zeit war Europos befestigter Wegposten der Karawanen zwischen den großen mesopotamischen und syrischen Zentren des seleukidischen Großreiches. Als Umladeplatz von Gütern vom Fluss- auf den Landweg erfüllte die verkehrsstrategisch geplante Stadt ihre Aufgabe, den Fernhandel zu kontrollieren. Die städtische Bevölkerung setzte sich aus makedonischen und griechischen Kolonisten sowie einer kleinen hellenisierten einheimischen Aristokratie und der ansässigen semitischen Bevölkerungsmasse zusammen. Dura Europos wurde von griechischer Sprache und Kultur geprägt. Zwar wurden die großzügigen Pläne der städtischen und festungsähnlichen Bebauung von Dura Europos niemals vollendet,[32] doch entwickelte sich auf dem Bestehenden eine wohlhabende Handelsstadt, die zugleich Mittelpunkt der regionalen Landwirtschaft, der Garten- und Rebenkultur wie der Viehzucht war.

Nicht lange nach dem Fall von Seleukeia/Tigris im Jahre 140 v.Chr. und damit von Babylonien an die Arsakiden dürfte auch das am mittleren Euphrat gelegene Europos in die politische Abhängigkeit der Parther gekommen sein.[33] Die jetzt beginnende parthische Ära der Stadt (ca. 113 v.Chr.[34]–165 n.Chr.) profitierte von den vielen Bürgerkriegen, die das Seleukidische Reich in seinem Inneren zwischen 162–121 v.Chr. erschütterten. Von dem unaufhaltsamen Niedergang des Seleukidischen Großreiches hatten am Beginn des 1. Jh. v.Chr. ihren Nutzen im Süden die Nabatäer, im Norden hingegen die Armenier. Schließlich aber gingen im Jahre 64 v.Chr. die Römer unter Pompeius zur Besetzung Syriens vor. Sie lösten das nur noch als politische Fiktion existierende seleukidische Staatengebilde auf und wandelten es in eine von einem Prokonsul regierte Provinz des Römischen Reiches um. Der Sitz des römischen Statthalters wurde Antiochia.

Aufgrund seiner exponierten Lage wurde Dura Europos als Grenzsiedlung zu den Seleukiden von den Parthern de facto neu erbaut. Im 1. Jh. n.Chr. wurde die Stadt ein parthisches Verwaltungszentrum. In ihr residier-

---

[31]   Im Bereich des seleukidischen Großsyrien vgl. die Stadtanlagen von Beroia (Aleppo) und Laodikeia, dazu CHR. HÖCKER, Art. Hippodamos aus Milet, DNP 5, 1998, Sp. 582f.

[32]   Vgl. H. BENGTSON, Syrien, 250.

[33]   Vgl. J. TEIXIDOR, Un port romain du désert. Palmyre et son commerce d'Auguste à Caracalla, Semitica 34, 1984, 7–125, 21 mit Anm. 40; F. MILLAR, The Roman Near East, 31 BC–AD 337, Cambridge/London 1993, 445–452 ; DERS., Dura-Europos under Parthian Rule, in: J. Wiesehöfer (Hg.), Das Partherreich und seine Zeugnisse, Historia-Einzelschriften 122, Stuttgart 1998, 473–492.

[34]   E. REHM, Stätten, 654, sieht »gegen 110 v.Chr.« Dura Europos »in die Hand der Parther« geraten.

te ein parthischer Militärgouverneur.[35] Die Herrschaft der Parther sorgte dafür, dass die Zitadelle der Grenzstadt in eine durch Mauern befestigte Akropolis ausgebaut wurde. Zum militärischen Konzept gehörte es weiterhin, dass die Mauern entlang den Schluchten und dem Flussufer verstärkt wurden, Türme auf der westlichen Stadtmauer errichtet und deren Lehmziegelaufbau weitgehend durch ein Steinmauerwerk ersetzt wurde.[36] Das zentrale städtische Tor, das sogenannte *Palmyra-Tor*, wurde mit turmartigen Befestigungsanlagen geschützt.

Nach einigen militärischen Auseinandersetzungen schlossen im Jahre 20 v.Chr. der römische Kaiser Augustus und die Parther ein Friedensabkommen. Dura Europos gehörte danach weiterhin zum Parthischen Reich, während das nördlich am Euphrat gelegene Circesium zum römischen Bereich zählte. Die Grenze zwischen beiden Reichen verlief ca. 70 km nördlich von Dura Europos. Die Stadt stand damit am Beginn des zweiten Teils der parthischen Ära:

Unter der Herrschaft des parthischen Königtums wurden seleukidische Kultbauten von Dura Europos zunehmend orientalisiert. Es setzte sich ein Prozess fort, der schon von den griechischen Militärkolonisten eingeleitet worden war: Die Verehrung von lokalen Gottheiten unter griechischen Namen. Somit verschmolzen in Dura Europos religiöse Vorstellungen aus dem hellenistischen, parthisch-iranischen und mesopotamischen Pantheon miteinander. Das aufblühende Stadtwesen wuchs zu einem größeren Handelsplatz heran, der jetzt mehr und mehr unter den Einfluss von Palmyra kommt.[37] Das Stadtbild veränderte sich: Die Agora wurde von Bazarstraßen überbaut, babylonische Heiligtümer, gewidmet z.B. der Azzanathkona-Atargatis und des Hadad, ergänzten die bestehenden griechischen. Verehrt wurden der Schutzgott der Stadt, Gad als Zeus Olympios, verschiedene palmyrenische Götter sowie diverse Nomadenschutzgottheiten. Das Stadtbild veränderte sich durch die zahlreichen neu errichteten Sakralbauten (sog. Tempel der palmyrenischen Götter, Tempel des Aphlad).

Die Zitadelle mitsamt Palast wurde vom Euphratfluss im Laufe des 1. Jh. v.Chr. sukzessive weggerissen. Das städtische Machtzentrum verlagerte sich darum in die Redoute. Dura Europos war zu seiner parthischen Blütezeit eine semitische Stadt, deren Prosperität auf dem vom römischen Kaiser

---

[35] Vgl. P. Dura 18–20, in: C.Br. WELLES u.a., The Excavations at Dura-Europos. Final Report Bd. V/1: The Parchments and Papyri, New Haven 1959, 98–116; H.M. COTTON u.a., The Papyrology of the Roman Near East. A Survey, JRS 85, 1995, 214–235 (No's 39f.166).

[36] Dieser Ersatz der Lehmziegelmauern durch ein Quaderwerk aus Stein war selbst in röm. Zeit noch nicht abgeschlossen. »Im Nordabschnitt der Westmauer ... behalf man sich daher mit einer Mauer aus ungebrannten Lehmziegeln, die einem Sockel aus behauenen, mit Gipsmörtel vermauerten Quadersteinen aufgesetzt wurde« (M. Sommer, Roms, 275).

[37] Vgl. M. ROSTOVTZEFF, Gesellschafts- und Wirtschaftsgeschichte 2, 676.

Augustus und seinen Nachfolgern geförderten (Welt-) Handel zwischen Okzident und Orient beruhte. Weitere Wohn-Insulae wurden mit Häusern belegt. Allerdings wurde nur mehr grob dem ursprünglichen hippodamischen Bauplan der Stadt gefolgt.

Nachdem bereits der römische Kaiser Trajan (98–117 n.Chr.) im Zuge seines groß angelegten Partherfeldzugs in den Jahren 114–117 n.Chr. Dura Europos für kurze Zeit besetzte,[38] eroberte schließlich im Jahre 165 n.Chr. der römische Prokurator der Provinz Syrien, Lucius Aurelius Verus (164–166 n.Chr.),[39] im Krieg gegen den Partherkönig Vologaises IV. die Stadt für die Römer (165–255/6 n.Chr.). Dura Europos wurde in der Folgezeit als Festungsstadt ein wichtiger Bestandteil des syrischen Limes. Das Leben der Stadt gehorchte militärischen Regeln und röm. Soldaten statt Kaufleute prägten das Stadtbild. Von römischer Warte aus galt es, die Stadt sowohl gegen parthische Angriffe als auch gegen beduinische Überfälle zu sichern. Seit den Partherkriegen des römischen Kaiser Septimius Severus (193–199 n.Chr.) gehörte Dura Europos zur römischen Provinz *Syria Koile* (s. Abb. 5).[40] So wurde unter Severus in Dura Europos eine römische Garnison stationiert. Um 211 n.Chr. erhielt die von den Römern annektierte Stadt den Rang einer römischen *Colonia*.

Für die Annexion von Dura Europos nach den Partherkriegen von Septimius Severus (193–199 n.Chr.) und Caracalla (216–217 n.Chr.) sprachen am ehesten militärisch-strategische Erwägungen: Die gescheiterten Anläufe ließen es den Römern »geraten scheinen, das exponierte Territorium als Aufmarschbasis für weitere Feldzüge gegen die östlichen Nachbarn auszubauen. Eine starke römische Position am mittleren Euphrat war eine eminente Bedrohung für die parthische Hauptstadt Ktesiphon und die Kernlande der Arsakiden. Daneben mögen ökonomische Überlegungen durchaus ihre Rolle gespielt haben«: War »die Sicherheit der Karawanenstraßen ... auch ohne

---

[38] Vgl. die Errichtung eines Triumphbogens für den röm. Kaiser von der Legio III Cyrenaica im Jahre 116 n.Chr., dazu S. GOULD, III. Inscriptions. I. The Triumphal Arch, in: P.V.C. Baur u.a. (Hg.), The Excavations at Dura-Europos. Conducted by Yale University and the French Academy of Inscriptions and Letters. Preliminary Report of the Fourth Season of Work October 1930–March 1931, New Haven 1933, 56–65; R.O. FINK, XV Supplementary Inscriptions I. An Addition to the Inscription of the Arch of Trajan (Rep IV, no. 167), in: M. Rostovtzeff u.a. (Hg.), The Excavations at Dura-Europos. Conducted by Yale University and the French Academy of Inscriptions and Letters. Preliminary Report of the Sixth Season of Work 1932–March 1933, New Haven 1963, 480–482. – Den Abzug der röm. Truppen im Jahr 117/8 n.Chr. berichtet eine Inschrift über neue Tore am Tempel, vgl. M. ROSTOVTZEFF, Kaiser Trajan und Dura, Klio 31, 1938, 285–292; C.BR. WELLES, Appendix. The shrine of Epinicus and Alexander, in: M. Rostovtzeff u.a. (Hg.), The Excavations at Dura-Europos. Conducted by Yale University and the French Academy of Inscriptions and Letters. Preliminary Report of the Seventh and Eighth Seasons of Work 1933–1934 and 1934–1935, New Haven u.a. 1939, 128–134, 129f (No. 868).

[39] Lukian, Quomodo hist. 20.24.28, dazu E. DABROWA, The Governors of Roman Syria from Augustus to Septimius Severus, Ant. 1,45, Bonn 1998, 110–112.

[40] Vgl. F. MILLAR, Near East, 122.467.

direkte römische Präsenz durch die Palmyrener garantiert«,[41] so wurde der palmyrenische Einfluss auf Dura Europos, der gewiss seinen finanziellen Anreiz hatte, durch die röm. Machtübernahme beendet.

Angesichts der Machtergreifung der aggressiven Sasanidischen Dynastie in Mesopotamien[42] wurde Dura Europos in der Römischen Epoche zu einem militärstrategischen Außenposten an der äußersten Ostgrenze des Römischen Reiches umgestaltet. Der städtische Nordteil – ungefähr 1/4 des gesamten Stadtareals – wurde durch eine Steinmauer als römischer Militärstützpunkt abgetrennt. Die römischen Besatzer errichteten Militärbauten, so u.a. den Kommandantenpalast für den Dux ripae (= »Befehlshaber des Flussufers«, gemeint ist der Euphrat), ein Amphitheater sowie verschiedene Thermen. Am Tempel der Artemis entstanden Sitze für den römischen Rat. Die lokale Regierungsform wurde von der römischen Verwaltung und Gesetzgebung abgelöst. Offizielle Dokumente wurden jetzt auf Latein abgefasst. Doch dürfte das Lateinische insgesamt das Griechische der gebildeten Oberschicht und das Syrische bzw. Palmyrenische der einheimischen Bevölkerungsmehrheit nicht verdrängt haben.[43] Die sakrale Bauaktivität ließ in römischer Zeit jedoch nach. Dokumentiert ist nur der Bau von Heiligtümern, die religiösen Minderheiten als Kultstätte dienten: das Mithraeum (ab 168 n.Chr.), die Synagoge (vollendet 245 n.Chr.) und das Dolichenum (vollendet 211 n.Chr.).

---

[41]   M. Sommer, Roms, 312.

[42]   Vgl. Kl. Schippmann, Grundzüge der Geschichte des Sasanidischen Reiches, Darmstadt 1990, 17; J. Wiesehöfer, Das antike Persien. Von 550 v.Chr. bis 650 n.Chr., Düsseldorf/Zürich ²2002, 205ff.

[43]   Vgl. F. Millar, Die griechischen Provinzen, in: Ders. (Hg.), Fischer Weltgeschichte Bd. 8, Frankfurt a.M. 1966 (Nachdr. Bd. 4, 2003), 199–223, 213f.

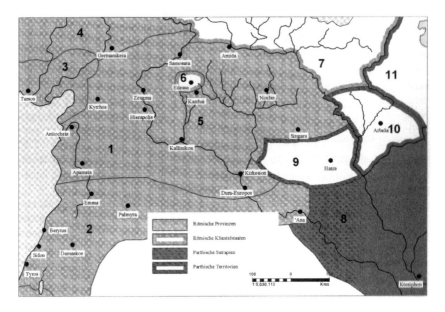

Abbildung 5: Vorderasien 211 n.Chr.
1 Syria Coele, 2 Syria Phoenice, 3 Cilicia, 4 Cappadocia, 5 Mesopotamia,
6 Königreich Osrhoene, 7 Röm. Klientelkönigreich Armenien, 8 Partherreich,
9 Hatra: »Königreich der Araber«, 10 Königreich Adiabene, 11 Media Atropatene[44]

Dura Europos wurde in römischer Zeit schrittweise zu einer polyglotten
Stadt. Die militärischen Archive lassen erkennen, dass aus einer Kompanie
von palmyrenischen Bogenschützen die *cohors XX Palmyrenorum* geformt
wurde (ab 208/9 n.Chr.) und dass Hilfstruppen aus Syria Coele in Gestalt
der *IV Scythia*, der *XVI Flavia Firma* und aus der Arabia mit der
III Cyrenaica stationiert wurden.[45] Das Stadtbild von Dura Europos prägten
Söldner und römische Soldaten aus aller Herren Länder. Die nördliche
Stadthälfte wurde durch Garnisonsbauten im frühen 3. Jh. n.Chr. nahezu
vollständig umgestaltet. Die vorhandenen Wohnviertel von Dura Europos

---

[44]   M. SOMMER, Roms, 71, kommentiert: »Beim Tod des Septimius Severus beherrschte Rom
fast das gesamte Gebiet zwischen Mittelmeer und Tigris direkt. Die Provinz Syria war in eine
Nordhälfte (Syria Coele, 1) und eine Südhälfte (Syria Phoenice, 2, wozu vermutlich auch die
römischen Grenzforts am nun stark befestigten mittleren Euphrat gehörten) geteilt. Die Provinz
Mesopotamia (5) war auf Kosten des Königreichs Osrhoene (6) erheblich erweitert worden.
Armenien (7) blieb römisches Klientelkönigreich. Das »Königreich der Araber« um Hatra (9),
Adiabene (10) und Media Atropatene unterstanden weiterhin als *regna* der Suzeränität des Parther-
reichs (8)«.
[45]   Vgl. P. Dura 8, dazu C.BR. WELLES U.A. (Hg.), Parchments, 24–26.

wurden durch die zuwandernde römische Militär- und Zivilbevölkerung in
verstärkter Weise ausgebaut.

Die Lebenswirklichkeit von Dura Europos wurde in dieser Zeit neben
der Einführung des römischen Rechtes[46] vor allem vom römischen Militär
beeinflusst. Nicht nur, dass die gesamte Nordhälfte der Stadt von römischer
Militärarchitektur dominiert wurde, sondern dass auch die römische Armee
sich als ein besonderer ökonomischer Faktor erwies, der die regionalen
Märkte völlig neu strukturierte.

Mögen auch die Soldaten in eigenen Werkstätten vieles selbst hergestellt haben: Der
Bedarf der beständig aufgestockten Garnisonen an Nahrung, Kleidung, Gegenständen
und Dienstleistungen des täglichen Bedarfs dürfte alles gesprengt haben, was lokale
Produzenten bis dato zu liefern gewohnt waren. Schließlich waren die Soldaten die
einzige Großgruppe im Reich, die über ein nennenswertes und vor allem regelmäßi-
ges Salär verfügte.[47]

Ausmaß und Wirkung der wirtschaftlichen Stimulation, die von den römischen Garnisonen auf die Stadt Dura Europos ausging, lassen sich mangels
Daten nicht in Ziffern ausdrücken. Indizien für einen intensiven demografi-
schen Wandel bestehen aber darin, dass sowohl die jüdische Gemeinde von
Dura Europos in römischer Zeit einen solchen Aufschwung nahm, der es ihr
erlaubte, eine prachtvolle Synagoge einzurichten, als auch, dass die christliche Gemeinde sich aufgrund ihres zahlenmäßigen Wachstums ein Gemeindehaus einrichtete (s.u. Kap. 4.5). Der sichtbare wirtschaftliche Aufschwung, der von den römischen Garnisonen angestoßen wurde, »könnte
mit Gewinnchancen zu tun haben, die der militärische Markt lokalen Händ-
lern und Produzenten bot und die möglicherweise in größerem Umfang
ökonomisch aktive Personen dazu bewog, ihren Wohnsitz nach Dura Europos zu verlagern«.[48]

Die römische Epoche von Dura Europos wurde im Jahr 256/7 n.Chr. von
den Sasaniden unter der Führerschaft von Schapur I. (240–271/3? n.Chr.)
abrupt beendet.[49] Die Herren aus dem »Hause Sasan«, die ihren Aufstieg als
lokale Dynasten in der Gegend von Persepolis begonnen hatten, weiteten in
den Jahren nach 205/6 n.Chr. ihrer Herrschaft über alle von den Arsakiden
beherrschten parthischen Territorien sowie Nordostarabien aus. Sie erbten
nicht nur die Herrschaft der Parther, sondern auch ihre innen- wie außenpo-
litischen Probleme. Zu Letzteren zählte die Feindschaft zu den Römern.

---

[46]   Dazu M. SOMMER, Roms, 317–319.
[47]   EBD., 313.
[48]   EBD., 313.
[49]   Der Zeitpunkt der ersten sasanidischen Eroberung liegt als Terminus post quem aufgrund
des Fundes von zwei Münzen in einem auf dem Böschungswall errichten Grab, die zur vorletzten
Valerianischen Prägung der Antiochenischen Münze gehören (256/7 n.Chr.), fest, vgl. Näheres bei
D. MACDONALD, Dating the Fall of Dura-Europos, Historia 35, 1986, 45–68, 62f.

Dabei erneuerten die Sasaniden ihre expansive Frontstellung gegen das Römische Reich aus Gründen der Konsolidierung ihrer eigenen Herrschaft.[50]

Die Sasaniden gerieten in Konflikt mit den Römern zunächst um die Städte Karrhai, Nisibis und Hatra, das im Jahre 240/1 n.Chr. von ihnen als römischen Schlüsselstellung zur Verteidigung von Obermesopotamien erobert wurde. Das Heer, mit dem der römische Kaiser Gordian III. (238–244 n.Chr.) zum Gegenschlag im Jahre 242 n.Chr. ausholte, wurde aber von den Sasaniden nahe ihrer Hauptstadt geschlagen. Nach dem für die Sasaniden günstigen Abkommen 244 n.Chr. installierte Schapur I. eine Sekundogenitur unter seinem Sohn Hormizd in Armenien (252 n.Chr.) und rückte dann direkt gegen römisches Territorium vor (s. Abb. 6).

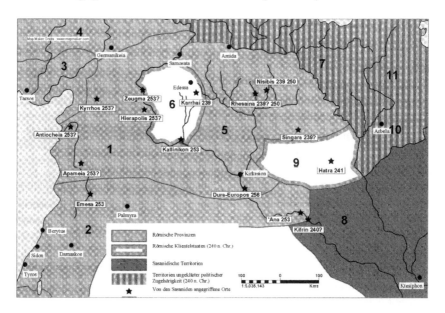

Abbildung 6: Vorderasien 240–260 n.Chr.
1 Syria Coele, 2 Syria Phoenice, 3 Cilicia, 4 Cappadocia, 5 Mesopotamia,
6 Königreich Osrhoene, 7 Armenien, 8 Partherreich, 9 Hatra: »Königreich der Araber«, 10 Königreich Adiabene, 11 Media Atropatene

Die in drei Wellen vorgetragenen Angriffe (252–260 n.Chr.) »markieren historisch und archäologisch die wohl schärfste Zäsur in Vorderasien seit der römischen Eroberung. Die Perser besiegten das Aufgebot des Statthalters von Syria (Frühjahr 253), eroberten und plünderten zahlreiche syrische Städte, darunter Antiocheia, erlitten aber

---

[50]   Das Folgende nach M. Sᴏᴍᴍᴇʀ, Roms, 73f.

eine Niederlage bei Emesa und zogen sich noch 253 südostwärts zurück. Obwohl also die persischen Vorstöße eher razzienartigen Überfällen als planmäßiger territorialer Expansion glichen, waren die Folgen für Wirtschaft und Infrastruktur Syriens doch einschneidend. Weitere Kampagnen Šābuhrs richteten sich gegen das römische Kleinasien (253–255), bevor er erneut zum Angriff auf Obermesopotamien und Syrien ansetzte (260). Die Schlacht von Edessa endete mit der denkwürdig-verheerenden Niederlage der Römer und der Gefangennahme Kaiser Valerians durch die Perser (260)«.[51]

Gegen die bevorstehenden persischen Angriffe gegen Dura Europos verstärkten die Römer die Westmauer der Stadt durch Böschungswälle.[52] Direkt an der großen Stadtmauer gelegene städtische Gebäude wurden geräumt, um danach absichtlich verschüttet zu werden. Für die evakuierte Bevölkerung entstanden in anderen Quartieren der Stadt neue Wohnbauten in einheitlicher Bauweise.[53] So wurden auch die Hausmauern der nahe Turm Nr. 17 gelegenen christlichen Hauskirche in die Verstärkung der Stadtmauer einbezogen. Das christliche Haus verschwand vollständig unter den römischen Verteidigungsanlagen. Absicht der römischen Verteidigungsanstrengungen war es, durch ein Glacis direkte Angriffe gegen die wehrhafte Stadtmauer zu unterbinden sowie zu verhindern, dass eine Unterminierung der Mauer durch unterirdische Gänge geschieht, die von den sasanidischen Belagerungstruppen von außerhalb der Stadtmauer gegraben werden.[54]

Obwohl Dura Europos von den Römern mit allen Kräften zu einer militärischen Festung ausgebaut wurde, eroberten die Sasaniden nach schweren Kämpfen die Stadt. Sie trieben erfolgreich Gänge unter die Stadtmauer, um diese zum Einsturz zu bringen, und brachten über Sturmrampen Truppen in die Stadt. In der durch heftige Kämpfe verwüsteten Stadt lässt sich für kurze Zeit eine sasanidische Herrschaft nachweisen.[55] Wenig später setzen die sich auf der Rückkehr von ihrem erfolgreichen Eroberungsfeldzug gegen das römische Syrien befindlichen Truppen von Schapur I. der halbzerstörten Stadt durch Plünderung und Vandalismus hart zu. Schapur I. ließ die die schweren Kämpfe überlebende Bevölkerung, wie bei sonstigen Eroberungen auch, in sein Großreich deportieren.

---

[51]   M. SOMMER, Roms, 74.

[52]   Dazu ausführlich M.I. ROSTOVTZEFF u.a. (Hg.), The Excavations at Dura-Europos Conducted by Yale University and the French Academy of Inscriptions and Letters. Preliminary Report of the Sixth Season of Work October 1932–March 1933, New Haven 1963, 188–205.

[53]   C.BR. WELLES, The Population of Dura Europos, in: P.R. Coleman-Norton (Hg.), Studies in Roman Economic and Social History, FS A.Ch. Johnson, Princeton 1951, 251–274, 258.

[54]   S. Figur 32 bei S. MATHESON, Dura Europos. The Ancient City and the Yale Collection, o.O. 1982, 37.

[55]   Vgl. D. MACDONALD, Dating, 67f.

Wurde Dura Europos vermutlich von den Römern für eine kurze Zeit zurückerobert,[56] so wurde der Ort schließlich im Jahre 265 n.Chr. unter Schapur I. wiederum sasanidisch. Die Stadt Dura Europos konnte sich jedoch von ihren schweren Verwüstungen und dem Aderlass ihrer getöteten Bewohner nicht erholen. Seit 273 n.Chr. verödet der einst blühende Ort abseits der Verkehrsströme und existiert seitdem fast unbewohnt als Ruinenstadt am Euphrat. –

Die Entdeckung des antiken Dura Europos für die Neuzeit begann im Jahre 1920 im politischen Kontext des britischen Völkerbundmandates über den Irak des nach dem Ersten Weltkrieg zusammengebrochenen Osmanischen Reiches (Vertrag von Sèvres 10.8.1920). Ein Captain der British Army namens M.C. MURPHY machte seinem Vorgesetzten davon Meldung, dass er am 30. März bei Salihije »some ancient wall paintings in a wonderful state of preservation«[57] entdeckt habe. Doch erst als 1922 im Zuge der politischen Neuordnung durch den Völkerbund das Gebiet von Deir-ez-Zor dem französischen Mandatsgebiet über Syrien zugeschlagen wird, starteten unter der Leitung von FR. CUMONT in den Jahren 1922/3 erste archäologische Sondierungen. Die politisch-militärische instabile Situation gestattete jedoch keine Weiterführung der archäologischen Untersuchungen. So dauerte es bis 1928, dass bis einschließlich des Jahres 1937 systematische Grabungen in Dura Europos von einer amerikanisch-französischen Equipe der Yale University und der Französischen Akademie der Wissenschaften unter der Leitung von P.V.C. BAUR und M. ROSTOVTZEFF (1870–1952) sowie dem Architekten M. PILLET durchgeführt werden konnten. In der Zeit der ersten Grabungskampagnen wird auch im Jahr 1932 unter der Leitung von CL. HOPKINS eine christliche Hauskirche entdeckt und freigelegt.

Aufgrund der Tatsache, dass Dura Europos seit seiner Zerstörung und Plünderung durch die Sasaniden in der Mitte des 3. Jh. n.Chr. nie mehr besiedelt und damit überbaut wurde, und aufgrund dessen, dass die von den verteidigenden Römern absichtlich verschüttete Gebäude in der Nähe der Westmauer in ihrem damaligen Ist-Zustand erhalten blieben sowie schließlich darum, dass die zum Großteil niedergebrannte Stadt unter dem trockenen syrischen Wüstensand für die Nachwelt bestens konserviert wurde, wird der Ort Dura Europos auch als das »Pompeji am Euphrat«[58] apostrophiert.

---

[56]   Vgl. F. MILLAR, Near East, 162f; K. STROBEL, Das Imperium Romanum im »3. Jahrhundert«: Modell einer historischen Krise? Zur Frage mentaler Strukturen breiterer Bevölkerungsschichten in der Zeit von Marc Aurel bis zum Ausgang des 3.Jh. n.Chr., Historia Einzelschriften 75, Stuttgart 1993, 222–229.

[57]   CL. HOPKINS, Discovery, 1.

[58]   H. LIETZMANN, Dura-Europos, Sp. 114; P.W. HAIDER, Neugründungen, 159.

4.2 Die Geschichte des christlichen Gebäudes

Im Zuge der römischen Verteidigungsanstrengungen von Dura Europos gegen die angreifenden Sasaniden wurde das fast unmittelbar an der städtischen Westmauer gelegene christliche Gebäude geräumt, um anschließend mit Schutt zu werden. Es verlor bei seiner gewollten Teilzerstörung seine Bedachung sowie die oberen Räume im ersten Stock, um mit seinen noch bestehenden Mauern in den städtischen Verteidigungswall einbezogen zu werden. Damit endete zeitlich die Letztfunktion des Hauses als liturgischer Ort einer christlichen Gemeinde gegen 256/7 n.Chr. Ein Blick in die archäologisch eruierbare Baugeschichte dieses Hauses lässt einen abgeräumten Vorgängerbau sowie zwei verschiedene Nutzungszeiten des christlichen Gebäudes unterscheiden: die Benutzung als Privathaus und die Verwendung als Hauskirche. Bevor aber die Baugeschichte des christlichen Hauses erörtert wird, soll zuvor das Augenmerk auf die städtische Lage des christlichen Hauses gerichtet werden:

4.2.1 Zur Lage

Ein Blick auf den antiken Stadtplan von Dura Europos (s. Abb. 7) zeigt, dass an der nordwestlichen Ecke der mit dem Sigel M 8 bezeichneten Wohninsel ein Haus liegt, das durch seine Einbauten wie Freskenmalereien als christliches Versammlungszentrum kenntlich ist. Von der großen Stadtmauer, die an dieser Stelle mit dem Turm Nr. 17 eine massive Verstärkung besitzt, ist die Hauskirche nur durch die unmittelbar an der Mauer entlang führende Wallstraße getrennt. Diese Mauerstraße trifft nur einen Häuserblock weiter nördlich (M 7) im rechten Winkel auf die städtische Hauptstraße, die vom großen Stadttor zur Agora in der topographischen Mitte der Stadt führt.

Die christliche Hauskirche liegt mithin verkehrsmäßig gut erreichbar, aber keineswegs im städtischen Zentrum von Dura Europos. In unmittelbarer Nähe befindet sich die öffentliche Einrichtung eines römischen Bades (M 7). Etwas weiter entfernt liegen Stadthäuser, die verschiedene Kultstätten beherbergen: So liegt ein sog. Tychaeum gleich nördlich der Hauptstraße (L 8) und wieder etwas weiter nördlich eine (Haus-) Synagoge (L 7). Ebenfalls in der Nähe der westlichen Stadtmauer liegt ein Mithraeum (J 7).

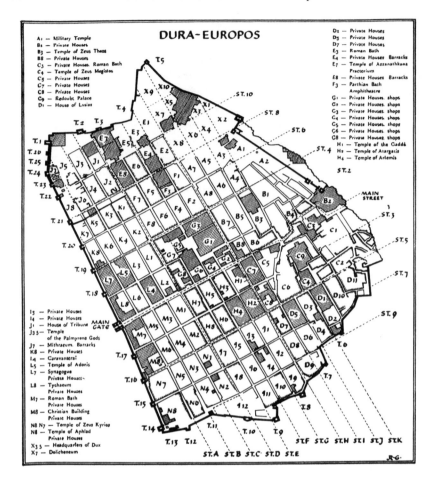

Abbildung 7: Stadtplan von Dura Europos

Gibt es in Dura Europos mit der Anhäufung von Tempeln südlich der Agora ein religiöses Zentrum – Tempel der Artemis, der Atargatis, des Zeus
Megistos und der sog. Tempel der Gadde in H 1, H 2, H 4 und C 4 – so fällt
auf, dass verschiedene Tempel und Kultstätten verstreut über die ganze
Stadt, besonders aber im baulichen Schatten der Stadtmauer anzutreffen
sind. Das trifft für die o.g. Hauskulte – so auch für das Mithräum (J 7) –
und für die Tempel für Zeus Kyrios und Aphlad im Südwesten (N 8) sowie
im Norden für den sog. Tempel der Palmyrenischen Götter und den Tempel
der Azzanathkona (J 3–5; E 7) zu.

Das topographische Verteilungsverhältnis der öffentlichen Kultstätten
von Dura Europos dürfte sich am einfachsten aus der Stadtgeschichte erklä-

ren lassen: Während das sakrale Zentrum inmitten der Stadt auf die Pläne bei der hellenistische Stadtgründung zurückzuführen sein wird, erobern die während der parthischen und römischen Ära Bedeutung erlangenden Kulte die noch von (Kult-) Bauten freien städtische Ortslagen an der Peripherie.[59] Im Falle der zu Kultstätten religiöser Vereine umgewidmeten Stadthäuser waren diese ursprünglich zu Wohnzwecken gebaut.

Aus stadtorganisatorischen wie klimatischen Gründen gehörten die unmittelbar an der Stadtmauer gelegene Gebäude zur weniger bevorzugten Wohnlage von Dura Europos:[60] Relativ weit entfernt vom Euphrat, aus dem die Bewohner (fast) alles Wasser herbeischaffen mussten, waren die Gebäude bei westlichen Stürmen dem Flugsand aus der Wüste stärker ausgesetzt, um zugleich im Sommer im Windschatten der hohen Festungsmauer die nötige Luftzirkulation in der feuchtheißen Region am Euphrat entbehren zu müssen.[61]

Hinsichtlich der öffentlichen Zugänglichkeit der verschiedenen Kultstätten für die städtische Bevölkerung ist zu bemerken, dass beispielsweise das in römischer Epoche entstandene Mithräum gleichwie das Dolichenaeum (X 7) aufgrund der den Nordteil der Stadt abtrennenden Steinmauer nur römischen Militärangehörigen offen gestanden sein dürfte. Diese Beschränkung trifft auf die im südlichen Teil der Stadt gelegenen Kultstätten hingegen nicht zu. Es also abwegig anzunehmen, dass es in Dura Europos ein jüdisches oder christliches Stadtquartier gegeben habe.[62] Im Gegenteil: Die Verteilung der nichtrömischen Kulthäuser lässt schließen, dass »a fairly mixed population lived together in relative harmony«.[63]

Dass die christliche Hauskirche wie die Haussynagoge kein ausschließlich auf ihre Mitglieder beschränkter Kultraum gewesen war, ist bereits an der längeren Sitzbank erkennbar, die an der nördlichen Straßenseite[64] Besu-

---

[59]   Vgl. R. VOLP, Liturgik I. Einführung und Geschichte, Gütersloh 1992, 191: »Die ersten Kirchenbauten finden wir häufig an Stadtmauern, weil die Stadtmitte von fremden Heiligtümern besetzt war«.

[60]   Den Standort des Hauses als »less desirable« zu beurteilen (so C.H. KRAELING, Building, 36) erscheint nicht angemessen. B. BRENK, Christianisierung, 66, spricht zutreffender von einer »marginale[n] Lage des Hauses«.

[61]   Vgl. C.H. KRAELING, Building, 36.

[62]   Vgl. R.M. JENSEN, The Dura Europos Synagogue, Early-Christian Art, and Religious Life in Dura Europos, in: St. Fine (Hg.), Jews, Christians, and Polytheists in the Ancient Synagogue. Cultural Interaction During the Greco-Roman Period, Baltimore Studies in the History of Judaism, London/New York 1999, 174–189, 180.

[63]   R.M. JENSEN, Dura Europos, 180.

[64]   Vgl. A. VON GERKAN, Hauskirche, 146, der ausführt, dass an der Westseite des Hauses keine Sitzbank angebracht war, sondern aufgrund der zunehmenden Verschüttung des Weges zwischen Stadtmauer und Haus durch Unrat eine bauliche Sicherung des Hauses notwendig wurde.

cher zum Verweilen eingeladen hat (s. Abb. 8):[65] Als das Gebäude in Gebrauch war, »the patterns of the faithful arriving for and departing after religious services must have been apparent to ... neighbors«.[66] Die äußere Sitzgelegenheit markiert, dass die christliche Hauskirche zur Zeit ihres Betriebes zu den der Öffentlichkeit von Dura Europos bekannten und in der Gesellschaft akzeptierten religiösen Kulträumen zählte.[67]

Sitzbänke im Hof   Sitzbank an der Straßenseite

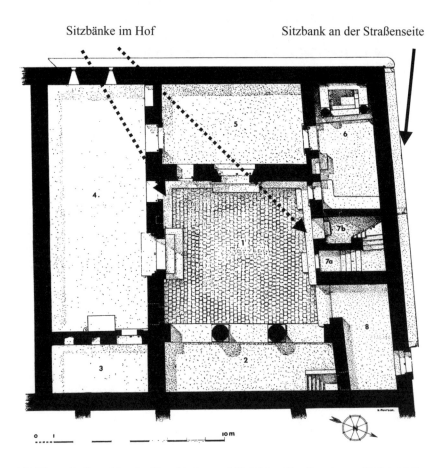

Abbildung 8: Grundriss der Hauskirche ca. 240–256 n.Chr. (bearb. von Ulrich Mell)

---

[65]   Vgl. C.H. KRAELING, Building, 30.
[66]   J.M. JENSEN, Dura Europos, 181.
[67]   Gegen O. EISSFELDT, Art. Dura-Europos, RAC 4, 1959, Sp. 358–370, 362, der die Hauskirche als einen unauffälligen privaten Versammlungsort des in Dura Europos angeblich beargwöhnten Christentums bezeichnet.

4.2.2 Zur Baugeschichte

Bei der Skizzierung der baulichen Geschichte des christlichen Gebäudes von Dura Europos ist von der unbestrittenen Tatsache auszugehen, dass die entdeckte christliche Hauskirche durch Umbau eines bestehenden privaten Stadthauses entstanden ist.

Zur zeitlichen Datierung des Stadthauses steht im Wesentlichen die Inschrift in Raum Nr. 4 B zur Verfügung.[68] Es ist die einzige Inschrift des Hauses, die eine jahreskalendarische Orientierung enthält. Sie will darum Bedeutung für die (Bau-) Geschichte des Hauses beanspruchen. Ihre bleibende Wichtigkeit äußert sich darin, dass die Beschriftung außerhalb menschlicher Stehhöhe in ca. 2,50 m Höhe an der Westmauer des Raumes zwischen den beiden (Lüftungs-) Fenstern angebracht ist (vgl. Abb. 26).

Genannt wird das Jahr 545 der Seleukidischen Ära, was kalendarisch umgerechnet das Jahr 232/3 n.Chr. bedeutet. Umstritten ist, ob die Inschrift sich auf einer tieferen[69] oder auf der obersten Stuckschicht befindet, die auch die Nahtstellen der beim Umbau beseitigten Trennwand zwischen Raum Nr. 4 A und 4 B bedeckte[70]. Im ersteren Fall datiert die Inschrift die Inbetriebnahme des frisch erbauten Hauses, im zweiten Fall den Umbau des Hauses zu einer christlichen Hauskirche, als aus den kleineren Räumen Nr. 4 A und 4 B ein einziger großer Versammlungsraum entstand.[71]

Da Raum Nr. 4 B zwei Nutzungsphasen erlebte, zuerst als wohnlicher Begegnungsraum zwischen Männer- und Frauentrakt diente, danach durch Beseitigung der Trennmauer zu Raum Nr. 4 A als Versammlungsraum genutzt wurde, lässt sich die kalendarische Inschrift auf dem unteren Verputz auf die Inbetriebnahme des Hauses beziehen.[72] Die zweite Putzschicht des Raumes Nr. 4 B markiert die später erfolgte Renovierung als christli-

---

[68]   Vgl. C.H. KRAELING, Building, 17; C.BR. WELLES, Graffiti and Dipinti, in: C.H. Kraeling, The Christian Building, with a contribution by C.Br. Welles, The Excavations at Dura-Europos. Conducted by Yale University and the French Academy of Inscriptions and Letters, Final Report Bd. VIII/II), New Haven/New York 1967, 89–97. – Zur eingehenden Reflektion der Baugeschichte vgl. C.H. KRAELING, Building, 34ff.

[69]   So CL. HOPKINS, Christian Church, 240: »The graffito was on an undercoat of plaster ...«; C.BR. WELLES, Graffiti, 92.

[70]   So A. VON GERKAN, Hauskirche, 148.

[71]   A. VON GERKAN, Hauskirche, 146, datiert dementsprechend die Erbauung des Hauses in frühparthische Zeit, die Benutzung als Treffpunkt einer Hausgemeinde auf das Jahr 175 n.Chr. und den Umbau zu einer christlichen Hauskirche auf das Jahr 232/3 n.Chr.

[72]   Mit C.H. KRAELING, Building, 34f. gegen C. WATZINGER, Art. Dura (Europos), in: RE.S 7, 1940, Sp. 149–169, 166; P. MASER, Ekklesia, 272; B. Zoudhi, Syriens Beitrag zur Entwicklung der christlichen Kunst, in: Die Kunst der frühen Christen in Syrien. Zeichen, Bilder und Symbole vom 4. bis 7. Jahrhundert, hg. v. M. Fansa/B. Bollmann, Schriftenreihe des Landesmuseums Natur und Mensch 60, Oldenburg/Mainz 2008, 31–37, 35, die das Datum der Hausanlage (232/3 n.Chr.) mit der Herrichtung des Hauses als christliche Hauskirche gleichsetzen.

cher Gottesdienstraum. Diese wiederum steht in einem homogenen Kontext zur gesamten Renovation des Hauses zu einer christlichen Hauskirche, wie es die zeitgleiche Einrichtung eines christlichen Baptisteriums in Raum Nr. 6 bezeugt.[73]

Die »Einweihungsinschrift« des Hauses stammt von einem gewissen Dorotheos. Sein Name ist paganen griechischen Ursprungs[74] (belegt seit dem 4. Jh. v.Chr.). Er ist in Dura Europos in Gebrauch[75] und »is of a type favored by Christians«[76]. Die in der Inschrift verwendete sogenannte »Andenkenformel«: »Dorotheos möge gedacht werden!« besitzt Ähnlichkeit mit Graffitis, die aus der Nutzungsphase als christlicher Hauskirche stammen. Zu nennen ist in Raum Nr. 4: »Paulus u[nd ...] des/von Paulus möge überaus [gedacht] werden ...!«[77] und in Raum Nr. 6: »... Haltet in Gedenken Sisaeus, den Demütigen!«[78] und: »... Haltet in Gedenken [Pr]oklus!«[79] Letztere beiden Inschriften sind aufgrund ihrer weiteren Zusätze eindeutig als christliche Graffitis identifizierbar (s.u. Kap. 7).

So lässt sich schließen, dass im Jahre 232/3 n.Chr. ein (zugezogener?) Christ mit Namen Dorotheos zur Zeit des Ausbaues von Dura Europos zur römischen Garnisonsstadt das südlich des römischen Lagers gelegene, momentan unbebautes Gelände an der Stadtmauer erwarb, um in baulicher Anlehnung an ein schon bestehendes Haus (Haus B der Wohninsel M 8) sein eigenes Hauswesen zur Nutzung für sich und seine Familie zu errichten. Da viele Häuser von Dura Europos kleiner sind,[80] dürfte es sich bei Dorotheos um einen Angehörigen der begüterten Oberschicht handeln.

Die in römischer Zeit bewohnten Häuser waren von sehr unterschiedlicher Größe. Wenn die Hausgröße ... ein Indikator für den Wohlstand der Besitzer ist, so läßt sich im Stadtbild eine deutliche Segregation nach sozialen Statuskriterien erkennen. Größere Häuser (Grundfläche über 400 m²) mit allseits von Räumen flankierten Zentralhöfen vorherrschen in der östlichen Stadthälfte, im Bereich der Akropolis, während

---

[73]   Bei dieser Auswertung ist zu beachten, dass der Neubau des Jahres 232/3 n.Chr. einen bereits verfallenen Vorgängerbau ersetzt, s.u. – Gegen C. WATZINGER, Art. Dura (Europos), 166; F. MILLAR, Provinzen, 214, im Anschluss an A. VON GERKAN, Hauskirche, 148f, dass zuerst im Haus eine christliche Kapelle (gemeint ist das Baptisterium), dann jedoch (F. MILLAR nimmt dafür das Jahr 230 n.Chr. an) »das ganze Haus in eine Kirche« umgewandelt wurde.

[74]   Vgl. W. PAPE/G. BENSELER, Wörterbuch der griechischen Eigennamen 2. Bd., Braunschweig ³1911 (Nachdr. Graz 1959) z.St.

[75]   Vgl. C.BR. WELLES, Graffiti, 92.

[76]   EBD., 92.

[77]   S. EBD, 92.

[78]   S. EBD., 95.

[79]   S. EBD., 96.

[80]   Vgl. C.H. KRAELING, Building, 10.

im Gebiet um die Agora und in den Außenbezirken entlang der Stadtmauern Häuser mit kleinerer Fläche (unter 400 m²) ... dominieren.[81]

Unter dem in konsequenter Ausrichtung auf das rechtwinklige Straßennetz von Dura Europos erbauten Stadthaus fanden sich Fundamentreste eines schwer rekonstruierbaren Vorgängerbaues.[82] Dessen Erbauung wiederum datiert in die zweite Phase der parthischen Ära von Dura Europos, d.i. in die Mitte des 1. Jh. n.Chr.[83] Dieser erste Bau verfiel oder wurde absichtlich zerstört. Seine Überreste wurden im Laufe der Zeit ca. 1,30 m hoch mit Sand und Abfall zugedeckt.[84] Da sich in dieser Abfallschicht Asche und sog. brittle-ware aus römischer Zeit findet,[85] lässt sich annehmen, dass der Vorgängerbau bis in die römische Epoche von Dura Europos hinein, d.h. über die Zeit von 100 Jahren in Betrieb war. Erst wieder ca. 100 Jahre später sollte an seiner Stelle ein respektables städtisches Gebäude, das Haus des Christen Dorotheos entstehen.

Die Frage nun, zu welchem Zeitpunkt das Haus von Dorotheos durch Umbau und Renovation in eine christliche Hauskirche umgewandelt wurde, ist schwierig zu entscheiden. Ging doch die neue Funktion des Hauses mit nur wenigen architektonischen Veränderungen einher. Fest steht, dass der Zustand des ausgegrabenen Hauses resp. der Hauskirche kaum Gebrauchsspuren durch Nutzung aufweist. Auch fehlen Hinweise auf bauliche Reparaturen an der Hauskirche.[86] Unumstößlich ist auch, dass der Umbau des Hauses auf die Bestandszeit der Jahre 232/3–256/7 n.Chr. zu begrenzen ist. Da das christliche Haus bei seinem Umbau zu einer Hauskirche auf einer Straßenseite eine Sitzbank erhielt, dürfte die Öffentlichkeitscharakter besitzende Neugestaltung nicht während der Zeit römisch-staatlicher Christenverfolgung erfolgt sein.[87] Im Gegenteil: Die bauliche Renovation des Gebäudes legt für die christliche Gemeinde »increased wealth, membership, stability, and the general acceptance ... by their pagan neighbors«[88] nahe. Die Veränderung zur Hauskirche dürfte daher in die 40er Jahre des 3. Jh. n.Chr. zu datieren sein, in der Zeit vor der reichsweiten, jedoch nur lokal konsequent durchgeführten sog. Decischen Christenverfolgung der Jahre

---

[81] M. SOMMER, Roms, 291.
[82] Vgl. C.H. KRAELING, Building, 32–34.
[83] Vgl. EBD., 35.
[84] Vgl. EBD., 33–35.
[85] Vgl. EBD., 35f.
[86] Vgl. EBD., 37.
[87] Mit R.M. Jensen, Dura Europos, 181, gegen B. BRENK, Christianisierung, 66: »Dura (sc. die Hauskirche) entstand zur Zeit der Verfolgung; alles musste sich mehr oder weniger in der Heimlichkeit abspielen«.
[88] R.M. JENSEN, Dura Europos, 181.

249–251 n.Chr.[89] Wurde das von Dorotheos erbaute Stadthaus insgesamt maximal 25 Jahre genutzt, so dürfte es nur für den Zeitraum von ungefähr 10–15 Jahren, d.h. von ca. 240–256 n.Chr. als christliches Kulthaus betrieben worden sein.[90]

Zeit	Stadtgeschichte von Dura Europos	Nutzungsgeschichte des christlichen Gebäudes
ca. 50 n.Chr.	Parthische Blütezeit	Errichtung und anschließende Benutzung eines Vorgängerwohngebäudes
115–117	Kurzzeitige römische Besetzung unter Trajan	Benutzung des Vorgängerwohngebäudes
ca. 150		Verfall bzw. Zerstörung des Vorgängerwohngebäudes
165	Röm. Eroberung durch L.A. Verus; Beginn der römischen Epoche	–
ab 211	Römische Colonia; verstärkter Ausbau zur Garnisonsstadt des östlichen Limes zu den Parthern	–
232/3		Einweihung eines neu erbauten Stadthauses durch den Christen Dorotheos
ca. 240		Umbau des Stadthauses zu einer christlichen Hauskirche
256	Römische Verteidigungsanstrengungen gegen angreifende Sasaniden	Teilweise Zerstörung der Hauskirche im Zuge der Verstärkung der Stadtmauer
256/7	Eroberung und Zerstörung durch die Sasaniden unter Shapur I.	–
?	Römische Rückeroberung	–
265 ?	Erneute Eroberung durch die Sasaniden unter Shapur I.	–
ab 273 n.Chr.	(Fast) unbewohnter Ruinenort	–

Tabelle 1: Nutzungsgeschichte eines Teilareals der Häuserinsel M 8

---

[89]   Vgl. P. BARCELÓ, Art. Christenverfolgungen I. Urchristentum und Alte Kirche, RGG⁴ 2, 1999, Sp. 246–248, 247.

[90]   So M.(I.) ROSTOVTZEFF, Caravan Cities. Petra. Jerash. Palmyra. Dura, Oxford 1932, 189; L.M. WHITE, God's House, 120. Anders F. MILLAR, Provinzen, 214, der für die Einrichtung der Hauskirche das Jahr 230 n.Chr., W. RORDORF, Gottesdiensträume, 117; W. VOGLER, Bedeutung, Sp. 794, Anm. 40; P. STUHLMACHER, Der Brief an Philemon, EKK 18, Zürich u.a. ²1981, 71, u.a.m., die das Jahr 232/3 n.Chr. nennen.

Die damit rekonstruierte Geschichte der hier interessierenden Bebauung eines Teiles der Häuserinsel M 8 von Dura Europos lässt sich in einer Tabelle (s.o. Tab. 1) darstellen.

4.3 Das christliche Haus der Jahre 232/3–ca. 240 n.Chr.

Im Jahre 232/3 n.Chr. nimmt ein nicht unbegüterter Mann namens Dorotheos für sich und seine Familie ein kürzlich errichtetes Wohngebäude in Dura Europos in Gebrauch. Als mittelgroßes Gebäude gehört es zu dem im 3. Jh. n.Chr. in Dura Europos anzutreffenden Haustyp eines repräsentativen Stadthauses. Es besitzt einen Kellerraum, zu dem eine Kellertreppe führt, sowie im Hof eine Zisterne und eine Latrine.[91] Über ein Treppenhaus sind ein Obergeschoss mit diversen Schlafgelegenheiten sowie das Hausdach zu erreichen. Die zu ebener Erde liegenden Aufenthalts-, Wirtschafts- und Wohnräume sind südlich und westlich um einen Zentralhof angeordnet (s. Abb. 9).

Das Stadthaus liegt in der nordwestlichen Ecke einer Wohninsel und reicht direkt an zwei sich rechtwinklig treffende Straßen (s. Abb. 7). Der quadratische Grundplan des Hauses ist leicht trapezoid (ca. 17,35/17,45 x 18,58/20,18 m) angelegt.[92] Östlich lehnt sich das Stadthaus an ein bestehendes Privathaus an, das zu Wohnzwecken genutzt wird.[93] Auf der südlichen Seite erstreckt sich ein unbebauter Hof. Die dort gefundenen griechischen und lateinischen Inschriften weisen auf eine militärische Nutzung hin.[94]

---

[91]   Vgl. C.H. KRAELING, Building, 12.14. – Typologisch folgt dieser Wohnhaustyp »einem aus dem vorhellenistischen Mesopotamien hinlänglich bekannten Bauschema: dem Hofhaus. Es besteht idealtypisch aus einem zentralen Hof ohne Peristyl, mit allseits angrenzenden, vom Zentralhof aus zugänglichen Räumen, einem davon ein Diwan mit umlaufenden Sitzbänken. Der Zugang zum Hof erfolgt durch ein Vestibül« (M. SOMMER, Roms, 290).

[92]   Näheres bei C.H. KRAELING, Building, 9.

[93]   Vgl. EBD., Plan II.

[94]   Vgl. CL. HOPKINS, V. The excavations in Blocks M7 and M8. II. The Private Houses in Block M8, in: M. Rostovtzeff u.a. (Hg.), The Excavations at Dura-Europos Conducted by Yale University and the French Academy of Inscriptions and Letters. Preliminary Report of the Sixth Season of Work October 1932–March 1933, New Haven 1963, 172–178, 176–178. – Warum in Dura Europos zur Zeit der forcierten Einrichtung als röm. Festungsstadt des östlichen Limes »das Nebeneinander militärischer Präsenz und christlichen Glaubens ... bemerkenswert« sein soll (so B. BRENK, Christianisierung, 66), bleibt ein Rätsel.

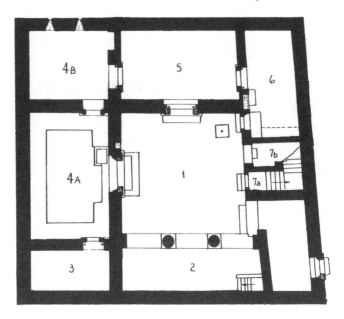

Abbildung 9: Grundriss des christlichen Hauses 232/3–ca. 240 n.Chr.

Von der in das Stadtinnere führenden Straße ist das situierte Privathaus durch eine Tür zu betreten. Dieser einzige Eingang des Hauses mündet in ein sog. Vestibül. Das weitere Innere des Hauses ist für Besucher nur über einen abknickenden Weg zu erreichen. Gemäß orientalischer Sitte wird auf diese Weise die Privatsphäre der Familie von der städtischen Öffentlichkeit abgeschirmt.

Durch einen türlosen Durchgang erreicht der Besucher des Hauses vom Vestibül aus den in der Hausmitte liegenden Hof. Sein östlicher Teil besitzt eine Überdachung. Diese wird von zwei Säulen getragen und bildet somit einen sog. Portico. Vom zentralen Hof aus hat der Besucher die Wahl, über Stufen durch verschieden große und hohe Türen in den männlichen oder weiblichen Wohntrakt einzutreten.

Der Hauptraum des Stadthauses, Raum Nr. 4 A, liegt sonnengeschützt im südlichen Teil des Hauses. Sein Raummaß beträgt 8,00 x 5,15 m, was eine Wohnfläche von ca. 41 m[2] bedeutet.[95] Der Raum ist von einer umlaufenden Sitzbank gerahmt und damit als Diwan, als Männergemach ausgewiesen.[96]

---

[95]   Vgl. C.H. KRAELING, Building, 15.
[96]   Vgl. EBD., 15.

Neben der Tür befindet sich eine Vorrichtung zum Heizen des Raumes in der Winterzeit.[97]

Zu diesem architektonisch hervorgehobenen Raum gehören die östlich und westlich angrenzenden Räume Nr. 3 und 4 B. Beide dienen der Vorratshaltung.[98] Raum Nr. 4 B ist darüber hinaus der Begegnungsraum der männlichen und weiblichen Hausbewohner. Er besitzt wie Räume Nr. 4 A, 5 und 6 keine Außentür und ist zur Straßenseite mit zwei hoch liegenden Lüftungsfenstern ausgestattet.[99] Ansonsten fällt Licht in alle Wohnräume des Hauses nur durch die weiten und hohen Türen vom Hof aus, die Richtung Süden sich öffnen.

Die Räume sind bis auf den Andron alle unverziert; ihn allein schmückt ein an allen vier Wänden umlaufender Schmuckfries mit bacchantischen Motiven. So sind auf ihm Satyrmasken, Beckenteller und Pan-Pfeifen sowie Delphine und Muscheln abgebildet (s. Abb. 10).[100]

Abbildung 10: Bacchantischer Schmuckfries Raum 4 B

Das nach Norden sich anschließende Frauengemach, das sog. Gynaikeion, umfasst die Räume Nr. 5 und 6. Beide Wohn- und Wirtschaftsräume sind vom Zentralhof über Türen zu erreichen und sind untereinander wiederum durch eine Tür verbunden. Während der größere Raum – der zweitgrößte des ganzen Hauses: Raummaß 4,22 x 7,35/7,60 (= ca. 31,40 m^2) – als hauptsächlicher Aufenthaltsraum von Frauen und Kindern gelten darf, dürfte letzterer wie der offene Portikus als Raum für hauswirtschaftliche Arbeiten genutzt worden sein. Hier und im Hof dürften sich hauptsächlich auch die in der Hauswirtschaft beschäftigten Sklaven aufgehalten haben.

---

[97]   Vgl. EBD., 15.

[98]   Indiz dafür sind die vorhandenen, verschieden großen Wandaussparungen, die die wertvolleren Gegenstände des Haushaltes aufnehmen, vgl. EBD., 14.16.18.

[99]   Die Räume Nr. 4 A, 3 und 5 dürften zur Luftventilation einige hochgelegene Lüftungsschächte zum Hof bzw. Portikus besessen haben, vgl. EBD., 16.18.21.

[100]   Der Schmuckfries ist ca. 0,17 m breit und läuft in ca. 1,92 m Höhe, vgl. EBD., 14, Anm. 3.

Als kleinere Einrichtung enthält Raum Nr. 6 neben den beiden Türen zur Verstauung von Hausrat eine rechteckige Nische. Abschließend erwähnenswert sind das Treppenhaus zum Obergemach sowie die danebenliegende Nische (Räume Nr. 7 A und 7 B).

Auffälligerweise ist das Frauengemach an der Tür von Raum Nr. 6 aus mit einem griechischen Dipinto und einem Stern[101] und über dem Türsturz von Raum Nr. 4 B aus mit einer kreisrunden, grünblauen »Untertasse«[102] gekennzeichnet. Beide Kennungen besitzen apotrophäische Funktion: Die Zeichen sollen dem »Bösen« den Eintritt in das Frauengemach verwehren.

Das Hauswesen von Dorotheos ist deutlich hierarchisch gegliedert: Männer- und Frauengemach besitzen eigene Zugänge, der Andron ist baulich und ikonographisch akzentuiert. Die Wirtschaftsräume sind wenig umfangreich. Der Besitzer dürfte also neben seinem städtischen Anwesen eine Wirtschafts- und Versorgungseinheit auf dem Lande besessen haben.

Auffälligerweise wird gerade dieses Stadthaus des Bürgers Dorotheos nach nur ca. 10 Jahren privater Nutzung zu einer christlichen Hauskirche umgebaut. Dass die Entscheidung der christlichen Gemeinde für dieses Haus mit seiner besonderen städtischen Lage oder seiner geräumigen Größe zusammenhängt, ist wenig plausibel. Das Nächstliegende ist die Annahme einer bereits bestehenden institutionellen Vernetzung von Dorotheos und seinem Hauswesen mit der christlichen Gemeinde von Dura Europos. Ist Dorotheos ein bei Christen bevorzugter Name, so dürfte sein privates Stadthaus seine Großfamilie insgesamt – oder nur der christliche Teil von ihr – als christliche Hausgemeinschaft beherbergt haben. Als situierter christlicher Hausvater wird Dorotheos die privaten Räume seines Anwesens zudem für wöchentliche gottesdienstliche Versammlungen der städtischen Christenheit von Dura Europos geöffnet haben.[103]

Als Analogie zu der Annahme einer christl. Hausgemeinde in Dorotheos' Haus ist die archäologische Ausgangslage bei der jüd. Religionsgemeinde von Dura Europos heranzuziehen: Obwohl aufgrund Hasmonäischer Münzfunde[104] Juden in der Stadt spätestens seit dem 1. Jh. v.Chr. anzunehmen sind, lässt sich archäologisch vor der Renovation des Privathauses als Haussynagoge (ca. 150 n.Chr.) keine Nutzung des typischen Durenischen Stadthauses durch die jüd. Kultgemeinde erkennen. Auch in diesem Fall dürfte eine institutionelle Verbindung des Hausherrn Samuel bar

---

[101]   Vgl. C.H. KRAELING, Building, 21.
[102]   Vgl. EBD., 21.
[103]   Vgl. J. GNILKA, Hausgemeinde, 241; DERS., Phlm, 30.
[104]   Vgl. C.H. KRAELING, The Synagogue, The Excavations at Dura-Europos conducted by Yale University and the French Academy of Inscriptions and Letters, Final Report Bd. VIII/1, New Haven 1956, 326.

Yedaya,[105] der auf Inschriften Ältester, Priester oder Vornehmer genannt wird, mit der jüd. Gemeinde von Dura Europos anzunehmen sein: »Meetings (sc. Jewish) ... must have been held in the homes of individual Jews, which would have had no physical articulation for religious use«.[106]

4.4 Zum Gottesdienst der christlichen Hausgemeinde

Die Archäologie des christlichen Hauses von Dura Europos lässt es zu, in Umrissen den in ihr stattfindenden christlichen Gottesdienst einer Hausgemeinde zu beschreiben: Entsprechend urchristlich eingeführter Praxis werden die Teilnehmer an Dorotheos' Hausgemeinde am ersten Tag der Woche, dem sog. »Herrentag«[107], zu einer christlichen Gottesdienstfeier zusammengekommen sein.[108] Für diese wöchentliche Zusammenkunft am Abend wird Dorotheos als Patron sein Haus geöffnet und entsprechend vorbereitet haben. Gemäß der in Dura Europos vorherrschenden patriarchalischen Sitte wird er den eintreffenden männlichen Gliedern in Raum Nr. 4 A, dem Diwan, einen Sitzplatz angewiesen haben. Frauen (und Kinder) der christlichen Familien werden am Gottesdienst in den angrenzenden Räumen am Gottesdienstgeschehen teilnehmen dürfen, so in dem Begegnungsraum der männlichen und weiblichen Hausglieder (Raum Nr. 4 B). Auch kann das Gottesdienstgeschehen vom zentralen Hof aus durch die hohe und geöffnete Tür verfolgt werden.

Besitzt der Diwan von Dorotheos' Haus eine Sitzbank von ca. 20 m Länge, so dürfte Dorotheos ca. 25–30 (männlichen) Personen zur Gottesdienstfeier einen Sitzplatz angeboten haben.[109] Vielleicht darf man annehmen, dass sein Haus insgesamt einer Gottesdienstgemeinde von insgesamt ca. 60 Teilnehmern Raum bieten konnte.[110] Bei dieser (hohen) Zahl ist jedoch davon auszugehen, dass die meisten Gottesdienstbesucher nur auf dem

[105] Mit C.H. KRAELING, Synagogue, 11, gegen E.R. GOODENOUGH, Jewish Symbols in the Graeco-Roman Period Bd. 9, Bollingen Series 37, New York 1952, 28.
[106] L.M. WHITE, Building, 93.
[107] Vgl. Apk 1,10; Did 14,1; IgnMag 9,1; EvPetr 9(35).12(50); EpAp 18 (kopt.).
[108] Vgl. Apg 1,13f; 12,12–14; Röm 16,5.23; 1Kor 11,20.33f; Justin, I apol. 67,3.
[109] Zur Verwendung eines Triklinikums als Gottesdienstraum s. ActThom 131; ActPetr 7,19. – Vgl. auch die Analyse von ausgegrabenen Triklinikken bei H. ACHELIS, Das Christentum in den ersten drei Jahrhunderten Bd. 1, Leipzig 1912, 157f, der zum Schluss kommt, dass gewöhnlich 40, ausnahmsweise 60 Personen in einem Triklinikum Platz finden sowie diejenige Raumanalyse von hell. und röm. Stadthäusern von V.B. BRANICK, House Church, 38–42, die zum Schluss kommt, dass »the maximum comfortable group such a villa could accommodate would most likely be in the range of 30 to 40 persons« (41).
[110] Raum Nr. 4 B ist ca. 22 m², Raum Nr. 5 ca. 31 m² und der Hof ca. 66 m² groß. Zur Berechnung der max. Zahl von Gottesdienstteilnehmern müssen in Abzug gebracht werden das Mobiliar, Stauräume und der Zugang zur Latrine im Hof etc.

Boden auf Bastmatten o.ä. Platz fanden bzw. dem Gottesdienst im Stehen, u.a. vom Hof aus, folgen mussten.

Während die Eucharistie als fester Bestandteil des wöchentlichen Gottesdienstes im Hausinnern nur an getaufte christliche Gemeindeglieder gereicht wurde,[111] konnten hauseigene[112] oder hausfremde Nichtmitglieder die christliche Verkündigung vom zentralen Hof des Hauses aus durch die geöffnete Tür verfolgen. Auf diese Weise wird in Dorotheos' Haus die seit urchristlicher Zeit bestehende Öffnung des christlichen Gottesdienstes für Religionsfremde (vgl. 1Kor 14,23) architektonisch geregelt worden sein.

Dass das unregelmäßig begangene Ritual der christlichen Taufe als Initiationsritus in die christliche Gemeinde von Dura Europos in Dorotheos' Haus abgehalten wurde, ist recht unwahrscheinlich. Hier bietet der nahe Dura Europos gelegene Euphrat der Gemeinde die Gelegenheit, in einem Gottesdienst im Freien[113] am Flussufer eine christliche Taufliturgie durchzuführen.

4.5 Die christliche Hauskirche der Jahre ca. 240–256/7 n.Chr.

Aufgrund einer Übereinkunft zwischen dem Pater familias des privaten christlichen Hauses, Dorotheos, und der christlichen Gemeinde von Dura Europos wird das Gebäude irgendwann im 5. Jahrzehnt des 3. Jh. n.Chr. der Gemeinde zur Verfügung gestellt und in eine christliche Hauskirche umgebaut.[114] Analog der anderen bestehenden Hauskulte in Dura Europos – z.B. des Mithraskultes (Mithräum), des Judentums (Haussynagoge) – übernimmt die Hauskirche die Funktion eines christlichen Zentrums für die gesamte Stadt. Die bisherigen Bewohner des Hauses verlassen mit ihrer Habe und ihrem Mobiliar das Haus, um zum Wohnen eine andere Bleibe aufzusuchen. Die von ihnen bisher benutzten hauswirtschaftlichen Einrichtungen werden geschlossen.[115] Von den Wohnräumen bleiben im Obergeschoss nur die Schlafgelegenheiten erhalten: Hier wird eine kleine Wohnstätte für einen Wächter eingerichtet, der das außerhalb kultischer Nutzungszeiten

---

[111]   Vgl. Did 9,5: »Niemand aber soll von eurer Eucharistie essen noch trinken als die auf den Namen des Herrn Getauften«!

[112]   Vgl. 1Kor 7,12–16: Ehepartner; Phlm 16: Sklaven.

[113]   Vgl. Just., I apol. 61: »Dann werden sie von uns an einen Ort geführt, wo Wasser ist«.

[114]   Entweder wurde das städtische Anwesen von Dorotheos der christlichen Gemeinde von Dura Europos vertraglich, durch Erb-, Kauf oder Schenkungsurkunde, übereignet (vgl. L.M. White, Building, 120) oder aber der wohlhabende Besitzer stellte sein wertvolles Eigentum der christlichen Kultgemeinde als ihr Patron zur Verfügung. Einen Beleg, der in die eine oder andere Richtung weist, gibt es nicht.

[115]   Vgl., dass die Latrine im Hof geschlossen wurde, s. C.H. Kraeling, Building, 12.

verlassen daliegende christliche Gottesdiensthaus bewacht und zu Gottesdienstzeiten öffnet und herrichtet.[116]

Auf jeden Fall bedarf die während der Zeit des Ausbaus von Dura Europos zu einer Garnisonsstadt des östlichen Limes zahlenmäßig im Wachstum
begriffene Gemeinde für ihre kultischen Bedürfnisse ein größeres Versammlungshaus. Der Übergang von der sich in Privaträumen versammelnden Hausgemeinde zu einer Gemeinde, die sich inmitten der Stadtmauern einen geeigneten Versammlungsort herrichtet, bedeutet einen nicht
unerheblichen Statuswechsel: Die christlichen Gemeinde zählt mit ihrer
neuen Versammlungsstätte[117] zu den auf längere Zeit angelegten Religionsgemeinschaften von Dura Europos, die sich an einem in der Stadt bekannten Ort zur Pflege ihrer religiösen Bedürfnisse häuslich einrichtet.

Dass die Umwidmung des christlichen Hauses zu einer Hauskirche zu
einer Zeit geschah, als das Christentum in der städtischen Öffentlichkeit
von Dura Europos weitgehend anerkannt war, lässt sich an den beim Umbau an der nördlichen Außenmauer zur Straßenseite angebrachten Sitzbank
ablesen (s.o. Abb. 8). Sie diente dazu, wartende Gottesdienstteilnehmer vor
Beginn des Gottesdienstes aufzunehmen. Ihre verweilende Anwesenheit an
diesem Ort demonstrierte der vorbeigehenden städtischen Öffentlichkeit
von Dura Europos die Existenz einer für den christlichen Kult genutzten
Versammlungsstätte. Kultfremde Bewohner der Stadt werden auf die öffentlichen christlichen Gottesdienste in diesem Haus aufmerksam.

Die Umwandlung zur Hauskirche bedeutet für das Innere des christlichen
Gebäudes bis auf eine Ausnahme den Erhalt seines bestehenden Grundrisses: Beseitigt wurde allein die zwischen Raum Nr. 4 A und 4 B bestehende
Trennmauer. Auf diese Weise entstand ein Raum der Maße 12,90 x 5,15 m,
das sind ca. 66 m^2 Grundfläche.[118] Die Sitzbänke aus dem vormaligen Diwan wurden entfernt und der gesamte Raum erhielt einen neuen Fußboden.
Die Wände wurden neu verputzt sowie hell getüncht und der Raum bekam
entsprechend seiner neuen Nutzungsfunktion als ein von vielen Menschen
genutzter Aufenthaltsraum zur Beleuchtung wie zur Belüftung ein Fenster
zur südlich gelegenen Hofseite. Gegen die Sonne konnte es mit einem höl-
zernen Fensterladen geschlossen werden. Bis auf den stehen gelassenen

---

[116]   Vgl. C.H. KRAELING, Building, 155. Die Vermutung von W. RORDORF, Gottesdiensträume, 118, Anm. 31; I. PEÑA, The Christian Art of Byzantine Syria, Madrid 1997, 92, Anm. 1, dass
das Obergemach dem Besitzer oder dem Gottesdienstleiter als Wohngelegenheit diente, verkennt
seine karge Ausstattung (vgl. H.-J. KLAUCK, Lebensform, 11).

[117]   Gegen P.W. HAIDER, Hauskirche, 406f, Anm. 3, ist zu betonen, dass nichts dafür noch
dagegen spricht, dass die Hauskirche aus der Zeit von ca. 240–255 n.Chr. der einzige, zentrale
Versammlungsraum der gesamten Christenheit von Dura Europos gewesen war. Eine andere,
jedoch naheliegende Vermutung ist, dass zugunsten der Einrichtung dieses zentralen christlichen
Kultraumes verschiedene andere bestehende Hausgemeinden aufgelöst wurden.

[118]   Vgl. C.H. KRAELING, Building, 19.

bacchantischen Schmuckfries an der Nordwand des vormaligen Androns blieb der große Raum jedoch unverziert (s.o. Abb. 10).[119]

Mit seiner Erweiterung erhält der entstandene Großraum eine besondere Orientierung: An seiner Ostseite zu Raum Nr. 3 hin wird an der Wand ein ca. 0,20 m hohes rechtwinkliges Podest der Maße 0,97 x 1,47 m geschaffen. Daneben befindet sich links nahe der Wandmitte ein an der Wand befindlicher kleinerer, wenig erhöhter Platz.[120] Eindeutig handelt es sich bei dieser neu konzipierten Räumlichkeit um den hauptsächlichen Versammlungsraum der christlichen Hauskirche. Wie lässt sich der in der kürzlich eingerichteten Hauskirche stattfindende christliche Gottesdienst beschreiben?

4.6 Zum Gottesdienst in der christlichen Hauskirche

Die kultische Nutzung des ehemaligen Privathauses von Dorotheos als eine christliche Hauskirche wird die Gemeinde von Dura Europos nach einer religiösen Weihezeremonie ihres Gottesdiensthauses begonnen haben (vgl. Clems. recogn. 10,71,2). Indiz, dass die profanen Räume zu christlich-heiligen Räumlichkeiten umgewidmet wurden, bildet die Ostung des zentralen Versammlungsraumes. Er erhielt beim Umbau durch die Einrichtung eines Podestes an der Ostseite zu Raum Nr. 3 eine abgestufte Zweiteilung. Ist anzunehmen, dass der Podest einen Bischofsstuhl und/oder weitere Sitzgelegenheiten aufnahm, so sitzen (und stehen) ihm bzw. ihnen gegenüber die Gläubigen: Das Gesicht der im Gottesdienst betenden Laien ist auf diese Weise in Richtung Osten gewendet.

Dass ein christlicher Kultraum geostet wird, ist als Ordnung schon für das 2. Jh. n.Chr. bezeugt.[121] Im Hintergrund der christlichen Ostung des Kultraumes stehen einerseits weltbildhafte, dualistisch-mythologische Vorstellungen. Danach wird die Himmelsrichtung des Ostens, wo nach dem scheinbaren Sonnenlauf die Sonne aufgeht, überwiegend[122] mit dem Guten

---

[119]   Da das zeitgleich eingerichtete christliche Baptisterium in Raum Nr. 6 des Hauses eine Bemalung erhielt, ist die Vermutung nicht unbegründet, dass auch der christliche Versammlungsraum der Kerngemeinde an Decke und Wänden ausgemalt werden sollte. Zu einer Verwirklichung ist es jedoch nicht gekommen.

[120]   Vgl. C.H. KRAELING, Building, 19.

[121]   Vgl. Tert., Apol. 16,9f; nat. 1,13,1; Acta Pauli 5; Clem. Al., strom. 43,6f. Näheres bei L. VOELKL, »Orientierung« im Weltbild der ersten christlichen Jahrhunderte, RivAC 25, 1949, 155–170; FR.J. DÖLGER, Sol Salutis. Gebet und Gesang im christlichen Altertum mit besonderer Rücksicht auf die Ostung in Gebet und Liturgie, LF 4/5, Münster ²1925, 136ff.

[122]   Bibl. Ausnahmen: Gen 41,6.23.27; Ex 10,13; Hos 13,15; Jona 4,8 u.ö.; Apk 16,12.

verbunden[123] und andererseits die Himmelsrichtung des Westens, in dem die Sonne in der Dunkelheit versinkt, für den Ort des Bösen gehalten.[124] Aus ihrer Heiligen Schrift lässt sich für Christen dabei entnehmen (Mt 24,27 und Lk 1,78[125]), dass die östliche Himmelsrichtung mit der Parusie des Christus-Messias in Verbindung steht. Wieder eine andere Begründung, nämlich in Bezug auf die Richtung der Himmelfahrt Christi,[126] findet sich in einer syrischen Kirchenordnung aus dem Anfang des 3. Jh. n.Chr.[127], wo es heißt (Didasc 12):

Nach Osten zu müßt ihr nämlich beten, wie ihr (ja) wißt, daß geschrieben steht: »Gebt Gott die Ehre, der im höchsten Himmel einherfährt nach Osten zu« (Ps 67[68],34).

Durch die Ostung lässt die christliche Gemeinde von Dura Europos ihre Abkehr von der Synagoge erkennen, die in der Diaspora gemeinhin ihr Kulthaus – wie auch in Dura Europos[128] – in Richtung auf Jerusalem ausrichtete.[129]

Entsprechend der hausgemeinschaftlich begonnenen Tradition in Dorotheos' Haus wird die Gemeinde in ihr geweihtes christliches Kultzentrum zu regelmäßigen Gottesdiensten am Ersten Tag der Woche eingeladen haben. Es darf angenommen werden, dass von jetzt an auch der Unterricht von Katechumenen in den Räumen der Hauskirche stattfand. Besonders eignet sich Raum Nr. 5 aufgrund seiner während der Nutzungszeit als

---

[123] Vgl. biblisch: Gen 2,8: das Paradies; 1Kön 5,10: die Weisheit; Dtjes 41,2: das Heil in Gestalt von Kyros; Ex 14,21; Ps 78,26: gute Winde; Apk 7,2: der Engel mit dem guten Siegel.

[124] Vgl. H. SCHLIER, Art. ἀνατέλλω κτλ., ThWNT I, 1933, 354f.

[125] Bei Lk 1,78 ist ἀνατολή (»Aufgang = Osten«) »messianische Metapher« (FR. BOVON, Das Evangelium nach Lukas, EKK III/1, Zürich 1989, 109), insofern die LXX Jer 23,5; Sach 3,8; 6,12 hebr.»Sproß« überträgt, vgl. auch die rabb. Belege ([H. L. STRACK]/P. BILLERBECK, Kommentar zum Neuen Testament aus Talmud und Midrasch Bd. 2, München 1924, 113).

[126] Indirekt ist damit auch auf die Parusie Christi von Osten her Bezug genommen: Verbunden wird Apg 1,11b:»Dieser Jesus, der von euch weg hinaufgenommen worden ist, wird ebenso kommen wie ihr ihn habt zum Himmel auffahren sehen« mit V.12, der Bezeugung, dass die Himmelfahrt Christi auf dem Ölberg, also östlich von Jerusalems Zentrum, stattfand. Vgl. auch FR. J. DÖLGER, Sol Salutis, 209ff.

[127] Bei der Didascalia Apostolorum handelt es sich um eine in Nordsyrien beheimatete Kirchenordnung, die vollständig nur in einer syr. Fassung überliefert wurde, jedoch aufgrund griech. Fragmente im griech. Original rekonstruiert werden kann, vgl. zu den Einleitungsfragen P. MASER, Synagoge und Ekklesia. Erwägungen zur Frühgeschichte des Kirchenbaus, in: Begegnungen zwischen Christentum und Judentum in Antike und Mittelalter, FS H. Schreckenberg, hg. v. D.-A. Koch/H. Lichtenberger, Schriften des Institutum Judaicum Delitzschianum 1, Göttingen 1993, 271–292, 281f.

[128] Vgl. den Toraschrein an der Westwand der Synagoge, dazu C.H. KRAELING, Synagogue, 60.

[129] Vgl. L. VOELKL, »Orientierung«, 163f; F. LANDSBERGER, The Sacred Direction in Synagogue and Church, in: The Synagogue. Studies in Origins, Archaeology and Architecture, hg. v. J. Gutmann, The Library of Biblical Studies, New York 1975, 239–261.

Hauskirche existent gebliebenen apotrophäischen Zeichen dafür,[130] Nicht-mitglieder im christlichen Glauben zu unterrichten. Kirchliche Amtsträger der Gemeinde aber werden eine eigene Wohnung haben müssen, denn die Hauskirche bietet nur einem Küster bescheidenen Wohnraum auf dem Dach, damit er die Hauskirche bewacht und herrichtet sowie die Tür zu Nutzungszeiten öffnet und schließt.

Zweifelsohne bildet der architektonisch hervorgehobene Großraum den hauptsächlichen Versammlungsraum der christlichen Gottesdienstgemein-de.[131] Als solcher ist er jedoch nur ein (!) Bereich der in drei Teile ge-gliederten gottesdienstlichen Versammlungsräumlichkeit der Hauskirche: 1. Entsprechend dem patriarchalischen Gesellschaftsbild wird Raum Nr. 4 die männlichen Mitglieder der christlichen Gemeinde zum Gottesdienst auf-genommen haben. Die Größe des Raumes von über 66 m^2 bietet dabei un-gefähr 65–75 auf dem Boden (auf Bastmatten o.ä.) sitzenden Gottesdienst-teilnehmern Platz.[132] Der undekorierte Hauptraum, den nur ein aus der Wohnhausnutzungszeit stehen gebliebenes kleines Schmuckband mit bac-chantischen Motiven ziert, zeigt an, dass im Mittelpunkt des christlichen Kultes die personale Gemeinschaft aller Mitglieder steht.

Der hauptsächliche christliche Versammlungsraum ist hierarchisch auf- und quergeteilt: Auf der einen Seite nimmt die mit einem Sitzmöbel bevor-zugte Klerusvertretung, auf der anderen Seite die Laien Platz. Der Gottes-dienst wird von einem Bischof geleitet, der zur Gemeinde gewendet seinen Sitzplatz auf dem leicht erhöhten Podest einnimmt.[133] Links neben ihm dürfte sich zur Wandmitte hin ein (tragbares?) Holzkreuz oder ein Wasser-behälter[134] befunden haben.

---

[130]   Vgl. C.H. KRAELING, Building, 22.

[131]   Anders B. BAGATTI, Art. Dura Europos, Encyclopedia of the Early Church 1, 1992, 255, der das Baptisterium als »prayer-room« vom Versammlungsraum als »supper-room« unterschei-det.

[132]   Vgl. C.H. KRAELING, Building, 19.

[133]   Vgl. EBD., 143. Dass der Podest für die Aufnahme eines Kulttisches respektive Altars eingerichtet wurde, ist von den kleinen Maßen her und von der zeitlichen Gegebenheit, dass in den Protokollen der Verfolgungszeit unter dem Inventar von Kirchen kein Tisch anzutreffen ist (vgl. F. WIELAND, Mensa, 125f), schwerlich anzunehmen. Damit sei nicht bestritten, dass ehemals ein transportabler Tisch (aus Holz) in der Mitte zwischen Bischof/Presbyter und Laien in der Hauskir-che von Dura Europos aufgebaut war (vgl. EBD., 115–124). Zur Bedeutung des Altars in der Hauskirche vgl. J.A. JUNGMANN, Liturgie der christlichen Frühzeit bis auf Gregor den Großen, Freiburg(Ch) 1967, 105–108.

[134]   So C.H. KRAELING, Building, 144, der dort ein Trinkwassergefäß für den Redenden plat-ziert sieht.

Das sitzende Gegenüber von Klerus und Laien entspricht den Forderungen einer syrischen Kirchenordnung wie sie in der Didascalia enthalten sind (12):[135]

Bei euren Zusammenkünften aber in den heiligen Kirchen haltet eure Versammlungen in durchaus musterhafter Weise ab und bestimmt für die Brüder sorgfältig die Plätze mit (aller) Schicklichkeit. Für die Presbyter aber werde der Platz an der Ostseite des Hauses abgesondert, und der Thron des Bischofs stehe (mitten) unter ihnen, und die Presbyter sollen bei ihm sitzen. Wiederum auf der anderen Seite des Hauses sollen die männlichen Laien sitzen.

Hinsichtlich der Sitzordnung ist von dieser Nachricht aus zu ergänzen, dass neben dem Bischofspodest die (männlichen) Presbyter der anwesenden Gottesdienstgemeinde ihren Sitzplatz eingenommen haben werden.

Die syr. Kirchenordnung (Didasc 2,57,3–5) setzt bei ihrer strengen Versammlungsordnung weiterhin voraus, dass hinter den Reihen der Männer die der Frauen zu finden sind. Sodann gibt es nach Didasc 2,57,8 in beiden Laiengruppen »mehrere Untergruppen, wie die der Jünglinge, der Älteren, der Kinder, der Jungfrauen, der verheirateten Frauen, Greisinnen und Witwen ... Die Aufsicht über die Gemeinde obliegt den Diakonen, von denen der eine an der Tür steht, während der andere im Inneren des Raums bei den eucharistischen Gaben seinen Platz hat (Didasc II 57,6). Die Didasc setzt einen gerichteten Raum voraus, in dem der Wert des einzelnen Platzes offensichtlich von dessen Nähe zum Thron des Bischofs abhängt. Die Wertigkeit des Platzes wird weiterhin dadurch bestimmt, ob es sich um einen Sitz- oder einen Stehplatz handelt«.[136] Wichtig ist schließlich, dass die Platzordnung der Didasc die Existenz eines festen Altars noch nicht ausdrücklich voraussetzt.[137]

2. In den Versammlungsraum der christlichen Gottesdienstgemeinde wurde auch Raum Nr. 5 einbezogen.[138] Indiz dafür ist der erfolgte Einbau eines Fensters zum Hof:[139] Der längere Aufenthalt einer größeren Menschengruppe bedurfte mehr Licht und entsprechende Zuluft. War Raum Nr. 5 vormals Teil des Gynäkeions, so dürften hier entsprechend patriarchalischer Sitte Frauen (und Kinder?) durch die offen stehende Tür (3 m hoch) zu Raum Nr. 4 am Gottesdienstgeschehen partizipiert haben.[140]

---

[135]   Vgl. Clems. recogn. 10,71,1. Mit KL. GAMBER, Die frühchristliche Hauskirche nach Didascalia Apostolorum II, 57, 1–58,6, in: TU 107, 1970, 337–344, 342 (vgl. DERS., Domus ecclesiae, 71–78), gegen H. ACHELIS, Eine Christengemeinde des dritten Jahrhunderts, in: DERS./J. FLEMMING, Die ältesten Quellen des orientalischen Kirchenrechts. 2. Buch: Die syrische Didaskalia, in: TU 10/2, 1904, 266–317, 284f.

[136]   P. MASER, Ekklesia, 282f.

[137]   Vgl. EBD., 283.

[138]   Anders O. EISSFELDT, Art. Dura-Europos, Sp. 366.

[139]   Vgl. C.H. KRAELING, Building, 21f.

[140]   Vgl. Hippolyt von Rom (ca. 170–235 n.Chr.), Apost. Trad. 16,18,2 sowie, dass nach Didasc 63,3.32 die Gottesdienstgemeinde nach Geschlecht und Alter, nicht aber nach sozialem Rang zu unterteilen ist: Die älteren, würdigen Männer sitzen in den vordersten Reihen (68,20), hinter

Die Räume Nr. 4 und Nr. 5 bilden zusammen die raumhaft abgeschlossene gottesdienstliche Versammlungsgelegenheit für die christlichen Gemeindemitglieder.[141] Diese allein partizipierten an der im Hausinnern gereichten Eucharistie.[142]

3. Zum Gottesdienst eingeladene Fremde, spontane Öffentlichkeit, Katechumenen[143] sowie Glieder der christlichen Gemeinde, die aus Gründen der Kirchenzucht für eine bestimmte Zeit von der Eucharistie suspendiert worden waren,[144] konnten das Gottesdienstgeschehen vom Hof aus akustisch verfolgen.[145] Um die Gruppe dieser Personen aufzunehmen, wurden beim Umbau zur Hauskirche zwei Sitzbänke in L-Form an der nordwestlichen und südwestlichen Seite des zentral gelegenen Hofs eingerichtet (s. Abb. 8). Auch wurde der Hof für einen längere Zeit dauernden menschlichen Aufenthalt ausreichend gepflastert.[146] Personen, die sich zum Sitzen niederlassen, sitzen von nun an nicht im Staub oder Dreck. Von der längeren Anwesenheit nichtchristlicher Gottesdienstteilnehmer im Hof zeugen schließlich verschiedene Ritz-Alphabete an den Wänden, die aufgrund ihrer apotropäischen Wirkung angebracht worden waren (s.u. Kap. 7).

Bleibt noch nachzutragen, dass auch Raum Nr. 3 in das gottesdienstliche Geschehen einbezogen wurde: Dieser wiederum östlich an Raum Nr. 4 anschließende Raum dürfte als Sakristei genutzt worden sein.[147] Hier werden die für den Gottesdienst genutzten Abendmahlsgeräte und Kerzenhalter, Öllampen und Tongefäße, aber auch die Kleider des Bischofs aufbewahrt worden sein.[148] In diesem Raum dürften auch die zur gottesdienstlichen Verlesung gebrauchten christlichen Heiligen Schriften verwahrt worden sein. So ist während der Nutzung als Hauskirche diese Sakristei auch der Ort gewesen, an dem die Pergamentrolle aufbewahrt wurde, die

---

ihnen folgen die jüngeren, wenn genügend Platz ist, sonst stehen sie (69,3). Es folgen die Frauen 68,20 wiederum nach Alter geordnet (68,20; 69,3).

[141] Vgl. C.H. KRAELING, Building, 154.

[142] Vgl. Did 9,5.

[143] Vgl. Hippolyt, Apost. Trad. 16,18,1. So auch B. BRENK, Christianisierung, 67; C.H. KRAELING, Building, 154f, spricht von »Audientes«.

[144] Vgl. z.B. Mt 18,15–18; Joh 20,22f; 1Kor 5,1–5, dazu CL.-H. HUNZINGER, Art. Bann, 164–167.

[145] Vgl. C.H. KRAELING, Building, 155.

[146] Vgl. C.H. KRAELING, Building, 11.

[147] Vgl. W. RORDORF, Gottesdiensträume, 119.

[148] Vgl. die Inventarliste einer Hauskirche im numidischen Cirta (Nordafrika), deren Bücher und Kultgegenstände in Ausführung der kaiserlichen Befehle im Rahmen der sog. Diocletianischen Verfolgung am 19. Mai 303 konfisziert wurden: Zwei goldene und sechs silberne Kelche, sechs silberne Ampullen, sieben silberne Lampen, zwei bronzene Kandelaber, Öllampen, vier Fässer, sechs Tongefäße etc., s. Gesta apud Zenoph(f)ilum. Vgl. die Analogie, die W. RORDORF, Gottesdiensträume, 119, zu Justin, I apol. 65.67, herstellt, insofern Justin sagt, dass »die Eucharistieelemente Brot, Wein und Wasser ... im Lauf des Gottesdienstes hereingebracht (würden): etwa aus der an den Gottesdienstraum angrenzenden Sakristei ...«?

einen Evangelientext enthielt. Von ihr ist allein Fragment Nr. 0212 im Schutt der Böschungsanlagen von Dura Europos erhalten geblieben (s.u. Kap. 9). –

Zusammenfassung: Einschließlich des zu bescheidenen Wohnzwecken genutzten Obergeschosses als »Küsterwohnung« dienten die – ja, wie sich noch zeigen wird – alle Räume des ehemaligen Stadthauses einschließlich des Hofes den liturgischen Bedürfnissen der christlichen Gemeinde von Dura Europos. Cum grano salis lässt sich sagen, dass die christliche Hauskirche die »Multifunktionalität« eines gemeindlichen Zentrums bekommen hatte,[149] denn vorhanden sind mehrteilig strukturierte Gottesdiensträume, eine Sakristei, ein Raum für Katechumenenunterricht, eine kleine Wohnung für den »Küster« und – wie gleich erläutert werden wird – ein Baptisterium.

Der christliche Gottesdienst wahrte durch seine liturgische Zweiteilung des Versammlungsraumes seinen Doppelcharakter: einerseits war er für die nichtchristliche Öffentlichkeit zugänglich, andererseits war er ein Gottesdienst einer durch das Sakrament der Eucharistie verbundenen Mitgliedergemeinschaft von allen (männlichen und weiblichen) Gläubigen.[150] Fragt man, welche maximale Zahl von Teilnehmern am christlichen Gottesdienst in der Hauskirche von Dura Europos möglich war, so lässt sich aufgrund der Maße von den Räumen Nr. 4 und 5 sowie des Hofs (mind. 160 m^2) auf eine Teilnehmerzahl von ca. 150–180 Personen schließen.

Um den Übergang von der teilnehmenden Gottesdienstgemeinde zu der an der Eucharistie beteiligten christlichen Gliedgemeinde zu ermöglichen, diente der Raum Nr. 6 als sog. Baptisterium der christlichen Hauskirche. Hier wurde in einem relativ kleinen separaten Raum der Statuswechsel einer formalen Aufnahme in die christliche Gemeinde von Dura Europos als ihr Mitglied durch ein rituelles Geschehen in einem eigenständigen christlichen Gottesdienst geregelt. Dass Taufkapelle und Gottesdienstraum räumlich eng beieinander liegen, setzt schon Justin voraus, wenn er schreibt (apol. 1,65):[151]

Wir aber führen den, der gläubig geworden und uns beigetreten ist, nachdem wir ihn so (wie oben angegeben) getauft haben zu den Brüdern, wie wir uns nennen, in ihren Versammlungsort, um gemeinschaftlich ... zu feiern.

---

[149] Vgl. P. MASER, Ekklesia, 276.

[150] Gegen P.Fr. BRADSHAW, Art. Gottesdienst IV. Alte Kirche, TRE 14, 1985, 39–42, 40, ist von den hergerichteten Räumlichkeiten der Hauskirche von Dura Europos anzunehmen, dass dieser frühchristliche Gottesdienst öffentlich war.

[151] Vgl. W. RORDORF, Gottesdiensträume, 119: »Daß die Täuflinge nicht an dem Ort getauft wurden, wo die Gemeinde sich zum Gottesdienst versammelte, aber doch nicht sehr weit von diesem entfernt, denn er (sc. Justin) sagt, die Täuflinge würden nach ihrer Taufe zur Gemeindeversammlung geführt«.

Erst die Getauften konnten als Glieder der Gemeinde von Stund an am Gottesdienst in den häuslichen Räumen teilnehmen.[152]

In der christlichen Taufkapelle geben dabei die Fresken von den in der Gemeinde vorherrschenden Auffassungen über die christliche Taufe ikonologisch Auskunft. Das Baptisterium sowie seine Fresken sollen im weiteren Verlauf dieser Untersuchung in den Mittelpunkt gestellt werden. Zuvor soll jedoch ein kurzer Überblick über die Geschichte der christlichen Gemeinde von Dura Europos gegeben werden:

4.7 Zur Geschichte der christlichen Gemeinde von Dura Europos

Durch die Entdeckung einer christlichen Hauskirche in Dura Europos konnte die Existenz einer christlichen Gemeinde an einem Ort in Ostsyrien für die Mitte des 3. Jh. n.Chr. archäologisch nachgewiesen werden. Über die geschichtliche Entstehung und Entfaltung des Christentums in diesem Bereich von Syrien stehen nur wenige Informationen zur Verfügung.[153] Aus diesem Grund kommt dem archäologischen Befund von Dura Europos eine besondere Bedeutung zu. Die rekonstruierte Baugeschichte des christlichen Gebäudes von Dura Europos erlaubt es, die geschichtlichen Eckdaten eines ostsyrischen Stadtchristentums näher zu beschreiben:

Über den zeitlichen Beginn der christlichen Gemeinschaft von Dura Europos lassen sich nur Mutmaßungen anstellen.[154] Am wahrscheinlichsten ist, dass das Christentum in die zur parthischen Zeit blühende Handelsmetropole auf dem Wege der Fernhandelsstraßen aus dem westlichen Syrien über Emesa und Palmyra gekommen ist. Christliche Händler, aber auch in Handelskarawanen mitreisende Wanderprediger[155] könnten die Stadt am Euphrat in der Mitte des 2. Jh. n.Chr. erreicht haben.[156] Von der Gemeinde in Antiochia aus könnten syrische Völkerchristen gekommen sein (vgl. Apg 11,19), aus dem palästinischen Bereich Israelchristen (vgl. 2,9). Die christlichen Anfänge in Dura Europos dürften gering gewesen sein. Entsprechend

---

[152] Vgl. Justin, I apol. 66: »... daran (sc. der Eucharistie) darf niemand teilnehmen als, wer an die Wahrheit unserer Lehre glaubt und jenem Reinigungsbad für die Sündenvergebung zum Zwecke der Wiedergeburt sich unterzogen hat und nach den Anweisungen des Christus lebt«.

[153] Vgl. C.H. KRAELING, Building, 102–111, sowie die Auswertungen der (zumeist) literarischen Quellen durch W. PRATSCHER, Das Christentum in Syrien in den ersten zwei Jahrhunderten, in: P.W. Haider, Religionsgeschichte Syriens. Von der Frühzeit bis zur Gegenwart, Stuttgart u.a. 1996, 273–284; A. FELBER, Syrisches Christentum und Theologie vom 3.–7. Jahrhundert, in: Ebd., 288–299; W. HAGE, Das orientalische Christentum, Die Religionen der Menschheit 29,2, Stuttgart 2007, 18–29.

[154] Vgl. den Überblick bei A. HARNACK, Mission, 678–693.

[155] Vgl. Did 11–13; Chronik von Arbela (Ed. Sachau), 43.

[156] C.H. KRAELING, Building, 107, nimmt als Datum 165 n.Chr. an.

Zur Geschichte der christlichen Gemeinde von Dura Europos

urchristlicher Praxis werden bei der Anwesenheit von mehreren Christen am Ort diese zu gottesdienstlichen Versammlungen im Freien und/oder in Privatwohnungen zusammengekommen sein.

Die römische Übernahme von Dura Europos durch Lucius Verus (165 n.Chr.) und die damit einhergehende militärische Kontrolle der Handelsstraßen durch die Römer sind der Verbreitung des in den westlichen Städten von Syrien beheimateten Christentums – z.B. in Antiochia und den phönizischen Städten – in das östlich gelegene Euphratbecken hinein förderlich. Für Dura Europos ist spätestens für das Jahr 232/3 n.Chr. die Existenz einer Hausgemeinde anzunehmen, als der begüterte Christ »Dorotheos« mit seiner Familie ein geräumiges Stadthaus bezieht. Die in diesem Haus zusammenkommende christliche Gemeinschaft von maximal 30–35 männlichen Personen könnte eine von mehreren Hausgemeinden der Stadt bzw. der ländlichen Region um Dura Europos gewesen sein.

Zur Vergrößerung der christlichen Gemeinde an einem Ort kommt es in der Regel durch das vorgelebte Glaubenszeugnis in den Familien und Häusern (vgl. 1Kor 7,12–14) und durch die Einladung von Glaubensfremden zu gottesdienstlichen Feiern (vgl. 14,24f.). Die Taufe als Übertritt in die christliche Gemeinde ermöglicht dabei die Konversion zum christlichen Glauben. Dass christliche Gläubige in Dura Europos von konkurrierenden städtischen Religionsgemeinschaften gewonnen wurden, u.a. aus dem Bereich der jüdischen Gemeinde, dafür könnte ein christliches Graffiti aus dem Baptisteriums sprechen: Hier erscheint der jüdischen Ursprungs[157] seiende Name »Sisaeus«.[158] Vielleicht gehörte dieser Mann ehemals zur jüdischen Religionsgemeinde oder entstammte dem Kreis von Sympathisanten des mosaischen Glaubens.

Neben dem Zugewinn von Mitgliedern durch missionarische Bemühungen wächst die christliche Gemeinde von Dura Europos in der 1. Hälfte des 3. Jh. n.Chr. am meisten durch den Zuzug von getauften Christen. Denn die in kurzer Zeit ansteigende Zahl von christlichen Gemeindegliedern, die nach einem größeren Versammlungsort verlangt, geht zeitlich einher mit der intensiven Verlagerung von römischen Militärtruppen und ihrer Versorgungseinheiten nach Dura Europos. »Paulus« und sein Sohn (?) mit gleichem Namen sowie »[... Pr]oklos«, drei römische Namen bzw. Namensbestandteile auf christlichen Inschriften der Hauskirche, stehen für einen größeren Anteil reichsrömischer Christen in der Gemeinde.[159]

---

[157]   Vgl. Jos., Ant 7,110: Σεισάς.

[158]   Anders C.H. KRAELING, Building, 108, der den jüd. Namen nicht nennt.

[159]   Zur Verbreitung des Christentums im röm. Militär s. A. HARNACK, Mission, 577–588. Aus dem reichsröm. Anteil der christlichen Gemeinde darf nicht geschlossen werden, dass viele Christen dem Soldatenberuf nachgingen. Zwar war der christl. Glaube mit dem Soldatenstand grundsätzlich vereinbar, beachtenswert aber ist in diesem Zusammenhang, dass mit dem militäri-

Zu den Gründen, das Haus von Dorotheos ca. 240 n.Chr. in eine christliche Hauskirche umzubauen, zählt in erster Linie der rapide wachsende Platzbedarf für die sich mehrenden Teilnehmer am christlichen Gottesdienst. Die christliche Gemeinde von Dura Europos ist dabei kein Einzelfall:

So ist von der jüd. Religionsgemeinde bekannt, dass sie ihre um ca. 150 n.Chr. in einem ehemaligen Privathaus durch Umbau errichtete Synagoge im Jahre 243/4 n.Chr. zu einer »Saalsynagoge« vergrößern ließ.[160] Und von dem röm. Mithraskult in Dura Europos wurde archäologisch erschlossen, dass er sein im Jahre 168/170 n.Chr. in einem Haus eingeweihtes Mithraeum in den Jahren 210 und 240 n.Chr. erweitern und renovieren ließ.[161]

Aufgrund des Ausbaus von Dura Europos zu einer Festungsstadt des östlichen Limes und dem damit einhergehenden Bevölkerungszuzug gehört die christliche Gemeinde zu den im Wachstum befindlichen städtischen Religionsvereinen. So bietet der in Raum Nr. 4 neu eingerichtete Gottesdienstsaal der Gemeinde die Möglichkeit, ca. 65–75 (männlichen) Gläubigen eine Sitzmöglichkeit auf dem Boden anzubieten.

Kann der sog. Chronik von Arbela[162] Vertrauen geschenkt werden, so ist Dura Europos (Bet Niqator = Nikatorpolis = Dura Europos) um 220 n.Chr. Sitz eines christlichen Bischofs. Die Auskunft dieser nicht unumstrittenen mittelalterlichen Quelle[163] lässt sich archäologisch aufgrund des Umbaus des christlichen Hauses von Dorotheos stützen. Denn bei seiner Umwandlung in eine christliche Hauskirche erhält der Raum Nr. 4 B einen Podest, um einen Bischofsstuhl aufzunehmen. Damit wird um das Jahr 240 n.Chr. vielleicht die bereits bestehende monepiskopale Führung der Christenheit von Dura Europos auch liturgisch-architektonisch von der Einrichtung der christlichen Hauskirche repräsentiert.

---

schen Ausbau von Dura Europos die forcierte Entwicklung von Wirtschaft und Handel einherging, die röm. Bürgern ein angemessenes Auskommen versprach.

[160]   Dazu C.H. KRAELING, Synagogue, 4ff.

[161]   Vgl. FR. CUMONT, Dura Mithraeum, 161.

[162]   Vgl. E. SACHAU (Hg.), Die Chronik von Arbela. Ein Beitrag zur Kenntnis des ältesten Christentums im Orient, APAW 6, Berlin 1915, 21; P. KAWERAU (Hg.), Die Chronik von Arbela, CSCO 467f (= Scriptores Syri 199f), Löwen 1985, 8 (31).

[163]   Sowohl die Entstehungszeit (7. oder erst 11./12. Jh. n.Chr.) als auch die Echtheit und Glaubwürdigkeit dieser Chronik über die Christen von Adiabene (von ca. 100–650 n.Chr.) ist forschungsgeschichtlich umstritten, zur Diskussion vgl. J. WIESEHÖFER (Hg.), Zeugnisse zur Geschichte und Kultur der Persis unter den Parthern, in: Ders., Das Partherreich und seine Zeugnisse. The Arsacid Empire: Sources and Documentation. Beiträge des internationalen Colloquiums, Eutin (27.–29. Juni 1996), Historia-Einzelschriften 122, Stuttgart 1998, 425–434, 428f.

Über einen Zeitraum von ungefähr 15 Jahren nutzt eine überwiegend Griechisch sprechende christliche Gemeinde[164] unter bischöflicher Führung ihre zentrale Hauskirche für regelmäßige wöchentliche Gottesdienstfeiern wie unregelmäßig stattfindende Taufrituale. Die christliche Gemeinde gehört zu den von der städtischen Öffentlichkeit akzeptierten Religionsgemeinschaften. Ihre wöchentlichen Gottesdienste werden nicht als verborgene Konventikel abgehalten, sondern waren offen für Außenstehende. So belegt es die gegliederte Versammlungsräumlichkeit des christlichen Hauses in Dura Europos, so offensichtlich ist es für die von einer äußeren Sitzbank gezierte Hauskirche.[165]

Der Öffentlichkeitscharakter der christlichen Hauskirche von Dura Europos dokumentiert, wie weit die religiöse Akzeptanz des christlichen Glaubens durch die Stadtbevölkerung wie durch ihre Magistratsbehörden um die Mitte des 3. Jh. n.Chr. im stadtrömischen Syrien fortgeschritten war. Die Entwicklung zur städtischen Bürgerlichkeit lässt sich für die junge Christenheit als ein soziokultureller Gewinn klassifizieren, den sie aus der multireligiös eingestellten römisch-hellenistischen Stadt bezog. In ihrer toleranten Mitte – so zeigt es wiederum das Beispiel Dura Europos – durften Mithrasanhänger genauso wie Anhänger der mosaischen Religion, wie auch Verehrer des lokalen Gottes Gad[166] kultische Versammlungsstätten in Häusern betreiben.

Der öffentlich zugängliche christliche Gottesdienst in der bischöflichen Hauskirche von Dura Europos erlischt, als die römische Militärverwaltung von Dura Europos die Stadt aufgrund der Belagerung durch die angreifenden Sasaniden in den Ausnahmezustand versetzt. Nahe der westlichen Stadtmauer liegende Gebäude werden in die Verteidigungsmaßnahmen einbezogen und im Zuge der Erhöhung des Festungswalls wie zum Schutz vor feindlicher Untertunnelung teilweise zerstört. Die Hauskirche wird zuvor von allem beweglichen Inventar geräumt, um im Falle des römischen Sieges wieder aufgebaut und mit dem geretteten Mobiliar erneut benutzt zu werden.

Es kommt jedoch anders: Die Sasaniden erobern im Jahre 256/7 n.Chr. unter Führung von Shapur I. Dura Europos. Die römischen Truppen wie die gemischte Bevölkerung erleiden das Schicksal von Besiegten und dürften, wenn sie die Niederlage denn überlebt haben, in das parthische Reich deportiert worden sein. Die noch kurze Zeit unter sasanidischer Verwaltung stehende Stadt wird großenteils zerstört und erfährt keine weitere nachhalti-

---

[164]   S. die auf Griechisch verfassten Inschriften aus der Nutzungszeit des Hauses als einer christlichen Hauskirche, s.u. Kap. 7.
[165]   Vgl. L.M. WHITE, Building, 131.
[166]   Vgl. CL. HOPKINS, Discovery, 219.

ge Besiedlung mehr. Konnten vielleicht die Römer die Stadt für kurze Zeit von den Sasaniden zurückerobern, so ist spätestens mit der Aufgabe von Dura Europos als bewohnbarer Ort um ca. 273 n.Chr. auch die Zeit des über ein Jahrhundert in Dura Europos nachweisbaren Christentums an ihr Ende gekommen.

Bleibt noch zur Geschichte des antiken Christentums in Dura Europos nachzutragen, dass zur Zeit des Sasanidenkönigs Shapur II. (310–380 n.Chr.) in der Ruinenstadt ein Eremit mit dem Namen Benjamin gelebt und den Märtyrertod erlitten haben soll.[167] Eine Tabelle fasst in einem Überblick die Umrisse der Geschichte der Christenheit von Dura Europos so zusammen:

---

[167] Vgl. G. HOFFMANN, Auszüge aus syrischen Akten persischer Märtyrer, Leipzig 1880, 28–30.

Zeit	Stadtgeschichte von Dura Europos	Geschichte der christlichen Gemeinde
ca. 150 n.Chr.	Parthische Zeit	Erste Christen ?
165	Römische Eroberung durch L. A. Verus; Beginn der römischen Epoche	Entstehung einer Hausgemeinde ?
ab 211	Römische Colonia; Ausbau zur römischen Garnisonsstadt	Zuzug von Christen; mind. eine, wenn nicht sogar mehrere Hausgemeinden ?
ca. 224		Christlicher Bischofssitz
232/3		Eine (von mehreren ?) Hausgemeinde(-n) im Haus von Dorotheos
ca. 240		Bischöfliche zentrale Hauskirche im ehemaligen Haus von Dorotheos
256	Römische Verteidigungsanstrengungen gegen angreifende Sasaniden	Zerstörung der bischöflichen Hauskirche
256/7	Eroberung und Zerstörung durch die Sasaniden unter Shapur I.	Tod und Deportation/Sklaverei für Christen
?	Röm. Rückeroberung; erneute röm. Verteidigungsanstrengungen	–
265 ?	Erneute Eroberung durch die Sasaniden unter Shapur I.	–
ab 273	Fast unbewohnter Ruinenort	–
4. Jh.		Christliche Eremitei ?

Tabelle 2: Geschichte der christlichen Gemeinde von Dura Europos

5. Die Archäologie des Baptisteriums
in der christlichen Hauskirche

Der Raum, der bei der Umwandlung des christlichen Hauses in eine christliche Hauskirche von den Umgestaltungsmaßnahmen am meisten betroffen wurde, befindet sich in der nordwestlichen Ecke des Hauses. Dieses Zimmer ist die kleinste Räumlichkeit des christlichen Gebäudes. Jedoch, während sich dieser Raum vor dem Umbau in der Sozialhierarchie der Räume des christlichen Hauses an unterster Stelle befand, wird er aufgrund seiner architektonischen Einbauten und ikonologischen Ausstattung zum zeremoniellen Hauptraum der Hauskirche aufgewertet. In Raum Nr. 6 wurde nämlich die »Taufkapelle«, oder besser: das Baptisterium der christlichen Hauskirche eingerichtet. Zur rituellen Abhaltung eines separaten christlichen Taufgottesdienstes erhielt der kleine Raum ein kleines Taufbecken, das durch eine Überbauung architektonisch herausgehoben wird. Als weitere Verzierung kommt hinzu, dass das Baptisterium als einzige Räumlichkeit der christlichen Hauskirche vollständig an Decke und Wänden mit farbigen Fresken ausgemalt ist. Es ist nicht zuletzt diese umfassende dekorative Hervorhebung, die die Bedeutung des Taufgottesdienstes für die Liturgie der Christengemeinde von Dura Europos erläutert, wobei über eine Interpretation der Bilder Licht auf das Verständnis von der christlichen Taufe in einer syrischen Christengemeinde zur Mitte des 3. Jh. n.Chr. fallen soll.

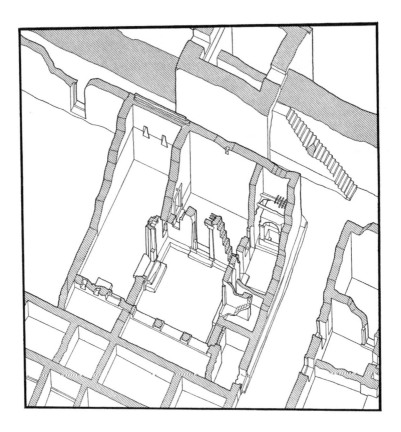

Abbildung 11: Isometrische Rekonstruktion der Hauskirche

5.1 Der Raum

Das Grundmaß des annähernd rechteckigen Raumes Nr. 6 beträgt ca. 6,85 m x 3,15 m,[1] was zu einer Raumgröße von ca. 21,58 m^2 führt. Beim Umbau wurde eine auf Querbalken ruhende Decke eingezogen. Dadurch wurde die Raumhöhe auf ca. 3,20 m abgesenkt.[2] Es entstand auf diese Weise über dem Baptisterium ein begehbarer Obergeschossraum für eine kleine Wohnstatt, doch wohl für einen Küster, der das nicht bewohnte Haus bewachte und zu Öffnungszeiten öffnete.

---

[1]   Nähere Angaben bei C.H. KRAELING, Building, 23.
[2]   Vgl. C.H. KRAELING, Building, 27.

Zwei Türen befinden sich in der Südwand des Baptisteriums: eine Tür führt von Raum Nr. 5 hinein, eine weitere, schmalere (Breite 0,77 m) mündet vom Hof aus. Über letzterer Hoftür hat sich vielleicht einmal eine Lüftungsinstallation befunden.[3] Ansonsten besitzt der Raum keine Öffnungen, erst recht kein Fenster. Bemerkenswert ist, dass der Zugang zum Baptisterium von Raum Nr. 5 aus am Türrahmen architektonische Verschönerungen aufweist.[4] Auch wurde auf der linken Türzarge beim Umbau das vorhandene griechische Dipinto rot ausgemalt.[5]

Innerhalb der kleinen Taufkapelle deutet eine in L-Form an der Westwand gestaltete Sitzgelegenheit an, dass der Raum für kleinere Versammlungen genutzt wird. Dabei ist zu beachten, dass bei geschlossenen Türen der Raum Nr. 6 nur mit künstlichem Licht (Fackeln; Öllampen) zu erhellen war.

Beim Umbau in eine Hauskirche wurde in besonderer Weise dieser Raum mit verschiedenen baulichen Einrichtungen ausgestattet. Diese erlauben es, seine kultische Funktion zweifelsfrei als christliches Baptisterium zu erklären.[6] Angesichts der Kleinheit des Raumes kann über die Zahl der Anwesenden eines Taufgottesdienstes nur Folgendes bemerkt werden: Grundsätzlich gilt, dass bei einem Taufgottesdienst die sonstige Gemeinde nicht anwesend war; die Täuflinge waren mit den Liturgen – in der Regel dem Bischof, zwei Presbytern und (mindestens) drei (weiblichen und männlichen) Diakonen – allein.[7] Mancherorts assistierten bei der Taufe christliche Bürgen, die den Neophyten an den christlichen Glauben heran- und in die christliche Gemeinde eingeführt hatten. Unter diesem Aspekt dürfte die maximale Zahl der zum Taufgottesdienst im Baptisterium Versammelten einschließlich der Täuflinge nicht über zwanzig Personen hinausgegangen sein. Die Täuflinge traten von Raum 5 aus in das Baptisterium ein. Darauf verweist das rote Dipinto in der Türzarge, das apotropäische Funktion besitzt.

5.2 Die Installationen

Die hauptsächlichste Einrichtung des Baptisteriums befindet sich an der westlichen Stirnseite der Taufkapelle. Es handelt sich um eine architektonische Einheit, bestehend aus zwei Bauteilen: Zum einen wurde mittig an der

---

[3]   Vgl. C.H. KRAELING, Building, 24.
[4]   Vgl. Näheres zur verzierten Türkonstruktion bei C.H. KRAELING, Building, 22.
[5]   Vgl. C.H. KRAELING, Building, 22.
[6]   Mit C.H. KRAELING, Building, 145f, gegen die ältere Forschung, so z.B. O. EISSFELDT, Art. Dura-Europos 365, der für eine christliche Märtyrerkapelle plädiert (weitere Lit. s.o. Kap. 2).
[7]   Vgl. Justin, I apol. 65,1.

Wand ein 1,63 x 0,95 bzw. 1,07 m großes rechteckiges Wasserbassin platziert. Zum anderen wurde über das Taufbecken eine gemauerte Ädikula mit einer Quertonne gesetzt, die auf zwei ca. 1,45 m hohen freistehenden Säulen und zwei ca. 1,08 m hohen Pilastern an der Wand ruht. Die gesamte Konstruktion, die auf 1,58 bzw. 1,83 m in den Raum hereinragt, ist das beherrschende Raumelement der kleinen Taufkapelle. Da die Pilaster gegenüber den Säulen weniger hoch ausgeführt sind, ist die auf ihnen aufliegende Ädikula zum Betrachter hin leicht geöffnet. Durch diesen architektonischen Kunstgriff ist von der anwesenden Gemeinde der bemalte Himmel des Baldachins über dem zur Taufe in das Becken eintretenden Neophyten zu erkennen.

Der Boden des vom Baldachin überbauten Wasserbeckens liegt zu ca. 1/3 Höhe unter dem Fußbodenniveau. Das Wasserbassin besitzt eine maximale Füllhöhe von 0,96 m.[8] Es ist über Stufen betretbar und besitzt auch im Inneren eine Stufung.[9] Das Wasserbecken hat keinen Zu- oder Abfluss.[10] Um es zu füllen, musste sämtliches Wasser – wie auch sonst für jeden Haushalt in Dura Europos üblich – in Krügen vom nahen Euphrat zur Hauskirche transportiert werden. Diese architektonisch beeindruckende Installation ist eindeutig das Taufbecken des Baptisteriums, das sich auf jeden Fall für die Aspersion, und mit einiger Mühe auch für die Immersion oder Submersion eines Täuflings geeignet hat.[11] Wahrscheinlicher ist jedoch, dass der Täufling zur Taufe bis zur Hüfte im Wasser stand, während gleichzeitig aus der Höhe ein Wasserstrahl aus einem Gefäß auf ihn herabrieselte (Infusions- oder Perfusionstaufe).[12] So erwähnt es schon die Didache am Anfang des 1. Jh. n.Chr. (7,3):

---

[8]   Die geringe Tiefe des Taufbeckens ist nicht ungewöhnlich, wie J. LASSUS, Sanctuaires chrétiens de Syrie, Paris 1947, 16f, an Baptisterien in Dar Qita, Antiochia-Kaoussie und Taklé zeigt.

[9]   Vgl. C.H. KRAELING, Building, 26.

[10]   Dass ist darum bemerkenswert, weil unter der Straße, die zum Zentrum führt, ein Wasserkanal liegt, der die Toiletten in den Privathäusern entsorgte (vgl. CL. HOPKINS, The Excavations at Dura Europos. Preliminary Report of Sixth Season of Work, New Haven 1936, 178f mit Taf. VI). Das Urteil von B. BRENK, Christianisierung, 69, dass »der Bischof von Dura als Verantwortlicher für die Hauskirche ... beschlossen (hatte), die Taufe ohne fließendes Wasser durchzuführen« setzt voraus, dass eine Wasserzuleitung zur Hauskirche existierte. Das aber war nicht der Fall.

[11]   Vgl. C.H. KRAELING, Building, 147f.

[12]   Vgl. TH. KLAUSER, Taufet in lebendigem Wasser! Zum religions- und kulturgeschichtlichen Verständnis von Did 7,1/3, in: Ders., Gesammelte Arbeiten zur Liturgiegeschichte, Kirchengeschichte und christlichen Archäologie, hg. v. E. Dassmann, JbAC.E 3, Münster 1974, 177–183, 182, dazu die altchristlichen Abbildungen von Christi Taufe bei FR. SÜHLING, Die Taube als religiöses Symbol im christlichen Altertum, RQ.S 24, Freiburg 1930, Taf. 1,2.2.3; den Sarkophag von S. Maria Antiqua in Rom aus dem 3. Jh. n.Chr. bei F. VAN DER MEER/C. MOHRMANN, Bildatlas der frühchristlichen Welt, Gütersloh, 1959, Abb. 45; die Malerei in der Katakombe des Petrus und Marcellinus aus dem 3. Jh. n.Chr. bei EBD. Abb. 396.

Wenn dir aber beides nicht zur Verfügung steht, gieße dreimal Wasser auf den Kopf im Namen des Vaters und des Sohnes und des heiligen Geistes!

Beim Umbau zum Baptisterium wurde die zwischen den beiden Türen an der Südwand gelegene, vorher rechteckige Nische mit einem Bogen versehen. In architektonischer Hinsicht kehrt damit der Bogen der Ädikula an zweiter Stelle im Baptisterium wieder. Unter der Bogennische ragen ca. 0,20 m über dem Boden zwei Steine aus der Wand hervor. Sie dienen entweder als Fußtritt[13], damit ein Gefäß, das in der 1,61 m über dem Fußboden beginnenden Nische deponiert wurde, (leichter) zu erreichen war, oder damit sich auf diese kleine Plattform eine einzelne Person stellte, die damit aus einer Gruppe von Menschen durch einen erhöhten Platz hervorgehoben wurde. Wie auch immer: Auf jeden Fall steht dieses kleine Podium des Baptisteriums in Korrespondenz zur Bogennische und dem darin deponierten Gefäß und seine Funktion für den Taufakt ist im Kontext der Nische zu interpretieren.

---

[13]   Vgl. C.H. KRAELING, Building, 24. – Gegen die Vermutung von EBD. 24, dass die beiden Steine als Untersatz für eine (verloren gegangene) Tischplatte dienten. Ein solcher Tisch würde an diesem Ort des Raumes, einem Durchgangsort genau zwischen den beiden Türen, äußerst dysfunktional sein.

6. Die Ikonografie des Baptisteriums

Das Baptisterium war (wahrscheinlich) vollständig in Blau und Braunfarben ausgemalt.[1] Bilder- und Symbolfresken bedeckten Decke und Wände sowie die Ädikula. Von der bilderreichen Bemalung war nur ein geringer Teil der Taufkapelle ausgenommen: Es sind neben den vom Taufbassin und der Ädikula verdeckten Flächen der Westwand auch diejenigen Teile der Nord- und Südwand, die von der in den Raum hineinragenden Ädikula abgedeckt wurden.[2] Diese Flächen hatte der ausmalende Künstler mit einem hellen Blauton versehen.[3]

Eine genaue Ikonografie der Bilder ist neben der Präsentation durch Abbildungen bzw. Strichzeichnungen aus mehreren Gründen notwendig:

1. Die von den Fresken des Baptisteriums vorhandenen (farbigen) Abbildungen in der einschlägigen Literatur zur Hauskirche basieren gemeinhin nicht auf dem vor Ort entdeckten archäologischen Material,[4] sondern auf den nach den USA, nämlich nach Yale (New Haven) in das Museum of Fine Art verbrachten Wandteile. Der dort ehemals zu sehende Nachbau des Baptisteriums unter Einschluss von Originalteilen – das wird noch im Einzelnen nachzuweisen sein – enthält jedoch nicht alle ehemals bei der Ausgrabung in Dura Europos sichergestellte Flächenbemalung. Zudem sind die Wände der Hauskirche nicht maßstabsgetreu nachgebaut worden, so dass die Malerei in verkürzender Weise abgebildet wurde. Diese von H. PEARSON durchgeführte Rekonstruktion der Hauskirche gibt also in einzelnen Momenten einen teilweise unvollständigen und darum fehlerhaften Eindruck von der Ausmalung der Hauskirche wieder. Die Abbildungen von der rekonstruierten Hauskirche in Yale sind daher nur von beschränktem Wert.

2. Bedauerlicherweise ist ein Teil des archäologisch gesicherten Flächenmaterials des Baptisteriums über die Zeit hinweg schlichtweg verloren-

---

[1]   Zu den Farben der Bemalung s. C.H. KRAELING, Building, 43. Das Pigment der Farben ist z.T. nur schwer erkennbar bzw. rekonstruierbar. Da die Farbgebung nur begrenzt für die adäquate Interpretation des jeweiligen Bildes notwendig ist, wird auf eine Beschreibung der verwendeten Farbgebung im Folgenden verzichtet.

[2]   C.H. KRAELING, Building, 84.

[3]   Vgl. C.H. KRAELING, Building, 43.

[4]   Vgl. die Originalaufnahmen bei P.V.C. BAUR, The Paintings in the Christian Chapel with an Additional Note by A.D. Nock/Cl. Hopkins, in: M.I. Rostovtzeff (Hg.), The Excavations at Dura Europos. Conducted by Yale University and the French Academy of Inscriptions and Letters. Preliminary Report of Fifth Season of Work October 1931–March 1932, New Haven u.a. 1934, 245–288, Pl. 48–51.

gegangen. Jedoch lässt sich dieses Bildmaterial teilweise aus den schriftlichen Aufzeichnungen der Ausgräber rekonstruieren. Eine Darstellung des Bildmaterials der Hauskirche muss deshalb versuchen, alle vorhandenen Informationen zu einem möglichst vollständigen Eindruck von dem erhaltenen Bildmaterial zusammenzuführen.

3. Ein weiterer Grund für eine detaillierte Aufarbeitung liegt darin, dass sich auf den auch in dieser Untersuchung abgebildeten Reproduktionen nicht alle Details der vorhandenen Bilder der Taufkapelle entdecken lassen. Und 4. ist schließlich eine gründliche Bildervorstellung notwendig, weil sich in einigen Fällen begründete Hypothesen zur Wiederherstellung der nichterhaltenen Bildflächen anstellen lassen.

Insgesamt verfolgt damit die hier vorgelegte Beschreibung der Bildfresken des Baptisteriums in der Hauskirche das Ziel, den Ausgangspunkt für die ikonologische Interpretation möglichst genau und vollständig zu setzen. Zuvor aber soll mit einigen Bemerkungen die methodische Vorgehensweise dieser Untersuchung, die von der Ikonografie zur Ikonologie fortschreitet, transparent gemacht werden.

6.1 Methodische Überlegungen zur Bildinterpretation

Am Beginn dieser kurzen methodischen Reflektion über die Interpretation christlich-antiker Bildwerke soll zunächst auf die sachliche Zulässigkeit einer tauftheologischen Interpretation der Bilder des Baptisteriums hingewiesen werden: Sie liegt schlicht und einfach im besonderen Umgang der Gemeinde von Dura Europos mit ihren Bildern. Auffälligerweise wurde nämlich das Hauptkultbild eines widdertragenden Hirten, der eine Schafherde auf die Weide treibt, nachträglich durch ein Bild unten links von einem Menschenpaar mit einer Schlange ergänzt (s.u. Abb. 35). Dieser Zusatz zum ursprünglichen Fresko zu einem sich ergänzenden Doppelbild von »Sündenfall« und »weidendem Hirten« muss einen besonderen Grund gehabt haben: Die Umgestaltung des Zentralbildes achtet weder die ästhetische Integrität des existierenden Bildes noch den bildnerischen Gestaltungswillen des ersten Künstlers. Die sekundäre Veränderung will vielmehr verhindern, dass ein vom ursprünglichen Hirtenbild ausgehender Bildgedanke für sich allein bleibt. Erst die Gesamtheit eines zweiteiligen Bildes soll dem Betrachter einen vollgültigen Eindruck vermitteln, erst mit dem Doppelbild ist ein integrer theologischer Gedanke für den oder die Auftraggeber präsent.

Diese besondere Umgangsweise mit dem zentralen Bild soll als eine didaktische Verstehensweise des Bildes bezeichnet werden. Dem oder den christlichen Auftraggeber(-n) ging es mit dem Bild um die Vermittlung einer korrekten Überzeugung vom christlichen Glaubensleben. Angesichts dieser Bemühungen um den sachgemäßen Aussagegehalt eines Bildes ist man versucht, bei den Bildern des Baptisteriums insgesamt von einer didaktischen Theorie des Bildinhaltes zu sprechen.

Denn, wenn ein (!) Bild des Baptisteriums für sich eine didaktische Verstehensanleitung beansprucht, soll – so ist zu folgern – dies für alle Bilder des Baptisteriums gelten. Die eine sekundäre Bildergänzung verdeutlicht, dass der oder die Verantwortliche(-n) der christlichen Gemeinde von Dura Europos von dem Wunsch sich leiten ließ(-en), das Baptisterium insgesamt mit einer die eigene theologische Auffassung widerspiegelnden Bildauswahl bzw. Bildarrangement auszustatten. Die Bilder des Baptisteriums stehen dabei im Dienst des im Baptisterium abgehaltenen Taufrituals. Sie wollen Ausdruck der christlichen Anschauung von der Taufe als dem Beginn des christlichen Lebens sein, so wie sie der lebendigen Frömmigkeit und der theologischen Reflexion einer christlichen Gemeinde in einem oströmischen Kirchenbereich ehemals zugänglich war. Als eine aktuelle Tauftheologie in Bildern sollten die Fresken des Baptisteriums von den Täuflingen wie von der ganzen versammelten Taufgemeinde der Christenheit von Dura Europos erkannt und verstanden werden.

Unter dem Titel »Frühchristliche Hauskirche und Neues Testament« sollen die Fresken des Baptisteriums durch eine ikonologische Interpretation erneut Gelegenheit haben, zu einem modernen Betrachter zu sprechen. Diesem heutigen Rezipienten, der die Taufbilder von seinem Standort im 21. Jahrhundert aus zur Kenntnis nimmt und versteht, mögen dabei Hinweise, die den ursprünglich anvisierten Rezeptionshorizont der christlichen Gemeinde von Dura Europos erläutern, zu einem historisch angemessenen Verstehen anleiten. Dabei geht es beim Verstehensprozess insgesamt um das hermeneutische Ziel, sich von den Glaubensvorstellungen einer vergangenen Christenheit zur Frage nach dem heutigen christlichen Verständnis von Taufe und Christenleben anregen zu lassen.

Der Versuch einer Annäherung an das didaktisch-theologische Bildprogramm des Baptisteriums begreift sich mithin als ein historisch-kritischer Zugang. Als solcher muss er die zum Verstehen des Bildmaterials beigebrachten antiken Quellen, seien es archäologische Artefakte oder literarische Zeugnisse, datieren. Im Regelfall sollen in dieser Untersuchung nur diejenigen antiken Texte und archäologische Artefakte Berücksichtigung finden, die bis zur Zeit der Einrichtung der christlichen Hauskirche im Jahre um 240 n.Chr. existent waren, d.h., die bis auf die Mitte des 3. Jh. n.Chr. zurückgeführt werden können. Ausnahmen werden nur in dem Fall gemacht, in dem begründet angenommen werden kann, dass eine spätere Quelle eine frühere Auffassung widerspiegelt.

Das Bildmaterial des Baptisteriums weist offensichtlich keine Beziehungen zu geschichtlichen Ereignissen oder Vorstellungen aus dem näheren oder weiteren Umfeld der christlichen Gemeinde von Dura Europos auf. Die didaktischen Bilder zur Tauftheologie sind mithin aus der eigenen christlichen Glaubenstradition erwachsen, wie sie auch selber daran beteiligt sind, christliche Thematik durch künstlerische Darstellungsweise als christliches Kulturgut auszuprägen. Das öffentlichkeitswirksame Bild ist dabei der Versuch, über ein allgemein kommunizierbares Medium christliche (Glaubens-) Überzeugungen transparent zu machen.

Wie nun die David-und-Goliath-Inschriften zum Fresko unter der Bogennische an der Südwand erläutern, gehört zur christlichen Glaubenstradition der Gemeinde von Dura Europos unzweifelhaft die zweiteilige christliche Bibel aus dem sog. Alten und Neuen Testament. Soweit nun am überlieferten Material der Taufkapelle erkennbar, wurden keine weiteren Bilder mit Inschriften versehen. Ein inschriftlicher Hinweis hat die Aufgabe, einem Bild zur Eindeutigkeit im Verstehen zu helfen, indem er beim Betrachter die vom Bild nichtgewollten Assoziationen unterbindet und eine gewollte Verstehensbeziehung herstellt. Kennzeichnen die David-und-Goliath-Inschriften die Kriegsszene allgemeiner Art als Darstellung des in 1Sam 17 erzählten Zweikampfes zwischen David und Goliath, so ist anzunehmen, dass die anderen, eben nicht inschriftlich gekennzeichneten Bilder des Baptisteriums aufgrund ihres Darstellungsgehalts für den Bildhersteller einen unzweifelhaft feststehenden Interpretationsgedanken beim Betrachter auslösen sollen.

Die nachvollziehende historische Interpretation des Bildmaterials des Baptisteriums wird darum bei jedem Bild zu fragen haben, ob sein »Vorbild« aus dem Bereich der biblischen Überlieferung kommt. Erst wenn der Versuch einer Identifizierung von Bild und Bibeltext nicht gelingen will, sollen andere Bezugnahmen der Darstellung zu christlichen, aber auch zu paganen Vorstellungen geprüft werden. Das sind im Bereich der christlichen Tradition literarische Texte wie Gebete, Glaubensbekenntnisse, liturgische Texte und katechetische Unterweisungen, aber auch kirchliche, theologische und philosophische Texte der Kirchenväter, vor allen Dingen dann, wenn es sich bei letzteren Äußerungen um kirchenpraktische Inhalte wie Predigten und Katechesen handelt.[5] Hinzukommt archäologisches Bildmaterial, das sich um die Mitte des 3. Jh. n.Chr. vermehrt aus den stadtrömischen Katakomben beibringen lässt.

---

[5]   Zur Frage der Auslegung von frühchristlichen Bildern durch antike Texte und Monumente vgl. die methodischen Überlegungen von E. DASSMANN, Sündenvergebung durch Taufe, Buße und Martyrerfürbitte in den Zeugnissen frühchristlicher Frömmigkeit und Kunst, MBTh 36, Münster 1973, 45ff.

Ein Bild ist nun keineswegs das unmittelbare »Abbild« eines literarischen Textes bzw. die Wiedergabe seiner zentralen literarischen Aussage. Bilder sind künstlerisch ausgestaltete Medien. Sie werden geprägt und ausgeprägt durch Intention und Begabung des Künstlers. Der Künstler vermittelt durch seine Kunstsinnigkeit dem Betrachter durch die Art und Weise seiner Darstellung eine bestimmte, diesem assoziativ zugängliche Botschaft. Dabei kann er einen in der biblischen oder/und christlichen Tradition bereitliegenden Gedanken aufnehmen, um ihn durch seine eigene kreative Gestaltungskunst verwandelt oder auch verfremdet darzustellen. Der Künstler des Baptisteriums ist nun in seiner darstellenden Intention noch einmal zu unterscheiden von der Zielvorstellung seiner Auftraggeber, der Leitung der christlichen Gemeinde von Dura Europos.[6]

Über den ausmalenden Künstler ist wenig zu sagen.[7] Es dürfte sich bei ihm um ein hinreichend künstlerisch begabtes Mitglied der christlichen Gemeinde von Dura Europos gehandelt haben, das mit der Technik der Freskenmalerei vertraut gewesen ist.[8] Eventuell, das legen stilistische Übereinstimmungen mit dem ausgemalten Mithraeum und der Synagoge von Dura Europos nahe,[9] lernte er sein künstlerisches Handwerk in einem loka-

---

6   Fr.W. Deichmann, Einführung in die christliche Archäologie, Darmstadt 1983, 118f: »Zweifellos haben dabei die christlichen Auftraggeber eine entscheidende Rolle gespielt, indem sie das Thema angegeben, aber auch Haltung und Gestik sowie die Stimmung der Gestalten, in den Szenen, deren Anzahl, Aktion und Zusammenspiel, Wesen und Bedeutung der Gegenstände und schließlich den inhaltlichen Zusammenhang, den Künstlern erklärt haben werden«.

7   Grund ist auch, dass im Zuge der archäologischen Sicherung des Bildmaterials in den 30er Jahren keine ausreichenden Untersuchungen über die Maltechnik etc. angestellt wurden, dazu vgl. M. Restle, Art. Maltechnik, RLBK 5, 1995, Sp. 1237–1247.

8   Zur Kritik an dem angeblich nur mediokren artifiziellen Vermögen des ausführenden Künstlers (M.-H. Gates, Dura Europos. A Fortress of Syro-Mesopotamian Art, Biblical Archaeologist 19, 1984, 166–181, 178: »They are decidedly primitive in style«; 180: »None of the chapel paintings, however, demonstrate any artistic skill; those in the preserved upper register are hardly better than graffiti and must be the work of a zealous but untrained member of the congregation who adapted, according to his own limited abilities, various scenes ...«; K. Butcher, Roman Syria and the Near East, London 2003, 325: »poorly executed«) vgl. die vorsichtigen Bemerkungen von R.M. Jensen, The Dura Europos Synagogue, Early Christian Art, and Religious Life in Dura Europos, in: St. Fine (Ed.), Jews, Christians, and Polytheists in the Ancient Synagogue. Cultural Interaction During the Greco-Roman Period, Baltimore Studies in the History of Judaism, London/New York 1999, 174–189, 184–186. – Zu berücksichtigen ist, dass die künstlerische Qualität der Ausmalung des Mithraeums von Dura Europos gleichfalls zu wünschen übrig lässt, dazu Fr. Cumont, Dura Mithraeum, 169.

9   Vgl. Kleidung und Haartracht der Frauen im Auferstehungszyklus des Baptisteriums mit derjenigen der Ägyptischen Frauen bei der Rettung von Mose durch Pharaohs Tochter in der Synagoge (Abteilung: WC 4), dazu C.H. Kraeling, The Synagogue, The Excavations at Dura-Europos conducted by Yale University and the French Academy of Inscriptions and Letters, Final Report Vol. VIII/1, New Haven 1956, 169ff; B. Goldman, The Dura Synagogue Costumes and Parthian Art, in: J. Gutmann (Ed.), The Dura-Europos Synagogue: A Re-Evaluation (1932–1972), Missoula 1973, 53–77. Oder vgl. die Darstellung des sakramentalen Lebenswassers in der Haus-

len Ausbildungszentrum.[10] Auf jeden Fall folgt er bei seinen Bildern einem regionalen Stilprogramm, das in der Forschung aufgrund stilistischer Übereinstimmungen mit Ausmalungen in der nahe gelegenen Wüstenstadt Palmyra als *palmyrenisch* mehr schlecht als recht umschrieben wird:[11] Diese Zuordnung belegen Übereinstimmungen in der Farbpalette, der frontalen Präsentation der Figuren, Details der Kleidung und die ähnlichen dekorativen Rahmungen.[12]

Die jeweilige Aussage, die den Bildern zugrunde liegt, dürfte dem ausmalenden Künstler vielleicht aus seiner eigenen Erfahrung zugänglich gewesen sein: Als Christ könnte er mit den biblischen Themen der Bilder seit seinem Katechumenat aus Anlass seiner Taufe vertraut gewesen sein. Auch werden ihm die biblischen Texte aus ihrer Verlesung im Gottesdienst und christliche Themen aus der Predigt des Bischofs bekannt sein. Darüber hinaus könnte dem Künstler inspirierendes Bildmaterial aus christlichen Hauskirchen oder christlichen Bildbereichen (Handschriftenverzierung; Grabausmalung) bekannt gewesen sein. Nicht auszuschließen ist auch, dass der christliche Freskenmaler Anleihen bei paganen Darstellungen seiner syrischen Umwelt nahm, einer Mitwelt, die zu seiner Zeit von der römischen Kultur beherrscht und geprägt wurde.[13] Schließlich ist für den Freskenmaler nicht zu unterschätzen, dass er in der Stadt Dura Europos in einer *städtischen Bilderkultur* existierte, die sowohl private Wohnbereiche[14] wie auch die öffentlichen Gebäude wie Tempel und Versammlungsräume religiöser Vereine mit Fresken reich ausstattete, was besonders eindrücklich die Beispiele der Haussynagoge,[15] aber auch anderer Kulträume[16] von Dura Europos illustrieren.[17]

---

kirche mit der Synagogendarstellung von Elija und der Witwe aus Sareptha (Abteilung: SC 2), dazu C.H. KRAELING, Synagogue, 135ff.

[10]   Vgl. R.M. JENSEN, Dura Europos, 184–186, im Anschluss an A.J. WHARTON, Refiguring the Postclassical City. Dura Europos, Jerash, Jerusalem and Ravenna, Cambridge 1995, 60f.

[11]   Vgl. zusammenfassend A. PERKINS, The Art of Dura Europos, Oxford 1973, 114–126.

[12]   Vgl. M.-H. GATES, Dura Europos, 178: »The decoration of the columns to imitate marble, the stars painted in the vault, and the small floral panels framing the arch of the niche are identical with the motifs inside the mithraeum niche«.

[13]   Vgl. z.B. den Pompejanischen Stil der Aufteilung der Wände in Register, dazu C.H. KRAELING, Building, 41; DERS., Synagogue, 68; A. PERKINS, Art, 33–69; M.-H. GATES, Dura Europos, 170.

[14]   Dazu vgl. M. ROSTOVTZEFF, Das Mithraeum von Dura, Römische Mitteilungen 49, 1934, 180–207.

[15]   Dazu C.H. KRAELING, Synagogue, 32ff.

[16]   Zum Mithräum vgl. FR. CUMONT, Dura Mithraeum, 151ff.; M. ROSTOVTZEFF, Mithraeum, 180ff.

[17]   Dazu FR.W. DEICHMANN, Einführung, 122: »Sie verbinden sich vor allem in Haltung und Aktion, das heißt in dem formalen Präsentieren, ganz mit dem, was wir an Bildkompositionen aus den Tempeln und auch aus der Synagoge kennen. Es dürfte kaum zu bezweifeln sein, dass auch

Wie auch immer nun sich der Darstellungsgehalt eines Bildes an den Künstler des Baptisteriums vermittelt haben wird, es ist auf jeden Fall anzunehmen, dass der oder die Auftraggeber der Fresken, der Bischof oder die führenden Glieder der Christengemeinde von Dura Europos, gegenüber dem Maler des Baptisteriums großes Interesse daran bekundet haben werden, dass die bildnerische Ausmalung der Taufkapelle von der eigenen christlichen Glaubensauffassung bestimmt werde. Da sie sich entschlossen haben, das Baptisterium mit didaktisch-theologischen Bildern auszustatten, ist für sie ein Bezug aller Bilder auf den in diesem Raum sich abspielenden Initiationsritus konstitutiv. Die Taufe als Beginn des christlichen Lebens ist für die Gemeindeleitung das theologische Moment, wo ihrer Ansicht nach über das Gesamtverständnis des Christseins entschieden wird. Zugleich besitzt das Bild eine andere mediale Zeichenqualität als die von Literatur, indem es die rezipierende Phantasie des Betrachters anregt und leitet, und auf diese Weise theologische Überzeugungen über das christliche Leben, besonders bei den Neophyten, eindrücklich verständlich macht. Es ist darum bei der ikonologische Interpretation angemessen, wenn jeweils nach dem Zusammenhang von Bildaussage und Taufe bzw. Christentumsverständnis gefragt wird.

Um die Aufgabe einer historisch angemessenen Bildinterpretation transparent anzugehen, nämlich die Frage zu beantworten, wie mit einem möglichst hohen Grad von Wahrscheinlichkeit erkennbar werden kann, welche Bedeutung der oder die Urheber und welche Bedeutung seine Zeitgenossen einem Bild bzw. Bildwerk beigelegt haben, wird in dieser Untersuchung zwischen der *ikonografischen Beschreibung* und der auf ihr aufbauenden *ikonologischen Deutung* des Bildes bzw. Bildwerkes unterschieden.

Dieses methodisch zweifach gestufte Interpretationsmodell von *Ikonografie* und *Ikonologie* von Bildwerken geht auf die wegweisenden Überlegungen zur Interpretation frühchristlicher Bildwerke zurück, die J. ENGEMANN angestellt hat.[18] In Anknüpfung an die epochalen Arbeiten von E. PANOFSKY[19] unterscheidet er einen Dreitakt bei der methodisch trans-

---

die formale Ausbildung der Bilder im Baptisterium ganz zur übrigen Kunst von Dura [Europos] gehört«.

[18]   Vgl. Deutung und Bedeutung frühchristlicher Bildwerke, Darmstadt 1997, 1.20, zur exemplarischen Durchführung vgl. EBD., 44ff. Dazu G. JEREMIAS-BÜTTNER, Rezension zu Josef Engemann, Deutung und Bedeutung frühchristlicher Bildwerke, JBTH 13, 1998, 293–299.

[19]   Vgl. E. PANOFSKY, Zum Problem der Beschreibung und Inhaltsbedeutung von Werken der bildenden Kunst, in: E. Kaemmerling (Hg.), Ikonographie und Ikonologie. Theorien – Entwicklung – Probleme. Bildende Kunst als Zeichensystem Bd. I, Köln ⁶1994, 185–206; DERS., Sinn und Deutung in der bildenden Kunst, Köln 1975, bes. 36–67. Zur Rezeption von E. Panofsky für die methodisch geleitete ikonologische Interpretation vgl. A. WEISSENRIEDER/FR. WENDT, Images as Communication. The Methods of Iconography, in: Picturing the New Testament. Studies in

parenten Bildinterpretation: Auf die exakte *Beschreibung* (1) soll die *Erklärung* des Inhalts (2) und sodann erst die sich anschließende *Deutung* (3) eines Bildes bzw. Bildwerkes folgen. Durch diese dreifach abgestufte Weise will J. ENGEMANN sichergestellt wissen, dass *Bildererklärung* und *Bilddeutung* in ihrer Begründung nachvollziehbar werden und sich nicht schon bei der Wahrnehmung eines Bildes vorschnell unangemessene, subjektive Deutungskriterien einschleichen.

Da jedoch auch bereits bei der von J. ENGEMANN empfohlenen zweiten Stufe der Bildinterpretation, der Erklärung eines Bildes, nämlich bei dem Versuch der Erläuterung des Motivs und Themas die interpretative Methode des historischen Vergleichens und der Analogiesuche zur Anwendung kommt, lassen sich inhaltliche Doppelungen zur dritten Stufe der Bilderklärung, der Bilddeutung, nicht vermeiden. Aus diesem pragmatischen Grund wird der richtungsweisende Ansatz von J. ENGEMANN in dieser Studie verkürzt, indem das dreistufige Verstehensmodell zugunsten eines zweistufigen Interpretationsystems der Erläuterung von Bildinhalt – *die Ikonografie der Bilder des Baptisteriums* – und der anschließenden Bilddeutung – *die Ikonologie der Bildes des Baptisteriums* – verlassen wird.

Es versteht sich bei dieser geisteswissenschaftlichen Beschäftigung mit christlichem Kulturgut von selbst, dass der bejahte historische Verstehensansatz zu frühchristlichen Bildern aufgrund der vorliegenden Fragmentarität der antiken Geschichte nur Wahrscheinlichkeitsurteile hervorbringen kann und dass die bei aller angestrebten Objektivität des Urteils vorgetragene Subjektivität über die ehemals geschichtliche Wirkung der Bilder des Baptisteriums bejahter Teil des konstruktivistischen Programms des Verstehens von geschichtlicher Kultur des Christentums ist und nicht etwa sein Defizit.

Exkurs: Die Bilder des Baptisteriums und das biblische »Bilderverbot«

Die (wohl) vollständige Ausmalung des Baptisteriums einer christlichen Hauskirche aus der Zeit um 240 n.Chr. u.a. mit biblischen Szenen, darunter die Abbildung von Menschen und Tieren, ja auch von Jesus Christus und einer Gottesfigur, scheint sich im diametralen Gegensatz zu der Ansicht zu verhalten, dass das Urchristentum wie die frühchristliche Kirche konsequent das alttestamentliche Bilderverbot (vgl. Ex 20,4f.23; Lev 19,4; 26,1; Dtn 5,8f u.ö.) beachtete und erst gegen Mitte des 4. Jh. n.Chr. eine Lockerung des strikten Verbotes jeglichen Bildes in Gottesdiensträumen

---

Ancient Visual Images, hg. v. A. Weissenrieder u.a., WUNT 2/193, Tübingen 2005, 3–49, hier: 5–20.

zugelassen habe. So führt nach einer Betrachtung der einschlägigen literarischen Zeugnisse zur Bilderfrage in der Alten Kirche TH. KLAUSER aus[20]:

Die dezidierte Haltung der Alten Kirche in der Bilderfrage läßt vor 350 keinen Raum
für die Annahme, daß die kirchliche Autorität christliche Kunst gebilligt oder sogar
gefördert und theologisch gesteuert habe. Wo in dieser Periode christliche Kunst
zutage tritt ..., da kann es sich nur um private, aus dem Laientum, aus dem Volke
stammende Versuche handeln oder, das allerdings wohl nur selten, um Übergriffe von
Klerikern, die über die kirchliche Tradition ungenügend orientiert sind.

Da nun das ausgemalte Baptisterium der Hauskirche von Dura Europos in
diese historische Schlussfolgerung einzuordnen ist, folgert TH. KLAUSER:

Darin wird auch die Erklärung für den Fall des christlichen Kultzentrums in dem
vorgeschobenen Grenzposten Dura liegen. Es war voreilig, dieses Kultzentrum für
eine Bischofskirche anzusehen; dafür fehlen alle Voraussetzungen. Vermutlich handelt es sich um eine Hauskirche, das heißt um ein provisorisch für die Kultbedürfnisse
einer kleinen Gemeinde hergerichtetes Privathaus. Man lebt hier sozusagen am Rande
der Christenheit. Was hier geschieht, ist für die übrige Kirche nicht kennzeichnend.
War die Gemeinde von Dura überhaupt orthodox?

TH. KLAUSERS Äußerungen sind darum so bemerkenswert, weil sich an
ihnen beispielhaft studieren lässt, wie ein geschichtliches Urteil über die
frühe Alte Kirche, in diesem Fall ihre angebliche offizielle Bilder-
feindlichkeit, zu einer marginalisierenden Bewertung eines historischen Befundes wie dem der Bilder eines Baptisteriums in einer regulären christlichen Hauskirche führen kann.[21] Das Verfahren, das bei dieser Art historischer Deutung angewendet wird, heißt schlicht: Das nicht sein kann, was
nicht sein darf. Dabei sollte es in der historischen Forschung genau umgekehrt sein: Dass von den (kirchen-) geschichtlichen Relikten eine Theorie-
bildung über die (theologische) Einstellung der handelnden Personen gewagt wird.

Lässt sich nun schon an den von TH. KLAUSER an die Alte Kirche her-
angetragenen Bewertungen wie »orthodox« und »heterodox«, von »Laien«
und »Amtsträgern«, seine ideologisch vorbelastete historische Einstellung
zeigen, so werden durch die in dieser Monographie angestellten Über-

---

[20]   Die Äußerungen der Alten Kirche zur Kunst. Revision der Zeugnisse, Folgerungen für die
archäologische Forschung, in: DERS., Gesammelte Arbeiten zur Liturgiegeschichte, Kirchengeschichte und christlichen Archäologie, hg. v. E. Dassmann, JbAC.E 3, Münster 1974, 328–337,
335.
[21]   Vgl. als Vorgänger von Th. Klauser FR.W. DEICHMANN, Vom Tempel zur Kirche, in:
Mullus, FS Th. Klauser, JbAC.E 1, Münster 1964, 52–59, 58f Anm. 26: »Es (sc. die Freskendeko-
ration) sind gleichsam nur ›Zeichen‹ einer Bilderschrift, nicht wirkliche Kunstwerke, in dieser am
Rande der Oikumene gelegenen Stadt, mit einer Gemeinde, die sicherlich nicht als programma-
tisch führend ... gewesen sein dürfte«.

legungen fast alle Vermutungen von TH. KLAUSER als haltlos widerlegt. Im Einzelnen kann ermittelt werden,
– dass die christliche Gemeinde von Dura Europos von einem Bischof geleitet wurde,
– dass es sich bei ihrem Versammlungszentrum, der Hauskirche, um eine ständige und offizielle Einrichtung gehandelt hat,
– dass der in der Hauskirche abgehaltene Gottesdienst ein der Öffentlichkeit zugänglicher regulärer Gottesdienst war und
– dass die Gemeindeleitung, die die Ausmalung des Baptisteriums verfügte, eine christliche Lehre von der Einheit von Schöpfung und Erlösung vertreten hat.

Allein: alle diese Überlegungen zur historischen Einordnung des bildreich ausgemalten Baptisteriums einer offiziellen Kirchengemeinde des Römischen Imperiums um die Mitte des 3. Jh. n.Chr. als eines für die damalige Zeit bezeichnenden kirchlich verantworteten Umgangs mit christlicher Kunst[22] überzeugen nur, wenn für die Bilderfrage in der Alten Kirche die Bedeutung des sog. alttestamentlichen »Bilderverbots« einer geschichtlich differenzierten Betrachtung weichen kann. Dazu sollen die folgenden Überlegungen dienen:

Es ist zuvörderst darauf aufmerksam zu machen, dass es weder im Urchristentum noch in der frühen Kirche ein dogmatisches Verbot gegeben hat, das die Anfertigung und/oder Aufstellung bzw. Anbringung jedweden Kunstbildes, sei es über einen beseelten oder unbeseelten Gegenstand untersagte. Ja, der sattsam bekannte Beschluss des gesamtspanischen Konzils von Elvira aus dem Jahre 306 n.Chr., »dass es im Gotteshause keine Malereien geben soll (picturas in ecclesiae non debere)« (Canon 36), zwingt im Umkehrschluss zu der Annahme, dass es bis ins 3. Jh. n.Chr. hinein sowohl im Westen als auch im Osten – dafür ist Beleg das Baptisterium von Dura Europos –, ja, auch in Rom selbst in den sog. Sakramentskapellen der Katakomben eine große Zahl von Bildern in christlichen Gottesdiensträumen gegeben hat.[23] Wie mag es da bestellt sein mit den zahlreichen Bildern, die in privaten Räumlichkeiten von Christen angebracht worden waren.

Mit diesem historischen Umstand harmoniert, dass eine rigoristische Interpretation des Bilderverbotes weder in der alttestamentlichen Literatur noch im Frühjudentum nachweisbar ist.[24] Darauf verweisen eindeutige literarische und archäologische Zeugnisse.[25] Aus diesem Grund kann weder das

---

[22]   Vgl. KL. WESSEL, Art. Dura-Europos, Sp. 1225.
[23]   Vgl. dazu als »Kronzeugen« TH. KLAUSER, Äußerungen, 331f.
[24]   Gegen E. SAUSER, Frühchristliche Kunst. Sinnbild und Glaubensaussage, Innsbruck u.a. 1966, 44.
[25]   Für das AT vgl. Ex 25,17–22; 31,3ff; Num 21,8f; 1Kön 6,23; 7,13ff.25 (dazu J. GUTMANN, The »Second Commandment« and the Image in Judaism, HUCA 32, 1961, 161–174,

Urchristentum[26] noch erst recht nicht die Alte Kirche ein angeblich gegen jegliches Kunstbild gerichtetes Bilderverbot aus ihrer heiligen Tradition, dem Ersten Testament der zweiteiligen christlichen Bibel bezogen haben,[27] noch kommt eine Übernahme aus frühjüdischer Mainstream-Theologie in Frage.

Zu beachten ist denn auch bei dem Bilderverbot des Dekalogs, dass seine entscheidende Intention nicht kunstfeindlich, sondern *kultisch* ist: Das Bilderverbot im israelitischen Kult stellt sich als Konkretion der abstrakten Forderung nach einer Alleinverehrung von JHWH dar. Die israelitische Theologie einer ausschließlichen JHWH-Verehrung hat sich denn auch in einer bilderlosen Kultpraxis realisiert, wie sie in der altorientalischen Religionsgeschichte analogielos ist:[28] Das Allerheiligste im nachexilischen Jerusalemer Tempel war bekanntermaßen leer.

Die kultbildunabhängige Verehrung von JHWH bedeutet jedoch keineswegs, dass das Frühjudentum jegliche Verwendung von Bildern in seinen kultischen Räumlichkeiten, dem Tempel und dem Bethaus, später der Synagoge,[29] abgelehnt hat. So hat nach einer Überlieferung des Jerusalemer

---

164–166; C. KONIKOFF, The Second Commandment and its Interpretation in the Art of Ancient Israel, Genf 1973, 19ff; P. PRIGENT, Le Judaïsme et l'image, TSAJ 24, Tübingen 1990, 1ff), für das Frühjudentum die Belege bei H. KLEINKNECHT, Art. εἰκών, ThWNT 2, 1935, 380–386, 382f; R. MEYER, Die Figurendarstellung in der Kunst des späthellenistischen Judentums, Jud 5, 1949, 1–40, 25ff; W.G. KÜMMEL, Die älteste religiöse Kunst der Juden in: Ders., Heilsgeschehen und Geschichte. Gesammelte Aufsätze 1933–1964, hg. v. E. Gräßer u.a., MThSt 3, Marburg 1965, 126–152, 126ff; C. KONIKOFF, a.a.O., 37ff.65ff; W. SCHRAGE, Art. συναγωγή κτλ., ThWNT 7, 1964, 798–850, 819f; H.-P. STÄHLI, Antike Synagogenkunst, Stuttgart 1988, 9ff; P. PRIGENT, a.a.O., 36ff; G. STEMBERGER, Biblische Darstellungen auf Mosaikfußböden spätantiker Synagogen, JBTh 13, 1998, 145–170.

26   Vgl. Mk 12,16a parr. als literarischen Reflex über den christlich-selbstverständlichen Umgang mit dem profanen Bildnis eines Menschen, dazu U. MELL, Die »anderen« Winzer. Eine exegetische Studie zur Vollmacht Jesu Christi nach Markus 11,27–12,34, WUNT 77, Tübingen 1994, 245ff.

27   Gegen TH. KLAUSER, Erwägungen zur Entstehung der altchristlichen Kunst, in: DERS., Gesammelte Arbeiten zur Liturgiegeschichte, Kirchengeschichte und christlichen Archäologie, hg. v. E. Dassmann, JbAC.E 3, Münster 1974, 338–346, 338f; W. ELLIGER, Die Stellung der alten Christen zu den Bildern in den ersten vier Jahrhunderten (Nach den Angaben der zeitgenössischen kirchlichen Schriftsteller), Studien über christliche Denkmäler NF 20, Leipzig 1930, 1–98, 5.10.16; J. KOLLWITZ, Art. Bild III. (christlich), RAC 2, 1954, Sp. 318–341, 319; H. VON CAMPENHAUSEN, Die Bilderfrage als theologisches Problem der alten Kirche, in: Das Gottesbild im Abendland, Glaube und Forschung 15, Witten/Berlin ²1959, 77–108, 77, u.a.m.

28   Dazu CHR. DOHMEN, Das Bilderverbot. Seine Entstehung und seine Entwicklung im Alten Testament, BBB 62, Königstein/Bonn 1985, 275f; R. ALBERTZ, Religionsgeschichte Israels in alttestamentlicher Zeit 1. Tlbd., GAT 8/1, Göttingen 1992, 101–103.

29   Vgl. zu Bildern am herodianischen Tempel die Darstellung von TH.A. BUSINK, Der Tempel von Jerusalem von Salomo bis Herodes. Eine archäologisch-historische Studie unter Berücksichtigung des westsemitischen Tempelbaus 2. Bd., Leiden 1980, 1094ff; 1140ff, die oben belegte bildliche Ausgestaltung der Synagogen und die Jerusalemer Tempelwährung, der tyrische Schekel, der auf dem Avers den heidnischen Gott Melkart, den Stadtgott von Tyros in Gestalt des Zeus-

Talmuds R. Akiba jüdischen Künstlern ihr Handwerk erlaubt, selbst wenn
sie Bilder für griechische Kulte anfertigen (jAZ IV,4). Dementsprechend
lautet denn auch eine rabbinische Überlieferung (jAZ III,42^d,34f,
R. Jochanan [A 2]):

> In den Tagen des R. Jochanan fing man an, die Wände (mit Bildern) zu bemalen und er hinderte
> sie nicht.

Die nun zweifellos im Frühjudentum vorhandenen bildfeindlichen Äußerungen lassen sich wie bei dem jüdisch-hellenistischen Religions-
philosophen Philo von Alexandrien (20 v.Chr.–45 n.Chr.)[30] als eine Rezeption von Platos Idealstaat erklären[31] oder wie bei dem jüdisch-römischen
Tendenzhistoriker Josephus (37/8–ca. 100 n.Chr.)[32] als ein apologetischer
Versuch, die nicht zu verleugnende antirömische Aufstandsaktionen[33] vor
seinem literarischen Publikum mit einer religiös motivierten Bilder-
feindlichkeit zu begründen und damit politisch zu entkräften.[34] Dass von
diesen Ausführungen eine Bindewirkung auf das gesamte Frühjudentum in
Sachen Bilderfrage ausgegangen ist, muss ebenso bestritten werden, wie
umgekehrt, dass die bei Philo und Josephus zu Tage tretende Bilder-
feindlichkeit genuiner Reflex der Einstellung und Praxis des gesamten
Frühjudentums gewesen sei.

Ähnlich wie im Frühjudentum sieht es in der Alten Kirche aus: So erinnert das von Clemens von Alexandrien (14/50–220 n.Chr.) vorgetragene
und mit dem Dekalog begründete Verbot, keine Siegelringe mit Götterbil-
dern zu tragen, an eine christliche Rezeption der platonische Ideenlehre,
insofern Clemens hervorhebt, dass die Geistigkeit der Gottheit herabgewür-
digt werde, wenn sie sinnlich wahrnehmbar gemacht wird (strom. 5,28,4).[35]
Dass Clemens keineswegs kunstbildfeindlich eingestellt sei, wird an seiner
Empfehlung deutlich, dass Christen für die im täglichen Gebrauch notwen-

---

Sohnes Herkules zeigt, und auf dem Revers den ptolemäischen Adler darstellt, der als Vogel des
Zeus galt, dazu A. BEN-DAVID, Jerusalem und Tyros. Ein Beitrag zur palästinensischen Münz- und
Wirtschaftsgeschichte (126 a.C.–57 p.C.). Mit einem Nachwort: Jesus und die Wechsler von Salin,
Edgar, Kleine Schriften zur Wirtschaftsgeschichte 1, Basel/Tübingen 1969, 5f.50.

[30]   Vgl. Gig 59; Decal 66f.
[31]   Zur uneinheitlichen Haltung von Platon zur Malerei vgl. B. SCHWEITZER, Platon und die
bildende Kunst der Griechen, Die Gestalt 25, Tübingen 1953.
[32]   Vgl. Bell 2,195; Ant 3,91; 15,276.
[33]   4 n.Chr. gegen den am Jerusalemer Tempel angebrachten Adler (Bell 1,648–650/Ant
17,149–154), 66 n.Chr. gegen den mit Tierbildern geschmückten Palast von Herodes Antipas in
Tiberias (Vita 65).
[34]   Dazu vgl. L. BLAU, Early Christian Archaeology from the Jewish Point of View, HUCA
3, 1926, 157–214, 177f; R. MEYER, Figurendarstellung, 4; J. GUTMANN, »Second Commandment«,
169ff; K. SCHUBERT, Das Problem der Entstehung einer jüdischen Kunst im Lichte der literarischen Quellen des Judentums, Kairos 16, 1974, 1–13, 5; J. MAIER, Art. Bilder III. Judentum, TRE
6, 1980, 521–525.
[35]   Vgl. R.M. JENSEN, Face, 9f.

digen Siegelringe bitteschön Bilder wählen sollen, die mit ihrem Glauben und ihrer sittlichen Einstellung vereinbar sind: nämlich Taube, Fisch, Schiff, Leier und/oder Anker (vgl. paed. 3,59,1–2; 60,1)[36].

Mit Clemens ist sich Tertullian einig, dass das alttestamentliche Bilderverbot in der Ablehnung jeglicher Verwendung von Figuren, Bildern oder Bildchen im christlichen Kult und der konsequenten Ächtung ihrer christlichen Künstler beachtet wird (vgl. prot. 4,61,2–4 mit idol. 3–8). Wie die frühjüdische Kasuistik zu erkennen gibt, geht der Montanist Tertullian in christlich-kultischen Fragen konsequenter vor. Seine Äußerungen werden jedoch missverstanden, wenn sie für eine altchristliche Kunstfeindlichkeit herangezogen werden:

Rabbinische Gelehrte der tannaitischen Zeit (d.i. bis 150 n.Chr.) differenzierten nämlich bei paganen Bildwerken (AZ III,4, R. Gamaliel II. [T 2])[37] zwischen profanen, z.b. der Dekoration dienenden Ikonen, und Statuen, die kultischer Verehrung unterliegen (AZ III,1, R. Meir [T 3])[38]. Ihr pragmatischer Grundsatz, dass nur diejenigen Bildwerke verboten sind, die angebetet werden können (AZ III,1, vgl. III,4), verbietet Juden sowohl als herstellenden Künstlern als auch als Kunstkonsumenten jeglichen Kontakt mit Plastiken, die Menschen darstellen, weil sie potentiell der untersagten Ikonolatrie dienen könnten. Diese Regel erlaubt aber mit Selbstverständlichkeit den jüdischen Umgang mit dem flächigen Bildwerk von Menschen (vgl. Jos, Ant 15,25–27) und anderen Lebewesen in privaten wie kultischen Räumen, wie es u.a. auf Mosaiken und Wandmalereien in den Synagogen erscheint.

Im Unterschied zum Rabbinat dehnte Tertullian das Verdikt gegen Götterbildkünstler über die Berufe Bildhauer und Töpfer auch auf christliche Maler aus, insofern diese flächige Götterbilder an Räumen anbringen können (vgl. idol. 3). Auch warnt Tertullian christliche Künstler davor, sich von ihren Auftraggebern missbrauchen zu lassen (idol. 8)[39]. Damit folgt er in jeder Hinsicht dem kultkritischen Akzent des alttestamentlichen Bilderverbotes.

Wenn nun Tertullian im Kontext seiner bildkritischen Äußerungen vorschlägt (idol. 8):

---

[36]   Vgl. für das Frühjudentum jAZ III 42c,66–70, R. Chananja (T 2), dass es im Haus des Chananja Siegel mit figürlichen Darstellungen gab.

[37]   Bill. 4/1, 385, dazu die Übersetzung von K. SCHUBERT, Entstehung, 6: »Es heißt nun ›ihre Götter‹, das Verbot gilt nur bezüglich dessen, dem gegenüber man sich wie vor einem Gott benimmt, wovor man sich aber nicht wie vor einem Gott benimmt, das ist erlaubt«.

[38]   Bill. 4/1, 392.

[39]   »So gibt es doch viele Fälle, wo Menschen und Idole derselben Dinge bedürfen, und wir müssen uns dann davor hüten, daß jemand mit unserem Wissen von unserer Hand etwas verlange, was für Götzenbilder bestimmt ist«.

Wenn wir also zu den Kunstgattungen raten, welche mit Idolen und was dazu gehört, nichts zu schaffen haben ...,

so wird deutlich, dass er sich keineswegs gegen das (christliche) Kunstbild als solches stellt. Ihm ging es um »an attack on *non-Christian* images that invited worship and activities that drew the faithful into the values and practices ... of the surrounding culture«.[40] –

Die Christenheit der ersten drei Jahrhunderte aufgrund der Äußerungen von Tertullian und Clemens von Alexandrien als bild- und kunstfeindlich eingestellt zu beurteilen, entbehrt also der Grundlage.[41] Die christliche Gemeinde von Dura Europos folgte der in der Stadt wohl bekannten frühjüdischen Theologie, Bildwerke im Gottesdienstraum – siehe die Haussynagoge von Dura Europos zwei Häuserblocks weiter – zuzulassen und war sich sicher, dass auch von der christlichen Theologie her Bilder in einem Gottesraum wie dem Baptisterium zuzulassen seien.

Für die christliche Leitung der Gemeinde war bei keinem einzigen von ihr in Auftrag gegebenen Fresko ein Missbrauch in Hinsicht auf die jüdisch wie christlich verbotene Götzenverehrung zu erkennen. Alle Bilder besitzen nach Auffassung der christlichen Gemeindeleitung einen symbolischen bzw. didaktisch-belehrenden Charakter über die Taufe bzw. das Christenleben. Auch verwehrt die Art und Weise der bildnerischen Darstellung den Versuch einer kultischen Verehrung: So wurde im Baptisterium Christus als Hauptperson einer neutestamentlichen Erzählung wie selbstverständlich abgebildet,[42] aber sein Bild blieb ohne jeglichen Hinweis auf seine schon neutestamentlich bezeugte Göttlichkeit.[43] Und so wurde vom Künstler ein zentrales Heilsbild unter der Ädikula über die Zugehörigkeit des getauften Christen zur göttlichen Rettungsgemeinde geschaffen, ohne dass jedoch der widdertragende jugendliche Hirt beispielsweise mit einer göttlichen Aura verziert wurde.

---

[40]   R.M. Jensen, Face, 14.

[41]   Mit R.M. Jensen, Face, 14f, gegen Th. Klauser, Äusserungen, 330f, ähnlich schon W. Elliger, Stellung, 1–98; H. von Campenhausen, Bilderfrage, 77 (s. auch die Auflistung älterer Literatur bei M.Chr. Murray, Art and Early Church, JThS.NS 28, 1977, 303–306).

[42]   Vgl. Kl. Fitschen, Was die Menschen damals »wirklich« glaubten. Christusbilder und antike Volksfrömmigkeit, ZThK 98, 2001, 59–80, 72.

[43]   Vgl. aber Christus als Schöpfungsherrn des Kosmos auf dem sog. Junius-Bassus-Sarkophag aus dem Jahr 359 n.Chr., s. F.W. Deichmann, Repertorium der christlich-antiken Sarkophage, Wiesbaden 1967, Textband: Nr. 680, Tafelband: Taf. 104f, oder Christus als Helios beim Aufstieg aus dem Totenreich, s. Chr. Schönborn, Die Christus-Ikone. Eine theologische Hinführung, Schaffhausen 1984, Abb. 2 (nach 32); O. Perler, Die Mosaiken der Juliergruft im Vatikan. Rektoratsrede zur feierlichen Eröffnung des Studienjahres am 15. November 1952, Freiburger Universitätsreden N.F. 16, Freiburg (CH) 1953, 13–32; Taf. IIf, oder Christus als bärtiger Zeus in der Katakombe SS. Pietre e Marcellino, s. Chr. Schönborn, a.a.O., Abb. 6 (nach 160).

6.2 Die Deckenbemalung

Beide Decken des Baptisteriums, sowohl die des Raumes Nr. 6 als auch die des Baldachins über dem Taufbecken, sind in dunkelblauem Farbton bemalt gewesen. Auf den blauen Untergrund sind weiße Sterne und an zentraler Stelle der Raumdecke ein Mond gesetzt.[44] Der damit stilisierte nächtliche Himmel ist an den Deckenrändern mit einem umlaufenden schwarzen Band eingefasst. Die Ausführung des Sternensymbols alterniert regelmäßig zwischen einem Ring aus acht Punkten und einem Ring aus acht Punkten und Strahlen (s. Abb. 12 + 13). Deutlich erkennbar ist das malerische Ziel, einen mit der Zahl acht markierten Sternenhimmel an die Decke des Baptisteriums wie an die Decke des Baldachins zu werfen.

6.3 Die Wandbemalung und ihre Aufteilung

Insgesamt sind acht, ja, zählt man die Unterteilung des Hauptkultbildes mit zwei Bildern, sogar neun Bilder des an allen Wänden mit Bildwerken ausgemalten Baptisteriums (teilweise) erhalten geblieben. Ausgenommen die Westwand, die unter dem Bogen der Ädikula das Hauptkultbild aufnimmt, sind alle anderen drei Wände des Baptisteriums durch Bänder oder Teiler in waagerecht verlaufende Bildzonen und einzelne Bildfelder aufgeteilt.[45] Diese Gliederung der Wände entspricht dem damals in der Freskenmalerei bevorzugten sogenannten *pompejanischen Stil*.[46]

Die Art der Aufteilung der Wände durch den oder die Künstler ist für die Interpretation von nicht zu unterschätzendem Belang. Sie lässt einerseits eine thematische Separierung als auch andererseits eine Zusammenstellung mehrerer Bilder zu einer von dem Betrachter wahrzunehmenden Gesamtaussage erkennen.[47] So können an den Wänden des Baptisteriums verschiedene Bildgattungen, nämlich einerseits verschiedene *Einzelbilder* von andererseits einer *Bildkomposition* und wieder anders von einer *Bildreihe* unterschieden werden.

Für den ausmalenden Künstler dürfte dabei das Anbringen der verschiedenen Bildwerksgattungen zunächst von der architektonischen Ausgangslage des Baptisteriums inspiriert worden sein. Wird die Südwand durch das Vorhandensein von zwei Türen, der Hoftür und der Tür zu Raum Nr. 5, in

---

[44]   Vgl. C.H. Kraeling, Building, 43f.

[45]   Die nachfolgende Interpretation beschränkt sich auf die stilisiert oder frei gemalten Fresken des Baptisteriums. Zur Ornamentalistik der Taufkapelle s. besonders C.H. Kraeling, Building, 40ff.

[46]   Vgl. C.H. Kraeling, Building, 159–163.

[47]   Näheres zur unterteilenden Ausgestaltung bei C.H. Kraeling, Building, 45–49.

drei Wandteile portioniert, so dürfte es kein Zufall sein, dass an der Südwand neben einem Themenbild im oberen Teil der Wand über den Türen
zwei thematisch selbständige Einzelbilder in den Bereichen neben den
Türen angebracht wurden (s. Abb. 12).

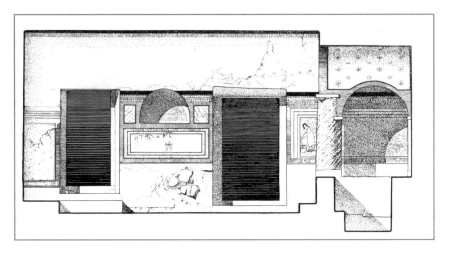

Abbildung 12: Südwand des Baptisteriums (Rekonstruktion)

Auch die Bemalung der Nord-, Ost- und Südwand des Baptisteriums wurde
nach Plan vorgenommen: Dafür ist Indiz, dass die Wände zur Aufnahme
von Bildern über einem weiß gelassenen Sockel mit einem ein Gesims
imitierenden umlaufenden waagerechten Ornamentband in zwei übereinan-
derliegende Flächen, ein oberes und ein unteres Register, unterteilt wurden.
Innerhalb beider Register wurden durch verschieden angelegte waagerecht
oder senkrecht laufende monochrome Bänder für die Rahmung von Einzelbildern oder Bildfolgen gesorgt (s. Abb. 12 + 13).[48]
    Für das obere Register der Nordwand des Baptisteriums ist dabei festzu-
stellen, dass im überlieferten Bereich kein senkrechter Teiler zu sehen ist,[49]
der einzelne Bilder separiert (s. Abb. 13). Vielmehr gehen die einzelnen
Bildszenen ineinander über: So bilden die angedeuteten Wellen der Schiff-
fahrtsszene zugleich den Fußboden, auf dem das Bett des nebenstehenden
Bildes platziert wird.[50] Vorauszusetzen ist also im oberen Register der
Nordwand eine sich von Bild zu Bild fortsetzende *Bilderfolge*. Die gesamte
Bilderfolge steht dabei unter einem einzigen Generalthema. Ihr Anfang ist

---

48   Näheres bei C.H. KRAELING, Building, 47.
49   C.H. KRAELING, Building, 47f.
50   Vgl. C.H. KRAELING, Building, 64.

an der westlichen Seite der Nordwand erhalten geblieben: Hinweis auf den dortigen Beginn der Bilderfolge mit der Simultankomposition des »geheilten Bettlägerigen« als erster Bildszene bildet die Bewegungsrichtung des Geheilten: Er trägt sein Bett und geht nach rechts – d.i. zur östlichen Seite der Nordwand – aus dem Bild heraus.

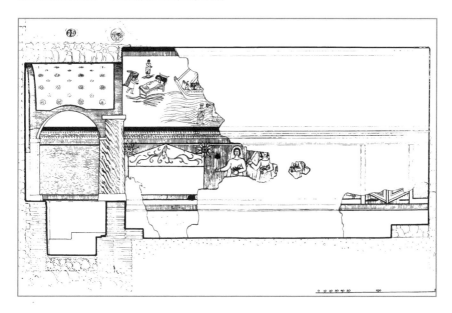

Abbildung 13: Nordwand des Baptisteriums (Rekonstruktion)

Im unteren Register der Nordwand weist die vorhandene Separierung von zwei senkrechten Teilern auf insgesamt drei Bilder hin. Das Ende des dritten Bildes, das ist zu beachten, ist jedoch erst an der Hoftür der Südwand erreicht. Dass ein Bild vom östlichen Ende der Nordwand über die gesamte Ostwand des Baptisteriums bis hin zum östlichen Anfang der Südwand gesetzt war, dafür spricht das Fehlen eines senkrechten Bildteilers an der Ostwand. Die an dieser Wand vorhandenen Bildreste gehören allesamt zu einem einzigen, allerdings sehr langgezogenen Bild. Es reicht über die ganze Ostwand hinaus in beide angrenzenden Wände – die Nord- und die Südwand – hinein (s.u. Abb. 14).

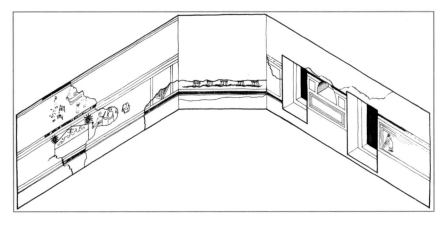

Abbildung 14: Nord-, Ost- und Südwand des Baptisteriums (Rekonstruktion)

Für das an der Nordwand vorhandene Bildmaterial des unteren Registers bedeutet dies, dass beide Bilder zu einer dreiteiligen *Bilderreihe* gehören, die sich insgesamt über die gesamte Nord- und Ostwand bis an die Hoftür auf der Südwand hin erstreckt hat.[51] Da das westliche Bild an der Nordwand und das über die Ostwand hinausgezogene Bild Personen abbildet, lässt sich bei dieser Bilderreihe von einem »Triptychon« sprechen. Während das mittlere Bild der Szene relativ wenig Platz einnimmt, sind die beiden Flankenbilder weitflächig angesetzt.

Welche Hinweise gibt es nun auf die intendierte Leserichtung des Triptychons? Bei der Klärung dieser Frage ist bedeutsam, dass das an der Nordwand erhaltene Flankenbild des Triptychons neben Personen auch einen größeren Gegenstand abbildet. Das ist bei beiden anderen Bildern, soweit sichtbar, nicht der Fall. Damit dürfte an der Nordwand mit Bild Nr. 3 das Ziel der dreiteiligen Bildkomposition erreicht werden. Die Leserichtung des Triptychons im unteren Register ist damit der Bildkomposition des oberen Registers genau entgegengesetzt: Beginnt die ineinanderübergehende Bildfolge an der Nordwand bei der Ädikula – wobei nicht mehr zu entscheiden ist, wo die Bildfolge einmal endete –, so startet der Lesezyklus des unteren Registers bei der Hoftür an der Südwand, um den Betrachter über die Ost- und Nordwand zur Ädikula zu führen.[52] Diese von der Ädikula im oberen Register zunächst weg-, im unteren Teil jedoch wieder hinführende Leserichtung gilt es bei der ikonologischen Interpretation zu berücksichtigen.

---

51   Vgl. C.H. KRAELING, Building, 48.
52   Mit FR.W. DEICHMANN, Einführung, 121, gegen M. SOMMER, Roms, 336.

Bei der Bildsetzung auf der Südwand des Baptisteriums hat der Künstler bei der Besetzung des Feldes zwischen den beiden Türen unter der gewölbten Nische keinen Gebrauch von den Gattungen einer Bildreihe oder Bildfolge gemacht: Mit der an allen vier Seiten umlaufenden Rahmung stellt er ein Bildthema heraus. Auch bei der Wandbemalung zwischen der Tür aus Raum Nr. 5 und dem westlichen Ende der Südwand wurde wieder der kompositionellen Rahmung gefolgt. Erhalten ist jedoch nur ein Bild im unteren Register, dessen rechte Seite von den Säulen der Ädikula teilweise verdeckt wird.

Im Folgenden sollen die acht bzw. neun erhaltenen Bilder des Baptisteriums entsprechend der zur westlichen Stirnseite des Baptisteriums, d.i. zur Ädikula über dem Taufbecken orientierten Taufgemeinde ikonografisch vorgestellt werden werden: Begonnen wird zunächst mit der Bildbesprechung des vorhandenen Materials an der Südwand, um über die Vorstellung des Bildmaterials an der Nord- und Ostwand schließlich auf der zentralen Westwand zu enden. Dabei sollen die auf der Ädikula angebrachten Bildmotive gemeinsam mit dem unter ihr angebrachten Hauptkultbild des Baptisteriums vorgestellt werden. Der Grund für diese Reihenfolge der Interpretation liegt darin, dass die Ädikula mit dem Taufbecken zusammen das räumliche Zentrum des Baptisteriums darstellt, sodass es geraten erscheint, alle Informationen zu den Wandbildern auf die ikonografische Mitte des Baptisteriums abzustimmen.

6.3.1 Das Bildmaterial an der Südwand

Bei dem Bildmaterial an der Südwand ist archäologisch davon auszugehen, dass sie gleichfalls wie Nord- und Ostwand des Baptisteriums, in ein oberes und ein unteres Register unterteilt war.

6.3.1.1 Das Gartenbild

Von dem Fresko im oberen Register der Südwand ist nur eine Photographie[53] erhalten geblieben. Ansonsten gibt es eine Bemerkung des Grabungsdirektors.[54] Archäologisch lässt sich das Bild vom westlichen Ende der Südwand an von dem von der Ädikula freigegebenen Feld an verfolgen. Es scheint bis zur Tür zu Raum Nr. 5, ja über den Türsturz hinaus gereicht zu haben.[55] Erwägenswert ist, ob es sich ehemals über das ganze obere Re-

---

53   C.H. Kraeling, Building, Plate XXXIII.
54   Ebd., 230.
55   Vgl. Ebd., 65f.

gister der Südwand bis zu ihrem östlichen Ende hin erstreckt hat (s. Abb. 12).

Zu sehen sind auf dem archäologisch gesicherten Wandmaterial Indizien, die, so CL. HOPKINS, auf die Darstellung einer »mass of green trees and bushes« schließen lassen. Es gibt keinen Hinweis darauf, dass eine oder auch mehrere menschliche Personen abgebildet wurden. Insofern lässt sich die Bezeichnung des stilisiert gemalten Bildes des oberen Registers der Südwand als »Gartenbild« rechtfertigen.

6.3.1.2 Die Tötung von Goliat durch David

Zwischen den beiden Türen, die in das Baptisterium führen, ist unterhalb der Bogennische ein ca. 1,28 m x 0,35 m hohes Feld für ein Einzelbild reserviert worden. Die Identifikation des relativ breit angelegten Bildes liegt durch zwei Tituli fest, insofern in den Putz auf Griechisch die Namen Δαουιδ = »David« und Γολιοδ = »Goliat« zu den beiden abgebildeten Personen hinzugesetzt wurden.[56] Es ist das einzige Bild von den erhaltenen des Baptisteriums, welches durch Graffiti den literarischen Bezugspunkt des Dargestellten festlegt. Damit können die noch vorhandenen Bildreste der Szene eindeutig identifiziert werden. Dargestellt wird die im Alten Testament im 1. Samuelbuch 17 erzählte Geschichte vom überraschenden militärischen Erfolg von David, dem ersten König von Juda, im Zweikampf über Goliat, den Vorkämpfer der Philister (s. Abb. 15).[57]

Abbildung 15: David und Goliat (Zeichnung H. Pearson)

---

[56] Siehe C.H. KRAELING, Building, 97, Nr. 19 + 20.
[57] Dazu C.H. KRAELING, Building, 70f.

Im Bildzentrum steht David, dessen Gesicht zum Betrachter gewendet ist. Er ist bekleidet mit einem kurzen Chiton, der weder seine Knie noch Vorderarme bedeckt. Es könnte sich bei der Kleidung um eine Exomis, eine Gewandung, die als Arbeitskleidung nicht nur für Schafhirten[58] überliefert ist, handeln.[59] Nur angedeutet ist, dass David über seiner Bekleidung eine Tasche oder vielleicht auch eine Steinschleuder trägt. Fest steht, dass sein lockiges Haar eine Krone ziert.

Der linke, erhobene Arm der Person trägt den Namenszug »David«. Unsicher ist, was die Hände von David tun. Nach C.H. KRAELING hält David mit beiden Händen ein Schwert, dessen Klinge nach rechts zeigt.[60] David steht im Begriff, es mit Wucht auf den Hals der liegenden Person niedergehen zu lassen. Anders erläutert hingegen das erhaltene Bildmaterial CL. HOPKINS:[61] Für ihn hält David mit seiner Rechten das Schwert, während er in seiner Linken den bereits abgeschlagenen Kopf Goliats hochhält.[62]

Wie auch immer der Zustand der besiegten Person – ob mit oder ohne Kopf – dargestellt ist, die in den linken Bildteil platzierte Person ist der der Länge nach am Boden liegende Goliat. Diese Identifikation bewirkt der über der Person erscheinende Namenszug. Die Kampfszene ist dabei so gestaltet, als ob der siegreiche David hinter dem zu Boden geworfenen Goliat hervorkommt. Der Körper des Philisters ist in einen Panzer gezwängt. Hinter dem geschlagenen Kämpfer Goliat ist sein Schild zu erkennen, neben ihm steckt im Boden sein Speer oder Wurfspieß.

Die künstlerische Darstellung läuft auf die Antithese des schwerbewaffneten, aber im Zweikampf unterlegenen Philisterkämpfers, mit dem im Kampfgeschehen siegreichen, aber (fast) unbewaffnet sich präsentierenden jüdischen König David hinaus. Das Schwert, mit dem David zur Enthauptung von Goliat antritt bzw. diese vornimmt, dürfte darum das Schwert des Besiegten sein. Festgehalten wird vom Künstler der grausame Moment im kriegerischen Kampf auf Leben und Tod, der den Tod des geschlagenen Feindes durch die vom Sieger vorgenommene Enthauptung in unmittelbarer Kürze bewirken wird oder schon bewirkt hat. Es ist der Augenblick des kriegerischen Triumphes über den vollkommen unterlegenen, besiegten Feind.

---

[58]   Vgl. 1Sam 17,15; 2Sam 7,8.
[59]   Vgl. die Kleidung des Hirten auf dem zentralen Kultbild unter der Ädikula (s.u. Abb. 23).
[60]   Vgl. C.H. KRAELING, Building, 70.
[61]   In einem Brief an M. ROSTOVTZEFF, zit. bei C.H. KRAELING, Building, 70, Anm. 2.
[62]   Dieser Ansicht schließt sich aufgrund einer ikonografischen Tradition K. WEITZMANN, The Frescoes of the Dura Synagogue and Christian Art T. 1, in: Ders./H.L. Kessler, The Frescoes of the Dura Synagogue and Christian Art, DOS 28, Washington 1990, 1–150, 84, an.

6.3.1.3 Die Wasser schöpfende Frau

Im unteren Register der Südwand, also unter dem Gartenbild, hat der Künstler zwischen dem Türweg zu Raum Nr. 5 und der von der Ädikula unbedeckt gelassenen Wand ein ca. 0,70 m x 0,50 m großes Einzelbild gesetzt. Der Bildrahmen ist nur an drei Seiten gesetzt. Das Bild zeigt eine an einem Brunnen arbeitende Frau (s. Abb. 16).[63]

Abbildung 16: Die Wasser schöpfende Frau (Zeichnung H. Pearson)

---

63   Dazu C.H. KRAELING, Building, 67–69.

Deutlich erkennbar ist eine Frauenfigur mit rundem Kopf und langem, gelockten Haar, die sich vorwärts lehnt und ihre Arme vor sich und nach unten hin von sich hält. Sie trägt einen ärmellangen, bis auf die Knöchel herabreichenden Chiton, dessen weite Nackenöffnung zusammen mit einem angedeuteten Saum ihn als typisches Kleidungsstück einer Frau ausweist. Ein ungewöhnliches Kennzeichen ihrer Garderobe ist ein fünfzackiger Stern, der auf der Brustpartie des Chitons angebracht ist. Entweder soll er als Bestandteil ihres Gewandes erscheinen oder er soll als eine Art Aufnäher verstanden werden.

Die Füße der Frau, die auf einen angedeuteten Boden gestellt wurden, weisen nach links. Beide Füße stecken in Stiefeln. Sie beschreiben eine aktive Haltung der stehenden Frau. Die Frau arbeitet. Durch ihre beiden Hände läuft ein Seil, das an seinem unteren Ende in einem angedeuteten runden Brunnen in der Erde verschwindet.

Die vom Künstler intendierte Vorstellung geht dahin, dass von der Frau ein Schöpfgefäß an einem längeren Seil in den Brunnen hinabgelassen worden ist, um aus diesem mithilfe des Eimers Wasser zu schöpfen. Mit dem Ende des herabgelassenen Seils in den Händen der Frau wird angedeutet, dass das bereits im Brunnen versenkte Gefäß Wasser aufnehmen soll, um im nächsten Moment unter kräftiger Anstrengung der Muskeln mit Hilfe des Seils als gefülltes Wassergefäß an die Erdoberfläche gezogen zu werden.

Das Bild der aus einem Brunnen Wasser schöpfenden Frau stellt eine Momentaufnahme eines lebenswichtigen Arbeitsvorganges dar. Es selektiert den Augenblick, in welchem das im heißen Orient so begehrte Wasser in ein Schöpfgefäß tief im Brunnen gelangt. Dieser Augenblick zwischen dem vollständigen Herablassen des Schöpfgefäßes in den Brunnen und seinem kurz bevorstehenden Heraufziehen ist für die arbeitende Person wie für den Betrachter ein Moment spannender Ruhe und Erwartung zugleich. Aus diesem Grund lässt sich das Bild mit »die Wasser schöpfende Frau« titulieren.

6.3.2 Das Bildmaterial an der Nord- und Ostwand

6.3.2.1 Die Bildfolge
An der Nordwand im oberen Register befindet sich eine nicht durch senkrechte Teiler unterbrochene Bilderkomposition in der Höhe von 1,12 m. Nach der Besprechung der beiden nur z.T. erhaltenen ersten beiden Bilder[64]

---

[64] Dazu C.H. KRAELING, Building, 61–65.

ist zu versuchen, einen Eindruck von der gesamten Bildkomposition zu vermitteln.

1. An der westlichen Seite beginnt die Bildfolge mit einer pyramidalen Szene von drei männlichen Figuren (s. Abb. 17). Die obere Person steht auf einem extra angedeuteten Boden und wird dadurch hervorgehoben. Unter ihr sind rechts eine auf einer Bettstadt liegende Person gemalt, links davon eine Person, die ein Bett auf ihrem Rücken trägt. Darunter ist ein beide Bildteile verbindender Fußboden gesetzt. Die beiden Personen zugeordnete Bettstatt lässt annehmen, dass es sich um ein und dieselbe Person handelt.

In der Ruhe ausstrahlenden Szene des Bettlagers wurde vom Künstler auf dem Bett ein längliches Kopfkissen gelegt. Auf ihm ruht der Kopf einer auf dem ganzen Bett ohne Zudecke liegenden Person. Sie stützt mit ihrem linken Arm ihren Kopf. Die Kopfstützung könnte Unwohlsein, mithin Krankheit andeuten. Angezogen ist der bettlägerige Kranke mit einem knie-langen, langärmeligen Chiton. Das zweite Mal ist dieselbe Person stehend mit lockigem Haar und mit demselben Gewand abgebildet. Die Füße sind nackt. Während der linke Arm das Bett an einem Bein des Gestells anfasst, wird der rechte Arm zur Haltung der Balance von dem Schweres tragenden Körper nach vorne weggeführt.

Somit werden im unteren Teil des Bildes zwei verschiedene Situationen abgebildet: Das Bettlager einer kranken Person sowie der Moment der gesundheitliche Vitalität ausstrahlenden Bettschulterung. Verbunden ist der Statuswandel von ein und derselben Person mit der Andeutung von Bewegung: die Gesundheit wiedererlangende Person strebt mit dem Bett zusammen in die Bildmitte nach rechts. Das mithin zwei menschliche Grundsituationen, Krankheit und Gesundheit, andeutende Bild stellt eine Simultankomposition dar. Sie bringt den bildlich-erzählerisch ausgedrückten Statuswechsel mit der übergeordneten dritten Person in Beziehung.

Abbildung 17: Wundersame Heilung (Zeichnung H. Pearson)

Diese übergeordnete Person im oberen Bereich des Bildes scheint hinter dem Bett des Kranken zu stehen. Mit dem über den Körper geführten rechten Arm macht sie eine Geste zu dem Bettlägerigen. Ansonsten ist die Figur in Ruhestellung gemalt, der linke Fuß im Profil, der rechte in Frontalsicht. Den bartlosen Kopf ziert eine lockige Haarpracht. Die Kleidung entspricht einer Person von besonderem sozialen Rang: Der ärmellange Chiton wird von einem Obergewand, einem sog. Himation bedeckt.[65] Von diesem Alltagsgewand sind zwei Säume angedeutet. An den Füßen sind sogar noch Riemen von Sandalen sichtbar.

Die Geste der oberen Figur hin zum bettlägerigen Kranken lässt dessen Gesundung als Folge verstehen. Dargestellt sind also der Wundertäter und sein Wirken; die Gesundung eines Kranken. Insofern ist es gerechtfertigt, von der Darstellung einer wundersamen Gesundung/Heilung zu sprechen.

2. Gemäß der Bewegung, die der Genesene macht, indem er nach rechts aus dem Bild herausstrebt, ist das danebenstehende zweite Bild als Fortsetzung eines thematisch gebundenen Bilderreigens zu verstehen. Erneut handelt es sich um eine pyramidale Szene. Die wichtigste Person ist jedoch entgegen dem ersten Bild in den unteren Bereich gesetzt (s. Figur 1). Auf diese Weise wurde künstlerisch eine (antithetische) Abwechslung in die zueinandergesetzten Bilder gebracht.

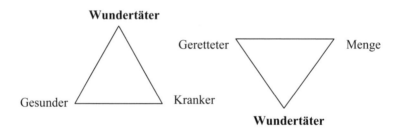

Figur 1: Antithetische Darstellungspyramide der Bildkomposition

Das zweite Bild der Bilderfolge ist leider nur zur Hälfte erhalten (s. Abb. 18). Es dürfte einen etwas größeren Raum als das erste Bild der Folge eingenommen haben. Gemalt ist eine Seefahrtsszene. In einem relativ groß skizzierten Schiff, das mit seinem Kiel auf dem von Meereswogen bewegten Wasser aufliegt, sitzen mehrere Personen. Das Schiff ist von der Art eines seetüchtigen Segelschiffes, wie es zur damaligen Zeit auf dem Persischen Golf im Fernhandel eingesetzt wurde.[66] Von diesem Schiffstyp ist

---

[65]   Vgl. R. Hurschmann, Art. Pallium, DNP 9, 2000, Sp. 201.

[66]   Vgl. ein Graffiti aus Dura Europos, in: P.V.C. Baur (Hg.), The Excavations at Dura-Europos. Conducted by Yale University and the French Academy of Inscriptions and Letters.

vorstellbar, dass er am Euphrathafen von Dura Europos festmachte. Zu sehen sind vom Schiff aber nur noch das Heckteil mit dem Achterschiff und vier vom Achtersteven abgehende Taue. Dollborde sind angedeutet, dazu eine Schiffsreling.

Von der auf Deck befindlichen, in Reihe angeordneten Personengruppe sind vollständig nur vier männliche Personen erhalten geblieben. Eine sechste Person ist neben einer Bildlücke zu identifizieren. Alle Personen tragen einen ärmellangen Chiton und alle Personen haben ihre Hände zu einer Geste des Erstaunens erhoben. Die Gesichter der Schiffsbesatzung sind auf ein sich vor ihnen, d.i. auf dem Wasser abspielendes besonderes Ereignis gerichtet.

Der untere Teil des Bildes schildert die ungewöhnliche Begegnung zweier Personen auf dem sturmbewegten Wasser. Eine Person, die gleichfalls wie die Schiffsreisenden mit einem ärmellangen Chiton bekleidet ist, bewegt sich von dem Bug des Schiffes herzu.[67] Die linke Hand hängt am Körper herab, die rechte aber ist (weit) ausgestreckt. Der rechte Fuß ist im Profil, der linke in Frontalsicht dargestellt. Riemen von Sandalen sind angedeutet. Das etwas eingeknickt dargestellte Bein beschreibt eine Bewegung.

Die zweite Figur ist links neben der eben beschriebenen Person sowie etwas tiefer als diese gestellt. Ein Mann trägt die Kleidung von Chiton und einem darüber geworfenen Himation (s. Abb. 18). Seine linke Hand hält die Enden seines Obergewandes. Seine rechte Hand ist über den Körper gestreckt nach oben über Schulterhöhe gemalt, so dass sich die beiden rechten Hände beider nebeneinandergestellten Personen berühren. An den Füßen dieser Person sind Sandalen angedeutet. Es könnte sein, dass die Figur einen Bart trägt.

Preliminary Report of the Fourth Season of Work October 1930–March 1931, New Haven u.a. 1933, Plate XXIII/1; Relief eines Sarkophages, wahrscheinlich von Ostia (Italien), 3. Jh. n.Chr., in: L. CASSON, Ships and Seafaring in Ancient Times, London 1994, Abb. 99.

[67] Sollte die Gruppe der sitzenden Schiffsreisenden mit einer Rangfolge, angefangen bei der Person am Bug und endend mit der am Heck, versehen sein, so dürfte die vom Bug des Schiffes strebende Person eine hohe oder auch die höchste Rangstufe der Personengruppe einnehmen. Ist es richtig, dass die auf dem Wasser gehende Person zuvor im Boot gesessen ist, so dürfte der Künstler ihren Platz an Bord freigelassen haben.

Abbildung 18: Wundersame Rettung aus Seenot (Zeichnung H. Pearson)

Trägt auch auf dem linken Bild eine die Spitze einer Personenpyramide besetzende männliche Figur die auffällige Kleidungskombination von ärmellangem Chiton und Himation, so dürfte es sich um die Darstellung ein und derselben Person handeln. Das Unterscheidungsmerkmal des Bartes wäre in diesem Fall zu vernachlässigen. Dargestellt wird der Wundertäter. Auch in diesem Fall lässt sich von der Darstellung eines wunderhaften

Vorganges sprechen: es geht um die Rettung einer Person vor dem Ertrinken im Wasser aufgrund des Eingreifens eines Wundertäters. Im Unterschied zum ersten Bild handelt es sich jedoch nicht um eine Simultankomposition: Das Reichen der vor dem Ertrinken bewahrenden Hand des Wundertäters ist der Moment der wunderbaren Rettung.

3. Bedauerlicherweise ist die weitere Bilderfolge des oberen Registers der Nord- und Ostwand nicht weiter erhalten. Der auf der östlichen Seite der Nordwand zur Verfügung stehende Raum weist bei derselben Ökonomie der Darstellung Platz für mehrere Bilder auf.[68] Sollte der Künstler bei der Ausmalung des oberen Registers entsprechend der des unteren Registers vorgegangen sein, so hätte er an der Ostwand bis einschließlich zur Hoftür an der Südwand weiteren Raum für weitere vier zusätzliche Bilder gehabt. Dann hätte er einen unter einem Thema stehenden Bilderreigen von vielleicht zehn Einzelbildern geschaffen. Doch muss diese naheliegende Annahme aufgrund fehlenden Bildmateriales Spekulation bleiben.

Weniger spekulativ ist die Wiedergabe des Eindruckes, den die Bilderfolge auf den Betrachter ausübt. Die beiden erhaltenen Bilder enthalten Szenen voller Dramatik. Der abrupte Wechsel von Krankheit zu Gesundheit und der naturgesetzlich unmögliche Seewandel zur wunderhaften Rettung einer Person vor dem Ertrinken faszinieren als Darstellung ungewöhnlicher Ereignisse. Der Positionswechsel der Hauptperson im pyramidalen Dreieck der Bildkomposition vermittelt Abwechslung, wie auch die Gestik (und Mimik?) der handelnden Personen Hilflosigkeit und Stärke, Hilfebegehren und Rettung zum Ausdruck bringt. Der Betrachter wird durch die Personen in ein Wechselbad der Gefühle geworfen. Nicht überlegene Ruhe, sondern Dynamik und Spannung beherrschen die Bildfolge wundersamer Ereignisse im oberen Register.

6.3.2.2 Der dreiteilige Bilderzyklus

Über das untere Register, angefangen bei der Hoftür in der Südwand, sich fortsetzend über die ganze Ostwand und schließlich endend auf der westlichen Seite der Nordwand, dort, wo die Ädikula des Baptisteriums anfängt den sichtbaren Teil der Nordwand zu verdecken, wurde in einer Länge von ca. 9,00 m eine dreiteilige Bildersequenz gestaltet (s. Abb. 14). Entsprechend dem von den Dura Europos verteidigenden römischen Besatzern eingeleiteten Zerstörungszustand ist von dem Bildmaterial unterschiedlich viel erhalten. Es reicht aber aus, die dargestellte Szenenfolge sich vorzustellen. Auf der Nordwand hat der Künstler den Bilderzyklus durch zwei senkrechte Teiler in drei Einzelbilder unterteilt. Die Besprechung beginnt darum

---

68   Vgl. C.H. Kraeling, Building, 64.

bei dem an erster Stelle des Lesezyklus stehenden Einzelbildes Nr. 1, um über die Vorstellung von Bild Nr. 2 und Nr. 3 zur Analyse des gesamten Bilderzyklus' fortzuschreiten.

Bild 1: Das zuerst zu besprechende Bild überspannt das gesamte untere Register der Ostwand (= 3,16 m) und setzt sich über die Raumecken auf der Nord- (= 0,24 m) und Südwand – dort bis zur Hoftür (= 0,51 m) – fort. Von dem nur im unteren Bereich (ca. 0,28 m) erhaltenen Großbild (Gesamtlänge: 3,95 m) ist zunächst eine wellenartige Grundlinie zu erkennen, die den Boden für eine Reihe von fünf Paar Füßen andeuten soll. Alle Füße stecken in weichen Stiefeln. Schließlich ist fünf Mal das Ende eines knöchellangen, gesäumten Chitons zu erkennen (s. Abb. 19).

Abbildung 19: Fünf Frauengestalten, Ostwand (Zeichnung H. Pearson)

Die erhaltenen Bildinhalte lassen darauf schließen, dass fünf Frauengestalten nebeneinander abgebildet wurden.[69] Aus der Gleichheit der Anordnung, der ähnlichen Position der Füße und ihrem gleichbleibenden Abstand, ist weiterhin zu entnehmen, dass fünf stehende Frauen von gleicher Größe in Frontalansicht auf der Ostwand des Baptisteriums gemalt waren.[70] Die kaum variierende Abbildung lässt annehmen, dass die Frauengestalten vom Betrachter nicht als markante, individuelle Persönlichkeiten wahrgenommen werden sollen.

Aus der Stellung der Füße, jeweils der rechte im Profil, der linke jedoch in Frontalsicht in der sog. Zehenspitzenstellung, ist weiterhin zu folgern, dass die Frauen sich in Ruheposition befinden. Ja, die malerische Konvention deutet an, dass eine vorher erfolgte Bewegung zu einem Ende gekommen ist und die Personen vor einem Geschehen sich befinden, welches sich direkt vor ihnen abspielt. Mit anderen Worten: Für den Betrachter soll der Eindruck entstehen, dass die fünf Frauen von der rechten Seite ins Bild kamen und nun vor einem Ereignis stehen, dass sich vor ihren Augen weiter links in der nächsten Szene abspielt.

---

[69]   Vgl. C.H. Kraeling, Building, 72–74. Unzutreffend O. Eissfeldt, Art. Dura-Europos, Sp. 366.

[70]   Wie unten zu zeigen ist, deckt sich die Anzahl von fünf Frauen mit derjenigen des dritten Bildes der Bildersequenz.

Das Frauenbild an der Ostwand bleibt jedoch in seiner Fortsetzung links auf der östlichen Hälfte der Nordwand ohne Bildinhalt. Die Frauen haben keinen Bezugspunkt, auf den sie konzentriert sind. Darum ist aufgrund der dargestellten Position der Figuren zu schließen, dass es sich um das erste Bild einer thematisch zusammengehörigen Sequenz von insgesamt drei Bildern handelt. Im Folgenden wird darum von einem dreiteiligen Bilderzyklus gesprochen.

Abbildung 20: Offene Tür (Rekonstruktion)

Bild 2: Das zweite Bild des dreiteiligen Bilderzyklus' befindet sich an der Nordwand des Baptisteriums und ist von zwei senkrechten Teilern auf die Länge von 0,59 m beschränkt. Erhalten ist wieder nur der untere Teil (s. Abb. 20) einer offen stehenden, aus zwei panellierten Türflügeln bestehenden Holztür. Das rahmende Zierband des Bildes wurde vom Künstler zur

Andeutung der Türpfosten – sowie wahrscheinlich des Türsturzes[71] – verwendet.[72]

Bild 3: Von dem abschließenden dritten Bild des Bilderzyklus' ist recht gut die linke Bildhälfte erhalten. Insgesamt konnten von dem Großbild drei Teile (Gesamtlänge: 4,29 m) archäologisch bewahrt werden: Einerseits ein recht kleines Fragment, das in die untere rechte Ecke des Bildes gehört. Wichtig ist, dass eine darauf sichtbare Grundlinie die Positionierung von einer Person oder mehreren Figuren nahe legt. Zweitens ein etwas größeres Stück, das die Körpermitte einer dritten Figur zeigt. Und drittens der überwältigend große Teil von Bild 3, der fast die gesamte linke Bildhälfte enthält.

Wählt man den Ausgangspunkt der Vorstellung von Bild 3 entsprechend der Leserichtung des Zyklus', indem man mit der Besprechung rechts an der östlichen Seite der Nordwand beginnt, so lässt sich das Bild folgendermaßen beschreiben: Auf dunkelbraunem Hintergrund hat der Künstler eine gewisse Anzahl von stehenden Frauen gemalt, die in ihren Händen Fackeln und Gefäße tragen. Sie bewegen sich nach links auf einen weißen Sarkophag zu. Dieser trägt einen giebelförmigen, mit einem Weinblattmotiv verzierten Deckel. An beiden Ecken des Sarkophags sitzt jeweils ein Stern mit elf oder auch zwölf Strahlen. Der Sarkophag, dessen Giebelspitze gleichwie die Spitzen der Sterne in das Zierband einmündet, besitzt übergroße Maße (Länge: 1,42 m). Er ist darum als der Hauptgegenstand von Bild 3 zu bezeichnen. Der dunkle Hintergrund, auf dem der Sarkophag und die Frauengestalten positioniert sind, lässt auf einen unterirdischen Grabraum schließen. Vom Künstler dürfte darum ein sog. Hypogäum dargestellt sein, ein Raum, der archäologisch für äußerst standesgemäße Bestattungen im syrischen Kulturraum bezeugt ist (s. Abb. 21).

Abbildung 21: Das Hypogäum (Nordwand)

---

[71]   Anders die Rekonstruktion Abb. 20.

[72]   Vgl. zur Art der Darstellung der halboffenen Tür das Fresko des Hypogäums an der Via Dino Compagni in Rom, den Eingang zum »Cubiculum des Samson«: Hier wird das paradiesische Ambiente als häusliche Wohnung dargestellt und mit massiven, halboffenen Portalen illustriert, dazu V.F. NICOLAI U.A., Roms christliche Katakomben. Geschichte – Bilderwelt – Inschriften, Darmstadt ²2000, 91. 94, Abb. 104.

Wie bereits ausgeführt, wird die rechte Bildhälfte von Bild 3 von einer Reihe von stehenden Frauen ausgefüllt. Erhalten sind Bildteile von drei nebeneinander gestellten Frauenfiguren. Sie lassen erkennen, dass die vom Maler in steifer Pose mit hieratischer Distanziertheit gezeichneten Frauen trotz kleinerer Veränderungen[73] keineswegs als Individuen skizziert sind. Jede Figur reproduziert vielmehr ein gleichförmiges Muster. Was von einer Frauengestalt sichtbar ist, darf darum mit gutem Grund für die Ausstattung der anderen behauptet werden:

Jede Frau hält danach in ihrer erhobenen rechten Hand eine brennende Fackel, deren Feuer vom Künstler auffälligerweise dunkel, d.i. statt gelb zur Illustration von Feuer, in schwarzer Farbe gemalt wurde. In ihrer linken Hand tragen die Frauenfiguren vor ihrem Körper ein Salbgefäß her.

Die Kleidung der Frauen besteht einerseits aus einem ärmellangen weißen Chiton, der um die Taille eingeschlagen ist. Der Chiton besitzt eine größere Nackenöffnung und ist mit einem Band am Ärmelaufschlag verziert. Um die Hüfte der Frauen ist eine Art geknoteter Gürtel oder geknotete Schärpe geschlungen, deren Enden am Körper herunterhängen. Den Kopf ziert als weiteres Kleidungsstück ein weißer Schleier. Zwischen dem Haar und dem Schleier dürfte eine Art Kamm stecken.

Die Köpfe der Frauen sind rund gemalt und sitzen auf einem kurzen Hals. Das Gesicht ist mit Kinn, Mund, Augen und Nasenlöchern profiliert. Die Haarfrisur verdeckt die Ohren. Aufgegliedert in sechs Abschnitte fällt das Haar der Frauen in getrennten Locken auf ihren Nacken runter.

Die drei damit beschriebenen Frauen füllen nicht die ganze rechte Bildhälfte von Bild 3 aus.[74] Der neben diesen Figuren bis zum vertikalen Trennband von Bild 2 archäologisch nicht erhaltene Bildraum dürfte von weiteren Personen ausgefüllt gewesen sein. Indiz für diese Annahme ist die auf dem Fragment erhaltene Grundlinie am rechten unteren Bildrand, die auf eine Personendarstellung hindeutet. Will man nicht zwei neue Personen in den Bilderzyklus einführen, so legt sich der Schluss nahe, dass das rechte Bildende mit zwei weiteren Frauengestalten gleichen Typs ausgefüllt gewesen ist. Bild 3 der Bilderreihe enthält demnach fünf Frauengestalten, die rechts neben, d.h. vor einem großen Sarkophag stehen.[75]

Diese Annahme zur Rekonstruktion von Bild 3 im rechten Bereich stützt sich einerseits auf die künstlerische Konzeption des Triptychons, das zwei Großbilder mit einer Frauengruppe in Korrespondenz zueinander stellt. Zum zweiten sind die fünf Frauengestalten von Bild 1 Bestandteil eines mehrteiligen Bilderzyklus'. Dass gerade diese fünf Frauen in der mehrteili-

---

[73]   Dazu C.H. Kraeling, Building, 78f.
[74]   Unzutreffend O. Eissfeldt, Art. Dura-Europos, Sp. 366.
[75]   Vgl. Fr.W. Deichmann, Einführung, 121.

gen Bilderfolge erneut abgebildet werden, legt sich von ihrer Darstellung in
Bild 1 nahe: Hier werden ausschließlich fünf Frauen abgebildet, aber kein
weiterer Bildinhalt, dem sie als Personen in irgendeiner Weise zugeordnet
werden. Ihrer alleinigen Präsentation steht aber die von ihnen gemalte Pose
entgegen: danach sind die Frauen auf ein sich vor ihnen abspielendes Geschehen bezogen. Die mithin erzählerisch unvollendete Frauenszene von
Bild 1 verlangt nach einer Fortsetzung in einem weiteren Bild, verlangt
nach einer sinnreichen Zuordnung der Frauen zu einem Bildinhalt. Diese
Zuordnung bildet der übergroße Sarkophag, der erst in Bild 3 des dreiteiligen Bilderzyklus' erscheint.

Dass der Künstler des Baptisteriums bereit ist, in wiederholter Weise
dieselben Personen im Zusammenhang einer Bildfolge abzubilden, ist der
Bildkomposition von der plötzlichen Gesundung des Kranken zu entnehmen: In ihr ist die Figur des bettlägerigen Kranken und die Figur des
sein Bett tragenden Gesunden ein und dieselbe Person.

Die Annahme, dass die fünf Frauengestalten von Bild 1 in Bild 3 des
Bilderzyklus' wiederkehren, erfährt seine Unterstützung über eine Be-
rechnung zu Bild 3, nämlich des neben der dritten Frauenfigur für eine
Ausmalung von weiteren zwei Frauenfiguren zur Verfügung stehenden
Platzes.[76] Folgende Abmessungen von Bild 3 stehen fest (s. Figur 2):

Die Gesamtlänge des Bildes beträgt ca. 4,29 m. Vom rechten Ende des
Sarkophags bis zum Ende des Bildes an der östlichen Seite beträgt die Länge ca. 2,64 m. Von der rechten Seite des Sarkophags wiederum bis zur
ausgestreckten Hand der ersten Frauengestalt existiert ein Zwischenraum
von ca. 0,21 m. Von den Fingern der rechten Hand der ersten Frau bis zur
Spitze ihres linken Ellbogens misst man ca. 0,51 m. Und vom linken Ellbogen der ersten Frauenfigur bis zum linken Ellbogen der zweiten Frauengestalt ergibt sich der Abstand von ca. 0,46 m. Damit stehen vom linken Ellbogen der zweiten Frauenfigur bis zum Bildende zur Ausmalung von Frauengestalten noch ca. 1,46 m zur Verfügung. Von der dritten Frau ist dabei
ein Fragment ihres Körpers erhalten geblieben.

Zwischenraum (ZR)	Sarkophag	ZR	1. Frau	2. Frau	Raum (mind. 3. Frau)	Zwischenraum (ZR)
23	42	21	51	46	?	?
283					146	
429						

Figur 2: Feststehende Maße (cm) von Bild 3 des Bilderzyklus' (Hypogäum)

---

[76]　　Vgl. dazu im Einzelnen C.H. KRAELING, Building, 83f.

Aus diesen Messdaten wird deutlich, dass die erste Frau etwas breiter (= 0,51 m) als die zweite (= 0,46 m) gemalt wurde.[77] Nimmt man für eine Frauenfigur die gleiche Breite wie für die Frauengestalt Nr. 2 an, so steht rein rechnerisch einschließlich eines kleinen Abstandes zwischen den Frauengestalten und dem Bildende (= 0,08 m) dem Künstler genügend Platz zur Abbildung von drei weiteren Frauengestalten zur Verfügung (s. Figur 3).

Zwi-schen-raum (ZR)	Frau 1	ZR	Frau 2	ZR	Frau 3	ZR	Frau 4	ZR	Frau 5	ZR
21	51	2	44	2	44	2	44	2	44	8
					146					
				264						

Figur 3: Rekonstruierte Maße (cm) von fünf Frauengestalten im rechten Teil von Bild 3 des Bilderzyklus' (Hypogäum)

Werden diese Abmessungen in eine Bildrekonstruktion überführt, so sieht eine Computeranimation von Bild 3 des dreiteiligen Bilderzyklus' folgendermaßen aus (s. Abb. 22):

Abbildung 22: Hypogäum (Rekonstruktion Ulrich Mell)

Bei Zustimmung zu der obigen Rekonstruktion des fehlenden rechten Teiles von Bild 3, nämlich, dass in Bild 3 dieselben fünf Frauengestalten von

---

[77] Der Abstand zwischen erster und zweiter Frau wird näherungsweise mit 0,02 m gerechnet.

Bild 1 wiederkehren, lässt sich der fehlende obere Teil von Bild 1 des drei-
zeiligen Bilderzyklus mithilfe der teilweise erhaltenen Darstellung der
Frauengestalten aus Bild 3 rekonstruieren: Danach erscheinen in Bild 1 fünf
Frauengestalten, alle mit Chiton und Schleier bekleidet, die in ihrer linken
Hand jeweils ein Salbgefäß vor ihrem Körper tragen und in ihrer rechten
Hand jeweils eine Fackel. Ob diese bereits angezündet ist und dementspre-
chend auf welche Weise ihr Leuchtschein vom Maler dargestellt ist, muss
dabei offen bleiben. –

Der Versuch, aus Sicht der im Baptisterium versammelten Taufgemeinde
von Dura Europos einen Eindruck von dem Charakter des dreiteiligen Bilderzyklus' mitzuteilen, muss zunächst auf die monumentale Art der Ausführung zu sprechen kommen. Sowohl die Maße des viel Platz ein-
nehmenden Sarkophages als auch die Höhe der Frauenfiguren deuten Groß-
artigkeit an. Entsprechend der vom Künstler verbrauchten Fläche und
entsprechend seiner Verteilung über drei von vier Wänden des Baptisteriums ist der dreiteilige Bilderzyklus des unteren Registers als das prominen-
te, ja, als das wichtigste Fresko des Baptisteriums zu bezeichnen.

An zweiter Stelle ist zu bemerken, dass alle fünf bzw. zehn Frauengestalten in steifer Pose, (fast) ohne jeglichen Ausdruck von Individualität gemalt
sind. Ihre aufrechte Körperhaltung wirkt fixiert und steril, sie ist ohne Bewegung und gibt dem Publikum damit den Eindruck von Distanziertheit.
Die musterhafte Ausführung der Frauenfiguren vermittelt eine Atmosphäre
der Feierlichkeit und Dignität. Der Betrachter fühlt sich in das Geschehen
einer ernsten und tiefwichtigen Prozession hineinversetzt.

Zum Abschluss der ikonografischen Beschreibung ist zu erwähnen, dass
der dreiteilige Bilderzyklus eine abgeschlossene Einheit darbietet. Analog
der modernen Bildergeschichte, des sog. Comic stripes, übernimmt der
senkrechte Teiler des Registers die Funktion einer Zeitachse. Die drei Bilder sind drei Momentaufnahmen eines zeitverbrauchenden Geschehens. Sie
erzählen den Anfang (= Bild 1), die Mitte (= Bild 2) und den Schluss
(= Bild 3) eines bemerkenswerten, ja wunderhaften Ereignisses:

Bild 1 der Erzählung schildert die Ankunft, nämlich dass fünf Frauen zu
einem Ort gekommen sind, für den sie sich vorher intensiv vorbereitet haben: sie führen Fackeln zur Beleuchtung eines Raumes mit und Gefäße mit
Salbölen. Bild 2 schildert die Wahrnehmung einer geöffneten Tür, hinter
der ein bestimmter Raum liegt. Dieser Raum ist das Ziel der sich auf den
Weg gemachten Frauen. Die offen stehende Tür ermöglicht den Zugang zu
ihm. Wie es zur geöffneten Tür gekommen ist, wird nicht dargestellt. Wichtig aber ist, dass der Zugang offen steht. Bild 3 schildert schließlich das
Ziel, die Anwesenheit der fünf Frauen in eben diesem Raum, nachdem sie
ihn zuvor durch die offenstehende Tür betreten haben. Der Raum bedarf der
künstlichen Beleuchtung durch die Fackeln der Frauen. Er wird aber

zugleich von einem kosmischen, überirdischen Licht zweier Sterne erleuchtet. Es handelt sich um ein Hypogäum, einen Grabraum, in dem ein Sarkophag steht.

Anzunehmen ist, dass für die im geschlossenen Sarkophag liegende kürzlich verstorbene Person die Salböle vorbereitet wurden. Es kommt aber zu keiner Totensalbung durch die fünf Frauen. Auch ist nicht deutlich, ob im Sarkophag die verstorbene Person vorhanden ist. Wichtig ist dem Künstler nicht das Tun der fünf Frauen, sondern ihre stehende Anwesenheit beim Sarkophag. Allein der Aufenthalt, das Dass ihrer Anwesenheit, die Zeugenschaft der fünf Frauen für das Wunder, das mit einem mit Sternen versehenen Sarkophag zu tun hat, ist dem Maler des Triptychons wichtig.

6.3.3 Das Bildmaterial an der Westwand

6.3.3.1 Die Bildmotive an der Ädikula
Auf den Säulen der Ädikula wurde durch Malerei Marmor nachgeahmt, um damit die baulichen Elemente der Ädikula zu verschönern. Von der bildhaften Bemalung der Ädikula ist hingegen ein auf den Pilastern an der Wand und an dem imitierten Bogen des Baldachins wiederkehrendes Früchtedesign erwähnenswert:[78]

Die beiden rot angemalten Pilaster zieren an ihrer sichtbaren Stirnseite ein rechteckiges Feld, das mit Beerentrauben und Blättermotiven ausgemalt ist. An der Vorderseite der Ädikula wird der Rundbogen des Baldachins durch zwei gekrümmte Linien nachgestaltet. Dieser ist durch ein umlaufend stilisiertes Band in sieben Felder aufgeteilt. Von links unten nach rechts unten betrachtet, enthalten die Felder: eine Traube von roten Weintrauben, eine Gruppe von drei gelben Granatäpfeln, einen Bund gelber Ähren, wieder einen Bund von drei gelben Ähren, eine Gruppe von drei (wahrscheinliche gelben) Granatäpfeln, eine Traube von (wahrscheinlich roten) Weintrauben und schließlich einen einzelnen[79] (wahrscheinlich gelben) Granatapfel.

---

[78]   Näheres zur Bemalung der Ädikula bei C.H. KRAELING, Building, 44f.

[79]   So EBD., 45. Da die Bemalung der Ädikula wenig gut erhalten ist, könnte man annehmen, dass auch in das Feld rechts unten ursprünglich eine Gruppe von drei gelben Granatäpfeln gemalt war. Die Abweichung von einem Granatapfel zu einer Gruppe von drei Granatäpfeln wäre bei der durchgeführten Doppelung von Traube und Ährenbund nicht erklärbar. Es sei denn, der Künstler hat sich bei der Ausmalung bei dem für die Darstellung von drei Granatäpfeln nötigen Platz verschätzt.

6.3.3.2 Die Bildkomposition über dem Taufbecken

Unter dem Bogen der Ädikula ist an der Westwand über dem Taufbecken das zentrale Bild des Baptisteriums angebracht. Im oberen Teil entsprechend gewölbt bedeckt es eine Fläche von 1,40 x 1,08 m. Durch die Ädikula mit einer rahmenden Architektur versehen, ist es für die betrachtende Taufgemeinde das Hauptbild an der Stirnseite des Baptisteriums. Beim Taufvorgang wird es von dem Täufling und den beim Ritus amtierenden Personen teilweise überdeckt.

Interessanterweise ist das Hauptkultbild ein Doppelbild. Es enthält eine ursprüngliche Grundszene, die in späterer Zeit – kenntlich an der weniger kunstvoll ausgeführten Maltechnik – von einer kleineren Bildkomposition links unten ergänzt wurde.[80] Wann genau diese Ergänzung vorgenommen wurde, ist nicht mehr feststellbar. Sie könnte bereits unmittelbar bei der Abnahme der künstlerischen Ausmalung durch die Gemeindeleitung erfolgt sein. Da die Art der künstlerischen Darstellung sich von der des sonstigen Bildmateriales unterscheidet, dürfte die Ergänzung des Hauptkultbildes aber auf jeden Fall nach der Fertigstellung der gesamten Ausmalung des Baptisteriums erfolgt sein.[81]

Aufgrund der nachträglichen Veränderung des Hauptkultbildes muss die Beschreibung in zwei Teilen vorgenommen werden: einmal gilt es, das ursprüngliche Bild zu erfassen, sodann ist die durch den Zusatz entstehende Bild-in-Bild-Komposition zu beschreiben.

6.3.3.2.1 Das ursprüngliche Weidebild

Zu sehen ist auf dem Hauptbild des Baptisteriums[82] auf der linken Seite ein in Bewegung nach rechts befindlicher männlicher Schafhirte, der auf seinen Schultern ein männliches Schaf, einen Widder trägt. Zu seiner Rechten befindet sich eine gleichfalls nach rechts orientierte Schafherde von mehreren Widdern.[83] Sie äsen auf einer angedeuteten Grasweide.[84]

Der Kopf des Schafhirten ist bartlos, seine Füße, Arme und seine rechte Schulter sind unbedeckt. Der linke Fuß ist im Profil, der rechte frontal in

---

[80]   S. die Analyse bei C.H. KRAELING, Building, 51.56f. – Das Zustandekommen einer unvollendeten Schlange erklärt sich am einfachsten durch die Annahme, der Künstler habe das angefangene Vorderteil mit dem übrigen Schlangenkörper nicht mehr verbinden können; nach Vollendung der Schlange löschte er aber nicht seinen falschen Beginn, so die Erwägung von P.V.C. BAUR, Paintings, 257.

[81]   So C.H. KRAELING, Building, 51.

[82]   Vgl. EBD., 50–55.

[83]   C.H. KRAELING, Building, 54f, zeigt, dass die ausschließliche Darstellung von männlichen Schafen ohne Bedeutung ist.

[84]   Eine Wasserquelle o.ä. ist auf dem Bild nicht sichtbar, gegen O. EISSFELDT, Art. Dura-Europos, Sp. 366.

Zehenspitzenstellung dargestellt. Der Kopf ist ohne Kopfbedeckung und lässt einen jugendlichen Schafhirten erkennen. Als Kleidung trägt er einen kurzen Chiton. Seine (bäuerliche) Arbeitskleidung ist als sog. Exomis auf der linken Schulter geschlossen.[85] Der Bock, den der Schafhirt über seine Schultern gelegt trägt, ist der größte der Schafherde. Erwähnenswert ist, dass die Hüftpartie vom rechten hinteren Lauf des Widders einen Bogen über der rechten Schulter des Schafhirten beschreibt. Insofern kehrt die Rundung der Ädikula an der Hauptperson des Kultbildes wieder.

Das ursprüngliche Bild zeigt somit einen durch einen geschulterten Widder schwerbeladenen Schafhirten, der über eine Graswiese vor sich hin eine auf ihr weidende, größere Schafherde von mindestens 12, aber weniger als 18 Widdern treibt (vgl. Abb. 23). Insgesamt vermittelt das bukolische Bild der auf die Weide geführten Schafherde eine entspannte, idyllische Ruhe.

Abbildung 23: Der weidende Hirte (bearbeitet von Ulrich Mell)

---

[85]   Vgl. R. HURSCHMANN, Art. Chiton, DNP 2, 1997, Sp. 1131f.

6.3.3.2.2 Die Bilderergänzung durch den Sündenfall

Das unter dem Schafhirten placierte Zusatzbild ist nur 0,35 x 0,28 m groß. Zwei Bäume mit angedeuteter Krone flankieren zwei stehende Personen, die mit ihrer linken bzw. rechten Hand eine Frucht von einem palmartigen Baum in ihrer Mitte pflücken. Mit ihrer jeweils anderen Hand halten sie ein großes Blatt als Schutz vor ihre primären Geschlechtsteile. Beide Personen sind ansonsten unbekleidet. Die Andeutung einer weiblichen Brust lässt rechts eine nackte Frau, links einen nackten Mann innerhalb eines von Bäumen abgegrenzten Bereiches unterscheiden (s. Abb. 24).

Abbildung 24: Sündenfall von Adam und Eva

Unter der Grundlinie, d.h. wohl auf der von den Wurzelständen der Bäume markierten Erde, ist eine nach links in schlängelnder Fortbewegung sich befindende Schlange zu sehen. Ihr Vorderteil mitsamt angedeutetem Kopf ist über der Erde erhoben.

Die Bildkomposition, ein nacktes Menschenpaar, das eine Frucht von einem Baum pflückt, dazu eine fliehende Schlange, lässt das Bild mit Fug und Recht als Darstellung des alttestamentlichen Mythos vom Sündenfall von Adam und Eva bezeichnen, der durch eine Schlange ausgelöst wurde (vgl. Gen 3,1ff). Eine ikonografische Parallele stellt ein gebranntes Tonbild aus einer Kirche in Tunesien aus dem 5.–6. Jh. n.Chr. dar (Abb. 25):[86]

Abbildung 25: Sündenfall von Adam und Eva, Kirche in Tunesien (5.–6. Jh. n.Chr.)

[86] Abbildung 25 aus: O. KEEL, Gott weiblich. Eine verborgene Seite des biblischen Gottes, Freiburg ²2008, Abb. 21, 35: Übereinstimmend wird die Sündenfallszene zwischen zwei »Säulen« gesetzt, der Baum ist in der Mitte und Adam und Eva verdecken mit ihren Händen schuldhaft ihre Scham. – Weitere ikonografische Parallelen bei G. WILPERT, I sarcophagi cristiani antichi, Rom 1929–1936, 177.179.204,3; DERS., Le Pitture delle catacombe romane, Rom 1903, 101 (Rom: Marcellino e Pietro, 2. Hälfte des 3. Jh. n.Chr.).

Sucht man den biblischen Korrespondenztext der argestellten Sündenfallszene von Dura Europos auf, so wird deutlich, dass es sich bei dem Bild –
wie bei der Darstellung der Heilung des Gelähmten – um eine Simultankomposition handelt: Auf den Genuss der verbotenen Frucht durch Adam
und Eva (Gen 3,1–7) folgt die Verfluchung der Schlange als nutzloses
»Kriechtier« (V.14).

Betrachtet man jetzt abschließend das aus der großen Wiesen- und der
kleinen Waldszene komponierte zentrale Kultbild, so ergibt sich eine Bild-
in-Bild-Komposition: In das primäre Bild des seine Herde weidenden Hirten ist das kleinere des gefallenen Menschenpaares hineingestellt. Die ästhetische Einheit des Hirtenbildes als vollkommenes Vollbild über dem
Bassin ist damit aufgegeben. Dem Betrachter wird der Nachvollzug einer
Bilddidaktik abverlangt. Durch die bescheidene Größe und durch die Anordnung des Zusatzbildes unten links ist intendiert, dass das hineinprojizier-
te Bild mit seiner Aussage zwar wahrgenommen werden soll. Zugleich aber
soll die bildliche Angabe nicht gleichberechtigt neben der des großen Hirtenbildes wirken, wie es bei einem in Größe und Anordnung gleichberech-
tigten Bild anzunehmen wäre. Die Bildaussage der kleineren Szene soll nur
in der Beziehung zu ihrem größeren Korrespondenzbild aufgenommen
werden. Und umgekehrt ist es ähnlich: Die vom großen Hirtenbild vermittelte Bildaussage ist unvollständig, wenn sie nicht durch den Blick auf ein
Nebensächliches gestärkt und herausgefordert wird.

Mit anderen Worten: Wenn der Betrachter sich mit der vom Hirten auf
die Weide getriebene Herde beschäftigt und sich von ihrer Orientierung
nach rechts mitnehmen lässt, so soll er eine links unten platzierte Szene, die
eine Episode ist, die auf dem Weg der Herde eine zurückliegende Begeben-
heit darstellt, mitsamt ihrer Bedeutung wahrnehmen und eben nicht aus-
blenden. Die Intention des bildlichen Rückverweises auf ein überwundenes
Stadium ist also konstitutiv für das Gesamtverständnis des zentralen Kultbildes des Baptisteriums von einem seine Herde weidenden Hirten.

6.4 Rückblick: Das dramatisch-didaktische Bildprogramm
des Baptisteriums

Bis auf das zentrale Hauptkultbild unter der Ädikula, den seine Schafe auf
die Weide führenden Hirten, das auf den Betrachter Ruhe und Beschaulich-
keit ausstrahlt, sind alle weiteren Wandbilder der Hauskirche von einer
nicht zu übersehenden Dramatik geprägt. Das gilt für die von Handlungs-
darstellung beherrschte Wundergeschichtenkomposition genauso wie für
den bei der Eingangstür des Baptisteriums beginnenden Auferstehungszyk-

lus. Nicht zu schweigen von der Frau, die sich anschickt, eine Wassereimer aus dem Brunnen zu ziehen und von dem Kampf auf Leben und Tod zwischen David und Goliat. Abgebildet werden immer Momentaufnahmen von Figuren, die sich in handelnder Bewegung befinden.

Sodann lässt der ikonographisch gesicherte Befund erkennen, dass von dem oder den Freskenkünstlern ganz verschiedene Gattungen von Bildkonzeptionen umgesetzt wurden. Die Bilder des Baptisteriums sind auf keinen Fall lauter Einzelbilder.[87] Ganz im Gegenteil: Vorhanden sind neben der Gattung des Einzelbildes – die wasserschöpfende Frau und der Goliat tötende David – sogenannte *didaktische Bildkonzeptionen*, und zwar in viererlei Hinsicht: Zum einen gibt es die *Bild-in-Bild-Komposition* – in das Bild vom weidenden Hirten wird das Bild des sündigenden Menschenpaares eingelegt –, sodann die mehrteilige *Bildkomposition* – der Wundergeschichtenzyklus –, drittens die mehrteilige *Bildreihe* – den dreiteiligen Auferstehungszyklus – und schließlich ist vorhanden die *Simultandarstellung* – das Bild des geheilten Bettlägerigen in der Wundergeschichtenreihe. Die angewandte Vielfalt der Bildkompositionen lässt darauf schließen, dass die Bilder kaum aus ästhetischen Motiven im Baptisterium angebracht wurden, sondern ein belehrendes Interesse mit ihrem Betrachter verfolgen.

Für das intendierte Verstehen der Bilder des Baptisteriums wurde – soweit am überlieferten Bildmaterial erkennbar – nur in einem Fall eine schriftliche Kennung zur eindeutigen Identifikation des Dargestellten angebracht. Eine Beschriftung findet sich beim Bild des den Goliat tötenden David. Das lässt im Umkehrschluss darauf schließen, dass die sonstigen Bilder des Baptisteriums für ihre ehemaligen Betrachter selbsterklärend sein sollen. Die jetzt folgende ikonologische Interpretation wird darum versuchen, Hinweise des Künstlers auf den via Bild mit dem ursprünglichen Betrachter, der damaligen Christenheit von Dura Europos eingeleiteten Verstehensprozess zu suchen.

---

[87]   Gegen B. BRENK, Christianisierung, 68.

7. Inschriften und Graffiti des christlichen Gebäudes

Die hier vorzunehmende, recht knappe Besprechung ausgewählter Inschriften und Graffiti des christlichen Hauses erfolgt in der Reihenfolge ihres angenommenen Entstehungsdatums:[1] Zuerst wird die einzige überlieferte Inschrift aus der Nutzungszeit als Wohnhaus besprochen (1), sodann diejenigen Beschriftungen aus der Gebrauchszeit des Gebäudes als christliche Hauskirche (2).

Ad 1: Unter einer Putzschicht wurden in Raum Nr. 4 des christlichen Hauses ein griechisches Alphabet[2] und eine Inschrift[3] entdeckt. Da der Raum Nr. 4 B zwei Nutzungsphasen erlebte, nämlich zuerst als Wohntrakt diente, später durch Beseitigung der Trennmauer zu Raum Nr. 4 A als christlicher Versammlungsraum genutzt wurde, lässt sich die erhaltene Inschrift auf dem Erstverputz des Raumes auf die Inbetriebnahme des Hauses beziehen.[4] Die zweite Putzschicht markiert die zeitlich später erfolgte Renovierung als christlicher Gottesdienstraum. Diese wiederum steht in einem homogenen Kontext zur gesamten Umwidmung des Hauses zu einer christlichen Hauskirche, wie es die zeitgleiche Einrichtung eines christlichen Baptisteriums in Raum Nr. 6 bezeugt.[5]

Das Graffito auf dem Erstverputz nennt zuerst eine jahreskalendarische Datierung nach der Seleukidischen Ära (545). Sie lässt sich auf die Periode von Oktober 232–September 233 n.Chr. beziehen. Da dies die einzige Inschrift des Hauses ist, die eine jahreskalendarische Orientierung enthält, will sie Bedeutung für die (Bau-) Geschichte des Hauses beanspruchen. Dafür spricht auch, dass das Graffiti außerhalb menschlicher Stehhöhe an der Westmauer von Raum Nr. 4 B zwischen den beiden Fenstern in ca. 2,50 m Höhe angebracht wurde (s. Abb. 26).[6]

---

[1] Zu weiteren Malereien und belanglosen Kritzeleien auf den Wänden vgl. C.BR. WELLES, Graffiti, 89ff.

[2] Dazu C.BR. WELLES, Graffiti, 92.

[3] Vgl. CL. HOPKINS, Discovery, 95: »I noted that it was on an inner coat of plaster, and it was my impression it was the innermost, but this is extremely difficult to determine until the plaster breaks off and one can study it in cross section«.

[4] Vgl. C.H. KRAELING, Building, 34f, s.o. Kap. 4.2.2.

[5] Gegen F. MILLAR, Provinzen, 214, dass zuerst im Haus eine christliche Kapelle (gemeint ist das Baptisterium), dann jedoch (F. MILLAR nimmt dafür das Jahr 230 n.Chr. an) »das ganze Haus in eine Kirche« umgewandelt wurde.

[6] Vgl. C.H. KRAELING, Building, 17.

Inschrift

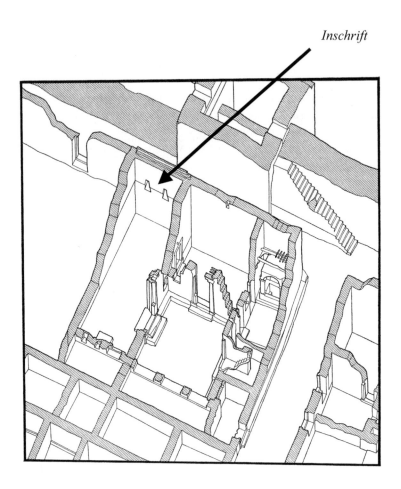

Abbildung 26: Isometrische Rekonstruktion der Hauskirche

Nach der Datierung setzt sich ihr Wortlaut fort mit einer sog. Andenkenformel:

Dorotheos möge gedacht werden (Mn[ησϑῇ]Δωροϑέος)!

Anzunehmen ist, dass »Dorotheos« der Auftraggeber der Inschrift ist. Sein
männlicher Name (»Gottgeschenkter«)[7] dürfte wohl griechischen Ur-

---

[7]   Eigentlich »Gabe Gottes« in dem Sinne: von Gott beschieden, vgl. etwas anders: »Theo-
dor«.

sprungs[8] sein und ist seit dem 4. Jh. v.Chr., so auch in Dura Europos,[9] in Gebrauch. Zugleich ist der Name »of a type favored by Christians«[10]. Die Inschrift gebraucht zudem eine Gedenkformel für eine Gruppe, die sich ähnlich in zwei christlichen Graffitis im Baptisterium wieder findet (s.u.).[11]

Unter der Annahme, dass die Inschrift sich auf die Zeit der Nutzungsaufnahme des Hauses bezieht, ist Dorotheos als ein wohlhabender christlicher Pater familias vorzustellen, der zur Zeit des Ausbaues von Dura Europos zu einer römischen Garnisonsstadt das südlich des römischen Lagers gelegene, von Bauten noch freie Gelände an der Stadtmauer erwarb, um in architektonischer Anlehnung an ein schon bestehendes Haus (Haus B der Wohninsel M 8, s. Abb. 4) sein eigenes Hauswesen zu errichten und anschließend das neu erbaute Stadthaus zusammen mit seiner Familie zum angegebenen Datum 232/3 n.Chr. zu beziehen.

Ad 2: 1. Aus der Nutzungszeit als Gottesdienstraum für die christlichen Vollmitglieder der Gemeinde stammt ein griechisches Graffiti in Raum Nr. 4. Seine Rekonstruktion lautet[12] in Übertragung:

Paulus u[nd ...] des/von Paulus möge überaus [gedacht] werden von dem Bischof ([ἐπί]σκοπον).

Die Inschrift ist eindeutig christlicher Herkunft (s.u.) und belegt, dass Christus, der im Neuen Testament 1Petr 2,25 als »Aufseher« (genauer: als »Aufseher über die Seelen«) firmiert, von zwei Christen als fürsorgende Gottheit angerufen wird. Sie ist Hinweis auf den Aufenthalt männlicher christlicher Gottesdienstteilnehmer in Raum Nr. 4 und die Zusammensetzung der Gemeinde aus zugezogenen Christen mit römischen Namen.[13]

2. An den Wänden des zentralen Hofes wurden insgesamt vier unvollständige und inkorrekte Alphabete entdeckt, drei davon waren grie-

---

[8]   Vgl. TLG: Xen. hell. 1.3.13.4 (4. Jh. v.Chr.); Plut., Parallela minora 310.D.10; 311.E.10 (1. Jh. n.Chr.). – CL. HOPKINS, The Temple of Azzanathkona, in: M.I. Rostovtzeff (Hg.), The Excavations at Dura Europos. Conducted by Yale University and the French Academy of Inscriptions and Letters. Preliminary Report of Fifth Season of Work October 1931–March 1932, New Haven 1934, 131–200, 152, nimmt dagegen an, dass »Theodorus« reine Übersetzung des semitischen Namens »Beliabus« sei.

[9]   Vgl. C.BR. WELLES, Graffiti, 92. Vgl. die Inschriften Nr. 380f in der südwestlichen Bastion, Nr. 468 und Nr. 535 im Tempel der Azzanathkona, s. M.I. ROSTOVTZEFF (Hg.), The Excavations at Dura Europos. Conducted by Yale University and the French Academy of Inscriptions and Letters. Preliminary Report of Fifth Season of Work October 1931–March 1932, New Haven 1934.

[10]   C.BR. WELLES, Graffiti, 92. Vgl. den weiblichen Namen »Dorothea« auf dem Fußbodenmosaik des christlichen Gebetsraums eines röm. Haushaltes in Kefar ʿOthnay (Legio), dazu Y. TEPPER/L. DI SEGNI, Prayer Hall, 41f.

[11]   Vgl. auch die ähnliche Gedenkinschrift der vier Frauen im Fußbodenmosaik des christlichen Gebetsraums eines röm. Haushaltes in Kefar ʿOthnay (Legio), dazu EBD., 41f.

[12]   Vgl. C.BR. WELLES, Graffiti, 92.

[13]   Vgl. EBD., 90.

chische Alphabete, eines davon ein syrisches. Die Häufung von Alphabeten im Hof ist auffällig. Die Intention von geritzten Alphabeten dürfte apotropäischer Natur sein: Sie dienen der Abwehr des Bösen und des Zuspruchs von guten Mächten.

Aus der Abwesenheit von Alphabeten in Raum Nr. 6, dem Baptisterium als einem definitiv zu christlichen Kultzwecken genutzten Raum, lässt sich folgern, dass die Alphabete in der christlichen Hauskirche keine christlich-liturgische Funktion besitzen, wie sie in späterer Zeit bei christlichen Kirchweihungen vorgenommen wurden.[14] Ihre überwiegende Präsenz im Hof[15] lässt schließen, dass diese von den dort hauptsächlich Anwesenden angebracht wurden: Während des Betriebs als Hauskirche konnten dort die nichtchristliche Öffentlichkeit, aber auch Katechumenen oder aufgrund von Kirchenzucht Relegierte an der Liturgie des christlichen Gottesdienstes teilnehmen.

3. Im Bereich des Baptisteriums sind insgesamt vier Graffiti der Erwähnung wert.[16] Sie alle sind christlicher Herkunft. Zuerst ist hinzuweisen auf eine Akklamation, die an der Eingangstür angebracht wurde, die vom Hof aus in das Baptisterium führt. Sie lautet:

Einer ist Gott (εἷς θεὸς) im Himmel!

Diese christliche Form der monotheistischen Akklamation, die in Dura Europos noch zweimal in ähnlicher Weise im Palast der Redoute erhalten ist,[17] wird von monotheistisch orientierten Gläubigen verschiedener religiöser Provenienz benutzt. Sie will die in die Taufkapelle Eintretenden auf die Begegnung mit dem allein verehrungswürdigen (christlichen) Gott aufmerksam machen und weist Raum Nr. 6 als einen definitiven Gottesdienstraum aus.

4. Zwischen den beiden Türen an der Südwand des Baptisteriums, links neben der Nische, hat sich folgendes Graffito gefunden:[18]

Τὸν Χρισ(τόν). μνήσκεστε Σῖσον τὸν ταπινόν.

Die Übertragung ins Deutsche lautet:

Chris(tus) [mit euch]! Haltet in Gedenken Sisaeus, den Demütigen!

---

[14]   Vgl. C.Br. WELLES, Graffiti, 90.

[15]   Vgl. noch das griech. Alphabet aus der Wohnphase des christlichen Hauses in Raum Nr. 4 A, s. C.Br. WELLES, Graffiti, 92.

[16]   An der Nordwand des Baptisteriums erscheint als Graffiti noch der griech. weibliche (Ἡράς) oder männliche (Ἡρᾶς = Ἡρέας) Name »Heras«. Ein Bezug zur abgebildeten Frauenperson ist nicht gegeben, so C.Br. WELLES, Graffiti, 95.

[17]   Vgl. S. GOULD, Inscriptions, 150, Nr. 291f.

[18]   C.Br. WELLES, Graffiti, 95.

Der Name »Sisaeus« erscheint noch ein weiteres Mal in Dura Europos und dürfte mit jüdischer Namenstradition in Verbindung zu bringen sein. Nach Josephus hat einen Schreiber des Königs Davids diesen Namen besessen.[19] Ist der Name jüdischer Herkunft, könnte der Schreiber des Graffitis ein jüdischer Konvertit zum Christentum sein. Auch ist es möglich, dass es sich bei diesem Christen um einen ehemaligen sog. Gottesfürchtigen, einen Sympathisanten jüdisch-monotheistischen Glaubens handeln könnte. Inhaltlich ruft das Graffiti die Präsenz des Gottes[20] »Christus« über alle Anwesenden im Baptisterium aus und ihr Verfasser sucht um ein fürbittendes Angedenken der Gottesdienstgemeinde für seine Person.

5. Wiederum zwischen den beiden Zugangstüren des Baptisteriums findet sich eine ähnlich lautende Gedenkinschrift. Sie ist von besonderem Interesse, weil sie konsequent dem grünen Band folgt, dass die Kampfesszene von David und Goliat rahmt (s. Abb. 27).

Abbildung 27: David tötet Goliat (Zeichnung H. Pearson)

Ihr griechischer Text ist:

Τὸν Χ(ριστὸ)ν Ἰ(ησοῦ)ν ὑμεῖν. Μν[ή]σκεσθε [²¹ Πρ]όκλου.

Ihre deutsche Übertragung lautet:[22]

Christus Jesus mit Euch! Haltet in Gedenken [Pr]oklus!

---

19   Ant 7,110.
20   Vgl. bereits Röm 9,5fin., dass Christus seit urchristlicher Zeit als »Gott« verehrt wurde.
21   Es könnten an dieser Stelle nur die Buchstaben des griech. Artikels (τοῦ) vor »[Pr]oklos« fehlen.
22   Vgl. C.Br. WELLES, Graffiti, 96.

Deutlich ist, dass die mit *Nomina sacra* arbeitende Inschrift zugleich mit dem Fresko von David und Goliat angebracht wurde. Und da anzunehmen ist, dass dieses Fresko zugleich mit der gesamten Bemalung des Baptisteriums erfolgte, so könnte die Inschrift entweder den Künstler der Fresken oder sogar den Stifter des gesamten baptismalen Bildprogramms nennen. Sein rekonstruierter männlicher Name »Proklos« erscheint in Dura Europos ansonsten in römischen Militärberichten.[23] Dies ist erneut ein Hinweis, dass sich die christliche Gemeinde von Dura Europos aus Angehörigen des in der Stadt stationierten römischen Militärs bzw. seiner Verwaltung zusammensetzte. Dass Christen dem römischen Militär angehören, ist für das 2. und 3. Jahrhundert epigrafisch bezeugt.[24] Als Christenmensch bittet der christliche Künstler/Auftraggeber der Bemalung des christlichen Baptisteriums die sich versammelnde christliche Taufgemeinde um ein Gedenken seiner Person und lässt zugleich Via scriptura über der im Baptisterium anwesenden Gemeinde den christlichen Gottesnamen »Christus Jesus« ausrufen. –

Zusammenfassung: Die Inschriften und Graffiti des zur Hauskirche renovierten Gebäudes weisen auf reichsrömische Christen hin, die nach Dura Europos als Garnisonsstadt des östlichen Limes hinzugezogen sind: Insbesondere ist zunächst »Dorotheos« zu nennen, der als wohlhabender christlicher Pater familias das Gebäude für sich und seine Familie im Jahre 232/3 n.Chr. bauen und zur Wohnung einrichten ließ. Und an zweiter Stelle ist der Christ »Proklos« vorzustellen, der als Künstler oder Stifter des Bildprogramms im Baptisterium der Hauskirche sich mit einer Inschrift »verewigt« hat. Nicht zuletzt belegen Graffitis im Hof der Hauskirche verschiedene Teilnehmer/-innen am christlichen Gottesdienstgeschehen.

---

[23]   Vgl. C.Br. Welles, Graffiti, 96.
[24]   Vgl. Supplementum Epigraphicum Graecum 31, Leiden 1981, Nr. 1116; M. Sartre, Inscriptions grecques et latines de la Syrie 13,1, Paris 1982, Nr. 9179 + 9183.

8. Die Ikonologie des Baptisteriums

Im Folgenden soll die ikonographisch erarbeitete Ausmalung des Baptisteriums mit Hilfe literarischer Quellen, wenn möglich aus der Zeit bis einschließlich des 3. Jh. n.Chr. interpretiert werden. Da die christliche Gemeinde von Dura Europos im starken Maße aus nach Syrien zugezogenen reichsrömischen Christen bestand, werden dabei nicht nur antike Quellen aus dem Bereich der östlichen Christenheit herangezogen. Entsprechend dem Vorgehen bei der ikonografischen Analyse (s.o. Kap. 6) folgt auf die ikonologische Besprechung der Deckenbemalung die der vier Wandseiten, beginnend bei der Südwand und endend bei der zentralen Westwand.

8.1 Die Deckenbemalung: Der achtsymbolische Nachthimmel

Die zum Taufgottesdienst versammelte christliche Gemeinde von Dura Europos konstituierte sich unter einem auf die Decke aufgemalten nächtlichen Sternenhimmel. Er enthielt auch eine Mondsichel. Künstliches Lampenlicht wird die in Dunkelblau gehaltene Decke nur wenig erhellen. Doch ist von der zum Gottesdienst versammelten Taufgemeinde das in dem alternierenden Sternzeichen enthaltene Thema der Achtzahl nicht zu übersehen. Dasselbe gilt für den Neophyten, der während des Taufaktes auf der Unterseite des Baldachins den achtsymbolischen Nachthimmel über sich erblickt.

Dass christliche Gottesdienste in der Frühzeit der Kirche zur realen Nachtzeit gefeiert wurden, ist schon urchristlich (vgl. Apg 12,12; 20,7; 1Kor 11,21f; Plinius, ep. 10,96,7b) bezeugte Praxis.[1] Erinnert wird auf liturgische Weise an die zu nächtlicher Zeit erfolgte Auferweckung Christi.[2] Dass auch Taufgottesdienste zur urchristlich eingeführten nächtlichen Gottesdienstzeit abgehalten werden, lässt sich zwei Quellen entnehmen: einmal indirekt einer bei Justin geschilderten Tauffeier (I apol. 65), die wie die frühe christliche Sonntagmorgenfeier (67,3) mit der Eucharistie endet, und

---

[1]   Vgl. dazu W. RORDORF, Der Sonntag. Geschichte des Ruhe- und Gottesdiensttages im ältesten Christentum, AThANT 43, Zürich 1962, 190–212; DERS., Sabbat und Sonntag in der Alten Kirche, TC 2, Zürich 1972; R. STAATS, Die Sonntagnachtgottesdienste der christlichen Frühzeit, ZNW 66, 1975, 242–263.

[2]   Vgl. Mt 28,1; Mk 16,2; Lk 24,22; Joh 20,1.

sodann dem schon erwähnten Pliniusbrief an Kaiser Trajan (ep. 10,96,7),[3] der von einem Taufgottesdienst »vor Tagesanbruch« berichtet.[4]

Die Darstellung eines oktogonalen Nachthimmels am »Deckenhimmel« des Baptisteriums ist dabei tauftheologisch motiviert. Die Achtzahl des alternierenden Sternsymbols weist auf das in urchristlicher Theologie einen besonderen Stellenwert erlangende eschatologische Neuschöpfungsthema hin (vgl. 2Kor 5,17; Gal 6,15).[5]

In frühchristlicher Zahlsymbolik wird nämlich die Zahl »acht« zum Symbol der Auferstehung Christi und der Neuwerdung des Christen:[6] So wird der »achte Tag« der Woche – ἡ ὄγδοας – bereits im 2. Jh. n.Chr. zum Inbegriff christlichen Heilsverständnisses von der Neuwerdung der Welt.[7] Jesus Christus ist am achten Tag auferweckt worden,[8] darum wird an dem auf die jüdische Siebentagewoche folgenden nächsten Wochentag, dem uneigentlichen achten Tag, die wöchentliche Liturgie des christlichen Gottesdienstes begangen (vgl. Joh 20,26).[9] Der »achte Tag« ist Symbol der mit

---

[3] Der Text lautet (nach P. GUYOT/R. KLEIN, Das frühe Christentum bis zum Ende der Verfolgungen. Eine Dokumentation 2. Bd., Darmstadt 1997, 41): »Sie (sc. die abgefallenen Christen) versicherten aber, ihre ganze Schuld oder ihr ganzer Irrtum habe darin bestanden, daß sie an einem bestimmten Tag vor Sonnenaufgang (stato die ante lucem) sich zu versammeln pflegten, Christus als ihrem Gott einen Wechselgesang (carmen) sangen und sich durch einen Eid (sacramento) verpflichteten ... Danach sei es üblich gewesen, auseinanderzugehen und später wieder zusammenzukommen, um ein ganz gewöhnliches und unschuldiges Mahl einzunehmen ...«.

[4] Dazu H. LIETZMANN, Die liturgischen Angaben des Plinius, in: Geschichtliche Studien für A. Hauck zum 70. Geburtstage, Leipzig 1916, 34–38, der sacramentum auf den christlichen Taufeid deutet.

[5] Dazu U. MELL, Neue Schöpfung. Eine traditionsgeschichtliche und exegetische Studie zu einem soteriologischen Grundsatz paulinischer Theologie, BZNW 56, Berlin/New York 1989, 259–388.

[6] Dazu W. RORDORF, Sonntag, 271–280; R. STAATS, Ogdoas als ein Symbol für die Auferstehung, VigChr 26, 1972, 29–52 (Lit.); DERS., Sonntagnachtgottesdienste, 254–256.

[7] Vgl. Justin, dial 24,1 (auch 41,4): »Wir könnten darlegen, daß der achte Tag ein Geheimnis umschließt«.

[8] Justin, dial 138,1.

[9] Vgl. Barn 15,8f: »Nicht die jetzigen Sabbate sind mir angenehm, sondern der, den ich gemacht habe, an dem ich das All zur Ruhe bringen und den Anfang eines achten Tages machen werde, das heißt den Anfang einer anderen Welt. Deshalb begehen wir auch den achten Tag uns zur Freude, an dem auch Jesus von den Toten auferstanden ...«; Justin, dial. 41,4 (zit. n. der Übersetzung von R. STAATS, Ogdoas, 38f)»Das Gebot der Beschneidung, das für alle geborenen Knaben am achten Tage die Beschneidung verlangte, war ein Vorbild der wahren Beschneidung, in der wir beschnitten wurden von Irrtum und Sünde durch unseren Herrn Jesus Christus, der am ersten Wochentage von den Toten auferstanden ist. Der erste Wochentag, der erste aller Tage, wird nämlich bei der weitergehenden Zählung nach dem Umlauf aller Tage der achte genannt; in Wirklichkeit ist und bleibt er der erste«, vgl. Tert, idol. 14,7. Zu den urchristlichen Ansätzen einer christlichen Festtagskultur vgl. U. MELL, Die Entstehung der christlichen Zeit, ThZ 59, 2003, 205–221. – Dass die urchristlichen Gottesdienste chronologisch in der Nacht auf den Sonntag (Samstagnacht) gefeiert wurden, wie R. STAATS gegenüber W. RORDORF (Sonntag, 198–202) meint begründen zu können (Sonntagnachgottesdienste, 251), lässt sich nicht feststellen. Vielmehr legen die urchristlichen Gemeinden entsprechend ihrer soziokulturell bedingten Auffassung von der

Christi Auferweckung eingeleiteten eschatologischen Wende, »der Anfang einer anderen Welt«, wie der Barnabasbrief (15,8) ausführt.

Die Verbindung der auf die zukünftige Vollendung der Welt zugehenden eschatologischen Ogdoas Christi mit der individuellen Taufe eines Christenmenschen dürfte auf die in judenchristlicher Theologie[10] bekannte typologische Interpretation der alttestamentlichen Sintflutgeschichte (Gen 6–8) zurückzuführen sein. So heißt es in 1Petr 3,20f (vgl. 2Petr 2,5)[11], dass:

in der (sc. Arche) nur wenige, genauer acht Menschenleben, durch das Wasser hindurch gerettet wurden. Das Wasser errettet euch jetzt im Gegenbild der Taufe, ...

Für ein christliches Verständnis ist das Wasser der Sintflut und das Wasser des Taufbades Medium des Heils, insofern es einerseits das Schuldige in der Welt vernichtet[12] und andererseits die Reinheit des neuen Lebensanfangs in der erfüllten Gottesbeziehung bewirkt.[13] Dass vor den Wassern der Sintflut gerade *acht* Menschen gerettet wurden (vgl. Gen 7,7),[14] ist bei der Wertschätzung der Ogdoas auch für Justin, dial. 138,1 bedeutsam:

Zur Zeit der Sintflut wurde geheimnisvoll auf die Erlösung der Menschen hingewiesen. Denn der gerechte Noë und die anderen Personen der Sintflut, nämlich Noës Weib, seine drei Söhne und die Weiber seiner Söhne, versinnbildeten, da sie acht an Zahl waren, den achten Tag, an welchem unser Christus von den Toten auferstanden und erschienen ist; seiner Bedeutung nach ist er allerdings immer der erste Tag.

In christlich-typologischer Auslegung der alttestamentlichen Rettungsgeschichte auf das Taufgeschehen kommt es zur Wertschätzung der »Acht-

---

Tageseinteilung den wöchentlichen Gottesdiensttermin regional verschieden fest: Benutzen sie die jüd. Tageseinteilung, dass der Tag am Abend beginnt, so feiern sie Gottesdienst in der Nacht auf den »ersten Tag«, den Sonntag (vgl. Plin. ep. 10,96,7), ist hingegen Usus die röm. Tagesbestimmung, bei der der Tag am Morgen um Mitternacht beginnt, so feiert die christliche Gemeinde in der Nacht des Sonntags (vgl. Apg 20,7 mit 4,3; 23,31f). Eine Notwendigkeit zur kirchlichen Harmonisierung dieser verschiedenen Gottesdienstzeiten am »ersten Tag« der Woche besteht bei der vorhandenen Regionalisierung und der institutionellen Selbständigkeit der urchristlichen Gemeinden nicht.

[10]   Vgl. frühjüdisch, dass nach äthHen 91,12 (10 WA); 4Esr 7,31 die Endzeit in der achten Zeitperiode beginnt. Und nach JosAs 9,5; 11,1f erfolgte die Umkehr der ägyptischen Priestertochter Aseneth zum jüd. Glauben am achten Tag. Zur religionsgeschichtlichen Herleitung des Ogdoas-Symbol vgl. R. Staats, Ogdoas, 37ff.

[11]   Die Bezeichnung Noahs als »achten« bezieht sich hier auf die Summe der zusammen mit seiner Person bei der Sintflut geretteten Personen (vgl. zur Redeweise 2Makk 5,27), mit K. Aland/B. Aland, Wörterbuch, Sp. 1121, gegen M. Klinghardt, »... auf daß du den Feiertag heiligest«. Sabbat und Sonntag im antiken Judentum und frühen Christentum, in: Das Fest und das Heilige. Religiöse Kontrapunkte zur Alltagswelt, Studien zum Verstehen fremder Religionen 1, hg. von J. Assmann, Gütersloh 1991, 206–233, 214.

[12]   Vgl. Gen 6,5f.

[13]   Vgl. N. Brox, Der erste Petrusbrief, EKK 21, Zürich u.a. [2]1986, 176–178.

[14]   Unverständlich M. Klinghardt, Feiertag, 214, der gegen Gen 7,7 bestreitet, dass Noahs Frau zu den Geretteten der Sintflut gehört.

zahl«[15]. Diese Zahlsymbolik wird nun mit der typologischen Er-
füllungsbeziehung der christlichen Taufe auf die jüdische Beschneidung der
Jungen am »achten Tag« (Gen 17,12; 21,4; Lev 12,3) verbunden. So heißt
es bereits im Neuen Testament im Kolosserbrief 2,11–13 (vgl. Eph 2,11ff):

In ihm (sc. Christus, vgl. V.8) seid ihr auch beschnitten worden mit einer Beschneidung, nicht mit Händen vollzogen, durch das Ablegen des Fleischesleibes, durch die
Beschneidung Christi. In der Taufe mit ihm begraben, wurdet ihr auch in ihm auferweckt durch den Glauben an die Macht Gottes, der ihn von den Toten auferweckt hat.
Auch euch, die ihr tot wart durch eure Vergehen und durch euer unbeschnittenes
Fleisch, euch hat er mit ihm lebendig gemacht; gnädig hat er uns alle Vergehen ver-
ziehen.

Ist aber die Taufe individuelle Adaption der Auferstehungsrettung Christi
aus dem Tod, dann kann die Auferstehung Christi typologisch als die »wahre Beschneidung« der ganzen Christenheit wahrgenommen werden. So
heißt es wiederum bei Justin, dial. 41,4:

Das Gebot der Beschneidung, nach welchem alle Knaben am achten Tag beschnitten
werden mußten, war ein Hinweis auf die wahre Beschneidung, bei der uns Jesus
Christus, unser Herr, der am Sonntag von den Toten auferstanden ist, von Irrtum und
Sünde beschnitten hat. Der Sonntag wird nämlich, obwohl er der erste Tag der Woche
ist, der achte Tag genannt, sofern alle Tage des wöchentlichen Kreislaufes noch
einmal gezählt werden; doch hört er nicht auf, der erste zu sein.

Bei der Deckenbemalung des Baptisteriums realisiert der ausmalende
Künstler somit die frühchristliche Zahlenmystik, in der die christliche Taufe
mit der Achtzahl und damit mit der auf der Auferstehung Christi basieren-
den eschatologischen Rettung auf typologische bzw. symbolische Weise
verbunden wird.

Wenn durch den achtsymbolischen Nachthimmel die Taufgemeinde im
Baptisterium und auch der Täufling unter dem Baldachin der Ädikula auf
liturgische Imagination in die Nacht des achten Neutages versetzt werden,
steht die Taufhandlung insgesamt unter dem Zeichen der Neuwerdung: der
durch Christi Auferweckung begründete neue Schöpfungstag wird in der
Bezugnahme der Taufe auf Christi Auferweckung (vgl. Röm 6) als Ret-
tungsheil dem einzelnen Neuling der christlichen Gemeinde übereignet. Es
beginnt mit dem Datum der Taufe die Zeit des eschatologisch neugeworde-
nen Christenlebens, das zugleich Teil der auf die zukünftige Vollendung der
Welt zugehenden Geschichte ist.

---

[15]   Vgl. noch Clem. Alex., exerpta e Theodoto 63,1; strom. 5,6,36,3; 5,106,2–4; 6,16,138;
7,57,5; Apost. Konst. 8,12,22; Ep. Ap. (kopt.) 18.

8.2 Die Bilder an der Südwand

An der Südwand des Baptisteriums sind drei Einzelbilder zu besprechen. Für zwei Bilder gibt es eine Korrespondenz zur Einrichtung des Baptisteriums festzustellen: Das Bild einer Wasser schöpfenden Frau ist in unmittelbarer Nähe zum Wasser enthaltenden Taufbecken, das Bild von David und Goliath unter der ein Gefäß aufbewahrenden Bogennische zwischen den beiden Türen platziert. Für die Gartenszene, die das gesamte obere Register der Südwand eingenommen haben wird, ist kein architektonischer Bezug offensichtlich.

8.2.1 Das christliche Leben als paradiesisches Heil

Das reich an Bäumen gemalte »Gartenbild« im oberen Register an der westlichen Seite der Südwand des Baptisteriums ist als Repräsentation des Paradiesgartens anzusehen.[16] Im Alten Testament überträgt die Septuaginta (LXX)[17] mit παράδεισος (Neh 2,8; Hld 4,13) das hebräische Wort für »Garten« (גן). Gemeint ist mit dem aus dem Medischen entlehnten Wort ein königlicher Garten mit vielen Bäumen.[18] Das Paradies nimmt sodann nach neutestamentlichem Zeugnis in seine Ewigkeitszeit die auferstandenen Toten auf (vgl. Lk 23,43; Apk 2,7).

Die Abwesenheit von Personen in der Abbildung des Paradieses im Baptisterium könnte somit auf eine spirituelle Vorstellung postmortaler himmlischer Existenz hinweisen.[19] Die Frage stellt sich jedoch, welcher theologische Zusammenhang das Bild des Paradiesgartens als Ort der Auferstandenen mit dem Ritual der Taufe als Beginn des christlichen Lebens herstellt: Handelt es sich um einen Ausblick auf das endzeitliche Heil, das jeden getauften Christen erwartet, oder ist eine präsentisch-eschatologische Anschauung über die mit der Taufe begründete Heilsteilhabe intendiert?

Grundlegend für das frühchristliche Verständnis der Paradiesvorstellung ist die theologische Anthropologie der christlichen Bibel: Nach Gen 3 musste der Mensch, Eva und Adam, den Garten Eden (vgl. Gen 2) aufgrund eigener, schuldhafter Gebotsübertretung verlassen. Das ewige Leben in

---

[16]   Vgl. C.H. KRAELING, Building, 210.

[17]   Die griech. Übersetzung der jüdischen Heiligen Schriften.

[18]   Dazu J.N. BREMMER, Paradise: From Persia, via Greece, into the Septuagint, in: Paradise Interpreted. Representations of Biblical Paradise in Judaism and Christianity, hg. v. G.P. Luttikhuizen, Themes in Biblical Narrative. Jewish and Christian Traditions Bd. 2, Leiden u.a. 1999, 1–20.

[19]   Vgl. Chronik von Arbela 82.

Gottesgemeinschaft wich der irdischen Endlichkeit, der Herrschaft des Todes (vgl. 3,22–24).

Die Glaubensverkündigung der Auferstehung Christi von den Toten ist im christlichen Verständnis die von Gott geschenkte grundstürzende Wende der Welt durch das Leben, ist der Tod des Todes. Mit paulinischer Christologie gesprochen, ist Christus als »letzter Adam« »der lebensspendende Geist«, der der Welt »das Abbild des Himmlischen« vermittelt (1Kor 15,45.49). Der tödliche Fall der adamitischen Menschheit wird durch Christus' »Reichtum der Gnade« und sein »Geschenk der Gerechtigkeit« zur Herrschaft des Lebens verändert (Röm 5,17). Die Taufe auf den Namen Christi verbindet das Individuum mit dem Geschick von Christus, mit der »Leben wirkenden Rechtfertigung« (V.18). Es beginnt in Christus ein neues Leben, das den Tod nicht schmecken (1Kor 15,54f), ja, das in Ewigkeit nicht enden wird (vgl. 6,4.22).

Das von der neutestamentlichen Christologie begründete neue Bild des Menschen als Teil des von Christus gestifteten Ewigkeitslebens ist für die frühe christliche Kirche Grund genug zu behaupten, dass das für den Menschen verlorengegangene Paradies im christlichen Glaubensleben wiedergewonnen wird.[20] So steht für Irenäus von Lyon (ca. 150–200 n.Chr.) bei der Auslegung des paulinischen Gleichnisses vom Ölbaum (Röm 11,16b–24) fest (adv. haers. 5,10,1):

Wie also der wilde Ölbaum ... der gleichsam in das Paradies des Königs gepflanzt ist, so werden auch die Menschen, wenn sie durch den Glauben veredelt sind und den Geist Gottes angenommen haben und seine Frucht brachten, geistig und gleichsam in das Paradies des Königs versetzt.

Neben dem individuellen christlichen Leben ist es sodann die Kirche, die als irdische Gestalt des christlichen Glaubens das Paradies und damit das Leben für die Menschheit vermittelt. So heißt es bei Tertullian (ca. 160–220 n.Chr.; adv. Marc. 2,4,4):

... dass der Mensch in das Paradies versetzt wurde – schon jetzt heraus aus der Welt in die Kirche.

In diesem frühchristlichen theologischen Kontext ist mithin die Abbildung des Paradiesgartens im Baptisterium konsequent. Das Bild des Paradieses verweist weder auf den verloren gegangenen Ursprung des Menschen in Gottes Nähe noch auf die Erwartung einer zukünftigen Erlösung im Himmel. Das Paradies beginnt vielmehr mit der Vermittlung des Geistes Christi

---

[20] Vgl. G. FILORANO, Art. Paradise, Encyclopedia of the Early Church II, 1992, 649f; H. BENJAMINS, Paradisiacal Life: The Story of Paradise in the Early Church, in: Paradise Interpreted. Representations of Biblical Paradise in Judaism and Christianity, hg. v. G.P. Luttikhuizen, Themes in Biblical Narrative. Jewish and Christian Traditions 2, Leiden u.a. 1999, 153–167.

durch die Taufe. Die durch die Taufe begründete Kirchenmitgliedschaft ist Leben im Paradies, Leben in heilvoller Gottesgemeinschaft. Das Paradiesmotiv schließt ein die endzeitlich-eschatologische Perspektive der individuellen Tauferfahrung: Mit der christlichen Taufe beginnt in der heilvollen Jetztzeit eine Gottesbegegnung, die über den Tod hinaus Bestand in die Ewigkeit hinein haben wird.

8.2.2 Das christliche Leben als Tod des Todes

Durch die beiden Inschriften »David« und »Goliath« auf den dargestellten Personen der Kampfesszene steht der biblische Bezugstext des rechteckigen Freskos unterhalb der Bogennische mit 1Sam 17 exakt fest. Genauer gesagt bezieht sich das Fresko auf den in den Vv.40–51 geschilderten Zweikampf zwischen dem unbewaffneten, aber Steine schleudernden Israeliten David, dem späteren König von Juda und Israel, und dem übergroßen, bewaffneten Vorkämpfer der Philister namens Goliath. Das Fresko setzt dabei sehr konkret den Text von 1Sam 17,51 ins Bild:

Dann lief David hinzu, trat an den Philister heran,
griff nach dessen Schwert, zog es aus der Scheide
und tötete ihn, indem er ihm damit den Kopf abschlug.

Es schildert den Moment kurz vor oder kurz nach der vollzogenen Enthauptung des niedergefallenen Goliaths durch den siegreichen David, als dieser mit dem erhobenen Schwert Goliaths zum Todeshieb aushol t bzw. ausgeholt hatte. Aus 1Sam 17 bezog der Maler der dramatischen Siegesszene weitere Details: den Schuppenpanzer Goliaths (V.5f), seine Lanze (V.7) sowie seinen Schild (vgl. Vv.5b.41: »Schildträger«) genauso wie eventuell die Exomis, in die David seiner Ansicht als Hirte gekleidet war (vgl. V.34), schließlich den Beutel Davids für die Steine oder sogar seine Steinschleuder selbst (V.40).

Mit dem Fresko stellt der Maler den unerwarteten Triumph des (fast) unbewaffneten David gegen den vor Waffen strotzenden Krieger Goliath dar. Die mehrfach gewollte Nähe zur alttestamentlichen Erzählung lässt sich als bildnerische Umsetzung ihrer zentralen theologischen Aussage beschreiben (vgl. 1Sam 17,43–47): Danach kämpft JHWH Zebaoth mit seinen himmlischen Heeren auf der Seite Israels erfolgreich gegen seine Feinde, das schwerbewaffnete Philisterheer, damit jeder weiß, dass »JHWH nicht Schwert noch Lanze braucht, um Rettung zu schaffen« (V.47).

Als Geschehen israelitischer Heilsgeschichte führt das Bild von Davids Triumph über Goliath demnach Gottes Heilsmacht vor Augen, die den Kampf des mit der Taufe begonnenen christlichen Lebens von nun an heilvoll begleiten wird. Gott wird wie bei dem machtlosen David für die Getauften sich mit all seiner Macht einsetzen. Das christliche Leben ist damit der siegreiche Kampf Gottes gegen das Böse.

Eine gedankliche Verbindung von Davids Sieg über Goliath mit der christlichen Taufe lässt sich deutlich erst mit Belegen aus späterer Zeit, mit Hilfe der Hymnen von Ephraem dem Syrer (306–372 n.Chr.) herstellen. Seine Poesie dürfte jedoch das traditionelle Taufritual der altsyrischen Kirche reflektieren, das einen präbaptismalen Ritus kannte. Dabei wurde Salböl dem Neophyten vor seiner Wassertaufe als Stirn- und Ganzsalbung verliehen.[21] Da in der präbaptismalen Salbung die Abkehr von der nichtchristlichen Welt vollzogen wurde, sprach Ephraem auch vom »Öl der Trennung«[22]. Der Gebrauch von Salböl bei der Taufe ist in der frühen Kirche[23] bezeugt und könnte auf einen übertragenen Sprachgebrauch im Urchristentum[24] zurückgehen. Vielleicht liegt eine Anknüpfung an die im Alten Testament bezeugte Investitur von Priester und Königen mit Salböl vor (vgl. Didasc. 16[25]).

Nach der syr. Didascalia apostolorum (16)[26] berührte im altsyr. Taufritual der taufende Bischof zuerst »die Köpfe derer, die er taufte, mit der Hand und salbte sie dabei; darauf wurde ihr gesamter Körper gesalbt, bei Frauen von Diakonissen«[27]. Eine

---

[21]   Dazu grundlegend B. NEUNHEUSER, Art. Oil, Encyclopedia of the Early Church 2, 1992, 611 (Lit.). – Zur präbaptismalen Salbung im altsyr. Taufritual vgl. S.P. BROCK, Studies in the Early History of the Syrian Orthodox Baptismal Liturgy, JThS.NS 23, 1972, 16–64; G. WINCKLER, The Original Meaning of the Prebaptismal Anointing and its Implications, Worship 52, 1978, 24–45; E.J. YARNOLD, Art. Taufe III. Alte Kirche, TRE 32, 2001, 674–696, 683f; weitere Lit. bei A. BENOÎT/CH.MUNIER, Die Taufe in der Alten Kirche (I.-3. Jahrhundert), TC 9, Bern u.a. 1994. – A.H.B. LOGAN, Post-Baptismal Chrismation in Syria: The Evidence of Ignatius, the Didache and the Apostolic Constitutions, JThS.NS 49, 1998, 92–108, hat zu zeigen versucht, dass die altsyr. Kirche auch eine postbaptismale Salbung ausübte. Zur weiteren Entwicklung im 4. Jh. n.Chr. s. E. BECK, Die Taufe bei Ephräm, in: Ders., Dorea und Charis. Die Taufe. Zwei Beiträge zur Theologie Ephräms des Syrers, CSCO 457. Subsidia 72, Löwen 1984, 56–185.

[22]   Hymni de virginitate 7,7.

[23]   Auf den Gebrauch von Salböl beim altkirchlichen Taufritus verweisen bereits IgnEph 17,1; Theophilus von Antiochien, Autol. 1,12; Cyprian, ep. 70,2,2; Tertullian, bapt. 7 sowie Origenes, comm. in Rom. 5,561 (PG 14,1038c).

[24]   Vgl. 1Joh 2,20.27, dazu G. STRECKER, Die Johannesbriefe, KEK 14, Göttingen 1989, 125f; W. ZAGER, Art. Salbung III. Neues Testament, TRE 29, 1998, 711–714, 713.

[25]   » ... sondern salbe nur das Haupt unter Handauflegung, wie früher Priester und Könige in Israel gesalbt worden sind«.

[26]   »Zunächst, wenn Frauen in das Wasser hinabsteigen, ist es nötig, daß die, welche zum Wasser hinabsteigen, von einer Diakonisse mit dem Öle der Salbung gesalbt werden, und wo keine Frau zugegen ist und besonders (keine) Diakonisse, da muß der Täufer den (weiblichen) Täufling salben ... Auch du salbe auf jene Weise unter Handauflegung das Haupt derer, die die Taufe empfangen, seien es Männer oder Frauen«.

[27]   E.J. YARNOLD, Art. Taufe, 683.

präbaptismale Salbung setzen auch ActThom 27; 121[28]; 132f[29] sowie PsClem R 3,67,4 voraus, insofern das Ritual mit dem Ausgießen von Öl über dem Kopf beginnt, das von einer Formel zur Verherrlichung Christi und der in ihm gründenden Kraft begleitet war (vgl. ActThom 27[30]; 157[31]). Nach Ephraems Taufverständnis kommt es durch die Salbung zur Vermittlung des Heiligen Geistes (vgl. Hymni de virginitate 7,8). Erst auf das Salbritual folgte die Untertauchung im Taufbad.

Zunächst ist zu bemerken, dass in Ephraems Paschahymnen das Kreuz Christi nicht als menschliche Niederlage, sondern als Sieg über den Tod gepriesen wird. Und da Goliaths Tod auffälligerweise durch sein eigenes todbringendes Schwert zustande kam, heißt es im Hymnus De Crucifixione 7,4[32]:

Sie (sc. die Sonne) verkündete, dass er im Kampf mit dem Tod lag,
dass durch das Kreuz jeder zum Sieger über den Tod wird.
Er nahm ihn (auf sich) und besiegte ihn durch ihn (selbst)
wie Goliath, der durch sein eignes Schwert ums Leben kam.

In dieser Auffassung von Ephraem spiegelt sich die Überzeugung wider, dass der Tod als unheilvolle Macht und Mächtigkeit nur durch diesen selbst

---

[28]   Der Apostel Judas Thomas tauft Mygdonia: »Als aber Marcia diese Dinge gebracht hatte, stellte sich Mygdonia mit enthülltem Haupt vor den Apostel, und er nahm das Öl, goß es auf ihr Haupt und sprach: ›Heiliges Öl, das uns zur Heiligung gegeben ist; verborgenes Geheimnis, in welchem uns das Kreuz gezeigt wurde; du bist der Ausdehner der (gekrümmten) Glieder; du bist der Demütiger der harten Werke; du zeigst die verborgenen Schätze an; du bist der Sproß der Güte. Möge deine Kraft kommen und sich auf deine Dienerin Mygdonia setzen, und heile sie durch diese (Ölsalbung)‹«!

[29]   Juda Thomas tauft Sifôr und seine Frau: »Und als er dies gesagt hatte, goß er Öl auf ihr Haupt und sprach ›Dir sei Preis, Liebe des Erbarmens! Dir sei Preis, Name des Christus! Dir sei Preis, Kraft, die du in Christus wohnst!‹«.

[30]   »… Der Apostel nahm aber das Öl, goß es auf ihr Haupt, salbte und bestrich sie damit und begann zu sagen: Komm, heiliger Name Christi, der über jeden Namen erhaben ist … Komm, Heiliger Geist, und reinige ihre Nieren und ihr Herz«.

[31]   Der Apostel Judas Thomas über das Öl der Taufe: »Frucht, schöner als die andern Früchte, mit welcher überhaupt keine andere verglichen werden kann; du überaus mitleidige; du, die du durch die Gewalt des Wortes glühst; Kraft des Holzes, durch welche die Menschen, wenn sie sie anziehen (sich mit ihr salben), ihre Gegner besiegen; die du die Sieger bekränzest; Merkzeichen und Freude der Müden; die du den Menschen die frohe Botschaft ihrer Rettung gebracht hast; die du denen Licht zeigst, die in der Finsternis sind; die du den Blättern nach bitter, (der Frucht nach süß bist); die du dem Aussehen nach rau, dem Geschmack nach aber zart bist; die du schwach scheinst, durch das Außerordentliche deiner Kraft aber die alles sehende Kraft trägst; (…) Jesus, es komme (deine) siegreiche Kraft und (lasse sich auf dieses Öl nieder, wie sie sich damals) auf das ihm verwandte Holz niederließ (…) –, und deine Kreuziger konnten ihr Wort nicht ertragen; möge nun auch die Gabe kommen, durch welche du (deine) Feinde anbliesest und dadurch bewirktest, dass sie zurückwichen und lang hinfielen, und möge sie in diesem Öle wohne, über welchem wir deinen heiligen Namen nennen«!

[32]   Zitiert nach E. BECK (Übers.), Des Heiligen Ephraem des Syrers Paschahymnen (De Azymis, De Crucifixione, De Resurrectione), CSCO 249.SS 109, Löwen 1964.

besiegt werden kann. Der von Christus siegreich erlittene Kreuztod ist daher der »Tod des Todes«.

An weiteren Hymnen von Ephraem lässt sich nun erkennen, dass in christlicher Interpretation Davids Kampf gegen Goliath[33] mit dem zweistufigen Taufritual der altsyrischen Kirche in Verbindung steht. So lautet HdEpiph 5,9–11[34]:

Samuel salbte David, auf daß er König sei im Volke.
Euch salbt der Priester, auf daß ihr Erben seiet im (Himmel) Reich.
Mit der Waffe, die David angelegt hatte aus dem Öl (der Salbung),
kämpfte – und demütigte er jenen Helden, der Israel unterjochen wollte.
Siehe so wird auch durch das Öl Christi und durch die Waffe aus dem Wasser –
der Stolz des Bösen gedemütigt, der die Völker unterjochen wollte.

Bestimmt nach alttestamentlicher Vorstellung die Salbung mit Öl als Zeichen des Heiligen Geistes David das irdische Königtum durch den Propheten Samuel,[35] so vermittelt das Salböl der christlichen Taufe[36] die durch Christus vermittelte himmlische und ewige Gottesherrschaft. Und bekämpfte König David mit seiner von Gott geweihten Waffe demütig das gegen Israels Königsherrschaft gerichtete Böse in Gestalt des Philisters Goliath, so bekämpft der Christ demütig mit dem Heiligen Geist das gegen das Gottesreich gerichtete Böse in der Welt. Somit werden das Öl, mit dem Samuel David einst zum König salbte, und das Öl, das die sieghafte Kraft Christi ist, miteinander parallelisiert, insofern sie den Sieg über das knechtende Böse ermöglichen (vgl. ActThom 157).

Da das breite, rechteckige Bild von Davids Triumph über Goliath unter der Bogennische in der Südwand zwischen den beiden Türen erscheint, ist ein thematischer Zusammenhang mit einem dort abgestellten Behältnis naheliegend. Es könnte sehr wohl ein Ölgefäß sein,[37] aus dem vor dem Taufbad dem Neophyten vom Bischof im Ritus der Teilsignierung, und von Diakonen – bei Frauen Diakonissen – in einer Salbung des ganzen Körpers der göttliche Geist übereignet wird.[38]

---

[33]   Vgl. HdPasch, De Azymis 5,5: »Durch das Lamm, den Sohn Davids, wurde gestürzt der mächtige Böse, der unsichtbare Goliath«.

[34]   Zit. nach E. BECK (Übers.), Des Heiligen Ephraem des Syrers Hymnen De Nativitate (Epiphania), CSCO 187.SS 83, Löwen 1959.

[35]   Vgl. 1Sam 16,13.

[36]   Vgl. HdEpiph 3,14: »(In) der Salbung Davids, meine Brüder, stieg der Geist herab ... Eure Salbung ist größer; – denn der Vater, der Sohn und der Heilige Geist sind aufgebrochen, herabgestiegen, um in euch zu wohnen«.

[37]   Vgl. C.H. KRAELING, Building, 151f.

[38]   Vgl. ActThom 25; 121; 132; 157.

Nimmt man mit C.H. KRAELING an,[39] dass die Täuflinge das Baptisterium zur Tauffeier durch die Tür von Raum Nr. 5 betraten, so stellten sie sich der Reihe nach auf das kleine Podest, das nahe der Rundnische angebracht worden war, in der das Salböl in einem Gefäß deponiert war. Der leicht erhöhte Platz ermöglichte den Diakonen, die Salbung des ganzen Körpers durchzuführen. Erst nach dem Zeichen der Ölsalbung, die »ein Eigentums- und Schutzverhältnis, königliches Priestertum und Sohnschaft zum Ausdruck«[40] brachte und deren messianische Bedeutung offenkundig ist[41], wurden die Neophyten zum Wasserbecken unter der Ädikula geführt.

Der Gleichberechtigung von Öl und Wasser im altsyrischen Taufritual entspricht der beim Umbau des Baptisteriums eingerichtete Bogen über der vorher rechteckig gewesenen Nische. Damit erscheint der Bogen der Ädikula, unter der die Täuflinge zur Immersion treten, zum zweiten Mal im Baptisterium. Fast ist man geneigt von der *zweiten Ädikula* des Taufraums zu sprechen. Die Gemeinde von Dura Europos dürfte somit dem altsyrischen Taufritus gefolgt sein, in der die Elemente Öl und Wasser entsprechend den beiden von Brot und Wein bei der Eucharistie die christliche Heilsgabe vermitteln. Vermittelt dem Konvertiten das Öl den gegen das Böse siegreichen Geist Gottes, so das Wasser der Taufe ewiges Leben in Christus.

8.2.3 Das Wasser ewigen Lebens

Zur Identifizierung des Bildes im unteren Register an der Südwand nahe der Ädikula, das eine Frau Wasser aus einem Brunnen schöpfend zeigt, stehen zwei biblische Erzählungen zur Verfügung: Einmal die in Gen 24,10–32 berichtete Begegnung von Rebekka, der Tochter Betuels, mit dem eine Frau für Isaak suchenden Knecht Abrahams in Aram Naharajim, und zum anderen die neutestamentliche Erzählung der Begegnung von Christus mit der samaritanischen Frau am Jakobsbrunnen in Sychar (Joh 4,1–42). Die Entscheidung, das Bild mit der neutestamentlichen Christusgeschichte in einen Zusammenhang zu sehen, beruht auf der Summe der vom Künstler realisierten Erzählzüge:[42]

---

[39] Vgl. Building, 152f.
[40] E.J. YARNOLD, Art. Taufe, 683.
[41] Vgl. S.P. BROCK, The Transition to a Post-Baptismal Anointing in the Antiochene Rite, in: B.D. Spinks (Hg.), The Sacrifice of Praise. Studies on the Themes of Thanksgiving and Redemption in the Central Prayers of Eucharistic and Baptismal Liturgies, FS A.H. Couratin, EL Bibliotheca. Subsidia 19, Rom 1981, 215–225, 217–219.
[42] Gegen C.H. KRAELING, Building, 186f, der diese Frage offen lässt.

1. In der alttestamentlichen Erzählung wird vorausgesetzt, dass Rebekka mit einem Krug zu einer Wasserquelle kommt, von einem Brunnen ist jedoch nicht die Rede (vgl. Gen 24,16). In Joh 4,6f heißt es jedoch:

Dort war der Brunnen Jakobs. ...
Da kommt eine Frau aus Samaria, um Wasser zu schöpfen.

2. Auffälligerweise hat der malende Künstler die Frau am Brunnen durch ein Zeichen auf ihrer Kleidung gekennzeichnet. Die Vergabe eines individuellen Merkmals ist bei den erhaltenen Personen der Fresken der Taufkapelle ein singulärer Vorgang. Der fünfzackige Stern auf der Brustpartie des Chitons der Frau am Brunnen lässt sich mit der samaritanischen Frau der Christusgeschichte in Zusammenhang bringen. In der neutestamentlichen Erzählung wird sie weder mit einem Namen noch durch ein anderes Personenmerkmal beschrieben. Im Gespräch mit Christus aber gibt sie ihre Lebensgeschichte zu erkennen, insofern sie derzeit mit keinem Mann verheiratet ist. Nach Joh 4,17f antwortet der Prophet Christus mit einer Probe seiner Allwissenheit folgendermaßen:

Du hast richtig gesagt: »Ich habe keinen Mann«. Denn fünf Männer hast du gehabt, und der, den du jetzt hast, ist nicht dein Mann. Du hast die Wahrheit geredet.

Durch den *fünfzackigen* Stern an ihrem Chiton verhilft der Künstler des Baptisteriums seiner Frauenfigur zu einer Identität, wie sie in der neutestamentlichen Erzählung die Samaritanerin auszeichnet: in moralisch anstößiger Weise unterhielt sie Beziehungen zu *fünf* verschiedenen Männern.

Ist mit Joh 4 der neutestamentliche Bezugspunkt des Bildes von der Wasser schöpfenden Frau geklärt, so fällt auf, dass der Künstler die Person Jesus Christus, die nach der johanneischen Darstellung am Brunnen sitzt (vgl. Joh 4,6), nicht abgebildet hat.[43] Daraus ist zunächst zu schließen, dass das Bildthema sich nicht mit dem für die johanneische Theologie so wichtigen Inhalt des Gespräches zwischen Christus und der Samaritanischen Frau über Christus als »Retter der Welt« (V.42) beschäftigt. Dieses negative Ergebnis entspricht der oben angestellten Bildbeschreibung, insofern Bildthema das frische Brunnenwasser ist, das gerade in das hinuntergelassene Schöpfgefäß gelangt ist.

Aus der Alltagssprache ist nun bekannt, dass mit dem Ausdruck »lebendiges Wasser« das (frische) Quellwasser im Unterschied etwa zu (abge-

---

[43]   Vgl. aber die Abbildung auf dem Mosaik in der Kirche S. Apollinare Nuovo in Ravenna (frühbyzantinisch, 520–526 n.Chr.), bei dem zur Samaritanerin ein sitzender Christus und eine stehende Jüngerfigur gesetzt wurden (424, Abb. 432 bei G. Schiller, Ikonographie der christlichen Kunst 1, Gütersloh 1966) sowie ein Steinrelief auf einem Stadttorsarkophag aus Verona, um 400 n.Chr. (Abb. s. Ebd. 2, 299, Abb. 4).

standenem) Zisternenwasser bezeichnet wird.[44] Auf diesem lebens-
praktischen Hintergrund entfaltet die johanneische Missverständnis-
geschichte die religiöse Offenbarungsqualität von Christus (vgl. Joh 2,13;
17,13). Gegenübergestellt wird das »lebendige Wasser«, das als frisches
Trinkwasser das im Orient unentbehrliche tägliche Lebensmittel ist (vgl.
4,11), mit dem »lebendigen Wasser«, das als Metapher für das durch religiöse Erkenntnis zu erwerbendes ewiges Leben gilt (vgl. Vv.10.14f). Im Falle
der johanneischen Theologie ist es die dem Glauben und dem Geist (vgl.
7,38f) zugängliche Offenbarung von Jesus Christus als dem alleinigen
Vermittler göttlichen Lebens (vgl. 3,16; 11,25).

Der Zusammenhang von Wassermetaphorik, religiöser Erkenntnis und
Erlangung von wahrem Leben ist jüdisch[45] und frühchristlich[46] bekannt. Aus
den auf ca. 200 n.Chr. zu datierenden, in Syrien entstandenen christlich-
gnostischen Oden Salomos[47] lässt sich dabei aus einer erzählenden Bildrede
des Erlösten Folgendes zitieren (OdSal 11,3[griech. Version], vgl. 6,6;
30,1–7):

Und das redende Wasser näherte sich meinen Lippen
von der Quelle des Lebens des Herrn in dessen Neidlosigkeit.
Ich trank – und wurde trunken – unsterbliches Wasser,
und meine Trunkenheit wurde nicht [zu] Vernunftlosigkeit.

Stellt der Künstler des Baptisteriums das religiöse Bildmotiv des »lebendigen Wassers« in Anlehnung an Joh 4 nach,[48] so vermeidet er jedoch das hier
bezeugte christlich-gnostische Verständnis des Lebenswassers: Sein Bild
gibt der christlichen Taufgemeinde zu verstehen, dass das konkrete Wasser
der Taufe, mit dem der Neophyt unter der Ädikula in Berührung kommt,
das sakramentale Lebenswasser selbst ist.[49] So geht die Didache davon aus,
dass die christliche Taufe grundsätzlich in »lebendigem Wasser« geschehen
soll, wenn es über Konzessionen in 7,2f heißt:

Wenn du aber kein lebendiges Wasser hast, taufe in anderem Wasser …

---

[44]   Vgl. im AT: Gen 26,19 (21,19 LXX); Lev 14,5f.50–52; Num 5,17: 19,17; Hld 4,15, vgl.
Sach 14,8; Ez 47,9, im Frühjudentum Miq 1,8 (Bill. 1,109).
[45]   Vgl. 1QH 8,4–13.
[46]   Vgl. IgnRöm 7,2; EvThom 13.
[47]   Vgl. H.J.W. DRIJVERS, Art. Salomo III. Sapientia Salomonis, Psalmen Salomos und Oden
Salomos, TRE 29, 1998, 730–732, 731f.
[48]   Vgl. R.M. JENSEN, Dura Europos, 182: »The woman at the well suggests the line in that
narrative about the gift of living water«.
[49]   Vgl. die Metaphorik der Chronik von Arbela 84 über einen missionierenden Bischof Daniel (406–430 n.Chr.), dass er »sein Volk mit dem Wasser des Lebens getränkt hatte«.

Die Wassertaufe auf Jesus Christus[50] bzw. den Dreieinigen Gott[51] vermittelt in vollgültiger Weise das ewige Leben. Insofern ist das Taufbad »das Wasser des Lebens« (Justin, dial. 14,1) bzw. »Quell des lebendigen Wassers« (19,2).

8.3 Die Bildkonzeptionen an Nord- und Ostwand

Das im unteren Register an Nord- und Ostwand angebrachte Bildmaterial lässt sich als ein dreiteiliger Bildzyklus über das eine Thema der Auferstehung beschreiben. Die Vermutung ist nicht unbegründet, dass der Künstler im oberen Register ebenso nur ein Großthema behandelt hat. In diesem Fall hätte er über die gesamte Nord- und Ostwand eine zusammenhängende Komposition aus mehreren, vielleicht zehn Einzelbildern geschaffen. Leider ist am westlichen Ende der Nordwand nur der zweiteilige Anfang einer Szenenreihe von Wundergeschichten erhalten. Insofern muss diese Vermutung Spekulation bleiben.

8.3.1 Die Wundergeschichtenkomposition

Die Komposition beginnt mit einem Simultanbild über die plötzliche Gesundung eines Kranken und setzt sich mit dem Bild über einen wundersamen Seewandel fort. Zweifellos handelt es sich um die bildliche Darstellung zweier bekannter neutestamentlicher Wundergeschichten. Ihre Interpretation ergibt Spielraum für hypothetische Überlegungen, wie der Künstler seine Komposition fortgesetzt haben könnte.

Im Neuen Testament gibt es zwei Erzählungen – die sog. »Heilung des Gelähmten« –, in denen berichtet wird, dass ein Bettlägeriger plötzlich gesund wird: Nach Joh 5,1–9 heilt Jesus in Jerusalem am Teich von Bethesda einen namenlosen Kranken, nach Mk 2,1–12 parr. in einem Haus in Kapernaum. Die Prüfung, anhand der Summe der Übereinstimmungen von Bild und Erzählung den neutestamentlichen Referenztext des Freskos zu bestimmen, ergibt zwar ein leichtes Übergewicht für die Darstellung in den Synoptischen Evangelien.

Beide Wundergeschichten berichten von der plötzlichen Gesundung eines bettlägerigen Kranken (vgl. Mk 2,4 parr.; Joh 5,5f). In Mk 2,4 parr. wird ausdrücklich erwähnt, dass der Kranke auf einem Bett liegt. Auch wird in der synoptischen Wundergeschichte das Bett häufig erwähnt (vgl. Mk 2,4 parr. 9.11f parr.; Joh 5,8f), das für den

---

50   Vgl. Did 9,5.
51   Vgl. Mt 28,19; Did 7,1.3.

Künstler des Simultanbildes besondere Bedeutung hat. Nach Mk 2,4 parr. ist der Kranke ein gelähmter Mensch, während diese Art der Krankheit aus Joh 5,5.8 nur implizit zu erschließen ist. In beiden Geschichten erscheint Christus in unmittelbarer Nähe des Kranken. Und beide Male spricht er einen Heilungsbefehl.»Ich sage dir, steh auf, nimm dein Bett und geh heim!« (Mk 2,11 parr.) oder »Steh auf, nimm dein Bett und geh umher!« (Joh 5,8) könnte gemeint sein, wenn der Maler Christus mit seinem ausgestreckten Arm eine Geste zum Kranken machen lässt. Auf einen szenischen Rahmen hat der Künstler verzichtet: nach Mk 2 parr. hätte er mindestens das aufgedeckte Dach eines Hauses und vier Träger des Bettes, nach Joh 5 einen Teich mit einer Säulenhalle mit mehreren Kranken zeichnen können.

Wahrscheinlicher ist jedoch die unten in Kap. 10 + 11 begründete Annahme, dass der Künstler die Evangelienharmonie Tatians benutzte. In diesem Evangelienbuch der syrischen Kirche gab es nur eine Erzählung über die »Heilung des Gelähmten«, die aus Elementen beider Erzählungen zusammengesetzt war.[52]

Dem Künstler kommt es jedoch nicht auf die literarische Aussage der neutestamentlichen Erzählungen von der Macht Christi zur Sündenvergebung (vgl. Mk 2,9f parr.) bzw. von der Fähigkeit zur Durchbrechung des jüdischen (Sabbat-) Gesetzes (vgl. Joh 5,9ff) an. Ihm geht es um die Darstellung der gebietenden Wundermacht Christi über die Unbilden der Schöpfung, wie sie als Krankheit von einem (namenlosen) Individuum erfahren werden kann. Christus ist in der pyramidalen Szene durch seine besondere Kleidung und gebieterische Gestik herausgestellt.[53] Er befiehlt der Krankheit als schöpfungsfeindlicher Macht, und der Gesunde kann sogleich das Wunder seiner Heilung durch das Tragen seines Krankenlagers bestätigen. –

Das zweite Bild rechts neben der Krankenheilung setzt die Wundererzählung von Petrus' Seewandel, wie sie Mt 14,22–33 erzählt wird, malerisch ins Bild. Diese neutestamentliche Referenzerzählung liegt aufgrund der gemeinsamen Merkmale von Bild und Geschichte eindeutig fest:

Vom Künstler dargestellt wird das Boot (Mt 14,22) mit den wahrscheinlich 11 Jüngern als Besatzung, das auf dem See Genezaret schwimmt.[54] Christus erscheint

---

[52]   Da in der joh Wundergeschichte das Wasser des Teiches von Betzata genannt wird, könnte ein Taufbezug hergestellt werden, so G. SCHILLER, Ikonographie 1, 178. Zu beachten ist jedoch, dass nach Joh 5,8f der Gelähmte nicht durch das Wasser des Teiches, sondern durch das Wort Christi geheilt wurde.

[53]   Dass Christus hier jugendlich und schön von Gestalt erscheint, könnte auf altchristliche Vorstellungen über die Christusgestalt zurückzuführen sein, vgl. A. Jo. 87 (2.–3. Jh. n.Chr.): »Mir ist der Herr im Grab ... erschienen ... wie ein junger Mann (ὡς νεανίσκος)«.

[54]   Archäologisch nicht erhalten ist, ob auf dem Bild Petrus, der Christus auf dem See entgegenkommt, als Person im Boot abgebildet war. In diesem Fall würde es sich erneut um ein Simultanbild – Petrus im Boot, Petrus auf dem Wasser – handeln. Anzunehmen ist eher, dass der Platz

gegenüber den Jüngern durch seine besondere Kleidung hervorgehoben; er geht (V.25) auf dem bewegten Wasser (V.24). Den literarisch bezeugten Schrei der Jünger, die den auf dem Wasser wandelnden Christus aus dem Boot erblicken (V.26), stellt der Künstler in einer Gebärde des Erschreckens dar. Zu Christus auf dem Wasser ist Petrus (als erster der im Boot sitzenden Jünger?) unterwegs (V.28f). Den vor Furcht im Wasser versinkenden Petrus ergreift die rettende Hand von Christus (V.30f).

Erneut illustriert der Künstler die wunderbare Macht Christi: Einerseits ist Christus der souveräne Herrscher über das Wasser: er schreitet über die See als Zeichen seiner göttlichen Macht über das Chaos. Und andererseits – und darauf liegt das zeichnerische Schwergewicht – ist Christus der hilfreiche Retter, der das Individuum Petrus, das seine göttliche Macht über das Chaoswasser nachzuahmen versucht, vor dem Untergang bewahrt. Indem der Künstler die Geschichte von Petrus' wunderbarem Seewandel darstellt und weder auf die Version von Christi alleinigem »Seewandel« (Mk 6,45–52; Joh 6,16–21) noch auf die sog. »Stillung des Sturms« (Mk 4,35–41 parr.) zurückgreift, erhält seine Bildaussage einen besonderen Akzent: Entsprechend der matthäischen Version ist seine Malerei ein Bild des auf Christi Macht vertrauenden Glaubens, wenn es Mt 14,28–31 heißt:

Da antwortete ihm Petrus und sagte: »Herr, wenn du es bist, so heiße mich zu dir auf das Wasser kommen.« Er (sc. Jesus, vgl. 14,16) aber sprach: »Komm!« Und Petrus stieg aus dem Boot und schritt auf dem Wasser hin und kam auf Jesus zu. Als er aber den Wind sah, fürchtete er sich, und als er zu sinken begann, schrie er: »Herr, rette mich«! Sogleich streckte Jesus die Hand aus, ergriff ihn und sprach zu ihm: »Du Kleingläubiger, warum hast du gezweifelt«?

Mit der Darstellung zweier neutestamentlicher Wundergeschichten hat der Künstler seine Bilderkomposition begonnen. In der im Vierevangelienbuch bezeugten neutestamentlichen Tradition folgen beide Erzählungen nicht aufeinander. Ja, das in neutestamentlichen Evangelienschriften jeweils zuerst berichtete Wunder ist gerade nicht das der »Heilung des Gelähmten«.[55] Der Künstler folgt mit seiner Auswahl und Reihung von Wundergeschichten einem selbst gestellten Thema oder er benutzt die Anordnung von Wundergeschichten, wie sie Tatian in seiner Evangeliumsausgabe vornahm.[56]

---

im vorderen Teil des Bootes, von dem aus sich Petrus auf Jesus zubewegt, vom Künstler frei gelassen wurde.

[55]   Vgl. Mt 8,1–4: »Heilung des Aussätzigen«; Mk 1,23–28 + Lk 4,33–37: »Heilung des Besessenen in der Synagoge«; Joh 2,1–11: »Hochzeit zu Kana«.

[56]   Ob Tatian sich in seinem Diatessaron die Aufgabe gestellt hat, alle Wundergeschichten aus den vier Evangelienbüchern an einem Ort zusammenzustellen (vgl. als Vorbild Mt 8f = 10 Wundergeschichten), wäre gut möglich, ohne dass die Annahme jedoch bewiesen werden kann.

In der Mitte seiner mehrteiligen Bildkomposition stellt er einerseits Christus und dessen wunderbare Macht über die Schöpfung. Auf der anderen Seite bildet er Situationen ab, die von der Rettung des Individuums aus Schöpfungswidrigkeit erzählen. Sind seine Bilder einerseits Christi Schöpfungsmittlerschaft gewidmet (vgl. 1 Kor 8,6), so sind sie andererseits Bilder, die die Gottesteilnehmer wie die Neophyten zum Vertrauen auf Christus, und zwar gegen alle menschlichen Zweifel und Kleinglauben bewegen wollen.

Die Bildkomposition des Wundergeschichtenzyklus' ist mithin soteriologisch ausgerichtet, insofern sie im Sinne der Heilsgeschichte von Christi Schöpfermacht und dem auf seine Macht vertrauenden christlichen (Wunder-) Glauben erzählt. In diesem Sinne lässt sich über die leider nicht erhaltene Fortsetzung der von neutestamentlichen Glaubenserzählungen inspirierten Bilderreihe folgende Annahmen wagen:[57]

Enthalten könnten in der Bilderkomposition weitere Heilungsgeschichten sein, also beispielsweise die »Heilung des Besessenen von Gadara« (Mk 5,1–20 parr.), die »Heilung des Knechtes des Hauptmannes von Kapernaum« (Mt 8,5–13 par.), die »Heilung der blutflüssigen Frau« (Mk 5,25–34 parr.), die »Heilung des besessenen Knaben« (Mk 9,14–29 parr.), die »Heilung der verkrüppelten Frau« (Lk 13,10–17), die »Heilung des blinden Bartimäus« (Mk 10,46–52 parr.) oder die »Heilung der zehn Aussätzigen« (Lk 17,11–19). Denkbar wäre auch die Darstellung einer spektakulären Totenerweckung (Mk 5,21–43 parr.; Lk 7,11–17; Joh 11,1–44) oder die eines Speisungswunders (Mk 6,32–44 parr.; 8,1–10 par.). Schließlich könnte ein Bild über den wunderbaren »Fischzug des Petrus« (Lk 5,1–11) enthalten gewesen sein.

8.3.2 Der Auferstehungszyklus

Zu einer Wundererzählung besonderer Art gehört die neutestamentliche Erzählung »Das leere Grab« (Mk 16,1–8 parr.; Joh 20,1f.11–14). Dass es sich bei dem dreiteiligen Bildzyklus im unteren Register der Ost- und Nordwand des Baptisteriums um die bildliche Wiedergabe der in allen vier neutestamentlichen Evangelienschriften erzählten Geschichte von Christi Auferstehung handelt, legt sich aufgrund des erhaltenen und rekonstruierten Bildmaterials nahe:[58]

Folgt der Künstler Tatians Evangelienbuch, so begann es wohl mit der Wundertradition von der »Heilung des Gelähmten«.

[57]   Vgl. die Anregung von A. GRABAR, Die Kunst des frühen Christentums. Von den ersten Zeugnissen christlicher Kunst bis zur Zeit Theodosius' I., Universum der Kunst, München 1967, 68: »An die Heilung des Gichtbrüchigen und Petrus, der auf dem Wasser wandelt, reihten sich wahrscheinlich andere Heilsgleichnisse aus den Evangelien und vielleicht auch dem Alten Testament«.

[58]   Mit dem sog. »Gleichnis von den zehn Jungfrauen« (Mt 25,1–13) hat der dreiteilige Bildzyklus außer der Zahl von insgesamt (sic!) zehn abgebildeten Frauenfiguren und der Abbildung von Gefäßen, die die Frauen bei sich tragen, keine weiteren Gemeinsamkeiten. Weder die Darstel-

Bild 1 dokumentiert die Ankunft von fünf Frauen am Grab Christi, die mit den Salbölen aus ihren mitgeführten Gefäßen eine Salbung des Verstorbenen durchführen möchten. Bild 2 berichtet, dass der Zugang zum Grabraum offen steht.[59] Und Bild 3 schildert die Ankunft derselben fünf Frauen im Grabraum, einem Hypogäum. Zu einer Totensalbung kommt es jedoch nicht. Denn am Sarkophag wird ihnen von zwei Engeln[60] die wundersame Auferstehung/Auferweckung Christi verkündet. Das Geheimnis, ob das Grab Christi leer ist, wird vom Künstler nicht gelüftet, insofern er über den Inhalt des Sarkophags nichts mitteilt.

Der Versuch muss gewagt werden aufzuklären, welche Textgrundlage der Künstler für seinen dreiteiligen Auferstehungszyklus verwandt haben könnte. Dabei ist einerseits das Verhältnis des baptismalen Bilderzyklus zum neutestamentlich bezeugten Textmaterial näher zu klären und andererseits zu fragen, ob ein außerneutestamentlich überlieferter Auferstehungsbericht als Vorlage in Frage kommt. Aufgrund der theologisch-didaktisch angelegten Bildgestaltung des Baptisteriums ist sodann danach zu fragen, welche Bedeutung dem Auferstehungszyklus im Bezug auf die christliche Taufe zukommt.

8.3.2.1 Der Auferstehungszyklus und apokryphe Auferstehungserzählungen

Die Frage eines Vergleiches des dreiteiligen Auferstehungszyklus' des Baptisteriums mit Auferstehungsdarstellungen in nichtneutestamentlichen christlichen, sog. apokryphen Schriften, lässt sich anhand der fragmentarischen Überlieferungssituation bei letzteren auf zwei Evangelienschriften eingrenzen. Die Auswertung ergibt ein negatives Resultat.[61]

---

lung der geöffneten Tür noch das Bild des Sarkophages in einem Hypogäum lassen sich mit dem ntl. Gleichnis mit dem Bildfeld der »Hochzeit« verbinden (vgl. C.H. KRAELING, Building, 81). Zu weiteren Versuchen der Identifikation des dreiteiligen Bildzyklus, die z.T. auf der unvollständigen und unrichtigen Wiedergabe des rekonstruierenden Bildmaterials beruhen vgl. Ebd., 80f. – Ein Bezug zur ntl. Wundergeschichte von der »Auferstehung des Lazarus« (Joh 11,1–46) ist aufgrund fehlender Übereinstimmung des Bildzyklus' mit den Zügen der joh Erzählung auszuschließen: Zwar wird von Lazarus' Grab erzählt (Vv.31.38), einem Stein, der vor seiner Grabhöhle liegt und beseitigt wird (Vv.38f) von dem und den beiden Schwestern von Lazarus, Maria und Martha (Vv.1.3). Jedoch lassen die Zahl der Frauen, das Auftreten des Wunderheilers Christus und die Tatsache, dass kein anderer außer Lazarus sich im Grab befindet, eine Identifizierung mit dieser joh. Wundergeschichte nicht zu.

[59]   Als ikonologische Parallelen ist auf ein Elfenbeintäfelchen aus der Zeit um 420/430 n.Chr. (oberitalienisch) zu verweisen, dass zwei Frauen und zwei Wächter am Grab zeigt und die offene Tür zum Grab Christi, desgleichen ist ein Diptychonflügel aus Elfenbein um 400 n.Chr. (Mailand) zu nennen, der Christus auf einem Stein vor dem Grab sitzend zeigt sowie zwei Frauen (Abbildungen bei G. SCHILLER, Ikonographie 3, 311 Abb. 4 + 314 Abb. 11).

[60]   Die Identität von Stern und Engel lässt sich biblisch mit Hi 38,7; Apk 9,1 belegen.

[61]   Negativ ist auch der Vorschlag von D. CARTLIDGE/K. ELLIOTT, Art and the Christian Apocrypha, London 2001, 36, zu bewerten, die annehmen, in Protev 7,2 sei das literarische Vor-

Zuerst ist auf das sog. Petrusevangelium, eine Schrift, die um die Mitte des 2. Jh.s n.Chr., wahrscheinlich in Syrien, niedergelegt wurde, einzugehen.[62] Von ihr liegt im Fragment von Akhmim (Oberägypten) folgender Text vor (50–57):[63]

50 In der Frühe des Herrntages nahm Maria Magdalena, die Jüngerin des Herrn – ... – 51 mit sich ihre Freundinnen und kam zum Grabe, wo er hingelegt war. ... 55 Und als sie hingingen, fanden sie das Grab geöffnet. Und sie traten herzu, bückten sich nieder und sahen dort einen Jüngling sitzen mitten im Grabe, anmutig und bekleidet mit einem hell leuchtenden Gewande, welcher zu ihnen sprach: 56 »Wozu seid ihr gekommen? Wen sucht ihr? Doch nicht jenen Gekreuzigten? Er ist auferstanden und weggegangen. Wenn ihr aber nicht glaubt, so bückt euch hierher und sehet den Ort, wo er gelegen hat, denn er ist nicht da. Denn er ist auferstanden und dorthin gegangen, von wo er gesandt worden ist«. 57 Da flohen die Frauen voller Entsetzen.

In dieser Erzählung des Petrusevangeliums über »Das leere Grab« wird berichtet, dass Maria Magdalena und ihre Freundinnen zum Grab Christi gehen, das Grab geöffnet finden, jedoch nicht in die Grabkammer eintreten. Die Frauengruppe lässt sich aus dem Grab heraus von einem Engel die Auferstehungsbotschaft verkündigen und die Abwesenheit des Leichnams zeigen. Da die Frauen das Grab Christi nicht betreten und nur ein einziger Verkündigungsengel ihnen erscheint, kommt die Auferstehungserzählung des Petrusevangeliums als literarisches Vorbild für den Auferstehungszyklus des Baptisteriums nicht in Frage.

Zu demselben Urteil führt der Vergleich der Darstellung des Baptisteriums mit der Auferstehungserzählung in der sog. Epistula Apostolorum. Die Schrift ist ägyptischen Ursprungs und lässt sich in die Mitte des 2. Jh.s n.Chr. datieren.[64] Beziehungen der Epistula Apostolorum zum Vorderen Orient dürften anzunehmen sein. Der Text zu Abschnitt 9f liegt in einer leicht voneinander abweichenden äthiopischen und koptischen Version vor:[65]

---

bild zu sehen, insofern dort erzählt wird, dass (jüd.) Frauen mit brennenden Fackeln die dreijährige Maria und ihren Vater Joachim auf dem Weg zum Tempel begleiteten. Das Kriterium der von Frauen getragenen brennenden Fackeln reicht für eine Identifizierung des dreiteiligen Bilderzyklus' nicht aus.

[62]   Vgl. W. Schneemelcher, Petrusevangelium. Einleitung, in: NTApo[5] I, 1987, 180–185.

[63]   Zählung nach A. Harnack, Bruchstücke des Evangeliums und der Apokalypse des Petrus, TU IX, 1893, 1–78.

[64]   Vgl. C.D.G. Müller, Epistula Apostolorum. Einleitung, in: NTApo[5] I, 1987, 205–207.

[65]   Nach NTApo[5] I, 210.

Äthiopische Version	Koptische Version
9 ... und er ist begraben an einem Ort, der Schädelstätte heißt, wohin drei Frauen: Sara und Martha und Maria Magdalena gingen. Sie trugen Salbe, um (sie) auszugießen auf seinen Leib, indem sie weinten und trauerten über das, was geschehen war.	9 ... und der begraben wurde an einem Orte, der Schädelstätte heißt. Es sind gegangen zu jenem Orte drei Frauen: Maria, der Martha Tochter, und Maria Magdalena. Sie nahmen Salbe, um sie auszugießen auf seinen Leib, indem sie weinten und trauerten über das, was geschehen war.
Und sie näherten sich dem Grabe und fanden den Stein (da), wohin man ihn abgewälzt hatte vom Grabe, und sie öffneten seine Tür und fanden seinen Leib nicht.	Als sie sich aber dem Grabe genähert hatten, blickten sie hinein und fanden den Leib nicht.
10 Und wie sie trauerten und weinten, erschien ihnen der Herr und sprach zu ihnen:»Weinet nicht mehr! Ich bin es, den ihr sucht! Es gehe aber eine von euch zu euren Brüdern und sage ihnen: ›Kommet, unser Meister ist auferstanden von den Toten‹«. –	10 Wie sie aber trauerten und weinten, erschien ihnen der Herr und sprach zu ihnen:»Wen beweint ihr? Weinet nun nicht mehr! Ich bin es, den ihr suchet! Es gehe aber eine von euch zu euren Brüdern und sage: ›Kommet, der Meister ist auferstanden von den Toten‹«. –

In der Epistula Apostolorum findet sich in der äthiopischen Version der Auferstehungserzählung zwar die Notiz über eine Tür zum Grab Christi, ein Detail, das von dem Künstler des Baptisteriums bei der bildlichen Darstellung des offen stehendes Grabes Christi verwendet wurde. Jedoch lässt die Anzahl der drei namentlich genannten Frauen am Auferstehungsgrab erkennen, dass diese apokryphe Auferstehungserzählung nicht sein literarisches Vorbild gewesen sein kann. Schließlich ist auch die abweichende Besonderheit nicht zu übersehen, dass der auferstandene Christus selbst es übernimmt, die Botschaft seiner Auferstehung von den Toten zu verbreiten.

8.3.2.2 Der Auferstehungszyklus und neutestamentlich-kanonische Auferstehungserzählungen

Für die Identifikation des dreiteiligen Bildzyklus' mit der neutestamentlich auf verschiedene Weise überlieferten Erzählung »Vom leeren Grab« spricht zunächst die Übereinstimmung von Bildreihenfolge und narrativem Aufbau: Bild 1 schildert, dass fünf mit Spezereien und Fackeln ausgerüstete Frauen vor einem Grab stehen, Bild 2 illustriert, dass der Eingang zum Grab unerwartet offen steht, und Bild 3 erklärt, dass dieselben fünf Frauen mit ihren Gefäßen und Fackeln im Grab vor dem Sarkophag, der von zwei Sternensymbolen flankiert wird, stehen. Die Bildreihung entspricht exakt der inhaltlichen Grobgliederung aller vier neutestamentlichen Auferstehungserzählungen (Mt 28,1–8; Mk 16,1–8; Lk 24,1–11; Joh 20,1f.11–14):

Sie erzählen, dass 1. Frauen[66] bzw. eine Frau[67] zum Grab Christi kommen bzw. kommt, das 2. der Eingang zum Grab offen steht[68] und dass schließlich 3. am oder im Grab an Frauen bzw. einer Frau die Verkündigung der Auferstehung Christi adressiert wird.[69]

Näherhin lassen sich bei der vergleichenden Analyse der Bildinhalte des dreiteiligen Bildzyklus' mit den Erzählzügen der vier verschiedenen ntl. Auferstehungserzählungen (vgl. Tabelle 3) auf Gemeinsamkeiten folgende Feststellungen machen:

---

[66]   Vgl. Mt 28,1; Mk 16,1f; Lk 24,1 mit 23,55.
[67]   Vgl. Joh 20,1.
[68]   Vgl. Mt 28,2; Mk 16,4; Lk 24,2; Joh 20,1.
[69]   Vgl. Mt 28,6; Mk 16,6; Lk 24,6; Joh 20,14.

Matthäusevangelium 28,1–8	Markusevangelium 16,1–8	Lukasevangelium 24,1–11	Johannesevangelium 20,1f.11–14
1 Nach dem Sabbat aber, beim Aufleuchten des Morgens zum ersten Wochentag, kamen Maria von Magdala und die andere Maria, um das Grab zu sehen.	1 Und als der Sabbat vorüber war, kauften Maria von Magdala, (die Mutter) des Jakobus, und Salome Balsam, um hinzugehen und ihn zu salben. 2 Und sehr früh am ersten Wochentage kamen sie zum Grab, als eben die Sonne aufging.	1 Am ersten Tag der Woche aber kamen sie im ersten Morgengrauen zum Grabe und brachten den Balsam, den sie bereitet hatten.	1 Am ersten Wochentage aber kommt Maria von Magdala in aller Frühe, als es noch dunkel ist, an das Grab
	3 Sie sagten zueinander: »Wer wird uns den Stein vom Eingang des Grabes wegwälzen«?		
2 Und siehe, es entstand ein großes Erdbeben. Denn ein Engel des Herrn stieg vom Himmel herab, trat herzu, wälzte den Stein weg und setzte sich darauf.	4 Und wie sie aufblickten, sahen sie, dass der Stein weggewälzt war; er war nämlich sehr groß.	2 Da fanden sie den Stein vom Grab weggewälzt	und sieht, dass der Stein von dem Grab weggenommen ist.
			2 Da läuft sie und kommt zu Simon Petrus und zu dem anderen Jünger, den Jesus liebte, und sagt zu ihnen: »Sie haben den Herrn aus dem Grab weggenommen, und wir wissen nicht, wo sie ihn hingelegt haben«. ...
			11 Maria aber stand draußen am Grab und weinte.
3 Sein Aussehen war wie der Blitz und sein Gewand weiß wie Schnee.	5 Und als sie in das Grab hineingingen, sahen sie einen Jüngling zur Rechten sitzen, bekleidet mit einem weißen Gewand, und sie erschraken.	3 und gingen hinein, fanden aber den Körper des Herrn Jesus nicht. 4 Da geschah es, während sie noch ratlos waren, siehe, da traten zwei Männer in strahlendem Gewande zu ihnen.	Wie sie nun weinte, beugte sie sich vor in das Grab 12 und sieht zwei weißgekleidete Engel dasitzen, einen zum Kopf und einen zu den Füßen, wo der Leichnam Jesu gelegen hatte.
4 Aus Furcht vor ihm erbebten die Wächter und wurden wie tot.			
		5 Sie aber erschraken und senkten den Blick zu Boden;	
5 Der Engel jedoch begann und sprach zu den Frauen:	6 Er aber sprach zu ihnen:	jene aber sprachen zu ihnen:	13 Und jene sagen zu ihr:

»Fürchtet euch nicht! Ich weiß, ihr sucht Jesus, den Gekreuzigten.	»Erschrecket nicht! Ihr sucht Jesus, den Nazarener, den Gekreuzigten.	»Was sucht ihr den Lebenden bei den Toten?	»Frau, warum weinst du?«
6 Er ist nicht hier; denn er ist auferweckt worden, wie er gesagt hat. Kommt, und seht den Ort, wo er gelegen hat.	Er ist auferweckt worden, er ist nicht hier. Seht da die Stelle, wo sie ihn hingelegt hatten.	6 Er ist nicht hier, sondern er ist auferweckt worden.	Sie sagt zu ihnen: »Weil sie meinen Herrn weggenommen haben, und ich weiß nicht, wo sie ihn hingelegt haben«.
7 Und geht eilends hin und sagt seinen Jüngern: ›Er ist von den Toten auferweckt worden. Und siehe, er geht euch voran nach Galiläa. Dort werdet ihr ihn sehen.‹ Siehe, ich habe es euch gesagt«.	7 Aber geht hin und sagt seinen Jüngern und dem Petrus: ›Er geht euch voran nach Galiläa. Dort werdet ihr ihn sehen, wie er euch gesagt hat‹«.	Erinnert euch, wie er zu euch gesprochen hat, da er noch in Galiläa war:	
		7 ›Der Menschensohn muß in die Hände der Sünder überliefert und gekreuzigt werden und am dritten Tage auferstehen‹«! 8 Und sie erinnerten sich seiner Worte.	
8 Da gingen sie eilig weg von dem Grab, voll Furcht und großer Freude,	8 Da gingen sie hinaus und flohen vom Grab weg. Denn Angst und Entsetzen hatte sie gepackt.	9 Sie kehrten vom Grabe zurück	
und liefen, um es seinen Jüngern zu verkündigen.		und verkündeten dies alles den Elfen und allen übrigen. 10 Maria von Magdala und Johanna und Maria, die (Mutter) des Jakobus, und die übrigen, die mit ihnen waren, sagten dies den Aposteln.	
		11 Und denen kamen diese Worte vor wie leeres Gerede, und sie glaubten ihnen nicht.	
	Und sie sagten niemanden etwas, denn sie fürchteten sich.		
			14 Nach diesen Worten wandte sie sich um und sieht Jesus dastehen, wusste aber nicht, dass es Jesus war.

Tabelle 3: Synopse der neutestamentlich-kanonischen Erzählung »Das leere Grab« (Mt 28,1–8; Mk 16,1–8; Lk 24,1–11; Joh 20,1f.11–14)

1. Mit allen vier neutestamentlichen Auferstehungserzählungen teilt der Auferstehungszyklus des Baptisteriums folgende drei Gemeinsamkeiten:

1.1 Es sind Personen weiblichen Geschlechts, die zu einem Grab unterwegs sind (vgl. Mt 28,1; Mk 16,1; Lk 24,10; Joh 20,1). Unterschiedlich ist allerdings die Zahl der Frauen.

1.2 Der verschlossene Eingang zum Grab steht überraschenderweise offen (vgl. Mt 28,2; Mk 16,4; Lk 24,2; Joh 20,1). Nach den neutestamentlichen Erzählungen ist der Stein, mit dem die Grabhöhle verschlossen war, beseitigt und das Grab steht offen. Nach Darstellung im Baptisterium steht eine Holztür zu dem Grabraum, einem Hypogäum, offen.

1.3 Am Ort der Bestattung fehlt immer der Leichnam. Über die Person Jesus Christus wird seine Auferstehung von den Toten verkündet (vgl. Mt 28,6; Mk 16,6; Lk 24,6; Joh 20,2.13f). Der Künstler des Baptisteriums malt einen Sarkophag. Da er als verschlossen dargestellt wird, will er über seinen Inhalt nichts mitteilen. Dass der Verstorbene mit dem Glauben an die Auferstehung der Toten in Beziehung zu bringen ist, deutet der Künstler durch das den irdischen, den künstlichen Schein der Fackeln in ihren Händen tragenden Frauen (schwarz gemalt) überstrahlende kosmische Licht der beiden Sterne an.

Für dieses Detail der künstlerischen Darstellung, dass ein himmlisches Licht das irdische, von Menschen entzündete Licht verdunkelt, lässt sich auf die Darstellung einer Eucharistiefeier in den ActThom (1. Hälfte des 3. Jh. n.Chr.), die mit einer Christusoffenbarung verbunden ist, hinweisen.[70] Nach einer Ölsalbung durch den Apostel Judas Thomas heißt es Kapitel 27:

Und als sie versiegelt waren, erschien ihnen ein Jüngling, der eine brennende Lampe trug, dass auch die (anderen) Lampen selbst durch die Ausstrahlung ihres Lichts verdunkelt wurden. Und er ging hinaus und wurde unsichtbar. Der Apostel aber sprach zum Herrn: »Unfassbar ist uns, Herr, dein Licht, und wir können es nicht ertragen. Denn es ist größer als unsere Sehkraft«. –

2. Mit nur zwei der vier neutestamentlichen Auferstehungserzählungen hat die Darstellung des dreiteiligen Auferstehungszyklus' folgende Inhalte gemeinsam:

2.1 Nach Mk 16,1 und Lk 24,1 tragen die Frauen Balsam bei sich. Der Künstler des Baptisteriums hat die Frauen in Bild 1 und 3 mit Salbgefäßen ausgestattet.

2.2 Nach Mk 16,5 und Lk 24,3 betreten die Frauen den Grabraum.[71] Bild 3 zeigt die Frauen stehend neben dem Sarkophag im Inneren des Hypogäums.

---

[70]   Vgl. C.H. KRAELING, Building, 83.

[71]   Nach Darstellung des MtEv und JohEv kommt es zu keinem Aufenthalt von Frauen im Grabraum: Nach Mt 28,6 wird den Frauen der Grabraum gezeigt, nach Joh 20,11 beugt sich Maria Magdalena in das Grab, um den Grabraum zu sehen. Nach Joh 20,1f ist es Petrus zusammen mit

2.3 Nach Lk 24,4 und Joh 20,12 befinden sich im Grabraum zwei Engel. Entsprechend alttestamentlicher[72] und frühjüdischer[73] Auffassung, dass die sich in der Nähe Gottes aufhaltenden Boten mit den sichtbaren Sternen gleichzusetzen sind (vgl. Mt 28,2), setzt der Künstler des Baptisteriums zwei Sternsymbole neben den Sarkophag.

Die Summe der Übereinstimmungen zwischen einem neutestamentlichen Text aus den Evangelienschriften über Christi Auferstehung und der künstlerischen Darstellung des dreiteiligen Auferstehungszyklus' weist auf die lukanische Erzählung als Referenztext hin. Gegen die Verwendung der lukanischen Version der Auferstehungserzählung für den Auferstehungszyklus spricht aber die differierende Anzahl von Frauen eine deutliche Sprache. Während der Künstler eindeutig fünf Frauengestalten vor und in dem Grab gemalt hat, erzählt Lk 24,10, dass Maria von Magdala, Johanna und Maria, die Mutter von Jakobus – also drei namentlich gekennzeichnete Frauen – sowie eine unbestimmte Zahl von Frauen zum Ort der Auferstehung gekommen waren.[74]

Wie aber, wenn nicht auf dem Weg der Verarbeitung von neutestamentlichen Auferstehungstexten, ließe sich anders eine zureichende Erklärung für die im Baptisterium abgebildete besondere Anzahl von fünf Frauenfiguren als Zeuginnen der Auferstehung Christi finden? Dass der lukanische Text der Auferstehungserzählung nicht für sich allein, sondern dass die besondere Evangelientradition der zum syrischen Bereich zählenden christlichen Gemeinde von Dura Europos für die vom Künstler des Baptisteriums gemalte Zahl von auffälligerweise fünf Frauen als Auferstehungszeuginnen verantwortlich ist, sollen die folgenden Abschnitte zeigen. Nach einem Hinweis von CL. HOPKINS,[75] der von C.H. KRAELING[76] aufgegriffen wurde, kommt dabei dem in Dura Europos gefundenen griechischen Fragment Nr. 0212 eine Schlüsselrolle zu.

---

einem anderen, namentlich ungenannten Jünger, vorbehalten, den Grabraum zu betreten (vgl. Vv.3–10).

[72]   Vgl. Dan 8,10.

[73]   Vgl. äthHen 18,13ff; 21,3ff.

[74]   Zu recht bemerkt C.H. KRAELING, Building, 86, dass die Annahme »too artifical and scholastic« sei, der Künstler wäre Lk 24,10 gefolgt, indem er die dort namentlich genannten drei Frauen mit drei Frauengestalten wiedergibt und die weitere bei Lk genannte anonyme Frauengruppe mit zwei weiteren Frauengestalten illustriert. Für eine Gruppe von Personen hätte der Künstler mindestens drei Einzelfiguren malen müssen. So müsste insgesamt die Zahl von sechs Frauengestalten abgebildet sein. Im Auferstehungszyklus des Baptisteriums finden sich aber nur fünf.

[75]   Vgl. CL. HOPKINS, Discovery, 108: »... and in Dura it bears witness to a recognized background for the paintings of the Chapel«; 109: »Without the Diatessaron one could never be certain at Dura just what Christian tradition the paintings of the Chapel represented«.

[76]   Vgl. Building, 103.175.

9. Das griechische Dura-Fragment Nummer 0212

Am 5. März des Jahres 1933 wurde in Dura Europos im Rahmen der sechsten Grabungskampagne (Oktober 1932–März 1933) ein bemerkenswerter Handschriftenfund gemacht: Zwei Häuserblocks nördlich der kürzlich entdeckten christlichen Hauskirche[1] fand sich im Verschutt der vom Stadtinnern gegen die westliche Verteidigungsmauer aufgeworfenen Böschungswälle ein kleines Pergamentfragment. Seine Entdeckung hat der Direktor der Ausgrabung, CL. HOPKINS, mit folgenden Worten beschrieben:[2]

In early March, during the sixth season, the work was slackening off as the trenches began to be blocked out for closing … Not much more, therefore, was expected from the dig when in one of the baskets of finds from the embankment, behind (west of) Block L8 and not far from Tower 18, a piece of parchment scarcely three inches square appeared … It was one of those chance finds, a fragment of parchment found two blocks away and on the other side of the Great Gate from the Christian building. How it got into the debris at that point remains a mystery, and how it happened to be preserved and then discovered is another.

Die Handschrift wird heute in der Yale University Library (New Haven, Connecticut, U.S.A.) unter der Nummer P.[ergament] Dura 10 aufbewahrt.[3] Das Institut für neutestamentliche Textforschung in Münster (Deutschland) führt diese Majuskelhandschrift unter den für die kritische Ausgabe des Neuen Testaments herangezogenen Handschriften mit der Nummer 0212.[4] Das Handschriftfragment wurde bereits 1935 von C.H. KRAELING veröffentlicht.[5] Im Jahre 1998 wurde es von einem Autorenteam einer erneuten[6] Prüfung[7] unterzogen.

---

[1]   Der Fundort liegt nördlich des großen Stadttores der nach Westen, Richtung Palmyra führenden Hauptstraße, auf der Straße an der Mauer, westlich des Häuserblockes L 8, nahe Turm 18 (s.o. Abb. 4).

[2]   Discovery, 106f.

[3]   Früher Dura-Pergament 24, s. noch M.-J. LAGRANGE, Deux nouveaux textes relatifs a l'Évangile, RB 44, 1935, 321–343, Planche XXIV.

[4]   S. B. ALAND U.A. (Hg.), Novum Testamentum Graece post Eberhard et Erwin Nestle, Stuttgart [27]1993, 701.

[5]   C.H. KRAELING (Hg.), A Greek Fragment of Tatian's Diatessaron from Dura, with Facsimile, Transcription and Introduction, StD 3, London 1935.

[6]   Das Fragment wurde an zweiter Stelle für den sog. Final Report, hg. v. C.BR. WELLES U.A., The Parchments and Papyri, The Excavations at Dura-Europos conducted by Yale University and the French Academy of Inscriptions and Letters, Final Report Bd. V/1, New Haven 1959, editiert.

[7]   D.C. PARKER U.A., The Dura-Europos Gospel Harmony, in: Studies in the Early Text of the Gospels and Acts, hg. v. D.G.K. Taylor, TaS Ser. 3, Vol. 1, Birmingham 1999, 192–228.

Wie die unten stehenden Abbildungen erkennen lassen (Abb. 28 + 29),[8] enthält das Fundstück eine Kolumne griechischen Textes. Die Größe des Pergamentstückes beläuft sich auf ca. 9,5 x 10,5 cm. Auf dem Pergament sind Teile von insgesamt 15 Buchstabenlinien zu erkennen; eine von ihnen, die unterste, ist nicht lesbar. Ist das Pergament nur auf einer Seite, in Recto, beschrieben, so gehörte es ehemals zu einer Buchrolle.[9] Jetzt stark zerknittert,[10] dürfte seine ursprüngliche Gestalt jedoch rechteckig gewesen sein, ausgestattet mit geraden Ecken und Kanten. Dieser Zustand lässt darauf schließen, dass das Fragment von der ursprünglichen Buchrolle einmal ab- oder herausgeschnitten wurde. Wer das getan hat und zu welchem Zweck und zu welchem Zeitpunkt diese Sekundärverwendung geschah, kann nur vermutet werden.[11] Anzunehmen ist, dass der Kreis der ehemaligen Benutzer die Zerstörung der wertvollen Buchrolle nicht zugelassen haben wird. Somit dürften die unübersichtlichen Zustände im Zusammenhang mit den römischen Verteidigungsbemühungen von Dura Europos für den Besitzerwechsel und die Sekundärverwendung des Pergamentfragments verantwortlich zu machen sein. Da jedoch der Letztgebrauch des Pergamentes an demselben keine Spuren hinterlassen hat, wird er im Folgenden vernachlässigt.

---

[8] Zur sonstigen Beschreibung des Fragments vgl. C.H. KRAELING, Fragment, Facsimile, 4f; D.C. PARKER U.A., Dura-Europos, 193f.

[9] Gegen die Zuweisung des Pergamentes zu einem Kodex spricht die am rechten Rand sichtbare regelmäßige Lochung, die anzeigt, dass zwei Pergamentteile zu einer Rolle zusammengenäht wurden, vgl. D.C. PARKER U.A., Dura-Europos, 193, Anm. 2.

[10] C.H. KRAELING, Fragment, Facsimile 3: »It had been crushed in the hand and thrown away as a piece of waste paper«.

[11] D.C. PARKER U.A., Dura-Europos, 198, ziehen in Erwägung, dass die freie Rückseite des Pergaments zu Notizen o.ä. Verwendung finden sollte.

Abbildung 28: Das griechische Dura-Fragment Nr. 0212

Die Datierung des Pergamentstückes hinsichtlich des *Terminus ante quem* ist gesichert, insofern die Böschungswälle Teil der letzten römischen Verteidigungsanstrengungen um 255/6 n.Chr. waren und die Stadt Dura Europos von den Sasaniden im Jahre 257 n.Chr. erobert wurde. Da keine Altersbestimmung des Pergaments mit der Kohlenstoff-C^{14}-Methode vorgenommen wurde, lässt sich der *Terminus post quem*, der die Anfertigung der Handschrift zeitlich eingrenzt, auf paläographische Weise nur ungefähr bestimmen[12]: Aufgrund der vergleichenden Analyse von palästinischen und

---

[12]   Vgl. die Darstellung bei D.C. Parker u.a., Dura-Europos, 194–199.

mesopotamischen Papyri und Pergamenten durch E. CRISCI besteht ein enger Zusammenhang der Handschriften über drei Jahrhunderte, vom 1. Jh. v.Chr. bis einschließlich des 2. Jh. n.Chr.[13] C.BR. WELLES hält Verbindungen des Fragmentes Nr. 0212 zur Handschrift von P. Dura 1 aus der 1. Hälfte des 2. Jh. n.Chr. für nachweisbar,[14] Vergleichspunkte, die D.C. PARKER U.A.[15] allerdings nicht überzeugen. Das unbefriedigende Resultat der paläographischen Handschriftenanalyse besteht mithin darin, dass sich eine nähere Datierung des Dura-Fragments nur durch die Prüfung seines griechischen Textes erzielen lässt.

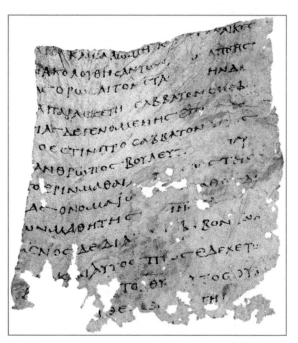

Abbildung 29: Das griechische Dura-Fragment Nr. 0212

Die drei bis heute vorliegenden Textrekonstruktionen des Dura-Fragments unterscheiden sich in wenigen Kleinigkeiten.[16] Umstritten ist im Prinzip

---

[13]   Scritture greche Palestinesi e Mesopotamiche (III. secolo A.C.–III. D.C.), Scrittura e Civiltà 15, 1991, 125–183, 158, vgl. seine Datierung des Fragments P. Dura 1 auf die 1. Mitte des 3. Jh. n.Chr. (176).

[14]   Parchments, 52.

[15]   Dura-Europos, 197.

[16]   Vgl. die Textrekonstruktionen und die dazugehörigen Kommentare von C.H. KRAELING, Fragment, Facsimile, 8–10; C.BR. WELLES, Parchments, 73f; D.C. PARKER U.A., Dura-Europos, 200–206.

allein die Rekonstruktion des Anfangs von Zeile 2.[17] Die von D.C. PARKER
U.A. angestellte Wiederherstellung des Textes darf als valide erarbeitet
gelten. Danach lautet der rekonstruierte griechische Majuskeltext des Fragments Nr. 0212 folgendermaßen:[18]

1 [ΖΕΒΕΔ]ΑΙΟΥ ΚΑΙ ΣΑΛΩΜΗ Κ[ΑΙ] ΑΙ ΓΥΝΑΙΚΕΣ

2 [ΕΞ ΤΩ]Ν ΑΚΟΛΟΥΘΗΣΑΝΤΩΝ Α[Υ]ΤΩ *ν* ΑΠΟ ΤΗΣ

3 [ΓΑΛΙΛΑΙ]ΑΣ ΟΡΩΣΑΙ ΤΟΝ ΣΤΑ *ννν* ΗΝ ΔΕ

4 [Η ΗΜΕΡ]Α ΠΑΡΑΣΚΕΥΗ *ν* ΣΑΒΒΑΤΟΝ ΕΠΕΦΩ

5 [ΣΚΕΝ Ο]ΨΙΑΣ ΔΕ ΓΕΝΟΜΕΝΗΣ ΕΠΙ Τ[Η Π]ΑΡ[Α

6 [ΣΚΕΥΗ] *ν* Ο ΕΣΤΙΝ ΠΡΟΣΑΒΒΑΤΟΝ ΠΡΟΣ

7 [ΗΛΘΕΝ] ΑΝΘΡΩΠΟΣ ΒΟΥΛΕΥΤΗ[Σ Υ]ΠΑΡ

8 [ΧΩΝ Α]ΠΟ ΕΡΙΝΜΑΘΑΙΑ[Σ] Π[Ο]ΛΕΩΣ ΤΗΣ

9 [ΙΟΥΔΑΙ]ΑΣ ΟΝΟΜΑ ΙΩ[ΣΗΦ] Α[Γ]ΑΘΟΣ ΔΙ

10 [ΚΑΙΟΣ]ΩΝ ΜΑΘΗΤΗΣ Τ[Ο]Υ ΙΗ·ΚΕ

11 [ΚΡΥΜ]ΜΕΝΟΣ ΔΕ ΔΙΑ ΤΟΝ ΦΟΒΟΝ ΤΩΝ

12 [ΙΟΥΔΑΙΩ]Ν ΚΑΙ ΑΥΤΟΣ ΠΡΟΣΕΔΕΧΕΤΟ

13 [ΤΗΝ] *ν* Β[ΑΣΙΛΕΙΑΝ] ΤΟΥ ΘΥ· ΟΥΤΟΣ ΟΥΚ

14 [ΗΝ ΣΥΝΚΑΤΑΤ]ΙΘΕΜΕΝ[Ο]Σ ΤΗ Β[ΟΥΛΗ]

15 [   ] [   ] [

Um den Text aus lauter griechischen Großbuchstaben in eine grammatische
Normalschreibweise unter Einbeziehung von Satzzeichen umzusetzen,
bedarf es nicht zuletzt einer Auflösung der drei im Text über zwei oder drei
Buchstaben gesetzten Suprarlinearstriche[19]. Sie markieren Abkürzungen des
Schreibers, die von frühchristlichen Handschriften des Neuen Testamentes
bekannt sind und von der Handschriftenforschung unter der Bezeichnung

---

17   C.H. KRAELING, Fragment, Facsimile, 28, stellte beide Lesarten: τῶν συνακολουθεντῶν
αὐτῷ und ἐκ τῶν ἀκολουθωντῶν, als mögliche Rekonstruktion vor. Die Entscheidung für
letztere vermeidet den Wortsinn, dass die Frauen als Ehefrauen der aus Galiläa mit Jesus gekom-
menen Jünger bezeichnet werden.

18   Dura-Europos, 200. Nach dem gebräuchlichen Leiden-System zur Textrekonstruktion
griech. Texte (vgl. A.G. WOODHEAD, The Study of Greek Inscriptions, Cambridge 1959) wird
durch Klammern Textergänzung entsprechend dem zur Verfügung stehenden Raum angezeigt, mit
einem Punkt unter dem Buchstaben seine teilweise Lesbarkeit angedeutet und durch ein kursives *ν*
ein vom Schreiber leergelassener Buchstabenraum gekennzeichnet.

19   Zum Abkürzungsverfahren des Schreibers gehört auch der Punkt nach den mit Oberstrich
gekennzeichneten Buchstaben.

Nomina sacra geführt werden.[20] Da sich dieses eigentümliche Notationssystem über alle Handschriften einer christlich-kanonischen Bibelausgabe erstreckt, ist es ein deutlicher Hinweis, dass die Dura-Handschrift beansprucht, Teil der »heilige Schriften« der frühchristlichen Kirche zu sein.

Eine Aufschlüsselung der *Nomina sacra* von Handschrift Nr. 0212 führt zu folgenden Ergebnissen: In Zeile 13 wird mit ΘΥ Anfang- und Endbuchstabe von ΘΕΟΥ bezeichnet. In Zeile 10 steht ΙΗ für ΙΗΣΟΥ.[21] Unbekannt ist die Abbreviatur ΣΤΑ. Seit C.H. KRAELINGS Edition des Dura-Fragments ist die Annahme gut begründet, dass es sich um eine durch Kontraktion entstandene Abkürzung der Partizipialform ΣΤ-ΑΥΡΩΘΕΝΤ-Α handelt.[22] D.C. PARKER U.A. haben darauf hingewiesen, dass die ΣΤ-Form eine frühe Schreibweise darstellt, die alsbald zugunsten der Form ΣΤΡ- aufgegeben wurde. Sie kommen daher zu dem für die paläographische Näherdatierung wichtigen Schluss, dass das Fragment Nr. 0212 »encourages us to conclude that this was the form in the later second or perhaps early third centuries«[23].

Ein griechischer, grammatischer Normaltext des Fragmentes Nr. 0212 sieht nach diesen angestellten Überlegungen folgendermaßen aus:

```
 0      ...
 1      Ζεβεδαίου καὶ Σαλώμη καὶ αἱ γυναῖκες
 2      ἐκ τῶν ἀκολουθησάντων αὐτῷ ἀπὸ τῆς
 3      Γαλιλαίας ὁρῶσαι τὸν σταυρωθέντα.   ἦν δὲ
 4      ἡ ἡμέρα παρασκευή, σάββατον ἐπέφω-
 5      σκεν. ὀψίας δὲ γενομένης ἐπὶ τῇ παρα-
 6      σκευῇ, ὅ ἐστιν προσάββατον, προσ-
 7      ἦλθεν ἄνθρωπος βουλευτὴς ὑπάρ-
 8      χον ἀπὸ Ἐρινμαθαίας πόλεως τῆς
 9      Ἰουδαίας ὄνομα Ἰωσὴφ ἀγαθὸς δί-
10      καιος ὢν μαθητὴς τοῦ Ἰησοῦ, κε-
11      κρυμμένος δὲ διὰ τὸν φόβον τῶν
12      Ἰουδαίων καὶ αὐτὸς προσεδέχετο
13      τὴν βασιλείαν τοῦ Θεοῦ. οὗτος οὐκ
14      ἦν συνκατατιθέμενος τῇ βουλῇ
15      ...
```

---

[20] Dazu D. TROBISCH, Die Endredaktion des Neuen Testaments. Eine Untersuchung zur Entstehung der christlichen Bibel, NTOA 31, Freiburg (CH)/Göttingen 1996, 16–31. D. TROBISCH erläutert, dass sich das Phänomen der *Nomina sacra* weder aus jüd. Lesegewohnheiten beim Tetragramm noch aus dem pragmatischen Grundsatz der Kurzschrift ableiten lässt. Seine Folgerung, im Gebrauch der *Nomina sacra* läge ein »Element der Endredaktion« vor (EBD., 30), überträgt jedoch unzulässigerweise Phänomene der neuzeitlichen Buchproduktion auf die der Antike.

[21] S. die Belege aus Handschriften bei D.C. PARKER U.A., Dura-Europos, 208.

[22] Fragment, facsimile, 9.

[23] Dura-Europos, 208.

Eine Übersetzung ins Deutsche des rekonstruierten griechischen Textes von Fragment Nr. 0212 lautet folgendermaßen:

0   …
1   des Zebedäus und Salome und die Frauen,
2   die ihm gefolgt waren
3   von Galiläa aus, um den Gekreuzigten zu sehen.   Es war aber
4   der Tag (ein) Rüsttag, der Sabbat brach
5   an. Als es aber Abend wurde am Rüst-
6   tag, welcher ist der Sabbatvortag, trat
7   herzu ein Mann, ein Mitglied des
8   Rates, aus Herinmathia = Harimathia = Arimathäa[24], einer Stadt in
9   Judäa, mit Namen Joseph, ein guter, ge-
10   rechter (Mann), der ein Jünger Jesu war, aber
11   im Geheimen aus Furcht vor den
12   Juden, und er erwartete
13   die Herrschaft Gottes. Dieser hatte nicht
14   zugestimmt dem Beschluss
15   …

Hinsichtlich seines Inhaltes liegt offensichtlich ein Manuskript vor, das einen nur im Neuen Testament enthaltenen Gedankengehalt wiedergibt. Genauer gesagt liegt eine Ähnlichkeit mit der in allen vier Evangelienschriften des neutestamentlichen Kanons auf je verschiedene Weise erzählten sog. »Passionserzählung« vor. Durch die gewollte kleinere Aussparung in Zeile 3 (*vvvv*) trennt die Handschrift zwei Texteinheiten. Nach der heute exegetisch eingebürgerten Terminologie handelt es sich dabei zuerst um

---

[24]   Die Schreibung des Ortsnamens im Dura-Fragment (Ἐρινμαθαία statt Ἀριμαθαία [Harimathia], in früheren NT-Ausgaben Ἀριμαθαία [Arimathia]) ist eine im Griechischen bekannte Erscheinung (vgl. D.C. PARKER U.A., Dura-Fragment, 211–213, mit Hinweis auf F.T. GIGNAC, A Grammar of the Greek Papyri of the Roman and Byzantine Periods Bd. I, Mailand 1976, 118.278–283, vgl. auch J.H. MOULTON, A Grammar of New Testament Greek Bd. 2,1, Edinburgh 1919, 65–67): Vertauscht wird des Öfteren *Alpha* und *Epsilon* vor einem *Rho* in Silben ohne Akzent. Auch ist bekannt, dass ein *Mu* zu einem *Nu* hinzugesetzt wird. Es handelt sich also um die Wiedergabe ein und desselben (Orts-) Namens, der in zwei verschiedenen Schreibungen wiedergegeben werden kann. Genannt wird in griech. Transkription ein semitischer Ortsname, der wahrscheinlich mit Ramatajim, heute *Rentis*, identisch ist. Nach 1Makk 11,34 schlug der Seleukide Demetrius II. (145–140 v.Chr.) den Ortsbezirk von Ramatajim dem Hasmonäischem Königreich unter Führung des Hohepriesters Jonathan zu. Damit gehörte Ramatajim, wie das Dura-Fragment zum Ausdruck bringt, zum Staat Judäa (vgl. W. ZWICKEL, Art. Rama Nr. 8, NBL 3, 2001, Sp. 277–278 [Lit.]). Nicht nur die historischen Umstände, nämlich dass Idumäa, Samaria und Judäa zur Zeiten Jesu zur röm. Provinz Judäa (6–40 n.Chr.) zählten (so C.H. KRAELING, Fragment, Facsimile, 35, Anm. 2), sondern auch die LXX könnte den Verfasser des Dura-Evangeliums zur Lokalisierung von Harimathia in Judäa bewegt haben. Um einer einheitlichen Schreibung von biblischen Ortsnamen willen wird in diesem Buch von »Arimathäa« gesprochen.

den sogenannten Abschnitt »Die Zeugen unter dem Kreuz«[25]. Von ihm überliefert die Handschrift nur das erzählerische Ende. Der nächste Passus wird als die sogenannte Perikope »Das Begräbnis Jesu« bezeichnet.[26] Von ihr konserviert das Dura-Fragment nur seinen erzählerischen Anfang.

Da in den drei ersten Evangelienschriften des neutestamentlichen Kanons beide erzählende Textabschnitte unmittelbar aufeinander folgen (vgl. Mt 27,55–61; Mk 15,40–47; Lk 23,49–56)[27], dürfte das Fragment Teil eines Manuskriptes sein, das ursprünglich die gesamte Passionserzählung enthielt. Und da in der frühen Christenheit Passionserzählungen im Unterschied zu liturgischen Formularen für das Herrenmahl[28] (noch) keine Selbständigkeit für die Verwendung im christlichen Gottesdienst besaßen,[29] stellt das Pergamentfragment Nr. 0212 aus Dura-Europos ein winziges Stück eines ehemaligen Evangeliengroßtextes dar.[30] Auf eine christlich-kanonische Abzweckung der Handschrift weist auch das verwendete Handschriftenkennzeichen der Nomina sacra hin. Insgesamt erlauben diese Hinweise hinsichtlich des griechischen Fragments Nr. 0212 von einem Teil einer Evangelienhandschrift zu sprechen.

Da der Fundort des Fragments Nr. 0212 nicht sein ehemaliger Gebrauchsort ist, stellt sich die Frage, welcher Personenkreis in der Stadt Dura Europos heilige christliche Evangelientexte verwendete. Dass es sich um Christen handelt, dürfte zwingend sein. Für den Besitz einer wertvollen Evangelienschrift kommt ein begüterter Patron in Frage, der wie z.B. der wohlhabende Christ Dorotheos eine Gemeinde von Christusgläubigen zum Gottesdienst in sein von ihm und seiner Familie selbstgenutztes Stadthaus einlädt. Oder die Evangelienschrift stammt aus dem Besitz der christlichen Gesamtgemeinde von Dura Europos, die sich seit ca. 240 n.Chr. in dem zu

---

[25]   Vgl. K. ALAND (Hg.), Synopsis Quattuor Evangeliorum. Locis parallelis evangeliorum apocryphorum et patrum adhibitis, Stuttgart [15]1996, 490.

[26]   Vgl. K. ALAND, Synopsis, 491.

[27]   Der Passionsbericht des Joh ist anders gestaltet: Er enthält im Unterschied zu den drei ersten ntl. Evangelien keinen Abschnitt, der von Jesus nahestehenden Menschen als Zeugen seines Todes berichtet. Nach Joh 19,25–27 ordnet der noch lebende Jesus am Kreuz hängend seine Fürsorgepflicht für seine Mutter. Darauf stirbt er (Vv.28–30). Sein Tod wird von röm. Soldaten bestätigt (Vv.31–37), worauf die Freigabe des Leichnams zum Begräbnis erfolgt (Vv.38–42). Erst dieser Textteil besitzt in den anderen Evangelienschriften wieder Parallelen (s. Mt 27,57–61; Mk 15,42–47; Lk 23,50–56).

[28]   Vgl. 1Kor 11,23b–26.

[29]   Erst die spätmittelalterliche Passionsfrömmigkeit entwickelt für den liturgischen Gebrauch in der sog. Passionszeit vor Ostern selbständige Passionsmeditationen, vgl. U. KÖPF, Art. Passionsfrömmigkeit, TRE 27, 1997, 722–764, 738.

[30]   Das Dura-Fragment ist eine von ca. 50 ntl. Handschriften aus dem 2./3. Jh. n.Chr., vgl. den Überblick bei K. ALAND/B. ALAND, Der Text des Neuen Testaments. Einführung in die wissenschaftlichen Ausgaben sowie in Theorie und Praxis der modernen Textkritik, Stuttgart [2]1989, 67. Es handelt sich um eines der ältesten Pergamenthandschriften mit Evangelientext und stellt die einzige bisher erhaltene Buchrolle mit ntl. Evangelientext dar.

einer Hauskirche umgebauten repräsentativen Stadthaus des genannten Dorotheos zum zentralen Gottesdienst trifft.[31] Die Evangelienschrift selbst wird für kultische Zwecke genutzt worden sein: in Frage kommt die Gestaltung des Unterrichtes für Taufwillige[32] und die öffentliche Verlesung in der christlichen Gottesdienstfeier. Von der Abfassungssprache des Fragments her ist zu schließen, dass die Gottesdienstsprache der Gemeinde von Dura Europos das Griechische gewesen ist.

Welche der beiden genannten Möglichkeiten zu den Besitzverhältnissen der Handschrift Nr. 0212 in Betracht kommt, muss aus methodischem Grund offen bleiben: Liegt der Fundort der Handschrift nur ca. 150 m von der bis zu ihrer Zerstörung im Jahre 255/6 n.Chr. benutzten Hauskirche entfernt, so spricht vieles für die Annahme einer Verwendung im christlichen Gemeindehaus. Gut vorstellbar ist, dass der vormalige Aufbewahrungsort der Evangelienschrift die ehemalige Sakristei der Hauskirche von Dura Europos, nämlich Raum Nr. 3 war (s.o. Abb. 8).

Legt sich eine Beziehung des Dura-Fragments zur ehemaligen städtischen Christenheit nahe, so fällt im Vergleich zu den neutestamentlichen Evangelienschriften die Verschiedenheit seines Inhaltes auf. Sicher ist, dass das Fragment Nr. 0212 keine Abschrift irgendeines im neutestamentlichen Kanon – auch nicht in einer verderbten Lesart – enthaltenen Evangelientextes ist. Zugleich ist auch die Annahme einer freien Wiedergabe der durch neutestamentliche Handschriften überlieferten Passionsgeschichte ausgeschlossen: es finden sich nämlich in dem Dura-Fragment Satzteile, die sich wortwörtlich so und nicht anders in neutestamentlichen Evangelienhandschriften wieder finden. Das vorhandene Gemisch von Übereinstimmung und Verschiedenheit zwischen dem Dura-Evangelientext und den neutestamentlichen Evangelientexten bedarf daher einer genaueren Untersuchung.

Zunächst soll es darum gehen, den Text des Dura-Fragmentes mit den Texten der kanonischen Evangelien zu vergleichen.[33] Die Textlesart der heutigen kritischen Ausgabe des Neuen Testaments[34] darf dabei nicht zum alleinigen Vergleichsmaßstab genommen werden. Sie stellt eine moderne, eklektische Rekonstruktion des ursprünglichen Textes aus den vorhandenen Lesarten dar, deren (überschaubare) Vielfalt wiederum auf Mängel bei der Handschriftenvervielfältigung durch die Kopisten zurückzuführen ist. Neben dieser, zumeist gut bezeugten Lesart der kritischen Ausgabe lassen sich unter Zuhilfenahme des neuesten kritischen Apparats zu den vier neutesta-

---

31 Vgl. H. LIETZMANN, Geschichte der Alten Kirche 4 Bd., Berlin/New York [4./5.]1975, II 272.
32 Vgl. Mt 28,20.
33 S. auch die Tabelle bei D.C. PARKER U.A., Dura-Europos, 225f.
34 B. ALAND U.A., Novum Testamentum.

mentlichen Evangelienschriften[35] verschiedene, in der Antike gebräuchliche Lesarten der neutestamentlichen Evangelientexte vorstellen und mit ihnen die Lesart des Dura-Evangeliums vergleichen. Denn der frühe Text des Neuen Testaments im 2./3. Jh. n.Chr. ist leider im Verhältnis zu seinem Urtext nicht stabil, sondern weist bereits Veränderungen und Mischungen von verschiedenen Handschriftenlesarten auf.[36]

Eine vergleichende Analyse der Dura-Evangelienschrift mit den verschiedenen Textlesarten der Perikope »Die Zeugen unter dem Kreuz«, die in drei neutestamentlichen Evangelienschriften bezeugt ist (Mt 27,55f; Mk 15,40f; Lk 23,49)[37], führt zu folgendem Ergebnis:

Text	MtEv	MkEv	LkEv
Ζεβεδαίου / des Zebedäus	27,56		
καὶ Σαλώμη / und Salome		15,40	
καὶ αἱ γυναῖκες / und die Frauen			23,49 P^{75}, B und die sahidische Übersetzung
ἐκ τῶν ἀκολουθησάντων / die gefolgt waren	vgl. Mt 27,55; Mk 15,41: eine Form von ἀκολουθέω / folgen		
αὐτῷ ἀπὸ τῆς Γαλιλαίας ὁρῶσαι / ihm von Galiläa aus, um zu sehen			23,49
τὸν σταυρωθέντα den Gekreuzigten	vgl. Lk 23,49: ταῦτα / diese		

Tabelle 4: Vergleichsanalyse des Textes der Handschrift Nr. 0212 mit den neutestamentlichen Textlesarten der Perikope »Die Zeugen unter dem Kreuz« (Mt 27,55f; Mk 15,40f; Lk 22,49)

---

[35]   K. ALAND, Synopsis, 490–493. Da auch der gegenüber der 27. Auflage des Novum Testamentum um ein Vielfaches von Textvarianten vermehrte kritische Apparat der Alandschen Synopse nur eine Auswahl der vielfältigen Textvarianten zu den Evangelientexten darstellt, steht die nachfolgende Vergleichstabelle unter dem Vorbehalt einer Editio critica major. Diese wird derzeit vom Institut für neutestamentliche Textforschung in Münster unter Leitung von B. ALAND in Angriff genommen, ist aber erst nur für wenige ntl. Bücher zugänglich, vgl. Dies. u.a. (Edd.), Novum Testamentum Graecum. Editio critica major, Bd. IV/1–3, Stuttgart 1997ff.

[36]   Vgl. K. ALAND/B. ALAND, Text, 69.

[37]   Nach dem von K. ALAND im Vorwort zur 13. Auflage der Synopsis erläuterten System der ständigen Zeugen erster und zweiter Ordnung (S. VIII–X) wird die Textlesart zur Perikope »Die Zeugen unter dem Kreuz« von ℵ, A, B, C, D, E, F (nicht Mk, Lk), G, H, L, Q (nur Lk), W, Δ, Θ, Ψ (Mk, Lk), Λ (nur Lk), 070 (nur Lk), 083 (nur Mk), 0184 (nur Mk), 0233, 1, 13 (Mk, Lk), 33, 69, 205, 209, 346, 543, 565, 579, 700, 788, 892, 983, 1006, 1342, 1424, 1506, 1582, 2427 (nur Mk), 2542 und der Koine bezeugt.

Dieser Tabelle ist zu entnehmen, dass das Dura-Fragment Satzteile aus allen drei Evangelienschriften zum Thema enthält. In eigener Formulierung wird das Objekt der Betrachtung, der gekreuzigte Jesus,[38] bezeichnet sowie betont, dass die Mitglieder der Frauengruppe unter dem Kreuz bereits zum galiläischen Jüngerkreis Jesu zählten. Auffällig ist, dass andere Textbezüge zum Neuen Testament oder zu anderen urchristlichen Schriften nicht nachweisbar sind. Auch an denjenigen Stellen, an denen das Dura-Fragment Eigenständigkeit zeigt, steht im Hintergrund eine neutestamentlich bezeugte Formulierung aus der Passionsgeschichte.[39] Unter diesen Voraussetzungen kann das Dura-Fragment am Beginn mit den beiden Worten τῶν υἱῶν (= »die Söhne«) aus Mt 27,57 ergänzt werden.[40]

Eine Aufstellung zu der Perikope »Die Grablegung Jesu«, die in allen vier neutestamentlichen Evangelienschriften enthalten ist (vgl. Mt 27,57–61; Mk 15,42–47; Lk 23,50–56; Joh 19,38–42)[41] ergibt folgende Übersicht:

---

[38] Vgl. Mt 27,50; Mk 15,37; Lk 23,46.

[39] Die einzige inhaltliche Abweichung des Dura-Fragments vom herkömmlichen Evangelientext liegt in τὸν σταυρωθέντα vor. Da aber das rückbezügliche Demonstrativpronomen ταῦτα (Lk 23,49) sowie die Texte Mt 27,55f; Mk 15,40f sich auf den am Kreuz hängenden, bereits gestorbenen Jesus beziehen (vgl. Mt 27,50; Mk 15,37), geht das Dura-Fragment mit dem Inhalt der ntl. Texte konform.

[40] Dafür spricht, dass es sich um eine Genitivphrase zur Kennzeichnung einer Person handelt, der Name Zebedäus in der Perikope »Die Zeugen unter dem Kreuz« nur Mt 27,56 vorkommt und die Textüberlieferung an dieser Stelle eindeutig ist.

[41] Zu den Zeugen der Textlesart zur Perikope »Jesu Grablegung« zählen: ℵ, A, B, C (ohne Joh), D, E, F (nur Mt), G (ohne Lk), H, L, W,Δ, Θ, Y (ohne Mt), 083 (nur Mk), 0141 (nur Joh), 0233, 1, 13 (ohne Mt), 33, 69. 205, 209, 346, 543, 565, 579, 700, 788, 892, 983, 1006, 1342, 1424, 1506, 1582, 2427 (nur Mk), 2542 und die Koine.

Text	MtEv	MkEv	LkEv	JohEv
ἤ δὲ ἡ ἡμέρα / Es war aber der Tag			23,54 D	
παρασκευή / ein Rüsttag		15,42	vgl. 23,54: παρασκευῆς	
σάββατον ἐπέφωσκεν / ein Sabbat brach an			23,54	
ὀψίας δὲ γενομένης / als es Abend wurde	27,57	(vgl. 15,42)		
ἐπὶ τῇ / an dem				
παρασκευή, ὅ ἐστιν πρὸ σάββατον / ein Rüsttag, welcher ist der Sabbatvortag		15,42		
προσῆλθεν / er trat herzu	vgl. eine Form von προσέρχομαι / herzutreten Mt 27,58; Lk 23,52			
ἄνθρωπος / ein Mann	27,57			
βουλευτὴς ὑπάρχων / ein Mitglied des Rates			23,50	
ἀπὸ Ἐρινμαθαίας πόλεως / aus der Stadt Herinmathia = Harimathia = Arimathäa			23,51	
τῆς Ἰουδαίας / in Judäa	vgl. Lk 23,51 τῶν Ἰουδαιῶν / der Juden			
ὄνομα Ἰωσήφ / mit Namen Joseph	vgl. Mt 27,57 τοὔνομα Ἰωσήφ; Lk 23,50 ὀνόματι Ἰωσήφ			
ἀγαθὸς δίκαιος / ein guter und gerechter (Mann)			23,50 (B und die sahidische Übersetzung)	
ὢν μαθητὴς τοῦ Ἰησοῦ, κεκρυμμένος δὲ διὰ τόν φόβον τῶν Ἰουδαίων / der ein Jünger Jesu war, aber im Geheimen aus Furcht vor den Juden				19,38 (mit Aus- nahme von B, die τοῦ vor Jesus auslässt)

Text	MtEv	MkEv	LkEv	JohEv
καὶ αὐτός προσεδέχετο τήν βασιλείαν τοῦ Θεοῦ / und er erwartete die Herrschaft Gottes			23,51 (mit der Umstellung von προσεδέχετο vor καί: *f¹*, 33, 205, 892, 1006, 1424, 2542 sowie andere griech. Handschriften und altlat. wie Vulgata-Handschriften)	
οὗτος οὐκ ἦν συνκατατιθέμενος τῇ βουλῇ / dieser hatte nicht zugestimmt dem Beschluss			23,51 (ℵ, C, D, L, Δ, Ψ, 070, *f¹ f¹³*, 205, 892, 1424 und andere griech. Handschriften)	

Tabelle 5: Vergleichsanalyse des Textes der Handschrift Nr. 0212 mit den neutestamentlichen Textlesarten der Perikope »Die Grablegung Jesu« (Mt 27,57–61; Mk 15,42–47; Lk 23,50–56; Joh 19,38–42)

Eine vergleichende Analyse dieses Abschnittes der Passionsgeschichte ergibt ein ähnliches Resultat wie bei der Auswertung der vorausgehenden Tabelle. Sie erlaubt aufgrund der größeren Textmasse jedoch eine differenziertes Bild: Wiederum enthält das Dura-Fragment Textpassagen aus allen (vier) neutestamentlich-kanonischen Evangelientexten, diesmal zur Perikope der Grablegung Jesu. Und wieder sind darüber hinaus Bezüge zu anderen neutestamentlichen oder urchristlichen Texten nicht erkennbar. Besonders auffällig ist die wortwörtliche Übereinstimmung des Dura-Fragments mit dem Neuen Testament in zwei längeren Satzteilen, und zwar mit Lk 23,51 und Joh 19,38. Nach den Grundsätzen der Literarkritik[42] erheben sie die Annahme einer literarischen Beziehung des Dura-Evangelientextes zu den neutestamentlichen Evangelienschriften zur begründeten Gewissheit.

Bei der Feststellung von literarischen Übereinstimmungen des Dura-Fragments mit neutestamentlichen Evangelientexten ist nun auf der anderen

---

[42]   Vgl. H. ZIMMERMANN, Methodenlehre, 82f.

Seite nicht zu übersehen, wie frei der Verfasser des Dura-Fragments mit den neutestamentlichen Vorlagen umgeht. Er zieht Angaben vor[43] oder trägt andere nach[44]. An mehreren Stellen formuliert er eigenständig, wenn auch immer in Anlehnung an neutestamentliche Ausdrucksweise. Zu bemerken ist auch, dass an einer Stelle eine inhaltliche Differenz zu den neutestamentlichen Evangelientexten besteht: Der Heimatort des ansonsten unbekannten Josef wird mit Arimathäa nicht wie in Lk 23,51 ethnisch als »jüdische Stadt«, sondern geografisch als »Stadt in[45] Judäa« eingeordnet.

Um diese Phänomene zu ordnen und damit einer Deutung näher zu bringen, bietet es sich abschließend an, das Dura-Fragment für sich zu betrachten. Zwei Auffälligkeiten sind dabei zu benennen: Zum einen, dass der Text einen aneinanderreihenden Stil zeigt. Ohne die im Griechischen so beliebten parataktischen und hypotaktischen Konstruktionen zu wählen, wird z.B. die Person des Josef von Arimathäa durch eine schlichte, wenn auch im Griechischen mögliche Aufzählung von Eigenschaften hinsichtlich seiner Herkunft und Lebenseinstellung vorgestellt (vgl. Zz.7–10).

Und sodann enthält der Text auf relativ engem Raum zwei sachlich überflüssige Doppelungen: Parallel stehen nämlich zueinander die beiden Wochentagsbezeichnungen: »es war aber der Tag (ein) Rüsttag« (Zz.3f) und: »an dem Rüsttag, welcher ist der Sabbatvortag« (Zz.5f). Bereits eine der beiden Wochentagsbezeichnungen, ja nur die Bestimmung »ein Rüsttag« hätte genügt, um den nach jüdischer Wochentagszählung gemeinten sechsten Tag der Woche unmissverständlich zu benennen.

Ähnliches ist zur Tageszeitbestimmung auszuführen: In diesem Fall sind parallel die Festlegungen »ein Sabbat brach an« (Zz.4f) und »als es Abend wurde« (Z.5). Da nach jüdischer Tageszeiteinteilung der Tag mit dem Abend beginnt, wird mit zwei verschiedenen Definitionen dieselbe Tageszeit, nämlich der abendliche Übergang von dem einen zu dem ihm nachfolgenden (zweiten) Tag, bezeichnet.

Literarkritisch sind beide inhaltlichen Doppelungen jeweils als Kombination zweier Texte mit ähnlichem Inhalt verständlich zu machen. In dem Fall der Tagesfestlegung wurde Lk 23,54: ἡμέρα ἦν παρασκευῆς (vgl. Mk 15,42) und Mk 15,42: παρασκευὴ ὅ ἐστιν προσάββατον verwandt, für die Tageszeitbestimmung Lk 23,54: σάββατον ἐπέφωσκεν und Mt 27,57: ὀψίας δὲ γενομένης (vgl. Mk 15,42). Der Verfasser des Dura-Fragments beweist bei diesem Kombinationsverfahren große Geschicklichkeit. Zudem lässt er erkennen, dass er konkrete Daten über die besonderen

---

[43]   Vgl. die Zeitangabe aus Lk 23,54, die an den Anfang der Perikope gestellt ist.

[44]   Vgl., dass im Unterschied zu Lk 23,50f die Bezeichnung der Rechtschaffenheit von Josef von Arimathia vor den Angaben zu seiner Herkunft steht.

[45]   Der im Griechischen verwendete Genitivus partitivus ist ein sog. chorografischer Genetiv, vgl. Fr. Blass/A. Debrunner, Grammatik, § 164.3.

Umstände eines Ereignisses gemäß seiner Quellen in möglichst vollständiger Hinsicht berücksichtigen möchte.

Eine Theorie der literarischen Beziehung des Dura-Fragments Nr. 0212 zu den vier neutestamentlichen Evangelienschriften muss, das lässt sich zusammenfassend sagen, die zu Tage getretenen Phänomene in einer Gesamtsicht deuten:

1. gibt es längere, wortwörtliche Übereinstimmungen mit Handschriften von neutestamentlichen Evangelientexten,

2. werden dabei nur diejenigen neutestamentlichen Textpassagen zitiert, die zu einem bestimmten neutestamentlichen Text gehören,

3. werden die einzelnen Textbausteine auf neue Weise zusammengestellt,

4. gibt es selbständige Formulierungen in Anlehnung an neutestamentliche inhaltliche Vorgaben,

5. findet sich mindestens einmal eine sachliche Differenz zu neutestamentlichen Angaben,

6. ist der Stil des Dura-Fragments aufzählend und

7. kennt es sachliche Wiederholungen, die dem Rezipienten des Textes keinen Sinn bzw. Erkenntnisfortschritt geben.

Mit der Editio princeps des Dura-Fragments Nr. 0212 hat C.H. KRAELING die These aufgestellt, es handelt sich bei dem Handschriftfragment um eine Abschrift einer Evangelienharmonie, insbesondere um ein Exemplar – und zwar das bisher einzige erhaltene! – des sog. Diatessarons des Kirchenvaters der syrischen Kirche, Tatian. Diese Hypothese hat weitgehende Zustimmung erhalten,[46] jedoch in jüngster Zeit auch Kritik erfahren[47].

---

[46]   Vgl. A. BAUMSTARK, Das griechische »Diatessaron«-Fragment von Dura-Europos, OrChr 32, 1935, 244–252; F.C. BURKITT, The Dura Fragment of Tatian, JThS 36, 1935, 255–259; A. MERK, Ein griechisches Bruchstück des Diatessaron Tatians, Bib 17, 1936, 234–241; C. PETERS, Das Diatessaron Tatians. Seine Überlieferung und sein Nachwirken im Morgen- und Abendland sowie der heutige Stand seiner Erforschung, OCA 123, Rom 1939, 108; D. PLOOIJ, A Fragment of Tatian's Diatessaron in Greek, ET 46, 1934/5, 471–476; H. KÖSTER, Überlieferung und Geschichte der frühchristlichen Evangelienliteratur, in: ANRW II 25.2, 1984, 1463–1542, 1541.

[47]   D.C. PARKER U.A., Dura-Europos, 228, haben verneint, dass das Dura-Fragment Teil von Tatians Diatessaron sei. Sie gelangen zu dieser Auffassung, weil sie die von W.L. PETERSEN, Tatian's Diatessaron. Its Creation, Dissemination, Significance, and History in Scholarship, SVigChr 25, Leiden u.a. 1994, 373f, aufgestellten Kriterien zur Identifizierung von Diatessaron-Lesarten auf das Fragment anwenden. Dies muss aufgrund des geringen Textumfanges des Dura-Fragments zu wenig aussagekräftigen Ergebnissen führen und belegt zudem nur die Problematik des aufgestellten Kriterienkatalogs (= 1. eine Lesart sollte im östlichen und westlichen Zweig der Diatessaron-Tradition vorhanden sein, 2. sie sollte nicht in Nicht-Diatessaron-Texten stehen, von denen die Diatessaron-Zeugen sie eventuell erhalten haben, und 3. das literarische Genre der Quellen sollte dasselbe sein): Bekanntlich wurde die gesamte Diatessaron-Tradition an den kirchlich weithin akzeptierten ntl. Text des Vierevangeliums angeglichen. Diese sog. »Ent-

Eine Evangelienharmonie ist dabei als derjenige Versuch zu definieren, die voneinander abweichenden Texte der vier neutestamentlichen Evangelienschriften in literarischer Neuverarbeitung zu einer zusammenhängenden, eigenständig verantworteten Darstellung zu verwenden, um auf diese Weise eine einzige Evangelienschrift herauszugeben.

Um die These, dass es sich bei dem Dura-Fragment um den Text einer Evangelienharmonie handelt, und zwar ausgerechnet derjenigen von Tatian, entscheidend zu verifizieren, ist das Dura-Fragment in seinem Umfang zu klein. Dennoch ist es nicht ohne Bedeutung, dass sich alle am Dura-Fragment zu beobachtenden Momente in der literarkritischen Theorie einer neutestamentlichen Evangelienrezeption mit dem Zweck der Herstellung einer Evangelienharmonie zur Deckung bringen lassen. Der Verfasser des Dura-Evangeliums geht nämlich in freier Manier[48] mit Textteilen aus allen vier und nur diesen Evangelientexten zu einem Thema so um, dass er sie wie Mosaiksteine zur Herstellung eines von ihm selbst verantworteten Neutextes[49] eines einzigen Evangeliums benutzt.

Im Folgenden soll es darum gehen, aus der Kirchengeschichte des 2. Jh. n.Chr. Indizien für die Tragfähigkeit von C.H. KRAELINGS Theorie zu Fragment Nr. 0212 zu sammeln: nämlich in concreto, dass in der syrischen Christengemeinde von Dura-Europos Tatians Diatessaron benutzt wurde und dass das Fragment von dieser Evangelientradition stammt. Anschließend wird es darum gehen, die Bedeutung von Tatians Evangelienharmonie für die Ikonologie des Auferstehungszyklus' des Baptisteriums von Dura-Europos auszuwerten.

Die paläographische Datierung des Dura-Fragments anhand von Schriftbild und Schriftmodus, so viel lässt sich aber jetzt schon sagen, harmoniert mit der angenommenen Entstehung und Verbreitung von Tatians Hauptwerk, dem als Evangeliumsschrift in der syrischen Kirche benutzten Diatessaron, wie im Folgenden gezeigt werden soll.

---

tatianisierung« macht einen Rückschluss von sehr viel jüngeren Diatessaron-Zeugen auf den ursprünglichen Tatian-Text sehr schwierig, wenn nicht gar unmöglich.

[48] Auf einem zu mechanistischen Modell beruht die Vorstellung der Arbeitsweise des Harmonisten, die sich bei B.M. METZGER, Der Text des Neuen Testaments, Stuttgart 1966, 91, zeigt: »Wahrscheinlich arbeitete er mit vier besonderen Handschriften, je einer zu jedem Evangelium und indem er Wendungen miteinander verknüpfte bald aus dem, bald aus jenem Evangelium, strich er sie sicher in der Handschrift, aus der er abschrieb, durch«. Übernahme von Textbausteinen ergibt jedoch noch keinen sinnvollen Text.

[49] Mit H. MERKEL, Die Widersprüche zwischen den Evangelien. Ihre polemische und apologetische Behandlung in der Alten Kirche bis zu Augustin, WUNT 13, Tübingen 1971, 73, gegen A. BAUMSTARK, »Diatessaron«-Fragment, 247.

10. Tatian: Leben und Werk

Um Leben und Lebenswerk des wohl bedeutendsten syrischen Kirchenvaters zu beschreiben, stehen nur einige wenige Angaben aus historischen Quellen zur Verfügung. Von Tatians eigenen Schriften[1] ist allein seine »Rede an die Griechen« (Λόγος πρὸς Ἕλληνας = or.)[2] der Nachwelt erhalten geblieben. In ihr lassen sich einige wenige autobiographische Angaben finden. Doch stehen Tatians Bemerkungen zu seiner Biographie im Verdacht, rhetorisch-philosophische Gemeinplätze zu imitieren. In kritischer Auswertung erlauben sie jedoch im Konzert mit anderen altkirchlichen Nachrichten folgende biographische Skizze von Tatians Leben und Werk zu zeichnen:[3]

---

[1]   Tatian gibt in or. die Auskunft, bereits eine Abhandlung »Über die Tiere« (15,5) verfasst zu haben, nennt eine Erörterung über das Thema der Dämonen (16,1) und kündigt ein Werk »An diejenigen, die über Gott gehandelt haben« an (40,2). Clem. Al., strom. 3,81,1ff zitiert aus Tatians Schrift »Über die Vollkommenheit nach den Worten des Erlösers« und bei Eus., HE 5,13,8, ist überliefert, dass Tatians Schüler Rhodon von der Absicht seines Lehrers weiß, ein »Buch der Probleme« zu verfassen. Eus., HE 4,16,7 (vgl. 28,7) berichtet zudem, dass »Tatian ... zahlreiche wissenschaftliche Denkmäler hinterließ«. Zu den verlorenen Schriften Tatians s. O. BARDENHEWER, Geschichte der altkirchlichen Literatur, Freiburg I [2]1913 (Nachdr. Darmstadt 1962), 283f.

[2]   Herausgegeben von M. MARCOVICH (Hg.), Tatiani Oratio ad Graecos, PTS 43, Berlin/New York 1995 (Deutsche Übersetzung nach R.C. KUKULA, Tatians des Assyrers Rede an die Bekenner des Griechentums, in: Frühchristliche Apologeten und Märtyrerakten Bd. 1, BKV 12, Kempten/München 1913). Über Abfassungsort und -zeit der Schrift ist nichts bekannt (s. den älteren Überblick bei E. FASCHER, Art. Tatianus 9) Tatian der Syrer, in: PRE 2. R. Bd. 4/2, 1932, Sp. 2468–2471, 2469, neuerdings R. HANIG, Tatian und Justin. Ein Vergleich, VigChr 53, 1999, 31–73, 32f, Anm. 7). Als publizierte Schrift dürfte or. im Zusammenhang von Tatians stadtrömischer Profilierung als christlich-philosophisches Lehrhaupt stehen (mit TH. ZAHN, Forschungen zur Geschichte des neutestamentlichen Kanons und der altkirchlichen Literatur I. T., Erlangen 1881, 280 [vgl. R. HANIG, Tatian, 32], gegen A. HARNACK, Geschichte der altchristlichen Literatur bis Eusebius T. II/1, Leipzig [2]1958, 287). Nach L.W. BARNARD, The Heresy of Tatian once again, JEH 19, 1968, 1–10; DERS., strom. Apologetik I. Alte Kirche, TRE 3, 1978, 371–411, 378f, beruht eine Spätdatierung des Werkes (vgl. z.B. bei R. GRANT, The Date of Tatian's Oration, HThR 46, 1953, 99–101) auf Eus., HE 4,16,7–9, der or. 19,2 fälschlicherweise auf den erfolgten Tod Justins (ca. 165 n.Chr.) bezieht. Nach M. MARCOVICH, a.a.O., 2, beziehe sich die Formulierung von Tatian in or. 18,6 »der bewunderungswürdigste Justin« auf dessen Märtyrertod (zum Ausdruck vgl. MartPol 5,1; 16,2). Die Spätdatierung überzeugt jedoch nicht: Der Terminus ad quem von or. dürfte wohl mit Tatians Abreise aus Rom zu bestimmen sein (etwas anders: L.W. BARNARD, a.a.O., 379: »um 160 [n.Chr.] oder wenig davor«).

[3]   Zur Biographie Tatians vgl. TH. ZAHN, Forschungen, 267ff; M. ELZE, Tatian und seine Theologie, FKD 9, Göttingen 1960, 16f; W.L. PETERSEN, Tatian's Diatessaron, 67–72; DERS., Art. Tatian, TRE 32, 2001, 655–659; KL.-G. WESSELING, Art. Tatian der Syrer, BBKL 11, 1996, Sp. 552–571 (Lit.).

Tatian (Τατιανός)[4] dürfte in der Zeit zwischen 120[5] und 130[6] n.Chr. als Sohn nichtchristlicher Eltern geboren sein. Nach eigener Angabe erblickte er im »Land der Assyrer« (or. 42,1), d.h. irgendwo in der Region östlich vom Tigris[7] das Licht der Welt. In dieser Zeit zu Beginn des 2. Jh. n.Chr. liegt das Römische Reich im kriegerischen Streit mit den Parthern um die Vorherrschaft über ganz Syrien.[8] Im Jahre 116 n.Chr. gelangen unter dem römischen Kaiser Trajan (98–117 n.Chr.) die Städte Adiabene und Ctesiphon – letztere ist die Hauptstadt Parthiens – unter römische Herrschaft. Obwohl die Region von (Groß-) Syrien weithin zum persischen Einflussgebiet gerechnet werden darf, gehörte Syrien nicht erst zu Zeiten der römischen Besatzung, sondern bereits zuvor, nämlich schon seit der Eroberung durch Alexander den Großen um 334–326 v.Chr. zum hellenistischen, später römischen Kulturkreis.

Tatian wird aus einer wohlhabenden Familie stammen,[9] die ihrem Sohn aufgrund eigener gehobener sozialer Stellung ein hohes militärisches Amt zu bekleiden in Aussicht stellen konnte.[10] Auf jeden Fall bekam Tatian eine umfangreiche griechische Bildung vermittelt: In seiner eigenen, in hochsprachlichem Griechisch abgefassten »Rede an die Griechen«[11] lässt Tatian nämlich eine Reihe literarisch-konventioneller Bildungselemente erkennen. Auch zeigt er in dieser Schrift, dass er mit der zeitgenössischen Rhetorik

---

[4]   Der Name Τατιανός ist griech. Herkunft, vgl. W. PAPE/G. BENSELER, Wörterbuch, z.St.

[5]   Vgl. W. RICHTER, Art. Tatianos, DNP 12/1, 2002, Sp. 42f; M. FIEDROWICZ, Apologie im frühen Christentum. Die Kontroverse um den christlichen Wahrheitsanspruch in den ersten Jahrhunderten, Paderborn u.a. ³2000, 52: 120/130 n.Chr.

[6]   Vgl. W.L. PETERSEN, Art. Tatian, 655.

[7]   Der zeitgenössische Geograph Claudius Ptolemäus (vgl. Strabo 16,1,1f) beschreibt Assyrien als ein Land, das vom Tigris im Westen zu Medien im Osten, von den Armenischen Bergen im Norden bis zur Stadt Ctesiphon im Süden reicht (geogr. 6,1). Clem. Alex., strom. 3,12 (81,1); Epiph., haer. 46,1 und Theod., haer. fab. 1,20 nennen Tatian seiner Nationalität nach einen »Syrer«.

[8]   Dazu s.o. Kap. 4.1.5.

[9]   Vgl. or. 11,3: »Ich habe niemals über meine gute Herkunft geprahlt«; or. 26,4: »Seid ihr nicht in derselben Weise wie wir geboren«.

[10]   Vgl. or. 11,2: »... militärische Würden lehne ich ab ...«. Aufgrund des Wechsels vom Präsens in das Perfekt nimmt G.F. HAWTHORNE, Tatian and his Discourse to the Greeks, HThR 57, 1964, 161–188, 163, an, dass Tatian vor seiner Konversion zum Christentum ein militärisches Amt bekleidet habe.

[11]   Ein Signal, dass Tatians Muttersprache nicht das Syrische war, gegen W.L. PETERSEN, Tatian's Diatessaron, 429. Dass Tatian die Sprache seiner Heimat, das Syrische, beherrscht habe, mithin bilinguale Kompetenz besaß, ist mit dieser Feststellung nicht bestritten, vgl. Tatians Kritik an der attischen Aussprache (or. 26,9), die auf das Lernen in seiner eigenen Schulzeit verweisen könnte, vgl. M. WHITTAKER (Hg.), Tatians Oratio ad Graecos and Fragments, OECT, Oxford 1982, XII.

seiner Zeit vertraut ist.[12] Tatians klassisch-hellenistischer Ausbildungs-
gang[13], der das Studium vielerlei Künste und Wissenschaften wie Grammatik[14] und Stilistik beinhaltet haben wird, mündete schließlich in die aktive
Tätigkeit als Rhetor[15]. Zu seinem Bildungsweg bekundet Tatian noch, dass
er sich bei seiner jugendlichen Erkenntnissuche in verschiedene religiöse
Mysterien und Riten habe einweihen lassen.[16]

Gemäß dem gehobenen Erziehungsideal seiner Zeit fand Tatians Ausbildung ihren Höhepunkt in einer Bildungsreise zu den westlich Syriens gelegenen Zentren römisch-antiker Kultur und Wissenschaft.[17] Die Umstände
dafür waren günstig: die Zeit der Antoniden zeichnet sich durch stabile
politische Verhältnisse und wirtschaftliche Prosperität aus. Auf seiner
Wanderschaft in den Westen des Römischen Reiches sammelt Tatian nach
eigenem Zeugnis Erfahrungen mit vielen Philosophenschulen.[18] Er gelangte
Tatian über Athen schließlich in die Hauptstadt Rom[19] und trifft dort auf
den christlichen Philosophen Justin. Dieser ist für Tatian insofern Gleichge-
sinnter, als er gleichfalls wie Tatian aus einer paganen Familie aus dem
Osten stammt (aus Flavia Neapolis) und auf der Suche nach Wahrheit und
Gelehrsamkeit in den römischen Westen gegangen war.[20] Hatte Justin sich
in Ephesus zum christlichen Glauben bekehrt,[21] so war es ihm anschließend
in Rom gelungen, das anerkannte Lehrhaupt einer christlichen Philosophen-
schule zu werden.

Tatian entwickelte sich in Rom zu einem gelehrigen Schüler Justins.[22]
Seinem Vorbild entsprechend erhielt sein eigenes, im Mittelplatonismus

---

[12] Vgl. die Auflistung von P. LAMPE, Die stadtrömischen Christen in den ersten beiden Jahrhunderten. Untersuchungen zur Sozialgeschichte, WUNT 2/18, Tübingen ²1989, 246–250.362–
366, auch M. WHITTAKER, Tatian, XIII–XIV.

[13] Vgl. or. 42,1: »der ... anfangs eure Philosophie studiert hat«.

[14] Vgl. or. 26,2.

[15] Vgl. or. 35,1: Ich »... habe sowohl eure Sophistik betrieben ...«; Eus., HE 4,16,7: »Tatian,
der zunächst in den griechischen Wissenschaften Unterricht erteilte, hierin nicht wenig Ruhm
erntete«, dazu M. WHITTAKER, Tatian's Educational Background, StP 13, 1975 = TU 116, 57–59.

[16] Vgl. or. 29,1: »... obendrein noch in die Mysterien eingeweiht worden war ...«.

[17] Vgl. or. 35,1: »... habe ich ein großes Stück Erde bereist«.

[18] Vgl. or. 35,1: Ich habe »... eure Sophistik betrieben«, auch 29. Nach M. ELZE, Tatian, 17–
19, habe Tatian das von ihm Berichtete nicht aus eigener Erfahrung, sondern aus literarischen
Quellen entnommen.

[19] Vgl. or. 35,1f.

[20] Vgl. O. SKARSAUNE, Art. Justin der Märtyrer, TRE 17, 1988, 471–478.

[21] Vgl. dial 2,6: »unsere Stadt«, d.i. diejenige von Trypho und Justin, dazu TH. ZAHN, Geschichte des Neutestamentlichen Kanons Bd. 2/2, Erlangen/Leipzig 1892, 538.

[22] Vgl. Iren., haer. 1,28,1 nach Eus., HE 4,29,3: »Tatian war Hörer Justins« (zu den
irenäischen Zeugnissen s. R. HANIG, Tatian, 31, Anm. 5 [Lit.]). Or. 18,2 zitiert Tatian aus dem
Unterricht des »bewunderungswürdigsten Justin«. Erst Eus., HE 4,29,1 nennt Tatian einen »Schüler«; dass Unterschiede in der Lehre zwischen »Lehrer« und »Schüler« bestehen, darauf haben
schon U. NEYMEYR, Die christlichen Lehrer im Zweiten Jahrhundert. Ihre Lehrtätigkeit, ihr Selbst-

beheimatetes philosophisches Denken, neue Akzente.[23] Unter dem Einfluss des berühmten christlichen Philosophen[24] sowie unter dem Eindruck seines eigenen Studiums des Alten Testaments (LXX)[25] wurde er zu einem Katechumenen der christlichen Kirche[26] und konvertierte schließlich zum Christentum.

Entsprechend seinem philosophisch ausgeprägten Vorverständnis beurteilt Tatian als getaufter Christ in seiner »Rede an die Griechen« die christliche Lehre als die wahre »Bildung« und »Philosophie«.[27] Er betrachtet sich selbst als christlicher »Herold« einer schlechthin überlegenen Wahrheit.[28] Und reagiert mit seiner apologetischen Schrift auf die in jüngster Zeit zunehmenden Christenverfolgungen und fordert die Obrigkeit zur Rücknahme bestimmter Gesetze auf.[29]

Mit seiner apologetischen Überzeugung überträgt Tatian die Bildungstheorie vom Primat griechisch-römischer Wissenschaft über alle andere religiöse als auch philosophische Barbarei auf den christlichen Glauben. Christlicher Glaube ist für Tatian die eine und höchste »Philosophie«.[30] »Damit radikalisierte er Justins Lehre vom Christentum als der wiedergefundenen Urphilosophie«[31], was bei Tatian mit der Annahme korreliert, »wieder in den Besitz dessen gekommen zu sein, was die Menschen durch die Irreführung der Griechen verloren hatten«.[32] Die Kehrseite dieser elitären Anschauung ist, dass Tatian als christlicher Philosoph zur harschen Kritik an dem ehemals von ihm selbst vertretenen Anspruch griechischrömischer Philosophie übergeht. Tatian gehört damit »psychologisch ... zum Typus des Renegaten, der nach dem Bruch mit seiner Vergangenheit

---

verständnis und ihre Geschichte, VigChr.S 4, Leiden u.a. 1989, 184; R. Hanig, a.a.O., 31ff, hingewiesen.

[23]   Vgl. zu Tatians Philosophie N. Hyldahl, Philosophie und Christentum. Eine Interpretation der Einleitung zum Dialog Justins, AthD 9, Kopenhagen 1966, 247–255; M. Elze, Tatian, 14.128f (Wahrheitsbegriff); 103–105 (Zeitauffassung); 64f (Gotteslehre); 75.114 (Prinzipienlehre), zum Verhältnis zu derjenigen Justins P. Lampe, Christen, 246.

[24]   Anders W.L. Petersen, Art. Tatian, 656.

[25]   Vgl. or. 29,3: »... diese Schriften überzeugten mich« (vgl. 12,3). Die Bekehrungsschilderung insgesamt or. 29,1f weist viele Ähnlichkeiten zu derjenigen von Justin auf, vgl. N. Hyldahl, Philosophie, 237.239–242; P. Lampe, Christen, 245, Anm. 468; R. Hanig, Tatian, 35f.

[26]   Vgl. or. 30.

[27]   Vgl. or. 12,5; 31,1; 32,1.3; 33,2; 35,1f.

[28]   Vgl. or. 17,1; 26,2.

[29]   Vgl. or. 4,1; 12,5; 25,3; 27,1; 28,1. – Es gibt in or. keinen Hinweis, dass Tatian sich auf die Verfolgung von 177 n.Chr. bezog, in der Polykarp den Tod fand, gegen R.M. Grant, Date, 99–101; Ders., The Heresy of Tatian, JThS.NS 5, 1954, 62–68.

[30]   Or. 31,1, vgl. M. Fiedrowicz, Apologie, 53f, sowie Tatians Selbstbezeichnung or. 42.

[31]   U. Neymeyr, Lehrer, 184.

[32]   N. Hyldahl, Philosophie, 254f.

das Alte mit Leidenschaft verfolgt«[33]. »In der Tradition kynischer Diatriben suchte Tatian die Konfrontation und Provokation, um die Aufmerksamkeit der gebildeten Hellenen auf die christliche Alternativ-Kultur (paideia: [or.] 12,10; 35,3) zu lenken, die er dem Hellenismus als globaler Zivilisation seiner Zeit entgegensetzte«.[34]

In der Nachfolge seines Lehrers Justin gründete Tatian in Rom eine eigene philosophisch-christliche Schule und findet in dem später in Kleinasien wirkenden Rhodon einen gelehrigen Schüler[35]. Von Tatians weiterer Aufenthalt in Rom ist wenig bekannt, allenfalls noch, dass er sich in Justins Streit mit dem stadtrömischen kynischen Philosophen Crescens[36] über moralethische Fragen hineinziehen ließ. Die Nähe zu Justin lässt annehmen, dass Tatian in Rom als anerkannter philosophischer Vertreter eines »Christentum(s) ohne Christus«[37] wirkte.[38]

Einen großen Einschnitt im Leben Tatians bedeutete Justins Märtyrertod im Jahre 165 n.Chr. unter dem stadtrömischen Präfekten Junius Rusticus (163–167 n.Chr.).[39] Von den altkirchlichen Zeugen[40] berichtet schon Irenäus von Lyon (um 180 n.Chr.), dass sich Tatian seit dieser Zeit von der westlich-christlichen Kirche trennte und seitdem begann, eigene Sonderlehren aufzustellen.[41] Diese Nachricht lässt sich vielleicht entwicklungsgeschichtlich interpretieren: Bereits bei Tatian vorhandene dualistische Tendenzen seiner eigenen Ethik[42] schieben sich ohne das Korrektiv des verehrten philosophischen Lehrers Justin als rigoristische Forderung zur Enthaltsamkeit bestimmend in den Vordergrund.

---

[33] E. Fascher, Art. Tatian der Syrer, in: PRE 2. R. Bd. 4/2, 1932, Sp. 2468–2471, 2470.

[34] M. Fiedrowicz, Apologie, 53.

[35] Vgl. Eus., HE 5,13,8.

[36] Vgl. or. 19,3; Just., apol. II 3,1ff. Eus., HE 4,16,8f zitiert zwar or. 19,1, lässt aber nur Justin von Crescens bedroht werden, wahrscheinlich, um Tatian »der Würde eines Confessors zu entkleiden« (M. Elze, Tatian, 46).

[37] M. Elze, Tatian, 105.

[38] Von Rhodons Lehre (dazu Eus., HE 5,13,5–9) sind keine häretischen Züge bekannt, vgl. M. Elze, Tatian, 113–116.

[39] Vgl. Epiphanius, haer. 46,1,3.

[40] Weitere Zeugnisse bei A. Harnack, Geschichte I/2, 487ff.

[41] Haer. 1,28,1 nach Eus., HE 4,29,3 (vgl. auch Epiph., haer. 46,1,4): »Solange er (sc. Tatian) mit diesem (sc. Justin) verkehrte, äußerte er nichts derartiges (sc. Häretisch-Enkratistisches); doch nach dessem Märtyrertod fiel er von der Kirche ab«. Indiz für eine heterodoxe Zeit könnte Tatians »Buch der Probleme« über »die schwierigen und dunklen Stellen in den göttlichen Büchern« (Eus., HE 5,13,8) sein, das sein Schüler Rhodon sich vornahm, um es im orthodoxen Sinne zu widerlegen.

[42] Vgl. M. Elze, Tatian, 98.111, zu Tat., or. 29,2; 30,1. In or. 23,2 äußert Tatian seine Abneigung gegen das »Töten von Tieren, um Fleisch zu essen«.

Der christliche Philosoph Tatian verlässt Rom – im Streit um seine Anschauungen?[43] – um 172 n.Chr.[44] und kehrt in seine Heimat nach Syrien
zurück[45]. In seinen Lehren verwirft er u.a. die Institution der Ehe[46] und
meidet den Fleischgenuss.[47] Seitdem wird er im christlichen Westen als
führendes Haupt der Enkratiten angefeindet.[48] Ja, nach Mitteilung von
Epiphanius von Salamis ging Tatians christliches Asketentum soweit, dass
er auch bei der Abendmahlsfeier vorschlug, den Wein durch Wasser zu
ersetzen[49]. Grund genug jedenfalls für eine rechtgläubige Christlichkeit,
Tatian als Häretiker aus der römischen Kirche auszuschließen.[50] Über Tatians Ableben – wahrscheinlich vor Ablauf des 2. Jh. n.Chr.[51] in Syrien – sind
keinerlei Angaben überliefert.

Die Wirkung von Tatians Lebenswerk auf seine Nachwelt ist gespalten:
Positiv würdigt ihn Rhodon, sein Schüler, der seinen Meister erfolgreich die
Häresie des römischen Christen Markion bekämpfen sieht.[52] Im Bereich der
westlichen Kirche dagegen gilt Tatian als Gründungshaupt des christlich-
häretischen Enkratismus und wird theologisch zur gnostischen Irrlehre der
Valentinianer gezählt.[53] Von der Kirche des Ostens aber wird berichtet, dass
Tatians Lehre große Bedeutung in den Regionen von Antiochia am Orontes,
also in Syrien, sowie in Zilizien und Pisidien, d.i. im südlichen Kleinasien,
gefunden hat.[54]

In der in Grundzügen überwiegend asketisch eingestellten (groß-) syrischen Kirche[55] wird Tatian aufgrund seines christlichen Hauptwerkes, des
sogenannten Diatessarons, als orthodoxer Kirchenmann in den folgenden
200 Jahren hoch verehrt.[56] Erst sehr viel später wird auch der Osten als Teil

---

[43]   So L. BARNARD, Heresy, 8; U. NEYMEYR, Lehrer, 185.

[44]   Vgl. Eus. bei Hier., chron. 288F (Helm 206e). Epiph., haer. 46,1,6 verwechselt das
12. Jahr des Antoninus Pius mit dem 12. Jahr der Herrschaft von Marcus Aurelius Antoninus.

[45]   Vgl. Epiph., haer. 46,1,6.

[46]   Vgl. Epiph., haer. 46,2,1; 46,3,3.

[47]   Vgl. Iren., haer. 1,28,1 nach Eus., HE 4,29,2f.

[48]   Vgl. zuerst Iren., haer. 1,28,1 nach Eus., HE 4,29,2, dazu W.L. PETERSEN, Tatian's Diatessaron, 78.

[49]   Vgl. Epiph., haer. 46,2,3.

[50]   Nach Eus. bei Hier., chron. 288F (Helm 206e) wurde Tatian im Jahre 172 n.Chr. aus der
römischen Gemeinde ausgeschlossen.

[51]   Gegen B. LANG, Art. Diatessaron, NBL 1, 1991, Sp. 423: 180 n.Chr.; W.L. PETERSEN,
Art. Tatian, 655: 180–190 n.Chr.

[52]   Vgl. Eus., HE 5,13,1, dazu M. ELZE, Tatian, 113–116.

[53]   Vgl. Iren., haer. 1,28,1 nach Eus., HE, 4,29,3 dazu W.L. PETERSEN, Tatian's Diatessaron,
76ff.

[54]   Vgl. Epiph., haer. 46,1,8.

[55]   Vgl., dass Eus., HE 4,30,1 im unmittelbaren Anschluss an seinen Bericht über Tatian ausführt, dass unter der Regierung von Mark Aurel »in Mesopotamien« die Irrlehre überhandnahm.

[56]   Wenn Tatian mit Addai (Eus., HE, 1,11ff; 2,1,6f: Θαδδαῖος) gleichzusetzen wäre (so allein F.C. BURKITT, Tatian's Diatessaron and the Dutch Harmonies, JThS 25, 1924, 113–130, 130),

der christlichen katholischen Großkirche Tatian unter die verderblichen Häretiker des Christentums zählen.[57]

Tatian selbst machte zu dem Diatessaron als dem Werk, das seinen überwältigenden Ruhm in der syrischen Kirche begründete, in seiner ca. 170 n.Chr.[58] entstandene »Rede an die Griechen« keine Angaben. Es ist darum anzunehmen, dass das Diatessaron in der zweiten Hälfte seiner Schaffenszeit entstand. Was aber ist das Anliegen und Ziel von Tatians kirchlicher Schrift, die ihm eine Nachwirkung ohne Gleichen in der (östlichen) Christenheit bescherte, so, wie es seine christlich-philosophischen Abhandlung(-en) allesamt nicht vermochte/-n?

10.1 Tatians Diatessaron

Neben verschiedenen philosophischen Schriften wird die Person Tatian in der frühen Kirchengeschichte mit einem besonderen Umgang mit den Evangelienschriften in Verbindung gebracht.[59] Eusebius von Cäsarea berichtet als erster der Kirchenväter über diese den neutestamentlichen Kanon betreffende Schrift Tatians in seiner um 325 n.Chr. vollendeten »Kirchengeschichte«. Im Zusammenhang seiner Beschreibung der sog. Severianer[60], und zwar hinsichtlich des von ihnen vertretenen Umfangs der christlichen Heiligen Schriften sowie über die Art ihres exegetischen Umgangs mit ihnen, kommt er auch auf Tatian zu sprechen. Eusebius bezeichnet ihn häresiologisch als Gründungshaupt der Enkratiten, einer asketisch lebenden christlichen Gruppe, und führt weiter dann Folgendes aus (HE 4,29,6):

Fürwahr, ..., Tatian, trug zusammen eine gewisse Kombination und Sammlung – auf welche Weise, weiß ich nicht – der Evangelien, welches (Buch) er das Diatessaron (τὸ διὰ τεσσάρων) nannte, das bei manchen noch heute in Gebrauch ist. Auch soll er es gewagt haben, einige Sätze des Apostels umzuschreiben, um die Ausdrucksweise zu verbessern.

---

wäre er für die Doctrina Addai der Gründer des Syrischen Christentums. Der Name »Tatian« würde sich in diesem Fall etymologisch mit der syr. Gottheit »Hadad« in Verbindung bringen lassen.

[57]   Nach W.L. PETERSEN, Tatian's Diatessaron, 71, Anm. 113, ist es zuerst Isho' bar Ali (um 1000 n.Chr.), der Tatian unter die Ketzer zählt (vgl. ebd., 53f).

[58]   Vgl. M. FIEDROWICZ, Apologie, 53: 165–172 n.Chr.

[59]   Eus., HE 4,29,6; Epiph., haer. 46,1,9; Theod., haer. fab. 1,20.

[60]   Mit der Bezeichnung »Severianer« verwendet der orthodox-lateinische Kirchenvater Eusebius einen Sammelbegriff für syrische Theologen, die der monophysitischen Christologie anhängen. Wen Eusebius konkret mit der Person »Severus« meinte (HE 4,29,4), ist nicht bekannt.

Was Eusebius im Anschluss an den von ihm zuvor zitierten Bericht des Irenäus[61] über die Enkratiten und insbesondere über Tatian zu berichten weiß, ist aus der Sicht eines westlich-orthodoxen Theologen wahrhaft bemerkenswert. Schildert Eusebius doch ein zutiefst ungewöhnliches, ja eigenmächtiges Verhältnis eines christlichen Philosophen zur überkommenen Autorität christlicher Heiliger Schriften: Denn nach Kenntnis von Eusebius hat Tatian nicht nur die Freiheit besessen, den sprachlichen Ausdruck des Apostels Paulus zu verbessern – ein Vorgang, der einer überarbeiteten Ausgabe (Revision) der kanonischen Paulusbriefsammlung gleichkommt[62] –, sondern er hat es zugleich auch gewagt, ein neues Evangelienbuch herauszugeben.

Eusebius, der selbst ein großes Interesse an den Evangelienschriften besitzt[63] und in einem eigenen Werk die Unterschiede in den evangelischen Kindheits- und Auferstehungsgeschichten untersucht hat,[64] hätte gerne mehr über Tatians Vorgehensweise mitgeteilt, etwa aus eigener Inaugenscheinnahme seines Werkes. Er muss es aber bei einem »Ich-Weiß-Nicht-Wie« sein Bewenden lassen, weil er sein Wissen über Tatian und sein Evangelienbuch nur aus zweiter Hand bezieht.[65] In Frage kommen wohl Nachrichten aus dem östlichen syrischsprachigen Kirchengebiet.[66]

Immerhin überliefert Eusebius einen griechischen Titel von Tatians Werk. Aufgrund der wohl schon in der Alten Kirche geläufigen Bezeichnung[67] hat sich »Diatessaron« als Titel allgemein durchgesetzt. Doch dürfte es sich dabei nur um einen Kurztitel für Tatians Buch handeln. Ein namentlich unbekannt gebliebener Übersetzer von Eusebius Kirchengeschichte ins

---

[61]   Haer. 1,28,1 in Eus., HE 4,29,2f.

[62]   Vgl. Markion von Sinope und seine »Verbesserung« von Paulusschriften, Tertullian, adv. Marc. 4,3,4, dazu B. ALAND, Art. Marcion (ca. 185–160)/Marcioniten, TRE 22, 1992, 89–101, 91.

[63]   Vgl. Eusebius' kongeniales System der Unterteilung der Evangelienschriften in kleine Abschnitte und die anschließend vorgenommene Zuordnung dieser zu Parallelperikopen aus allen vier Evangelienschriften. Diese sog. *Eusebianischen Kanones* wurden von vielen ntl. Evangeliumshandschriften übernommen, wie sie auch heute die kritische Ausgabe des NT zieren, vgl. B. ALAND u.a., Novum Testamentum, 84*–89*.

[64]   Vgl. J.P. MIGNE (Hg.), Eusebii Pamphili Caesareae palestinae episcopi opera omnia quae exstant Bd. 4, PG 22, Paris 1857, 880–1016. Vgl. auch die deutsche Übersetzung der syr. Version von G. BEYER, Die evangelischen Fragen und Lösungen des Eusebius in jakobitischer Überlieferung und deren nestorianische Parallelen, in: OrChr 12–14, 1925, 30–70; 23, 1926, 80–97; 24, 1927, 57–69.

[65]   Dazu TH. ZAHN, Forschungen I, 14–16.

[66]   Vgl. TH. ZAHN, Forschungen I, 18.

[67]   Theod. (393–466 n.Chr.), haer. Fab. 1,20: »Dieser (sc. Tatian) hat auch das Diatessaron genannte Evangelium (τὸ διὰ τεσσάρων καλούμενον ... εὐαγγέλιον) verfaßt«. Vgl. auch, dass in der auf Syrisch verfassten Doctrina Addai (ca. 400 n.Chr.) der Name Diatessaron als griech. Lehnwort bekannt ist (G. HOWARD [Hg.], The Teaching of Addai, Texts and Translations 16, Early Christian Literature Ser. 4, Chico 1981, 73). Es bleibt eine pure Vermutung, dass die Bezeichnung »Diatessaron« auf Tatian selbst zurückgeht, so aber M. HENGEL, vier Evangelien, 45, Anm. 132.

Syrische[68] aus dem 5. Jh. n.Chr.[69] teilt seinen Adressaten nämlich zu dieser Stelle mit, dass es sich bei dem mit griechischer Bezeichnung vorgestellten Opus um das in der syrischen Kirche verwendete »Evangelium der gemischten (Schriften) (*da-Mehallete*)« handelt. Man wird aus dem syrischen Titel von Tatians Schrift folgern, dass ihre ehemalige vollständige griechische Bezeichnung τὸ διὰ τεσσάρων εὐαγγέλιον, also: »das vermittels von bzw. durch vier ([Evangelien-]Schriften hergestellte)[70] Evangelium« gelautet haben wird. So nennt es auch später Epiphanius.[71] Warum Eusebius in seiner Kirchengeschichte nur die Abkürzung des Buches nennt, kann nur vermutet werden: Gebraucht Eusebius an anderer Stelle den vollständigen Titel für eine von Ammonius von Antiochien veranstaltete Ausgabe des Matthäusevangeliums (s.u.), so möchte er vielleicht die Bezeichnung »Evangelium« entsprechend seiner orthodoxen kirchlichen Tradition allein für das aus vier Einzelschriften bestehende neutestamentliche Evangelienbuch verwendet wissen.

Eine Rekonstruktion des Titels von Tatians Schrift aber erlaubt es, Eusebius' magere Informationen für die literarische Konzeption von Tatians Neuerung auszuwerten: Danach hat Tatian eine einzige Evangelienschrift geschrieben, die den gesamten Inhalt von vier Evangelienbüchern in einer besonderen Anordnung wiedergibt. Zur Bezeichnung dieser literarischen Gattung hat sich der Name »Evangelienharmonie« eingebürgert. Über das Verfahren, das Tatian zur Herstellung seines Buches anwendet, und über seine Abfassungssprache, seine inhaltlichen Unterschiede zu den Texten der bekannten Evangelienbüchern aus dem Neuen Testament und den Charakter seiner literarischen Endgestalt weiß Eusebius jedoch nichts mitzuteilen.

Wie alle anderen Kirchenväter schweigt sich Eusebius auch darüber aus, zu welchem Zeitpunkt Tatian sein Evangelienbuch vollendet hat. Allein aus der Kenntnis von Tatians Biographie ist zu schließen, dass Tatian das

---

[68] W. WRIGHT/N. MCLEAN, The Ecclesiastical History of Eusebius in Syriac, Cambridge 1898 (photom. Repr. Amsterdam 1975), 243.

[69] Die älteste Handschrift datiert auf das Jahr 462 n.Chr., vgl. E. SCHWARTZ (Hg.), Eusebius Werke Bd. II Die Kirchengeschichte, T. 3, GCS 9,3, Leipzig 1909, XLI.

[70] Zur grammatischen Verwendung der Präposition von διά mit Genitiv im Sinne der Vermittlung und der Urheberschaft vgl. FR. BLASS/A. DEBRUNNER, Grammatik, § 223.3; K. ALAND/B. ALAND, Wörterbuch, Sp. 360f. Rufin von Aquileia (345–411/2 n.Chr.) teilt mit (GCS 9/1, 392f): »composuit euangelium unum ex quattuor«.

[71] Vgl. Haer. 46,1,9. Die anschließende Bemerkung von Epiphanius: »..., das irgendwelche auch ›nach den Hebräern‹ nennen«, die Tatians Evangelienharmonie mit dem Hebräerevangelium gleichsetzt, dürfte eine »falsche Angabe« sein (PH. VIELHAUER/G. STRECKER, IV. Judenchristliche Evangelien, in: NTApo⁵ I, 114–147, 120; zu den Motiven vgl. A. SCHMIDTKE, Neue Fragmente und Untersuchungen zu den judenchristlichen Evangelien. Ein Beitrag zur Literatur und Geschichte der Judenchristen, in: TU 37, 1911, 1–302) und vermutlich auf der Angabe von Eus., HE 3,27,4 beruhen.

christliche Buch zu seiner Lebenszeit als Christ, mithin in der Zeit nach seiner Bekehrung, d.i. um 180 n.Chr.,[72] angefertigt haben muss.

Von dem ursprünglichen Text von Tatians Evangelienharmonie aber ist außer wahrscheinlich durch die griechische Dura-Handschrift Nr. 0212 (s.o. Kap. 9) kein einziges Exemplar überliefert worden.[73] Die Versuche der Diatessaron-Forschung, auf dem Wege der Analyse von Diatessaron-Zitaten bei Aphrahat und in Ephraems Diatessaron-Kommentar sowie des textlichen Vergleichs zwischen den von Tatians Werk beeinflussten mittelalterlichen Evangelienharmonien und den neutestamentlichen Evangelienbüchern einen Text des Diatessarons zu rekonstruieren, führten bis heute nur zu marginalen Textrekonstruktionen. Zudem können alle diese textlichen Rekonstruktionen dem grundsätzlichen Vorwurf der Wahrscheinlichkeitshypothetik nicht entkommen.

Da weitere Angaben zu den geschichtlichen Umständen der Entstehung von Tatians Evangelienharmonie nicht zu erhalten sind, hat die Diatessaron-Forschung diverse Hypothesen ausgebildet. Dabei stehen sich mutatis mutandis zwei Grundannahmen gegenüber:[74]

1. Tatians Evangelienharmonie wurde bereits in der Zeit seines Romaufenthaltes, d.i. vor 172 n.Chr., abgefasst. Dann dürfte sie ursprünglich auf Griechisch verfasst worden sein.

2. Tatian hat seine Evangelienharmonie erst später in Syrien verfasst. Dann dürfte vielmehr Syrisch die ursprüngliche Originalsprache des Diatessarons gewesen sein.

Sprechen für die erste These die griechische Handschrift Nr. 0212 aus Dura Europos vom Anfang des 3. Jh. n.Chr., so für die zweite Ansicht die für die erste Zeit fehlende Wirkungsgeschichte von Tatians Evangelienharmonie in der westlichen Kirche[75]. Grundsätzlich nicht ausgeschlossen ist aber auch die Möglichkeit, dass

3. Tatian (und seine Schüler) bereits in Rom mit Vorarbeiten zum Diatessaron begannen, um das Werk sodann in Syrien zu vollenden oder

4. in Syrien bei der Herstellung des Evangelienwerkes von einer griechischen Version simultan ins Syrische übertrugen bzw. übersetzten.

In den Mittelpunkt der Diskussion um die ursprüngliche Abfassungssprache des Diatessaron ist nun je mehr die Frage gerückt, ob das griechische Fragment Nr. 0212 eine Übersetzung aus dem Syrischen ist oder nicht. Bewahrheitet sich die Annahme, dann würde sich These 2 von einer syrischen Ursprungssprache des Diatessarons nahe legen. Oder die

---

[72]   Vgl. A. HARNACK, Geschichte II/1, 289; W.L. PETERSEN, Tatian's Diatessaron, 426f, anders Ders., Art. Evangelienharmonie, RGG[4] 2 (1999), Sp. 1692–1693, 1692: 172 n.Chr.

[73]   Vgl. K. SAVVIDIS, Art. Diatessaron, DNP 3, 1999, Sp. 526f, 527.

[74]   Vgl. dazu W.L. PETERSEN, Tatian's Diatessaron, 428–432.

[75]   Vgl. TH. ZAHN, Forschungen I, 5–12.

andere Behauptung ist richtig, nämlich, dass die Sprache des Dura-Fragments ursprünglich Griechisch ist. Dann hat These 1 einiges für sich, dass auch die ursprüngliche Abfassungssprache der Evangelienharmonie das Griechische war.

Schlägt in diesem gelehrten Meinungsaustausch das Pendel in jüngster Zeit in die letzte Richtung aus, so ist doch kritisch zur Validität der Argumentation zu bemerken, dass von dem geringen Umfang des Dura-Fragments eine entscheidende Beweisführung nicht erwartet werden darf.

Um nun nicht erneut in den Stellungskampf der Diatessaron-Forschung um die ursprüngliche Abfassungssprache einzutreten, wird der Weg beschritten, die kirchentheologischen Entstehungsbedingungen von Tatians Evangelienharmonie in der Zeit der zweiten Hälfte des 2. Jh. n.Chr. näher zu untersuchen. Was war über das neutestamentliche Vierevangelium bekannt und in welcher Weise ging die urchristliche Theologie wie die paganen Kritiker mit diesem bemerkenswerten literarischen Phänomen um? Vor allem aber wird zu untersuchen sein, was den christlichen Philosophen Tatian zu dieser Zeit bewegt haben mag, eine Evangelienharmonie zu verfassen?

10.2 Tatians philosophische Motivation
für eine Evangelienharmonie

Auf die Frage nach Tatians Motiven zur Anfertigung einer Evangelienharmonie können einige Hinweise seiner »Rede an die Griechen« entnommen werden. In ihr hat Tatian ja die Grundsätze seiner Christentumsphilosophie offengelegt.[76] In der systematischen Mitte seiner Ausführungen steht der Wahrheitsbegriff. Im Gegensatz zur griechischen Philosophie kann nach Tatians Überzeugung kein Mensch von sich aus zur Erkenntnis der Wahrheit gelangen.[77] Sie muss ihm durch ein Fremdes, durch den Geist Gottes, der die Wahrheit selbst ist, vermittelt werden. Gottes ewiger Geist aber hat sich nach Tatians Überzeugung an die zeitbedingten schriftlichen Äußerungen alttestamentlich(-christlicher) Überlieferung gebunden. Diesen offenbarten göttlichen Anweisungen hat der Mensch mitsamt seiner erkennenden Vernunft unbedingten Gehorsam zu leisten. Ihr Studium erhebt ihn letztendlich zu einem »Freund Gottes« (or. 12,4).

---

[76]   Dazu M. Elze, Tatian, 13.34ff; W.L. Petersen, Tatian's Diatessaron, 73f.

[77]   Vgl. die Differenz zwischen or. 3,1: »Den Heraklit nämlich, der sich äußerte: ›Ich bin mein eigener Lehrer gewesen‹«, und dem Wahlspruch von Heraklit: »Ich habe mich selbst gesucht« (Plut., adv. Colot. 20; Diog. Laert. 9,1,5; Plotin, enn. 5,9,5).

Die Kehrseite von Tatians recht einseitigen erkenntnistheoretischen Standpunkts, der sich allein an die mit göttlicher Autorität auftretende alttestamentliche Wahrheit bindet, ist eine radikale Ausschließlichkeit: Tatian verwirft alle auf Annahme, Erwägung und Wahrscheinlichkeit beruhenden allgemeinen wie christlichen Bemühungen um die Wahrheit. Gemessen an der einen göttlichen, unvergänglichen und widerspruchsfreien Wahrheit des einen und wahren Gottes können sie für ihn nur lauter Irrtum sein.[78]

Wie kräftig Tatian bei seiner philosophischen Wahrheitssuche dem Prinzip der Einheitlichkeit verpflichtet ist, lässt seine Motivation erkennen, dass die Zurückführung »aller Dinge auf eine monarchische Einheit« (or. 29,3: τῶν ὅλον τὸ μοναρχικόν) ihn zum Christentum konvertieren ließ. Ja, der monarchische Gottesbegriff ist das entscheidend Neue an der christlichen Religion.[79] Gerade das Fehlen von Einheit in der Philosophie[80] und in der Religion[81] sei ihm am Griechentum negativ aufgefallen. Für Tatian ist damit der Unterschied zwischen Griechentum und Christentum derjenige zwischen Widerspruch und Harmonie.[82] Oder andersherum: »Unity and harmony are the hall-mark of Christianity«.[83]

Auf den Prüfstand kommt die monarchische christliche Philosophie Tatians, wenn sie mit dem Problem unabweisbarer Vielfalt konfrontiert wird. Einen Hinweis auf Tatians philosophischer Vermittlung von Vielfalt mit der Einheit lässt sich seinen schöpfungstheologischen Äußerungen entnehmen. Tatian vergleicht die von Gott geschaffene Welt mit dem menschlichen Körper und behauptet (or. 12,3.5f):

... alles überhaupt ist gleicher Herkunft ... Denn wie die Zusammensetzung des menschlichen Körpers einheitlich ist ... und wie trotz aller Verschiedenheit der Teile das Ganze eine in seiner Zweckmäßigkeit durchaus harmonische Einheit (συμφωνίας ἐστιν ἁρμονία) ist, so hat auch die Welt gemäß der Macht ihres Schöpfers einen materiellen Lebensgeist bekommen. Dieses kann im einzelnen jeder einsehen ...

---

[78] Vgl. or. 32,1: »Geschieden von der gemeinen, irdischen Lehre, gehorsam den Vorschriften Gottes und dem Gesetze des Vaters der Unvergänglichkeit folgend verwerfen wir alles, was auf menschlicher Meinung beruht«.

[79] Vgl. or. 9,3 (Einheitsgedanke) und 19,9 (Missionsgedanke). Zum »strengen« Monotheismus bei Tatian vgl. R. HANIG, Tatian, 38, Anm. 28 (Lit.).

[80] Vgl. or. 3,9f: »Was sie (sc. die Philosophen) lehren, sind gegenseitige Widersprüche ... Meinung stellen sie gegen Meinung«.

[81] Vgl. or. 8,5f: »Und wie darf man überhaupt die verehren, deren Grundsätze in so vielfältigem Widerspruch zueinander stehen«?

[82] Vgl. or. 25,4f: »Da die philosophischen Systeme, die ihr habt, einander widersprechen, so kämpft ihr, unter euch uneins (ἀσύμφονοι), gegen diejenigen, die unter sich einig sind (συμφώνους)«; or. 14,1: »In Worten geschwätzig, aber eine widersinnige Denkart besitzend, übt ihr Vielherrschaft gründlicher ein als die Monarchie (τὴν μοναρχίαν)«.

[83] T. BAARDA, Διαφονία-Συμφονία. Factors in the Harmonization of the Gospels. Especially in the Diatessaron of Tatian, in: Ders., Essays on the Diatessaron, Contributions to Biblical Exegesis and Theology 11, Kampen 1994, 29–47, 40, vgl. auch G.F. HAWTHORNE, Tatian, 167ff.

Gilt für Tatian in der vielfältigen Welt der Erscheinungen der Grundsatz der Harmonieeinheit des einen das All ausgestaltenden Gottesgeistes,[84] so lässt sich erwägen, dass Tatian denselben Grundsatz aufrechterhält, wenn er mit der literarischen Vielfalt christlicher normativ-heiliger Überlieferung konfrontiert wird. In seiner Schrift geht Tatian leider in keiner Weise auf die Differenzen in den alttestamentlichen Gesetzen und Selbstbekundungen Gottes ein. Dass er diese bei seiner Lektüre des Alten Testaments nicht bemerkt haben soll, darf als unwahrscheinlich gelten. Dasselbe dürfte auch für die verschieden ausgestalteten Evangelienschriften im Neuen Testament gelten.

Es ist darum zu erwägen, dass Tatian den von ihm vertretenen philosophischen Grundsatz einer die Vielfalt durchdringenden göttlichen Harmonie auch auf die vierfältige schriftliche Evangelientradition des Neuen Testaments angewendet haben möchte. Dann läge hinter seiner praktischen Arbeit der Herstellung einer einheitlichen Darstellung der Wirksamkeit von Jesus Christus in einem einzigen Evangelienbuch ein klarer philosophischer Grundsatz, der etwa lautet: »truth takes shape in unity and harmony«[85]. Tatians Beschäftigung mit den neutestamentlichen Schriften wäre damit als Bemühen zu werten, »die Wahrheit des Christentums durch seine Einheit zu erweisen«[86].

Ein anderer Hinweis auf Tatians Motivation zur Abfassung des Diatessarons dürfte in seiner Bewertung historischer Erkenntnis liegen: Tatian kritisiert in seinem Logos an die Griechen, dass die griechische Bildungstradition in chronologischen Fragen, wie etwa der Datierung der geschichtlichen Lebenszeit von Homer, zu abweichenden Ergebnissen kommt.[87] »Leute (aber), die ungereimte Zeitansätze aufstellen«, können Tatians Ansicht nach »unmöglich die geschichtlichen Vorgänge selbst wahrheitsgemäß beurteile« (or. 31,7). Dieses Verdikt über die Griechen aber bedeutet im Umkehrschluss, dass die eigene christliche historische Wahrheit von Jesus Christus das Kennzeichen der genauen chronologischen Ordnung tragen muss. Sonst wäre der geschichtliche Wahrheitsanspruch des Christentums desavouiert. Widersprüche, wie sie in den Evangelien beispielsweise über die Datierung der Geburt Christi, entweder in die Zeit Herodes I. (Mt 2,1 = 37–4 v.Chr.) oder in die Zeit des Herodessohn Herodes Archelaus (Lk 2,1f = 4 v.Chr.–10 n.Chr.), vorliegen, dürften Tatians christlichen Wahrheitsanspruch darum ernstlich von den Quellen selbst aus bedroht haben. Tatian wird durch die christlich-evangelische Überlieferung eine Infragestellung seines christlich-

---

[84]   Vgl. or. 12,10: »Es gibt … einen Lebensgeist ... aber obgleich er überall ein und derselbe ist, birgt er doch Unterschiede in sich selbst«.

[85]   T. BAARDA, Factors, 41.

[86]   M. ELZE, Tatian, 126, vgl. G.F. HAWTHORNE, Tatian, 164.

[87]   Vgl. or. 31,4–7.

philosophischen Anspruchs erlebt haben, der für ihn nur durch ein einheitliches Evangelienwerk aus der Welt geschafft werden kann.

10.3 Zu den Entstehungsbedingungen
von Tatians Evangelienharmonie

Nach allen historischen Indizien hat Tatian das Diatessaron, eine aufwen-
dige Evangelienharmonie aus den vier neutestamentlichen Evangelienschriften, in der Zeit um 170/180 n.Chr. verfasst. Die entscheidenden Im-
pulse zur Anfertigung seiner christlich-kanonischen Schrift wird er aus dem
zeitgenössischen Umgang der christlichen Theologie mit den Evangelienbüchern des neutestamentlichen Kanons bezogen haben. Da für die westliche Kirche mit ihrem führenden Zentrum Rom für das Verständnis der neutestamentlichen Evangelien um die Mitte des 2. Jh. n.Chr. genügend Informationen vorliegen, lässt sich folgende kanonstheologische Ausgangslage
zeichnen:

10.3.1 Das Griechische als frühchristliche Schriftsprache

Als Tatian um die Mitte des 2. Jh. n.Chr. in Rom mit dem christlichen
Glauben in Berührung kam, trifft er auf eine Christenheit, die die griechische Sprache pflegte. Sein philosophischer Lehrer, Justin, schrieb seine
beiden »Apologien« und den »Dialog mit Trypho« auf Griechisch, wie auch
in der römischen Gemeinde christliche Schriften wie der sog. »Hirt des
Hermas« in derselben Sprache abgefasst werden. Erst um die Wende vom
2. zum 3. Jh. n.Chr. wird bei Tertullian das Lateinische Eingang in die
christliche Schriftsprache finden.

Auch die Evangelienschriften, die auf Griechisch und damit in der lingua
franca des Römischen Reiches abgefasst waren, lernte Tatian durch griechische Handschriften kennen. Erst um 180 n.Chr. wird im lateinischen wie
im syrischen Sprachgebiet aufgrund der missionarischen Verbreitung des
Christentums diejenige »Zahl der Gemeindeglieder (ansteigen), die der
griechischen Schriftlesung und -auslegung nicht mehr folgen konnten«[88].
Ihre wachsende Größe machte erst zu dieser Zeit eine Transformation des
griechischen Neuen Testaments bzw. seiner einzelnen Schriften in die jeweilige Landessprache unumgänglich. Für eine Vetus Latina, deren Anfänge in Nordafrika liegen, sind die ersten Spuren wiederum bei Tertullian um

---

[88]   K. ALAND, Art. Bibelübersetzungen I. Die alten Übersetzungen des Alten und Neuen Testaments, TRE 6, 1980, 161f, 162.

200 n.Chr. zu finden.[89] Und im syrischen Sprachgebiet wird sich erst mit Tatians Werk eine Übertragung des griechischen Neuen Testaments ins Syrische einstellen.[90] Zunächst selbstredend für die Evangelienschriften, dann aber auch für die Paulusbriefe und die Apostelgeschichte.[91] Das Vorliegen der neutestamentlichen Evangelien auf Griechisch macht es darum wahrscheinlich, dass Tatian seine Evangelienharmonie unter Verwendung griechischer Handschriften anfertigte. Das schließt grundsätzlich nicht aus, dass er (und/oder seine Schüler) seine neue Evangelienschrift bei ihrer Herstellung simultan ins Syrische übertrugen.

10.3.2 Die neutestamentliche Vierevangeliensammlung

Neben der Abfassungssprache auf Griechisch lagen Tatian die neutestamentlichen Evangelienschriften, die er durch die stadtrömische Christenheit kennen lernte, aber auch in einer bestimmten literarischen Form vor. Sie werden bis heute in einer besonderen Buchausgabe rezipiert, die das sachliche Verständnis dieser Schriften entscheidend mitbestimmt. Wie der Titel von Tatians Evangelienharmonie – »das vermittelst vier ([Evangelien-]Schriften hergestellte) Evangelium« – und das von ihr einzig erhaltene Handschriftenfragment Nr. 0212 zeigen, benutzte Tatian alle und – abgesehen von einigen Sonderüberlieferungen – nur die vier Evangelien, nämlich das Matthäus-, Markus-, Lukas- und Johannesevangelium. Diese vier Schriften wurden, wenn auch mit unterschiedlicher Anordnung der Bücher,[92] in der handschriftlichen Überlieferung des Neuen Testaments als eine zusammenhängende Schriftengruppe überliefert. Die Festigkeit der Handschriftentradition weist dabei auf die frühe Zusammenführung der Evangelienbücher zu einem einzigen »Tetraevangelium«[93] hin.[94]

---

[89]   Vgl. V. Reichmann, Art. Bibelübersetzungen I. Die alten Übersetzungen des Alten und Neuen Testaments, TRE 6, 1980, 172–176, 172.

[90]   Vgl. B. Aland, Art. Bibelübersetzungen I. Die alten Übersetzungen des Alten und Neuen Testaments, TRE 6, 1980, 189–196, 189f.

[91]   Vgl. B. Aland, Art. Bibelübersetzungen, 190.

[92]   Th. Zahn, Geschichte 2/2, 364–375, nennt sieben bekannt gewordene Anordnungen der Evv.; nach dem Urteil von K. Aland/B. Aland, Text, 92, ist jedoch »bei den Evangelien ... die heutige Reihenfolge der Hauptmasse der Handschriften und Übersetzungen bezeugt, daneben findet sich aber auch die ›westliche‹ Reihenfolge Matth, Joh, Luk, Mark, wie ein Beginn mit Joh (und wechselnder Nachfolge, ebenso wie beim Beginn mit Matth)«. Anders M. Hengel, vier Evangelien, 71ff, der die heutige kanonische Reihenfolge der Evangelienschriften als kirchliches Wissen des 2. Jahrhunderts auf ihre historische Entstehungszeit auswertet.

[93]   Vgl. den Ausdruck τετράμορφον τὸ εὐαγγέλλιον für das Vierevangelienbuch bei Irenäus, ad. haer. 11,11.47.

[94]   Vgl. K. Aland/B. Aland, Text, 91f.

Dieser Vorgang der Sammlung von Evangelienbüchern zu einem Vierevangelium wird auf die 1. Hälfte des 2. Jh. n.Chr. zu datieren sein.[95] Die Evangelienschriften selbst waren ursprünglich unabhängig voneinander als Einzelschriften in der Zeit von ca. 70 – die älteste Evangelienschrift ist das Markusevangelium, die jüngste das Johannesevangelium – bis ca. 100/110 n.Chr. geschrieben und anonym[96] publiziert worden.[97] Jede einzelne Evangelienschrift bestimmte dabei in suffizienter Weise die Theologie und Frömmigkeit eines bestimmten regionalen Gemeindelebens.

In größeren Gebieten von mehreren Gemeinden kam zum Vorschein, dass verschiedene Evangelienschriften benutzt wurden. Das Phänomen des Simultangebrauches von mehreren verschiedenen Evangelienschriften in Gemeinden eines Gebietes mündete schließlich in die bibliothekarische Zusammenführung der verschiedenen Evangelienschriften. Auf welche Weise sich dieser geschichtliche Vorgang im Einzelnen vollzog, welche Evangelienschriften auf welche Weise zusammengestellt wurden – allein bei den vier neutestamentlichen Evangelienschriften sind sechs verschiedene Arten der Zusammenstellung möglich – und wie viele verschiedene Versuche einer Evangeliensammlung es gegeben hat, wird historisch wohl nicht mehr aufzuklären sein. Die Sammlung von allen vorhandenen Evangelien entsprach jedoch der geschichtlichen Wirklichkeit einer sich im Selbstverständnis katholisch (= allgemein) konstituierenden Christenheit. Von großer Bedeutung für den sich um 130 n.Chr. durch Markions Kanonsversuch[98] forciert bildenden neutestamentlichen Kanon Heiliger Schriften wurde schließlich das Tetraevangelium.

Jedoch, wie jede Sammlung von Texten formal einen redaktionellen Prozess der Auswahl und zugleich der Zuordnung von überschaubarer Vielheit unter einem Gesichtspunkt bedeutet, so lässt sich auch an den im Neuen

---

[95]   Dazu A. HARNACK, Geschichte II/1, 694; TH. ZAHN, Einleitung in das Neue Testament Bd. II, SThL 2, Leipzig ³1924, 176; DERS., Das Evangelium des Matthäus, KNT 1, Leipzig/Erlangen ⁴1922, 9; TH.K. HECKEL, Vom Evangelium des Markus zum viergestaltigen Evangelium, WUNT 120, Tübingen 1999, 211.265; S. PETERSEN, Die Evangelienüberschriften und die Entstehung des neutestamentlichen Kanons, ZNW 97, 2006, 250–274; M. HENGEL, Die vier Evangelien und das eine Evangelium von Jesus Christus. Studien zu ihrer Sammlung und Entstehung, WUNT 224, Tübingen 2008, 33. – Dass Papias von Hierapolis die durch die Titelei kommentierte Vierevangeliensammlung voraussetzt, lässt sich nicht belegen, mit H. VON CAMPENHAUSEN, Die Entstehung der christlichen Bibel, BHTh 39, Tübingen 1968, 184ff, gegen TH.K. HECKEL, Evangelium, 265. Papias bezeugt jedoch, dass in Kleinasien um 120 n.Chr. die vier bekannten Evangelienschriften als kirchliche Autorität geschätzt wurden.

[96]   Mit H.Y. GAMBLE, Books and Readers in the Early Church. A History of Early Christian texts, New Haven 1995, 153f, gegen M. HENGEL, vier Evangelien, 87f.

[97]   Vgl. W.G. KÜMMEL, Einleitung in das Neue Testament, Heidelberg ¹⁷1973, 53ff; PH. VIELHAUER, Geschichte der urchristlichen Literatur. Einleitung in das Neue Testament, die Apokryphen und die Apostolischen Väter, Berlin/New York 1975, 329ff.

[98]   Vgl. B. ALAND, Art. Marcion/Marcioniten, 91f.

Testament zu einer Sammlung geordneten vier Evangelienschriften die Spur der gestaltenden Redaktion nachweisen und inhaltlich als Konzeption interpretieren:

10.3.3 Zur redaktionellen Theologie der Vierevangeliensammlung

Ausgangspunkt einer Analyse der Redaktion der Vierevangeliensammlung sind die überlieferten frühen Handschriften, die nämlich zu jedem einzelnen Evangelienbuch eine Überschrift, die sog. Inscriptio führen. Diese Etikettierungen zu den Büchern sind als Werktitulierung gestaltet. Die über jedem der vier Evangelienschriften stehende Titelei lautet dabei in ihrer ursprünglichen Langform[99]: εὐαγγέλιον κατά [+ Eigenname im Akkusativ] = »Evangelium nach Matthäus / Markus / Lukas / Johannes«.[100] Reicht die Handschriftenbezeugung für diese Titelei nur in die Zeit um 200 n.Chr.,[101] so ist aufgrund der breiten und vorbehaltlosen handschriftlichen Überlieferung[102] eine Entstehung dieser Betitelung bereits im 2. Jh. n.Chr. anzunehmen.

Die auffällig einheitliche und für die Antike ungewöhnliche Werkbezeichnung der Evangelienschriften[103] macht es unwahrscheinlich, dass die Überschriften den jeweils zu unterschiedlichen Zeiten und an unterschiedlichen Orten entstandenen Evangelienschriften im Moment ihrer

---

[99]   Mit M. HENGEL, Die Evangelienüberschriften, SHAW.PH 3, Heidelberg 1984, 10–12; D. TROBISCH, Endredaktion, 59, Anm. 154; PH.W. COMFORT/D.P. BARRETT, The Complete Text of the Earliest New Testament Manuscripts, Grand Rapids 1999, 44; S. PETERSEN, Evangelienüberschriften, 254, gegen B. ALAND U.A., Novum Testamentum, z.St.

[100]   Die sog. Kurzform κατά [+ Eigenname im Akkusativ] führt allein die Handschrift B; ℵ mischt Kurz- und Langform in Inscriptio und Subscriptio. Da der ℵ in der Subscriptio die Langform führt, »sollte die kurze Form wohl als Eigentümlichkeit des Codex Vaticanus gedeutet werden« (D. TROBISCH, Endredaktion, 59, Anm. 154). Abwegig ist auf jeden Fall die Vermutung (!) von S. PETERSEN, Evangelienüberschriften, 254, dass die Kurzform aufgrund der Zusammenstellung der Evangelien zustande gekommen sei. – Die breite Bezeugung der Langform spricht gegen die Annahme von A. HARNACK, Entstehung und Entwicklung der Kirchenverfassung und des Kirchenrechts in den zwei ersten Jahrhunderten nebst einer Kritik der Abhandlung R. Sohm's:»Wesen und Ursprung des Katholizismus« und Untersuchungen über »Evangelium«, »Wort Gottes« und das trinitarische Bekenntnis, Leipzig 1910, 225f, TH. ZAHN, Einleitung, 178; DERS., Mt, 7; DERS., Geschichte I/2, 166f, dass der Gesamttitel der Evangeliensammlung ursprünglich τὸ εὐαγγέλιον = »das Evangelium« lautete und die folgenden Einzelschriften mit dem Sondertitel in der Kurzform κατά (+ Personennamen) unterschieden wurden.

[101]   Vgl. P[66], der die Inscriptio des Joh bezeugt (B. ALAND U.A., Novum Testamentum, 247).

[102]   Vgl. TH. ZAHN, Geschichte I, 164f.

[103]   Vgl. die wenigen und zudem späten Belege bei M. HENGEL, Evangelienüberschriften, 9, Anm. 8.

Publizierung am Ende des 1. Jh. n.Chr. beigegeben wurden.[104] Auch ist es kaum denkbar, dass den einzelnen Evangelien mit der auf verschiedene Weise erfolgten Zusammenstellung immer dieselbe ausgefallene Buchbezeichnung beigefügt wurde.[105] Handelt es sich doch dabei um Vorgänge, die an verschiedenen Orten zu unterschiedlichen Evangeliensammlungen mit unterschiedlichen redaktionellen Konzepten geführt haben. Die auffällige Gleichförmigkeit der unnormalen Titelvergabe bei den Evangelien des neutestamentlichen Tetraevangelium lässt sich daher am besten mit einem zeitlich punktuell erfolgenden redaktionellen Akt der Zusammenstellung zu dem Vierevangelium begründen: Die hinzugesetzte Titelei hat dabei die Aufgabe, die durch Sammlung entstehende Pluralitätsproblematik der Einzelschriften zu bewältigen.[106] Sie ist in der Mitte der 1. Hälfte des 2. Jahrhunderts gut denkbar, als das Anwachsen christlicher Evangelienwerke eine kritische Sichtung der Texte notwendig machte, die für die Lesung im Gottesdienst in den einzelnen Gemeinden in Frage kommen sollten.[107]

Die vier Überschriften zu jedem Evangelienbuch der Vierevangeliensammlung werden unterschätzt, wenn sie nur als praktische Unterscheidungshilfe bewertet werden.[108] Das sind sie selbstverständlich auch. Für diesen eher bibliothekarischen Zweck hätte es aber entsprechend antiker Gepflogenheit genügt, im Titel die Buchgattung »Evangelium«[109] einzuführen und mit einem Personennamen im Genitiv zur Kennzeichnung des jeweiligen Autors zu verbinden.[110] In dem vorliegenden Tetraevangelium

---

[104]   Gegen M. HENGEL, Evangelienüberschriften, 51; DERS., vier Evangelien, 88f. Auch gibt es keinen Hinweis, dass das MtEv, das lk Doppelwerk und das JohEv den Evangelientitel vom MkEv übernahmen, so aber M. HENGEL, vier Evangelien, 97, Anm. 282.

[105]   Mit D. TROBISCH, Endredaktion, 60; TH.K. HECKEL, Evangelium, 208, gegen M. HENGEL, Evangelienüberschriften, 37.47f.

[106]   Mit TH. ZAHN, Mt, 6; A. HARNACK, Geschichte II/1, 681; TH.K. HECKEL, Evangelium, 209, gegen W. BAUER, Rechtgläubigkeit und Ketzerei im ältesten Christentum, hg. v. G. Strecker, BHTh 10, Tübingen 1964, 214f; H. VON CAMPENHAUSEN, Entstehung, 204. – Von der großen Verbreitung der vier Evangelienschriften her ist grundsätzlich anzunehmen, dass es mehrere Versuche zu einer Evangeliensammlung gegeben hat. Hinweise darauf dürften sich in den verschiedenen Anordnungen der Evangelienschriften im Tetraevangelium finden lassen. Da jedoch keine Zusammenstellung mit einer anderen Evangelienschrift als den bekannten Vieren überliefert ist, konnte sich die Vierevangeliensammlung mit verschiedener Reihenfolge der Schriften allgemein etablieren.

[107]   Vgl. M. HENGEL, vier Evangelien, 97f.

[108]   So S. PETERSEN, Evangelienüberschriften, 273.

[109]   Vgl. den Plural εὐαγγέλια bei Justin, apol 1,66,3 (dazu L. ABRAMOWSKI, Die »Erinnerungen der Apostel« bei Justin, in: Das Evangelium und die Evangelien, hg. v. P. Stuhlmacher, WUNT 28, Tübingen 1983, 341–353), der anzeigt, dass Mitte des 2. Jh. n.Chr. Evangelium auch »Name einer literarischen Gattung (ist), die sich in einer Mehrzahl von Werken präsentiert« (PH. VIELHAUER, Geschichte, 254).

[110]   Beispiele antiker Werktitel dieser Art sind: Πλουτάρχου βίοι παράλληλοι oder Φιλοστράτου βίοι σοφιστῶν.

verwirklicht sich mit dem ausgefallenen Werktitel zu jeder Evangelienschrift jedoch etwas Besonderes.[111] Die jeweilige Form »Evangelium nach
[+ Personennamen]« ist Ausdruck einer inhaltlichen Konzeption. Sie will
weder nur ein formaler Zuordnungsausweis sein noch in erster Linie einen
Hinweis auf den Autor der Schrift geben[112] und sie will schon gar nicht auf
einen der Schrift vorausliegenden Traditionsgaranten hinweisen.[113] Die
Evangelienüberschriften klären vielmehr das besondere Verhältnis des in
seiner Einheit bestehenden Evangeliums zu der vorliegenden Vielzahl von
schriftlichen Büchern. Die Titelei ist zu beurteilen als textlicher Entwurf der
zu einem Vierevangelium zusammenstellenden Redaktion.

Formal verbindet diese Redaktion zwei Aspekte, nämlich auf der einen
Seite »die unerreichbare Fülle des maßgeblichen Evangeliums« und auf der
anderen Seite, wenn nicht ein, sondern mehrere Bücher folgen, die Festle-
gung, »daß ein einzelnes schriftliches Werk dem vorgegebenen Thema
nicht zu genügen vermag«.[114] Das eine Evangelium wird damit als die vorausliegende Norm verstanden, der der jeweils mit κατά = »nach«
eingeführte namentliche Evangelienverfasser mit seiner individuellen
Schrift Ausdruck verleiht. In seiner schriftstellerischen Freiheit ist der
Autor an das übergeordnete Evangeliumsthema gebunden. Sein in das
Vierevangelium aufgenommenes Buch ist eine wichtige Ausprägung des
einen Evangeliums. Ja, alle vier Werke nähern sich auf je verschiedene,
aber doch auch wiederum vergleichbare Weise »dem einen Evangelium an,
ohne es [jedoch] einzeln vollständig abbilden zu können«[115]. Die Menge
von vier ganzen Werken zeigt an, dass mehrere und verschiedene Bücher
nötig sind, um das als vorausgehend angenommene eine Evangelium in
seiner ganzen Fülle und Vollkommenheit zu repräsentieren.

Die Evangelienüberschriften der Vierevangeliumssammlung spiegeln
damit auf kürzeste Weise die urchristliche theologische Auffassung über

---

[111]   Grammatisch ist zu bemerken, dass das κατά einen Genitiv umschreibt (mit
K. ALAND/B. ALAND, Wörterbuch, Sp. 828, u.a. mit Verweis auf Jos, Ap 1,18, gegen W. BAUER,
Rechtgläubigkeit, 54: »gutgriechischer Ersatz für den Genetiv«; W. SCHENK, Evangelium – Evangelien – Evangeliologie. Ein »hermeneutisches« Manifest, TEH 216, München 1983, 21: »ein
Synonym für den bloßen possessiven Genitiv«). Mit dieser grammatischen Beobachtung ist aber
noch nicht die Frage beantwortet, aus welchem Grund gerade diese und keine andere Genitivum-
schreibung benutzt wurde, vgl. FR. BLASS/A. DEBRUNNER, Grammatik, § 224,2: »In den Evangelienschriften κατά Μαθθαιον usw wird durch κατά der Verfasser *dieser Form des Evangeliums*
bezeichnet (Hervorhebung U.M.)«.
[112]   Gegen H. VON CAMPENHAUSEN, Entstehung, 203, Anm. 118.
[113]   In Anknüpfung an TH. ZAHN, Geschichte I/1, 165ff; DERS., Einleitung, 177, hatte bereits
A. HARNACK, Geschichte II/1, 681, festgestellt, dass die eigenartige Titelei »εὐαγγέλιον κατὰ
Μαρκον etc. weder übersetzt werden darf: ›die Evangelienschrift, deren Autor Marcus ist‹, noch
›die Evangelienschrift nach der von Marcus stammenden Überlieferung‹«.
[114]   TH.K. HECKEL, Evangelium, 213.
[115]   TH.K. HECKEL, Evangelium, 214.

das durch Menschen vermittelte Gottesevangelium wider:[116] Es ist zunächst die Überzeugung, dass das Evangelium ein in der Welt nicht enthaltenes, mithin fremdes Wort ist, das als Gottes allerletztes gültiges Wort für den Menschen zur befreiende Anrede wird. Im Heiligen Geist vermittelt es allen Menschen den in Christi Auferstehung von den Toten zugunsten des Menschen handelnden Schöpfergott als rettende und letztgültige Nähe. Dabei besitzt jeder Mensch die Freiheit, im Glauben diesen sich im Evangelium der Christusgeschichte anbietenden Gott für sich im Leben wie im Tod als Neuschöpfung in Anspruch zu nehmen.

Das Evangelium als das eine Geschehen der Gottesbegegnung ist aber nun zugleich eine in menschlicher Sprache abgefasste Bekundung. Als sprachlich ausformulierte Überlieferung über das rettende Heil der Auferstehung Christi von den Toten kann das Evangelium neben einer mündlich-variablen Fixierung in der Predigt des Evangeliums[117] auch schriftlich-exakt niedergelegt werden: Dabei macht es keinen Unterschied, ob es in einer rhetorischer Kurzform (vgl. 1Kor 15,3b–5) oder, wie im Markusevangelium (vgl. Mk 1,1), in einer narrativen Langform expliziert wird. Entscheidend ist, dass das Gottesevangelium für Menschen lesend und damit hörend in der Welt kommuniziert werden kann. Als feststehende Tradition erlangen die in der Urchristenheit geschaffenen verschiedenen sprachlichen Ausdrucksformen des einen Evangeliums eine besondere Autorität. Die Schriftautorität mündet ein in einen aus verschiedenen Büchern ausgestalteten Kanon heiliger urchristlicher Schriften.

Wenn nun die redaktionelle Titelei der in den neutestamentlichen Kanon aufgenommenen Evangelienschriften beide theologischen Aspekte über die Einheit des Gottesevangeliums in der Vielheit seiner Zeugnisse benennt, so entspricht die christliche Redaktion des Tetraevangeliums der zeitgenössischen Theologie von dem einen rettenden Gotteswort in der Vielzahl menschlicher Bekundungen. Ihre markante Titelei der Evangelienschriften ist dabei eine urchristliche Evangeliumstheorie in nuce.

Für dieses urchristlich am Beginn des 2. Jh. n.Chr. ausgeprägte dialektische Verständnis des einen Evangeliums in der Vielheit von Annäherungsschriften spricht auch, dass in urchristlichen Schriften bei der zitati-

---

[116] S. den Forschungsbericht zu »Evangelium« als einem theologischen Begriff von D. DORMEYER/H. FRANKEMÖLLE, Evangelium als literarische Gattung und als theologischer Begriff. Tendenzen und Aufgaben der Evangelienforschung im 20. Jahrhundert, mit einer Untersuchung des Markusevangeliums in seinem Verhältnis zur antiken Biographie, in: ANRW II 25.2, 1984, 1543–1704, 1635–1694.1700–1704; H. FRANKEMÖLLE, Evangelium – Begriff und Gattung. Ein Forschungsbericht, SBB 15, Stuttgart 1988. Inhaltliche Zusammenfassung PH. VIELHAUER, Geschichte, 252–258; W. SCHNEEMELCHER, Einleitung A. Evangelien. Außerbiblisches über Jesus, in: NTApo[5] I, 65–75.

[117] Vgl. 1Thess 1,9f; 1Kor 15,3b–5.

onsmäßigen Berufung auf einen konkreten Evangelientext trotz einer eindeutig schriftlich existierenden Vorlage ohne Bezeichnung des konkreten Evangelienbuches, beispielsweise durch Namensgebung, vorgegangen wird. Die bei dem Verweisverfahren in der 1. Hälfte des 2. Jh. n.Chr. benutzte Formel, die in etwa lautet:»der Herr sagt in seinem Evangelium«, weigert sich, zwischen der Autorität des einen Evangeliums als dem von Christus gestifteten Glaubensheil und der konkreten textlichen Ausformulierung des Evangeliums in einem bestimmten Buch einen Unterschied zu machen.

Ein Beispiel von vielen[118] ist in der Lage, diese Verfahrensweise zu belegen: In der um 130 n.Chr. entstandene Didache[119] werden in 8,2 die christlichen Gemeindeglieder aufgefordert, das Vater-Unser-Gebet dreimal täglich so zu beten,»wie es der Herr in seinem Evangelium befohlen hat«. Der anschließend dargebotene Text:

Unser Vater im Himmel,
geheiligt werde dein Name,
dein Reich komme,
dein Wille geschehe wie im Himmel auch auf Erden,
unser tägliches Brot gib uns heute
und erlass uns unsere Schuld,
wie auch wir unseren Schuldnern erlassen,
und führe uns nicht in Versuchung,
sondern bewahre uns vor dem Bösen.
Denn dein ist die Kraft und die Herrlichkeit in Ewigkeit.

entspricht ohne Schlussdoxologie weitestgehend dem kanonischen Wortlaut des Vater-Unser-Gebetes in Mt 6,9–13. Lassen sich hinsichtlich des griechischen Wortlauts drei von vier Abweichungen von Did 8,2 zu Mt 6,9–13 in der Textüberlieferung des matthäischen Vater-Unser-Textes namhaft machen,[120] so legt sich der Schluss nahe, dass der Verfasser der Apostellehre sich bei der Normierung christlicher Frömmigkeit auf die Autorität eines schriftlichen Evangeliums, d.i. das Matthäusevangelium,[121] beruft, ohne

---

[118] Vgl. auch Did 11,3 (auf Mt 10,40); 15,3 (auf Mt 18,15); 15,4 (auf Mt 6,1–18); Just., dial. 100,1 (auf Mt 11,27), vgl. I apol. 63,3; 2Clem 8,5 (auf Lk 16,10a[11]).

[119] Dazu K. NIEDERWIMMER, Die Didache, KAV 1, Göttingen 1989, 64ff.

[120] Dazu U. MELL, Gehört das Vater-Unser zur authentischen Jesus-Tradition? (Mt 6,9–13; Lk 11,2–4), BThZ 11, 1994, 148–180 (wieder abgedruckt in Ders., Biblische Anschläge. Ausgewählte Aufsätze, Leipzig 2009, 97–135), 151f, Anm. 21: Der in der Anrede des Vater-Unsers verwendete Singular ἐν τῷ οὐρανῷ findet sich auch in der mittelägyptischen Überlieferung von Mt 6,9b, die Präsensform ἀφίεμεν in der zweiten Wir-Bitte ist u.a im sog. byzantinischen Reichstext zu Mt 6,12b bezeugt und die zweigliedrige Doxologie wird von großen Teilen der sahidischen Übersetzung von Mt 6,13 gelesen. Allein die Lesart τὴν ὀφειλήν in der zweiten Wir-Bitte kennt keine Zeugen bei Mt 6,12a.

[121] Mit KL. WENGST, Didache, 24–28, gegen H. KÖSTER, Überlieferung, 1464–1467.

dabei auf eine literarische Quellenbezeichnung der zitierten Evangelienschrift zu rekurrieren.

Wenn nun aber, wie im Falle der Vierevangeliensammlung, mehrere konkurrierende Schriften zur Repräsentation des einen Evangeliums in ein- und demselben Sammelwerk vorliegen, liegt eine besondere literarische Situation vor. Im Sinne der Evangeliums-Einheitstheorie ist es jetzt unumgänglich, dass durch konkrete Bezeichnung die einzelnen Evangelienschriften voneinander unterschieden werden. Dabei soll die Überzeugung gewahrt werden, dass alle Schriften das eine Evangelium auf eine jeweils individuell verschiedene Weise repräsentieren. Der dabei verwendete, dialektisch zu nennende Titel über das jeweilige Buch mit »Evangelium nach [+ Personennamen]« hält fest, dass es sich bei dem vorliegenden Werk immer um das eine Evangelium handelt, das in einer bestimmten, von einem menschlichen Autor verantworteten geschichtlichen Darstellungsweise vorliegt.[122] Dass jedes andere Evangelienbuch denselben geschichtlichen Vorgang repräsentiert und dass alle (vier) Evangelienschriften zusammen eine unterschiedliche Annäherung an das eine Evangelium darstellen. Die Evangelienbücher sind damit stofflich verschieden, bleiben auch formal selbständig und sind doch untereinander vergleichbar, weil sie ein und dasselbe Evangelium repräsentieren.

Der nun in der redaktionellen Überschrift des Tetraevangeliums zu einer Evangelienschrift vergebene konkrete Personenname spiegelt die urchristliche Auffassung wider, den Namen des Verfassers der Evangelienschrift zu wissen.[123] Die für die Evangelienbücher ausgewählten Namen konkreter Personen sichern die geschichtliche Kontinuität zum vorausliegenden eschatologischen Evangeliumsgeschehen: die geschichtlichen Personen mit Namen Matthäus[124] und Johannes[125] gelten als Apostel

---

[122] Vgl. A. HARNACK, Geschichte II/1, 681. Eine Nachbildung dieses besonderen Werktitels liegt bei den Bezeichnungen des apokryphen Hebräer- und Ägypterevangelien vor: εὐαγγέλιον καϑ᾽ Ἑβραιους und εὐαγγέλιον καϑ᾽ Ἀιγυπτιους meint hier den jeweiligen Benutzerkreis der Evangelienschrift, also Judenchristen oder ägyptische Christen. Keinesfalls dürfen die Evangelienüberschriften in Analogie auf die z.B. in Handschrift B in ihrer Subscriptio zum Buch Genesis enthaltenen Überlieferung, welche die griech. Übersetzung des AT mit der Formel: ἡ παλαιὰ διαϑήκη κατὰ τοὺς Ἑβδομήκοντα (= »das Altes Testament nach den Siebzig«) bezeichnet, als Textrezensionen (vgl. die in Scholien erhaltenen Bezeichnungen Ομηρος κατα Αρισταρχον, κατα Ζηνωδοτον, κατα Αριστοφανην) verstanden werden, mit TH. ZAHN, Geschichte, 165, Anm. 1, gegen M. HENGEL, Evangelienüberschriften, 10; DERS., vier Evangelien, 90; D. TROBISCH, Endredaktion, 60; TH.K. HECKEL, Evangelium, 209, Anm. 432.

[123] Die Evangelien lassen bis auf das Joh (vgl. 21,24: der »Lieblingsjünger« ist zur Zeit der Abfassung von Kap. 21 namentlich bekannt) bei ihrer ursprünglichen Abfassung keine Namen der Verfasser erkennen.

[124] Vgl. Papias von Hierapolis (ca. 130 n.Chr.) nach Eus., HE 3,39,16 in Verbindung mit Mt 10,3: »Matthäus hat nun im hebräischem Stil die Worte in literarische Form gebracht«.

[125] Vgl. Joh 21,24.

Jesu Christi, diejenigen mit den Namen Markus[126] und Lukas[127] als Schüler der Christusapostel. Als solche sind letztere als zuverlässige Traditionsgaranten qualifiziert. –

Ist mit diesen Ausführungen das theologisch-geschichtliche Konzept erläutert, das mit der redaktionellen Ausformulierung einer viermal titular kommentierten Vierevangelieneinheit vorliegt, so lassen sich auf diesem Hintergrund einige Aspekte des Programms von Tatians Evangelienharmonie erläutern. Ja, es lässt sich sogar zeigen, dass Tatians Werk in expliziter Weise ausführt, was das Tetraevangelium bereits implizit für sich theologisch in Anspruch nimmt:

Bereits der Name von Tatians Evangelienbuch »Das *vermittelst von vier ([Evangelien-] Schriften)* hergestellte Evangelium« belegt zweierlei: Einmal, dass für Tatian gerade vier Evangelienbücher von Bedeutung sind. Genauer gesagt, dass vier einzelne und für sich abgeschlossene Evangelienschriften zusammen eine höhere Autorität besitzen als nur ein oder zwei von ihnen oder gar etwa andere Quellen, respektive andere Evangelienbücher. Diese im Titel zum Ausdruck kommende konzeptionelle Entscheidung von Tatians Evangelienentwurf erklärt sich zwanglos aus der Kenntnis der kirchlich durch den sich bildenden neutestamentlichen Kanon eingeführten Vierevangeliensammlung. Die griechische Handschrift Nr. 0212 bestätigt denn auch, dass Tatian Diatessaron – von wenigen Sonderüberlieferungen abgesehen – zur Herstellung des Textes nur die vier bekannten Evangelienbücher, das Matthäus-, das Markus-, das Lukas- und das Johannesevangelium benutzt, also gerade diejenigen Evangelienbücher verwendet und damit repräsentiert, die um die Mitte des 2. Jh. n.Chr. bereits zu einer Vierersammlung zusammengeführt worden waren.

Dass Tatian bei seiner Tätigkeit nicht der Auffassung ist, ein grundsätzlich neues Evangelienbuch aus eigener schriftstellerischer Freiheit zu schaffen – numerisch würde es als ein *fünftes* Evangelienbuch gelten können, namentlich ließe es sich zwanglos nach seinem Verfasser *Tatian* benennen – lässt der zweite Aspekt seines Buchtitels »das vermittelst von vier ([Evangelien-] Schriften) hergestellte *Evangelium*« durchblicken. Ihm zufolge will Tatians Unternehmen eine Rekonstruktion des einen Evangeliums als eine spezifische Schrift aus den bereits vorhandenen vier Evangelienschriften sein. Dieses Rekonstruktionsvorhaben, dass den Autor auf eine strikte, wenig schöpferische Kompilationsarbeit festlegt, legt sich nahe, wenn Tatian diejenige Evangelieneinheit vorlag, die durch den

---

[126]   Vgl. Papias von Hierapolis (ca. 130 n.Chr.) nach Eus., HE 3,39,15: »Markus war einerseits der Dolmetscher des Petrus geworden«.

[127]   Vgl. Lk 1,3 in Verbindung mit 2Tim 4,11. Vgl. auch, dass Marcion um 130 n.Chr. nach Gal 1,6f auf das Lk als Werk eines Paulusschülers zur Herstellung seiner (dreiteiligen?) christlichen Bibel zurückgreift (Tert., adv. Marc. 4,3,4).

jeweiligen Titel ihrer vier Schriften erkennen lässt, dass viermal verschieden, aber dennoch vergleichbar immer ein und dasselbe Evangelium zur Darstellung kommt. Tatian vollzieht damit in seiner textlichen Wiederherstellung des einen Evangeliums als einem einzigen Buch die von den Evangelienüberschriften des Tetraevangeliums behauptete These, dass die viermal verschieden vorliegenden Evangelienbücher nur das eine und vorausliegende eschatologische Evangelium von Jesus Christus abbilden. Indem Tatian das eine Evangelienbuch also herstellt, ist er der Überzeugung, dass er damit die Autorität des einen Evangeliums als dem von Christus gestifteten Heil in der wahren Gestalt der einen textlichen Ausformulierung hervorbringt.

Erklärt sich durch die Benutzung der mit vier Titeln kommentierten Evangeliensammlung der grundlegende Ansatz von Tatians Evangelienharmonie, so doch nicht sein besonderer Umgang mit den Evangelientexten im Einzelnen. Wie nämlich später die von Ammonios von Alexandria vorgelegte Schrift zeigt, die als Evangelienharmonie mit dem entsprechendem Namen, nämlich mit »das vermittels vier ([Evangelien-] Schriften) hergestellte Evangelium« versehen wurde, hätte Tatian auch eine andere Variante anfertigen können. Er hätte ein Evangelienbuch zusammenstellen können, das die Abfolge der Perikopen neu ordnet, aber den jeweiligen Text der vier Evangelienschriften weitgehend intakt lässt.

Wie jedoch die griechische Diatessaron-Handschrift Nr. 0212 demonstriert, fügte Tatian seine Harmonie Perikope für Perikope aus einzelnen Textbausteinen aller zum Thema vorhandenen Evangelientexte zusammen. Mit dieser literarischen Operation, die weder einen in einem Evangelienbuch vorhandenen Textabschnitt noch einen Sinnteil in seinem Wortbestand geschützt sieht, ja, sich wahrscheinlich auch nicht an die Perikopenreihenfolge einer bestimmten Evangelienschrift gebunden fühlte, dokumentiert Tatian eine besondere Freiheit gegenüber der Verwendung von Evangelientexten. Aber auch in dieser Hinsicht war Tatian kein Neuerer. Vielmehr griff er auf die bei Zeitgenossen anzutreffende Libertät im Umgang mit urchristlichen Evangelientexten zurück. Als Beispiel lässt sich dabei die Evangelienbenützung bei Tatians großem Vorbild, dem christlichen Philosophen Justin dem Märtyrer anführen:

10.3.4 Der freie Umgang mit Evangelientexten bei Justin

Von Justins reichem schriftlichen Œuvre sind drei, die sog. erste Apologie (I apol.) mit ihrem Anhang (II apol.) und der sog. »Dialog mit Trypho«, allesamt im sechsten Jahrzehnt des 2. Jh. n.Chr. verfasst, erhalten geblieben.[128] Sind diese Schriften von beträchtlichem Umfang, so äußert sich Justin in ihnen nicht zu einem christlichen Katalog maßgeblicher Schriften. Seine philosophisch-christlichen Ausführungen lassen aber einen bestimmten Umgang mit urchristlichen Schriften, u.a. den neutestamentlichen Evangelientexten erkennen.

Justin bezeichnet die Evangelienschriften im allgemeinen mit der vielverhandelten Bezeichnung »Denkwürdigkeiten der Apostel« (ἀπομνημονεύματα τῶν ἀποστολῶν)[129]. Mit dem Gattungsbegriff »Denkwürdigkeiten« zählt er sie, wie bereits bei Papias von Hierapolis angedeutet wird,[130] zur geschichtlich beweiskräftigen Memoirenliteratur.[131] Die Evangelienbücher zum Angedenken Christi wurden Justins Auffassung nach von Christi Aposteln wie den Schülern der Apostel verfasst und geben im Prinzip deren apostolische Predigt wieder.[132]

Justin gebraucht für die Evangelienbücher aber auch – und das geschieht geschichtlich zum ersten Mal – die Bezeichnung »Evangelien« (apol. 66,3, vgl. dial. 10,2). Damit dokumentiert Justin einen literarischen Evangelienbegriff: als Schriften gehören die Evangelien zu einer bestimmten Literaturgattung. Es lässt sich nun nachweisen,[133] dass Justin Kenntnis von Handschriften des Matthäus- und Lukas-[134], aber auch des Markusevangeliums[135] hatte. Umstritten bleibt die Benutzung des Johannesevangeliums.[136] Gute Gründe[137] legen jedoch auch eine Bekanntschaft mit dieser Evangeliumsschrift für Justin nahe.[138] Annehmen lässt sich weiterhin, dass Justin mit dem spezifischen Gebrauch gerade dieser vier Evangelienschriften den

---

[128]   Eus., HE 4,18,1–6 zeigt Kenntnis von mindestens acht Schriften aus Justins reichem literarischen Schaffen (vgl. HE 4,18,8).

[129]   Apol. 1,66f; vgl. dial. 99–107.

[130]   Vgl. Eus., HE 3,39,15.

[131]   Vgl. D. DORMEYER, Evangelium als literarische und theologische Gattung, EdF 263, Darmstadt 1989, 19f.

[132]   Vgl. I apol. 66,3; dial. 103,8.

[133]   Vgl. É. MASSAUX, The Influence of the Gospel of Saint Matthew on Christian Literature before Saint Irenaeus 3 Bd., New Gospel studies 5,1–3, Macon 1990–1993; TH.K. HECKEL, Evangelium, 310f.318–324.

[134]   Vgl. das Ergebnis von W.-D. KÖHLER, Die Rezeption des Matthäusevangeliums in der Zeit vor Irenäus, WUNT 2/24, Tübingen 1987, 258, dazu die Mt-Stellen bei Justin 166–209. Zum Lk vgl. dial. 103,4 mit Lk 23,7f; dial. 105,5 mit Lk 23,46.

[135]   Vgl. I dial. 88,8 mit Mk 6,3; I dial. 106,3, dazu CL.-J. THORNTON, Justin und das Markusevangelium, ZNW 84, 1993, 93–110, 98.

[136]   Vgl. die Aufstellung bei TH. ZAHN, Geschichte I, 516–520.522–534.

[137]   Vgl. I apol. 61,4 mit Joh 3,3; I dial 88,7 mit Joh 1,20.23, dazu TH.K. HECKEL, Evangelium, 321f.

[138]   Dazu T. NAGEL, Die Rezeption des Johannesevangeliums im 2. Jahrhundert, ABG 2, Leipzig 2000, 94–116; TH.K. HECKEL, Evangelium, 320–324. – Zur Frage, ob Justin auch das PetrEv benutzte vgl. CL.-J. THORNTON, Justin, 93ff, zu sonstigen apokryphen Evangelientraditionen bei Justin vgl. TH.K. HECKEL, Evangelium, 326f.

Usus in der stadtrömischen Gemeinde widerspiegelt.[139] Dann ist zu vermuten, dass Justin die Evangelienschriften in einer Zusammenstellung gelesen haben, wie sie sich zu Beginn des 2. Jh. n.Chr. als Schrift des sich herausbildenden neutestamentlichen Kanons in der jungen Christenheit etablierte.[140]

Wenn Justin Evangelienschriften für Wert erachtet, als apostolische Überlieferung im sonntäglichen christlichen Gottesdienst vorgelesen zu werden,[141] so fühlt er sich in seinen eigenen Schriften, selbst wenn er eine Zitateinführungsfloskel gebraucht, nicht streng an den Wortlaut eines Evangelientextes gebunden.[142] Ein Beispiel mag dies erläutern. So heißt es in dial. 100,1:

Auch hat er (sc. Christus), wie im Evangelium geschrieben steht, gesagt: »Alles ist mir vom Vater übergeben, und niemand kennt den Vater außer dem Sohn, auch nicht (kennt jemand) den Sohn außer dem Vater und denen der Sohn es offenbaren wird«.

Dieses Zitat entspricht in etwa dem (rekonstruierten) Wortlaut von Mt 11,27 par. Lk 10,22:

Alles ist mir von meinem Vater übergeben worden, und niemand kennt den Sohn außer dem Vater, auch nicht kennt jemand den Vater außer dem Sohn und wem es der Sohn offenbaren will.

bzw.

Alles ist mir von meinem Vater übergeben worden, und niemand kennt, wer der Sohn ist außer dem Vater, und wer der Vater ist außer dem Sohn, und wem es der Sohn offenbaren will.

Ist nun festzustellen, dass Justin den zweiten Teil von Christi Offenbarungswortes noch zweimal in seiner Apologie (I 63,3.13), und zwar jedes Mal mit kleinen Unterschieden zum neutestamentlich bekannten Text gebraucht,[143] so gibt er insgesamt zur Kenntnis, dass er an einer exakten Zitation von Evangelientexten nicht interessiert ist.[144] Lassen sich im konkreten

---

[139] Justin kennt über die vier Evangelienschriften hinaus nur einen geringen Umfang apokrypher Jesustraditionen, dazu TH.K. HECKEL, Evangelium, 326f.

[140] Mit TH.K. HECKEL, Evangelium, 327–329; M. HENGEL, vier Evangelien, 34f.

[141] Vgl. I apol. 67,3.

[142] Vgl. W.-D. KÖHLER, Rezeption, 162: »In den wenigsten Fällen stimmt Justin vom Wortlaut her mit seinen kanonischen Parallelen exakt überein«. Vgl. aber Justins genaue Wortzitation bei Verwendung der Zitationsformel γέγραπται ὅτι: dial. 49,5,6 = Mt 17,13; dial. 107,1,2 = Mt 12,39 (kontextbedingt wird αὐτῇ in αὐτοῖς geändert).

[143] In I apol. 63,3.13 mit dem Aorist ἔγνω statt dem Präsens γινώσκει, in I apol. 63,3 mit der Wortumstellung von »Sohn« und »offenbaren«.

[144] Vgl. auch die Zusammenstellung von Mehrfachüberlieferungen in Justins Schriften bei A.J. BELLINZONI, The Sayings of Jesus in the Writings of Justin Martyr, NT.S 17, Leiden 1967, 8–47.

Fall für Justins Abwandlungen im Wortlaut – nämlich ohne das Personalpronomen μοῦ bei Vater und mit der insgesamt kürzeren Umstellung von Sohn und Vater – Parallelen in neutestamentlichen Handschriften[145] sowie bei anderen Kirchenvätern, beispielsweise Irenäus,[146] beibringen, so darf Justin als Exempel für einen in seiner Zeit gepflegten großzügigen Umgang mit den als apostolisch geachteten Evangelientexten gelten.

Die Variation bei der Wiedergabe von Evangelientexten kann dabei aus verschiedenen Gründen erfolgt sein: Es kann sich um eine Anpassung an den eigenen gedanklichen Kontext, um eine Berücksichtigung im Sinne eines besseren Verständnis für den Adressaten, um eine Zitation nach dem Gedächtnis oder, wie in diesem Fall, um eine stilistische Überarbeitung eines aus den Evangelienschriften vertrauten Wortes handeln.

Interessanterweise lassen sich bei Justin nun auch sog. Mischzitate nachweisen. Das sind Verbindungen von Inhalten oder Texten aus zwei verschiedenen Evangelienschriften.[147] Das Justinsche Verfahren lässt sich gut an einem Sachbeispiel aus dial. 88,8 illustrieren. Dort heißt es:

Da kam an den Jordan Jesus, der als Sohn des Zimmermannes Joseph galt, und erschien, wie es die Schriften verkündeten, ohne Herrlichkeit, (Jesus), der als Zimmermann galt, ...

In die Nacherzählung der Geschehnisse bei der Taufe Jesu[148] fügt Justin zwei Mitteilungen hinsichtlich des Berufes von Vater Joseph und seinem Sohn Jesus ein. Beide Nachrichten entnimmt er verschiedenen Evangelienschriften: Nach Mk 6,3 ist Jesus – und nur er allein – von Beruf »Zimmermann«, während Mt 13,55 »Zimmermann« ausschließlich als den Beruf von Joseph, dem Vater Jesu, angibt. Indem Justin in seinem Text über die Taufe beide, Jesus und seinen Vater, von Beruf als »Zimmerleute« ausgibt, verbindet er zwei getrennte Angaben aus zwei verschiedenen Evangelienschriften zu einem sich ergänzenden Wissen über Jesus und seine Familie.

Eine Harmonisierung mehr formaler Natur liegt vor, wenn Justin gleichlautende Texte verschiedener Evangelienschriften zu einem neuen Wort zusammenzieht. So lautet I apol. 15,8:

---

[145] Vgl. zu Mt 11,27, dass u.a. die ursprüngliche Lesart des ℵ das Personalpronomen auslässt und dass die Handschriften N und X, wenn auch mit kleineren Abweichungen, die Umstellung von Vater und Sohn bezeugen. Bei Lk 10,22 liest die Handschrift D und u.a. lat. Übersetzungen kein Personalpronomen und die Handschriften U und 1424 kennen die bei Justin auftretenden Umstellungen von Vater und Sohn.

[146] Vgl. nur ad. haer. 2,6,1, weitere Kirchenväterbelege bei G. STRECKER, Eine Evangelienharmonie bei Justin und Pseudoklemens?, NTS 24, 1978, 297–316, 311, Anm. 1.

[147] Vgl. die Zusammenstellungen und Analysen von A.J. BELLINZONI, Sayings, 76–88.

[148] Vgl. Mk 1,11f parr.

Er (sc. Christus) aber spricht folgendermaßen: »Ich bin nicht gekommen Gerechte zu berufen, sondern Sünder zur Umkehr«.

Das Christuswort ist bis auf den Zusatz »zur Umkehr« identisch mit Mk 2,17b.[149] Es verwendet aber auch den Text von Lk 5,31: εἰς μετάνοιαν = »zur Umkehr«. Für das von Justin angegebene etwas längere Christuslogion lassen sich nun sowohl neutestamentliche Handschriften anführen[150] als auch Kirchenväter zitieren, unter ihnen Epiphanius.[151] Tritt eine Harmonisierung von zwei oder auch mehr Evangelientexten bei Justin häufiger auf, so wird deutlich, dass dieses Verfahren nicht nur als spontane freie Gedächtniszitation zu verstehen ist.[152] Es ist vielmehr anzunehmen, dass Justin einer frühchristlichen Auffassung über die Evangelientexte folgt. Dieser Ansicht nach ist es legitim, in kombinierender Weise ähnlich lautende Evangelientexte zu einem »neuen« Christuswort zusammenzusetzen. Und dieses aus Wortbruchstücken der Evangelien »rekonstruierte«, in den vorhandenen Evangelienschriften in dieser Weise nicht vorhandene Christuslogion, genießt eine höhere Autorität als eine der Fassungen des Christuswortes, die schriftlich in Evangelien vorliegen. Aus diesem Grunde wird es in der eigenen Argumentation als Christusausspruch ja »zitiert«.

Dieses nicht nur bei Justin auftretende »Rekonstruktionsverfahren« von Christusworten lässt sich am einfachsten erklären, wenn man bei der Benützung von Evangelientexten von einer Vierevangeliensammlung abhängig ist. Dann erlaubt es der jeweils vor einem Evangelienbuch stehende Titel »das eine Evangelium nach der Darstellung von XY« ein nicht in den Evangelientexten so enthaltenes, sondern aus allen Evangelientexten mittels eigener Kombinationsgabe wiederhergestelltes, mithin neues Christuswort als solches auszugeben. Justin vollzieht mit seiner kombinierenden Zitierung von zwei und mehr Evangelientexten damit inhaltlich nach, was als formale Konzeption in der redaktionell kommentierten Vierevangeliensammlung als legitim behauptet wird: Dass das eine eschatologische Evangelium in einer Mehrzahl, mithin vier verschiedenen, sich aber gegenseitig ergänzenden Evangelienschriften vorliegt.

---

[149]   Zu Mt 9,13 liegen kleinere Abweichungen vor.
[150]   Vgl. den Apparat bei K. ALAND, Synopsis, z.St.
[151]   Haer. 51,5,1.
[152]   Dass es sich in Justins Schriften nur um Gedächtniszitate handelt, dürfte der Penetranz des Justinschen Verfahrens nicht gerecht werden, gegen TH.K. HECKEL, Evangelium, 318.

10.3.5 Eine Dreievangeliensammlung bei Justin?

Für das bei Justin häufig auftretende Phänomen der Harmonisierung von Evangelientexten besteht nun die Ansicht, Justin würde auf eine Evangelienharmonie von drei Evangelienbüchern postsynoptischer Art zurückgreifen.[153] Ja, Justins Schüler Tatian hätte angeblich die Dreievangelienharmonie seines Lehrers Justin als Vorbild zur Herstellung seiner eigenen, auch das Johannesevangelium einschließenden Vierevangelienharmonie benutzt.[154] Prinzipiell ist diese Annahme möglich. Jedoch lässt sie sich nicht als zwingend ausweisen.[155]

Gegen diese Theorie spricht zunächst, dass der angeblichen neutestamentlichen Dreievangeliensammlung im Unterschied zu Tatians Diatessaron jegliche Wirkungsgeschichte fehlt. Eine in Rom von Justin Mitte des 2. Jh. n.Chr. im christlich-philosophischen Kontext verwendete Dreievangelienharmonie hätte nach der Tenazitätsregel der überreichen neutestamentlichen Handschriftenüberlieferung[156] in irgendeiner Handschrift erhalten bleiben müssen. Das ist jedoch nirgends der Fall.[157]

Im postulierten Fall, Justin würde eine Harmonie aus den drei Synoptischen Evangelien benutzen oder angefertigt haben, so wäre Justin der einzige Zeuge gegen die sich bereits etablierende Zusammenstellung der Evangelien in einem Vierbuch. Das ist eine mögliche Annahme, stellt aber gemessen an der sich stabilisierenden Wirkungsgeschichte des Vierevangelienbuches im sich formierenden neutestamentlichen Kanon eine unwahrscheinliche Behauptung dar.[158]

Als Grund für eine angeblich vorhandene Evangelienharmonie wird die Beobachtung mitgeteilt, dass später lebende Kirchenväter mit Justin vergleichbare Textharmonisierungen bei Evangelienzitaten aufweisen.[159] Diese Ähnlichkeiten bestehen in der Tat, sie sind jedoch nur vordergründiger Art. Es gibt nämlich keinen einzigen Vätertext, der wortwörtlich mit einem Evangelienzitat bei Justin übereinstimmt.[160] Will man aber eine gemeinsame

---

[153] Zu anderen, wenig validen Erklärungsmodellen W.-D. KÖHLER, Rezeption, 163f.

[154] Vgl. neuerdings, fußend auf der These von A.J. BELLINZONI, Sayings, 13.21, W.L. PETERSEN, Textual Evidence of Tatian's Dependence upon Justin's APOMNHMONEUMATA, NTS 36, 1990, 512–534; DERS., Tatian's Diatessaron, 27; DERS., Art. Tatian, 658.

[155] Vgl. die Kritik bei W.-D. KÖHLER, Rezeption, 164f.174.184f; TH.K. HECKEL, Evangelium, 315–318.328f.

[156] Vgl. dazu K. ALAND/B. ALAND, Text, 79: »Für die neutestamentliche Überlieferung (ist) die Tenazität charakteristisch, d. h. die Hartnäckigkeit, mit der sie einmal vorhandene Lesarten und Textformen festhält«.

[157] Vgl. G. STRECKER, Evangelienharmonie, 315.

[158] Vgl. TH.K. HECKEL, Evangelium, 328.

[159] Vorausgesetzt wird, dass keine Bekanntschaft der Autoren untereinander besteht.

[160] Vgl. die Nachweise bei G. STRECKER, Evangelienharmonie, 301–314; TH.K. HECKEL, Evangelium, 317f.

schriftliche Vorlage für diese neutestamentlichen Vätertexte erweisen, hätte dies der Fall sein müssen.

Da die partiellen Übereinstimmungen von Justin und den Kirchenvätern auch nur eine spezifische Gattung, nämlich die der Christuslogien betrifft, lassen sie sich am einfachsten mit den bei der mündlichen Logienüberlieferung auftretenden Rezeptionsmustern erklären: Der formkritischen Betrachtung antiker Texte ist zugänglich, dass komplexe Redetexte gleichen Inhalts von verschiedenen Autoren auf frappierend ähnliche Weise ausgestaltet werden.[161] Resümee: eine schriftlich vorhandene Dreievangelienharmonie für die freie Zitatkombination von Evangelientexten bei Justin anzunehmen, ist keineswegs notwendig und zwingend.

10.3.6 Die urchristliche Harmonisierung von Evangelientexten

Das bei Justin zu Tage tretende Verfahren der freien Erschließung von Herrenworten aus verschiedenen Evangelientexten lässt sich auch an der handschriftlichen Überlieferung der neutestamentlichen Evangelientexte nachweisen. Dabei sind zwei Weisen des Umgangs mit apostolischer Christustradition zu unterscheiden: Zunächst gilt in externer Weise, dass die neutestamentliche Textkritik bei den Evangelienhandschriften auf das Phänomen der absichtlichen Angleichung von Evangelientexten bei leicht differierenden Paralleltexten aufmerksam macht. Und zweitens ist in interner Hinsicht erkennbar, dass durch einen gravierenden Textzusatz das Markusevangelium an die von den drei anderen, nämlich dem Matthäus-, Lukas- und Johannesevangelium vorgelegte literarische Konzeption eines Evangeliumbuches textlich angepasst wurde. Beide bereits für den Ausgang des 2. Jh. n.Chr. zu datierenden Umgangsweisen[162] mit der textlichen und somit inhaltlichen Verschiedenheit der Evangelienbücher laufen auf ihre Angleichung zu einem Einheitsevangelium hinaus. Sie illustrieren, dass Justins ungebundener Umgang mit neutestamentlichen Evangelientexten ebenso wie Tatians freier Rekonstruktionsversuch der einen wahren Evangelienschrift aus den vier bestehenden Evangelientexten auf der Höhe der damaligen frühchristlichen Zeit war.

---

[161] Vgl. G. STRECKER, Evangelienharmonie, 314; TH.K. HECKEL, Evangelium, 317f.

[162] Vgl. zur Datierungsfrage der handschriftlichen Harmonisierung von Evangelientexten TH.K. HECKEL, Evangelium, 349: »Zwar sind die Ursprünge der Angleichungen nicht präzise datierbar, doch dürften einige solche Stellen noch Wurzeln im zweiten Jahrhundert beanspruchen. Für einen so frühen Ansatz sprechen wechselnde Harmonisierungen in den ältesten und besten Textzeugen« (vgl. W.F. WISSELINK, Assimilation as a Criterium for the Establishment of the Text. A Comparative Study on the Basis of Passages from Matthew, Mark and Luke, Kampen 1989, 78.87.89, der schon bei P^{75} und B Angleichungen nachweist).

10.3.6.1 Die Harmonisierung durch Vervielfältigung

Die textliche Anpassung von inhaltlich fast ähnlich lautenden Texten der Evangelienbücher, den sog. Paralleltexten, ist als Phänomen der sekundären Angleichung in den neutestamentlichen Evangelienhandschriften so häufig anzutreffen, dass die vom Institut für neutestamentliche Textforschung (Münster) autorisierten kritischen Editionen des Neuen Testaments bzw. seines evangeliaren Teils in ihrem textkritischen Apparat mit einem deutenden Hinweis, der *p)*-Angabe für Paralleleinfluss, ausgestattet sind.[163] Das ist für eine in der textkritischen Theorie zur wissenschaftlichen Neutralität verpflichteten Herausgeberkreis von kritischen Textausgaben antiker Autoren eine bemerkenswerte Ausnahme.

Wählt man als Ausgangspunkt des Interesses für Handschriftenharmonisierungen das Textmaterial von Tatians Evangelienfragment, so weist die Alandsche Synopse zu Mk 15,40–47 parr. insgesamt sechs Textlesarten als sekundäre Harmonisierungen aus. Eine Überprüfung lässt alle textkritischen Urteile über die Entstehung dieser Lesarten als gerechtfertigt erscheinen.[164] Ein in deutscher Übersetzung einleuchtendes Beispiel soll kurz genannt werden:

---

[163] Vgl. B. Aland u.a., Novum Testamentum; K. Aland, Synopsis, sowie die Erläuterung von K. Aland/B. Aland, Text, 294. Für die Textkritik bedeuten die vielen handschriftlichen Harmonisierungen in Hinsicht auf die Rekonstruktion der ursprünglichen Evangelientexte ein Problem: Die von Ebd., 285, genannte »Faustregel, daß aus Paralleltexten stammende ... Varianten sekundär sind«, sollte jedoch nicht »rein mechanisch« angewendet werden. Zur Bedeutung der textlichen Harmonisierung von Evangelientexten für die literarkritische Klärung des Synoptischen Problems vgl. G.D. Fee, Modern Text Criticism and the Synoptic Problem, in: B. Orchard/ Th.R.W. Longstaff (Hg.), J.J. Griesbach: Synoptic and text-critical studies 1776–1976, MSSNTS 34, Cambridge 1978, 154–169.

[164] 1. In Mk 15,40 wird von Koine-Handschriften durch den Eintrag des Genitiv-Artikels vor dem Namen Jakobus (»die [Mutter] des jüngeren Jakobus«) der griech. Text von Mt 27,56 für die mk Parallele reproduziert. 2. In Mk 15,46 wird von der westlichen Textlesart die Aussage vom Herabnehmen Christi vom Kreuz mit dem Partizip von λαμβάνω, statt, wie die bestbezeugte Lesart mit P^{75}, ℵ und B ausweist, mit dem Partizip von καθαιρέω ausgedrückt. Hier wird der eindeutig bezeugte Text von Mt 27,59 in die parallele Mk-Stelle eingetragen. 3. In Mk 15,46 wird das Grab Christi einmal mit der griech. Vokabel μνημεῖον (»Grab, Grabmal«), das andere Mal mit μνῆμα (»Grab, Grabanlage«) wiedergegeben. Da im unmittelbaren Kontext in V.46b die Vokabel μνημεῖον eindeutig ist und das Mk bis auf 5,3 diesen Ausdruck bevorzugt, ist harmonisierender Paralleleinfluss von Lk 23,53 (vgl. ebenso bei Mk 16,2) festzustellen. 4. Lk 23,51 wird mit einem Relativsatz die Einstellung von Josef Arimathia charakterisiert. Die der Grammatik widersprechende Formulierung ὅς καὶ προσεδέχετο καὶ αὐτὸς τήν βασιλείαν τοῦ Θεοῦ, die von Koine-Handschriften geboten wird, nimmt die grammatisch korrekte, und, bis auf eine Kleinigkeit, eindeutig bezeugte Lesart von Mk 15,43 für den lk Text auf. 5. In Lk 23,53 wird der Bestattungsort Christi als ein in den Felsen gehauenes Grab bezeichnet. Die Lesarten verwenden einmal das Adjektiv λαξευτός, das andere Mal das Partizip Passiv Perfekt von λατομέω. Da letztere Verwendung für Mk 15,46 eindeutig überliefert ist, handelt es sich um Anpassung an den mk Paralleltext.

In Lk 23,53 findet sich in wenigen Handschriften der Textzusatz: »und er (sc. Josef von Arimathia) wälzte einen großen Stein vor den Eingang des Grabes«. Da die lk Erzählung später in 24,2 einflechten wird, dass die zum Grab Christi gehenden Frauen den Stein vom Grab weggewälzt vorfanden, trägt die harmonisierende Lesart aus den textlichen Parallelen zur Grablegung Christi – vgl. Mk 15,46 und »groß« in Mt 27,60 – die Verschließung des Grabes als Tätigkeit von Josef von Arimathia in den verständlichen, aber in diesem Detail sachlich verkürzenden lukanischen Erzählzusammenhang ein. Der kürzere lukanische Text wird in ergänzender Weise aus anderen Evangelientexte vervollständigt.

Für die von verschiedenen Handschriftenkopisten verantwortete Angleichung der Evangelientexte – betroffen ist am meisten das Markus-, am wenigsten das Johannesevangelium – lässt sich als Grund nun einerseits eine »rein mechanisch« wirkende Ursache namhaft machen: »der Schreiber kennt die Evangelientexte auswendig, so fließt ihm bei der Niederschrift einer Perikope automatisch der Paralleltext in die Feder«.[165] Das Resultat des Vervielfältigungsvorgang ist, dass Abschreiber »inadvertently reproduced the text of the Gospel with which they were most familiar, and not the text of the exemplar beeing copied«.[166] Die Kenntnis der Kopisten von parallelen Evangelientexten gerade der vier neutestamentlich bekannten Evangelien dürfte dabei als ein »gutes Indiz für den sich durchsetzenden Gebrauch der Sammlung (sc. der Vierevangeliensammlung)« sein.[167]
Andererseits dürfen die Harmonisierungen bei den Parallelperikopen der Evangelienbücher auf einer bewussten Entscheidung der Kopisten und der ihre Vervielfältigungsarbeit kontrollierenden Instanz, etwa der in einem Scriptorium angesiedelten Übereinstimmungskontrolle der neuen Handschrift mit ihrer Vorlage, beruhen. Die vielen textlichen Harmonisierungen, die für die Handschriften der Evangelienbücher kleinere oder auch schwerwiegendere inhaltliche Korrekturen bedeuten, werden als bei dem Vorgang der Kopierung entstehende Textveränderungen toleriert, weil stillschweigend die mit der Handschriftenreproduktion Beauftragten bei ihrer Tätigkeit die Theorie eines textlich einheitlichen, den Widerspruch minimierenden Evangeliums leitet. Dieses Verständnis der Evangelientexte bedeutet für sie, die bei der Vervielfältigung von Evangelientexten zulässige Handschriftenveränderungen in weit größerem Maße ohne Beanstandung durchgehen zu lassen. Wäre es anders, würde auf die z.T. beruflich ausgeübte

---

[165]   K. ALAND/B. ALAND, Text, 294.
[166]   T. BAARDA, Factors, 33.
[167]   TH.K. HECKEL, Evangelium, 348. – Ob die Harmonisierungen ganz oder teilweise auf textliche Vorschläge von Tatians Diatessaron beruhen, lässt sich annehmen (vgl. H. MERKEL, Widersprüche, 91–93), ließe sich aber erst dann beweisen, wenn der Text des Diatessarons feststünde. Für Tatians Evangelienfragment Nr. 0212 ist – bei geringem Textumfang – keine Übereinstimmung mit einer bei den Evangelientexten in Erscheinung tretenden angleichenden Lesart feststellbar.

Kunst der für die genaue Kopierung von Handschriften Zuständigen im Falle der Evangelienhandschriften ein schlechtes Licht fallen.

10.3.6.2 Die textliche Anpassung des Markusevangeliums

Nach der handschriftlichen Textüberlieferung des Markusevangeliums endete die Evangelienschrift mit Mk 16,8. Diesen Erzählschluss der Evangelienschrift mit dem griechischen Zweiwortsatz: »Denn sie (sc. Maria von Magdala, Maria, die Mutter des Jakobus, und Salome, s. V.1) fürchteten sich,« hat die neutestamentliche Textkritik anhand der in der Handschriftenüberlieferung bezeugten sechs verschiedenen Versionen eines Abschlusses des Markusevangeliums als zweifelsfrei für ursprünglich erarbeitet.[168] Dieser »offene« Schluss des Markusevangeliums erzählt weder von Erscheinungen des auferstanden Christus im Kreis seiner Jünger noch von einer Verkündigung des Auferstehungsglaubens durch einen von diesem autorisierten Jüngerkreis. Damit verzichtet das Markusevangelium sowohl auf eine erzählerische Verifikation der Auferstehung durch Erscheinungslegenden (vgl. 1Kor 15,4b.5a) wie auch auf die Nennung von Traditionsgaranten bei der Verkündigung des christlichen Auferstehungsevangeliums. Durch diesen literarischen Schluss behauptet sich das Markusevangelium als christliche Schrift gegen die Institution der Kirche, die den Anspruch erhebt, alleiniger Funktionär der Evangeliumsverkündigung zu sein, und jeder Rezipient des Markusevangeliums – und nicht ein besonderer, z.B. apostolischer Personenkreis – ist durch Christi Geist (vgl. Mk 1,8) bei glaubender Zustimmung zu dem im Markusevangelium Gelesenen potentieller Träger der christlichen Auferstehungsbotschaft.

Die christliche Überlieferung hat durch textliche Ergänzungen in Handschriften dem Markusevangelium einen längeren und damit neuen Schluss gegeben. Unterscheidbar ist ein kürzerer Zusatzschluss von einem im textlichen Umfang weitaus längeren.[169] Dieser Eingriff am Ende einer Schrift in ihren überlieferten Textbestand ist im Neuen Testament vergleichbar mit

---

[168] Vgl. K. ALAND, Der Schluss des Markusevangeliums, in: Ders., Neutestamentliche Entwürfe, TB 63, München 1979, 246–283; P. L. DANOVE, The End of Mark's Story. A Methodological Study (IntS 3), Leiden u.a. 1993. Vermutungen, der ursprüngliche Mk-Schluss sei weggebrochen (vgl. E. SCHWEIZER, Das Evangelium nach Markus (NTD 1), Göttingen [14]1975, 206; U. SCHNELLE, Einleitung, 245) bzw. könne aus den überlieferten Zusatzschlüssen rekonstruiert werden (so E. LINNEMANN, Der [wiedergefundene] Markusschluß, ZThK 66, 1969, 255–287), entbehren jeder Grundlage.

[169] Übergangen wird die in späterer Zeit nur von der Handschrift W (4./5. Jh. n.Chr.) überlieferte, in den längeren Zusatzschluss zwischen Mk 16,14f eingefügte Ergänzung. Dieses sog. Freer-Logion beseitigt durch ein Wechselgespräch zwischen Christus und den Jüngern den erzählerischen Hiatus des längeren Zusatzschlusses, der zwischen Christi Scheltrede des Unglaubens der Jünger (V.14) und ihrer unmittelbar darauf folgenden Beauftragung zur Mission besteht (V.15).

dem bekannten Problem um das Ende des Römerbriefes: Ausweislich der textlichen Überlieferung hat die Doxologie Röm 16,25–27 den ursprünglichen Schluss des Römerbriefes in 16,23 bzw. 14,23 oder 15,33 verdrängt. Diese textliche Veränderung geschah aus dem Interesse, für eine Paulusbriefsammlung, an deren Ende der Römerbrief einst stand, einen ehrwürdigen redaktionellen Abschluss zu setzen.[170] Dass auch für die Veränderungen am Schluss des Markusevangeliums redaktionelle christliche Interessen namhaft gemacht werden können, kann dabei die nähere Analyse erweisen: Der kürzere, in der Textüberlieferung nur von der lateinischen Handschrift k, dem Codex Bobbiensis (4./5. Jh. n.Chr.), bezeugte Zusatzschluss zu Mk 16,8 lautet folgendermaßen[171]:

Alle aber die Anordnungen richteten sie sogleich denen aus, die um Petrus (sind). Nach diesen (Geschehnissen) sandte auch Jesus selbst vom Osten und bis zum Westen durch sie die heilige und unvergängliche Verkündigung des ewigen Heils. Amen.

Für die Datierung dieses Zusatzschlusses des Markusevangeliums sind zwei Überlegungen maßgebend: Aus der von vielen Handschriften überlieferten Reihenfolge, diesen kürzeren vor dem weit längeren Schluss des Markusevangeliums (s.u.) zu tradieren,[172] darf angenommen werden, dass der kürzere vor dem längeren entstand. Ist der längere Zusatzschluss bereits von Irenäus von Lyon bezeugt (adv. haer. 3,10,6), so dürfte der kürzere Schluss spätestens Mitte des 2. Jh. n.Chr. entstanden sein.[173] Ist seine Sprache mit neutestamentlichen Floskeln gesättigt,[174] so bleibt der Verfasser unbekannt.

Durch den Inhalt des kürzeren Zusatzschlusses am Markusevangelium wird eine Gruppe um die Führungsperson Petrus von dem auferstandenen Jesus mit der von Osten nach Westen, d.i. innerhalb des Römischen Reiches sich (bis nach Rom und darüber hinaus?) ausbreitenden Evangeliumsverkündigung autorisiert. Die Bedeutung des Petrus bei der Weitergabe der Auferstehungsbotschaft ist zwar schon Mk 16,7 (»seinen Jüngern und dem

---

[170] Vgl. grundlegend zur komplexen Textkritik des Röm-Schlusses K. ALAND, Der Schluss und die ursprüngliche Gestalt des Römerbriefes, in: Ders., Neutestamentliche Entwürfe, TB 63, München 1979, 284–301; Näheres bei J.K. ELLIOTT, The Language and Style of the Concluding Doxology to the Epistel to the Romans, ZNW 72 (1981), 124–130, 129f; H. GAMBLE, The Textual History of the Letter to the Romans. A Study in Textual and Literary Criticism, StD 42, Grand Rapids 1977, 129–132: Da die Doxologie auf Formulierungen in deuteropaulinischen Schriften zurückgreift, dürften die Pastoralbriefe dieser Paulusbriefsammlung bereits angehört haben.

[171] Grundlage ist ein griech. Text, wie er von Handschriften bezeugt wird, die den kürzeren vor dem längeren Zusatzschluss führen, Näheres bei K. ALAND, Schluss des Markusevangeliums, 253f.

[172] So die meisten Textzeugen, u.a. A, C, D, W, Θ und viele Minuskeln.

[173] Vgl. K. ALAND, Schluss des Markusevangeliums, 263f. Vgl. die zeitgleich bei IgnSm 3,2 erscheinende Wendung »die um Petrus«.

[174] Vgl. ἐξαγγέλλω noch 1Petr 2,9; ἱερός 1Kor 9,13; 2Tim 3,15; ἄφθαρτος Röm 1,23; 1Kor 9,25; 15,52; 1Tim 1,17; 1Petr 1,4.23; 3,4.

Petrus«) angedeutet, erklärt sich aber bestens durch das Petrusbild des Matthäusevangeliums, z.B. in Hinsicht auf seine kirchengründende Funktion (Mt 16,18). Mt 28,19f enthält zudem den weltweiten Verkündigungsauftrag an die Jüngerschaft. Da im Matthäusevangelium gleichfalls eine Erscheinung des Auferstandenen vor den Frauen zwar ausgesagt (28,9f), nicht aber als eigenständige Erscheinungserzählung ausgeführt ist, dürfte die Summe der inhaltlichen Anklänge darauf hinweisen, dass der kürzere Schluss das Markusevangelium an den Inhalt des Matthäusevangeliums heranführen möchte. Angebliche inhaltlich-kirchliche Defizite des Markusevangeliums werden beseitigt, indem in verweisender Weise auf die Darstellung des Matthäusevangeliums angespielt wird.

In ganz ähnlicher Weise, jetzt aber nicht nur auf eine Evangelienschrift, sondern auf mehrere bezogen, geht der Text des sog. längeren Zusatzschlusses am Markusevangelium vor. Auch hier ist der Verfasser unbekannt.[175] Der Text lautet (Mk 16,9–20)[176]:

9 Nach seiner Auferstehung, in der Frühe des ersten Wochentages, erschien er zuerst Maria von Magdala, aus der er sieben Dämonen ausgetrieben hatte. 10 Die ging hin und verkündete es seinen trauernden und weinenden Gefährten. 11 Als diese aber hörten, dass er lebe und von ihr gesehen worden sei, glaubten sie es nicht.
12 Hierauf offenbarte er sich in anderer Gestalt zweien von ihnen auf dem Wege, während sie über Land gingen. 13 Auch diese gingen hin und verkündeten es den übrigen; aber auch denen glaubten sie es nicht.
14 Später offenbarte er sich den Elfen selbst, während sie zu Tische lagen, und schalt ihren Unglauben und die Härte ihrer Herzen, weil sie denen, die ihn als den Auferweckten gesehen, nicht geglaubt hatten. 15 Und er sprach zu ihnen: »Gehet hin in alle Welt und verkündet das Evangelium allen Geschöpfen. 16 Wer glaubt und sich taufen lässt, wird gerettet werden. Wer aber nicht glaubt, wird verdammt werden. 17 Denen aber, die glauben, werden diese Zeichen folgen: In meinem Namen werden sie Dämonen austreiben, in neuen Zungen reden, 18 Schlangen aufheben, und wenn sie etwas Todbringendes getrunken haben, wird es ihnen nicht schaden. Kranken werden sie die Hände auflegen, und sie werden gesund werden.«
19 Nachdem der Herr Jesus zu ihnen gesprochen hatte, wurde er hinaufgenommen in den Himmel und setzte sich zur Rechten Gottes. 20 Jene aber zogen hinaus und predigten überall, und der Herr wirkte mit ihnen und bestätigte das Wort durch begleitende Zeichen.

Dieser spätestens um 180 n.Chr. im kirchlichen Westen akzeptierte längere Zusatzschluss am Markusevangelium enthält summarische Anspielungen

---

[175] Die in der armenischen Handschrift E 222 enthaltene Notiz über einen gewissen Ariston als Verfasser dürfte eine späte Glosse sein, die eventuell den von Papias genannten Presbyterschüler Aristion (Eus., HE 3,39,7) meint, vgl. TH.H. HECKEL, Evangelium, 285.

[176] Zu kleineren Abweichungen in der Überlieferung vgl. B. ALAND U.A., Novum Testamentum, z. St.

auf Joh 20,11–18, die Erscheinung des auferstandenen Christus vor Maria Magdalena (s. Mk 16,9f), auf Lk 24,13–35, die Erscheinung des Auferstandenen bei den beiden Jüngern auf ihrem Weg nach Emmaus (s. Mk 16,12.13a), auf Lk 24,36–43, die Erscheinung Jesu vor den Jüngern (s. Mk 16,14), auf Mt 28,18–20, den sog. Missionsbefehl (s. Mk 16,15f), und auf Lk 24,51, die sog. Himmelfahrterzählung (s. Mk 16,19). Werden die Erscheinungsberichte im längeren Markusschluss von einer Theorie des Jüngerunglaubens begleitet (vgl. Vv.11.13b.14), so gilt andererseits die Zeit der ersten Evangeliumsverkündigung als von gottgewirkten Zeichen gestärkt (vgl. V.20b). Das bedeutet inhaltlich, dass die nur im Verkündigungsauftrag starke Kirche in ihrer konstitutionellen Schwäche auf den Glauben an die göttliche Machthilfe bezogen bleibt: Es ist allein der Auferstandene, der der scheiternden Jüngerschaft einen Neuanfang ermöglicht (vgl. Mt 28,17f; Lk 24,36–42; Joh 20,24–29).

Finden sich zwar in Hinsicht auf die angekündigten Zeichen in der Zeit der Kirche verschiedene Traditionen aus neutestamentlichen Texten versammelt,[177] so besteht das literarische Ziel des längeren Zusatzschlusses zum Markusevangelium in einer Harmonisierung dieser Evangelienschrift mit der von der Mehrzahl der Evangelienschriften ausgehenden Darstellungsweise der Beauftragung der Institution Kirche mit der weltweiten Evangeliumsverkündigung. Th.K. Heckel hat dieses Vorhaben folgendermaßen beschrieben[178]:

Anders als die Erscheinungsgeschichten der Evangelien erzählt der Zusatz nicht, sondern deutet nur an. Darin erweist sich der Zusatz als abhängige Ergänzung, die nicht verdrängen oder korrigieren, sondern kombinieren will. Der Leser des Zusatzschlusses soll die Andeutungen mit den ausgeführten Erzählungen verbinden. D.h. der längere Zusatzschluß setzt bei seinen Lesern die Kenntnis der einzelnen Evangelien voraus und versucht zu zeigen, wie die unterschiedlichen Erscheinungsgeschichten der einzelnen Evangelien zusammengebracht werden können. Aus einem beziehungslosen Nebeneinander der Erscheinungsgeschichten müht sich der Zusatz, ein geordnetes Nacheinander zu machen. Der längere Zusatz dürfte in seiner überlieferten Form nie ohne den durch ihn harmonisierten Kontext, also die vier Evangelien, existiert haben. So erweist sich der längere Zusatzschluß als Folgephänomen der Viere vangeliensammlung.

Die Existenz des kürzeren und des längeren Zusatzschlusses zum mit Mk 16,8 abgeschlossenen Evangelienbuch wirft ein bezeichnendes Licht auf das Verständnis der Evangelien insgesamt. Die kirchliche Diskussion um die Mitte des 2. Jh. n.Chr. dreht sich um die Frage, ob das Markus-

---

[177]   Vgl. Mt 8,10; 9,18; Mk 6,7parr.13; Lk 10,17.19; Apg 8,7; 16,18; 19,6; 28,3–6; 1Kor 14,22f; Jak 5,14f. Zum unschädlichen Gifttrinken vgl. Papias nach Eus., HE 3,39,9f.
[178]   Evangelium, 284.

evangelium in der Form mit dem Abschluss bei 16,8 Aufnahme in die Evangeliensammlung finden soll oder nicht bzw. ob es weiterhin in der Vierevangeliensammlung verbleiben kann oder ausgeschieden werden muss. Die kirchliche Hochschätzung des Matthäusevangeliums (vgl. Mt 16,18) und das quantitative Argument der von drei Evangelien einhellig bezeugten Darstellung der Geschehnisse nach der Auferstehung Christi ließen die Überlegung zu einer textlichen Veränderung des Abschlusses des Markusevangeliums reifen. Deutlich werden in den Zusatzschlüssen Interessen einer kirchlichen Theologie, die in der vom auferstandenen Christus beauftragten Institution der Kirche den eigentlichen Sachwalter einer weltweiten Evangeliumsverkündigung sieht.

Deutlich aber wird auch, dass ein bestimmtes Bild einer Evangelienschrift die redaktionelle Feder führt. Die Vielfalt der Evangelienschriften hinsichtlich ihrer verschiedenen Darstellung der Auferstehungsgeschehnisse überschreitet im Falle des Markusevangeliums ein zuträgliches Maß. Durch textliche Angleichung des Markusevangeliums an die Inhalte der ansonsten überlieferten Evangelien findet eine Harmonisierung an ein literarisches Normalkonzept von *Evangelium* statt. Vielleicht darf geurteilt werden, glücklicherweise, da durch diese kirchliche Manipulation das angeblich normabweichende Markusevangelium wohl der Nachwelt erhalten geblieben ist, indem es seinen Platz im neutestamentlichen Tetraevangelium gefunden bzw. behalten hat.

10.3.7 Literarische Vorbilder für Tatians Evangelienharmonie

Wenn Tatian in der Zeit des ausgehenden 2. Jh. n.Chr. sich dazu entschließt, eine Harmonie aus vier Evangelienschriften zu verfassen, steht er mit seinem Vorhaben nicht alleine. Von mehreren Evangelienharmonien aus dieser Zeit besteht Kenntnis. Von den einen sind Textfragmente, von einer anderen nur eine Nachricht erhalten:

10.3.7.1 Das Ebionäerevangelium
Von dem sog. Ebionäerevangelium, entstanden in der 1. Hälfte des 2. Jh. n.Chr., sind Bruchstücke seines griechischen Textes bei Epiphanius (310/20–403 n.Chr.) überliefert.[179] Sie lassen erkennen, dass in diesem Werk mehrere Evangelientexte zu einem thematischen Abschnitt zusammengestellt werden. Im Unterschied zum Diatessaron Tatians findet das

---

[179]   Haer. 30,13,2–8; 30,14,5; 30,16.4f; 30,22,4; Einleitung und deutsche Übersetzung dieser und anderer Fragmente in: NTApo⁵ I, 138–142.

Johannesevangelium in dieser Evangelienharmonie jedoch keine Verwendung.

Am Beispiel der Überlieferung von der »Taufe Jesu« lässt sich zeigen, dass das Ebionäerevangelium additiv die Texte der Synoptischen Evangelien kombinierte.[180] Es fällt nämlich auf, dass die Himmelsstimme gleich dreimal, nämlich nach Mk 1,11, Lk 3,22 (D) und Mt 3,17 wiedergegeben wird. Der Text des Ebionäerevangelium lautet in diesem Fall (Epiph., haer. 30,13,7f):

Als das Volk getauft war, kam auch Jesus und wurde von Johannes getauft.
Und wie er vom Wasser heraufstieg, öffneten sich die Himmel, und er sah den heiligen Geist in Gestalt einer Taube, die herabkam und in ihn einging.
Und eine Stimme (erklang) aus dem Himmel, die sprach:
»Du bist mein geliebter Sohn, an dir habe ich Wohlgefallen gefunden (vgl. Mk 1,11)!«
Und abermals: »Ich habe dich heute gezeugt (vgl. Lk 3,22 D).«
Und sofort umstrahlte den Ort ein großes Licht. Als Johannes dies sah, ...,
spricht er zu ihm: »Wer bist du, Herr?«
Und abermals (erscholl) eine Stimme aus dem Himmel zu ihm:
»Dies ist mein geliebter Sohn, an dem ich Wohlgefallen gefunden habe (vgl. Mt 3,17)!«

10.3.7.2 Ammonios' Evangelienharmonie

Etwas anders verhält es sich mit der bereits o.g. Evangelienharmonie eines ansonsten unbekannten Ammonios von Alexandrien (3. Jh. n.Chr.). Dieser gab wie Tatian seinem Werk den Titel »das vermittels von vier ([Evangelien-] Schriften) hergestellte Evangelium (τὸ διὰ τεσσαρῶν ... εὐαγγέλιον)«[181]. Eusebius hatte unmittelbare Kenntnis von Ammonios' Werk, denn er erläutert in seinem berühmten Brief an Karpian, dass er durch dessen Studium die Anregung für sein eigenes Verzeichnis von Parallelstellen der Evangelienschriften, die später sog. *Eusebianischen Kanones*, erhalten habe:

Der Alexandriner Ammonios hat uns zwar unter dem gebührenden Aufwand von viel Fleiß und Eifer das vermittels von vier (Evangelien-] Schriften hergestellte Evangelium hinterlassen, indem er dem Evangelium nach Matthäus die auf den gleichen Stoff bezüglichen Abschnitte der übrigen Evangelisten zur Seite setzte, was (jedoch) zur unausweichlichen Folge hatte, dass der Abfolgezusammenhang der drei (anderen

---

[180]   Dazu D.A. Bertrand, L'Evangile des Ebionites: Une Harmonie Evangélique antérieure au Diatessaron, NTS 26, 1980, 548–563, 556f; H. Köster, Überlieferung, 1540.

[181]   Ep. ad Carpianum, in: B. Aland u.a., Novum Testamentum, 84*f, 84*, deutsche Übersetzung bei Th. Zahn, Forschungen I, 32f; Ders., Der Exeget Ammonius und andere Ammonii, ZKG 38, 1920, 1–22.311–336, 4.

Evangelienschriften) in Hinsicht auf das Gewebe der Lektion zerstört wurde. Damit du (sc. Karpianos) aber ...

Ob Ammonios in Kenntnis von Tatians Evangelienharmonie aus der 2. Hälfte des 2. Jh. n.Chr. seinem Unternehmen den Titel gab[182] oder nicht, auf jeden Fall lässt sich seine Vorgehensweise in etwa nachvollziehen: Ammonios konzipierte eine fortlaufende Ausgabe des Matthäusevangeliums, der er neben dem Text – zu vermuten ist: auf breitem Rand – die gleichlautenden Stücke der drei anderen Evangelien, vielleicht in mehreren Kolumnen beischrieb. Ob diese Beigabe ausführlich geschah oder nur in Bezug auf die Abweichungen, muss offen bleiben. Verständlich ist auch, dass Ammonios die Menge der nicht mit einem Text aus dem Matthäusevangelium gleichlautenden Evangelientexte – also mindestens den großen Teil des sog. Sondergutes im Lukas- wie Johannesevangelium – ausgelassen hat. Im Grunde genommen hat Ammonios eine Art von Synopse zum Matthäusevangelium zusammengeschrieben, die von der kirchlichen Hochschätzung des Matthäusevangeliums ausging. So erklärte er in seinem Buch die matthäische Anordnung des Stoffes für normgebend, während er – was Eusebius bemängelt – die Abfolge der Perikopen in den anderen drei Evangelienschriften für unwichtig erklärt. Ammonios' Werk lässt sich dennoch als Evangelienharmonie bezeichnen, da durch die Zusammenführung mehrerer Evangelientexte zu einem thematischen Leittext beim Leser sich ein ergänzender Gesamteindruck einstellen sollte.

10.3.8 Die Kritik an der Pluralität urchristlicher Evangelienschriften

Durch die missionarische Verbreitung des christlichen Glaubens in verschiedenen Provinzen sowie in der breiten unteren wie elitären oberen Gesellschaftsschicht des Römischen Reiches[183] stieg gegen Ende des 2. Jh. n.Chr. die Bedeutung des Christentums im öffentlichen Leben. Der erlangten Geltung des Christentums in der römischen Gesellschaft entspricht der sich zu Wort meldende Widerstand gegen seine theologischen Anschauungen. Zu den schärfsten Kritikern des Christentums damaliger Zeit gehört der neuplatonische Philosoph Celsus, der um 178 n.Chr. eine Streitschrift mit dem Titel »Wahre Lehre« verfasste.[184] Celsus, der wohl von allen vier

---

[182] So urteilt TH. ZAHN, Exeget, 5: »So originelle Titel wie dieser werden nicht zweimal erfunden«.

[183] Vgl. A. HARNACK, Mission, 529ff (Karte Blatt I: Verbreitung bis z.J. 180 n.Chr.).

[184] Vgl. I. HADOT, Art. Celsus, RGG⁴ 2, 1999, Sp. 86f. Celsus' Streitschrift lässt sich nur in Exzerpten und Paraphrasen aus Origenes' acht Büchern Contra Celsum rekonstruieren.

Evangelienbüchern Kenntnis besitzt,[185] bemerkt zu ihren Auferstehungserzählungen (Orig., Contra Celsum 5,52):

> Und fürwahr, auch zu dem Grabe eben dieses seien Engel gekommen – die einen sprechen nur von einem, die anderen von zweien – die den Frauen antworteten, daß er auferstanden sei.

In Parenthese gibt Celsus hier zu bedenken, dass die Auferstehungserzählungen der Evangelien über die Zahl der Engel differieren.[186] Diese und andere inhaltliche Widersprüche der Evangelienbücher dürften es wohl gewesen sein, die Celsus zu der Überzeugung kommen lassen, dass die Evangelien insgesamt »erfundene Erzählungen« (πλάσματα), ja »Lügenwerke« (ψευδόμενοι) aus der Feder der Jünger Christi seien (Orig., Contra Celsum 2,26, vgl. 2,13). So verbirgt sich hinter einer Äußerung eines fiktiven Juden in seiner og. Streitschrift (2,23)[187]:

> Ich könnte über die Vorgänge bei Jesus viel Wahres sagen, das den Aufzeichnungen der Jünger Jesu nicht entspricht; ich lasse es aber absichtlich beiseite ...,

Celsus' Überzeugung, dass das Leben Christi in geschichtlich zutreffender Weise dargestellt hätte werden können.

In diesem Sinne einer Unterscheidung des wahren Berichtes und sekundärer, die geschichtliche Wahrheit verfälschender Schriften, lässt sich vielleicht auch folgende Äußerung des Celsus über die Evangelienschriften verstehen. Origenes, Contra Celsum 2,27 lautet nämlich:

> Hierauf sagt er (sc. Celsus), dass es einige unter den Gläubigen gibt, die, wie unter einem Rausch stehend, sich (untereinander) selbst bekämpfen, indem sie das Evangelium nach seiner ersten Niederschrift dreifach und vierfach und vielfach umprägen und umgestalten (μεταχαράττειν ἐν τῆς πρώτης γραφῆς τὸ εὐαγγέλιον τριχῇ καὶ τετραχῇ καὶ πολλαχῇ καὶ μεταπλάττειν), um den Beweismitteln gegenüber die Möglichkeit des Ableugnens zu besitzen.

Origenes meint den Vorwurf von Celsus, der sich gegen die von christlicher Seite absichtlich vorgenommene formale und inhaltliche Veränderung des Evangeliums richtet,[188] abzuwehren, indem er auf nicht-christliche, häreti-

---

[185] Stellenbelege mit Literatur nennt TH.K. HECKEL, Evangelium, 338.

[186] Die (von Origenes?) gewählte grammatische Konstruktion οἱ μὲν – οἱ δέ setzt genau genommen zwei Quellen voraus, die einen bzw. zwei Engel bezeugen; das entspricht der ntl. Überlieferung: vgl. Mt 28,2; Mk 16,5: ein Engel, und zwei Engel Lk 24,4; Joh 20,15.

[187] Vgl. die Übersetzung von P. KOETSCHAU (Übers.), Des Origenes acht Bücher gegen Celsus 2 Tle., BKV, München 1926.

[188] Vgl. M. Hengel, vier Evangelien, 42: »Damit meinte Celsos, daß die Christen ihre ursprüngliche ›Heilsbotschaft‹ mehrfach bewußt umschrieben, um Anklagen zu entgehen«. – Dass Celsos' Vorwurf sich gegen die bei der Kopierung entstehenden Veränderungen der Evangelienbücher richtet, dürfte wenig wahrscheinlich sein, insofern es sich um ein allgemeines und nicht um

sche Kreise um Markion, Valentin und Lucanus verweist, die die Evangelien in der Tat durch Neuschreibung verfälschten, indem sie ihre eigenen
philosophischen Überzeugungen eintragen würden. Diese seien aber mit
dem Geist der Lehre Jesu und damit mit dem Wesen des Christentums
unvereinbar.

Ob Origenes mit seiner Entgegnung die Kritik von Celsus wirklich entkräftet hat, darf mit Recht bezweifelt werden.[189] Denn das »dreifach und
vierfach« des Celsus dürfte sich doch wohl auf die innerkirchlich akzeptierte Pluralität der in getrennten Büchern vorliegenden Evangelien
beziehen.[190] Das Argument des Celsus lautet dann in etwa: »that origi-
nally was only *one* Gospel (... ἐκ τῆς πρώτης γράφης), which became the
source of those Gospels which were current in the churches and held in
esteem by the believers, either *three* (τριχῇ, the Synoptic Gospels) or *four*
(τετραχῇ, including the Gospel of John ...)«.[191] Nach Ansicht von Celsus
sind alle neutestamentlichen Evangelienbücher verändernde Umschrei-
bungen, die das ursprüngliche Evangelium, eben die zutreffende geschichtliche Darstellung verfehlen. Als Grund für diese von Christen angezettelte
Evangelienvielfalt ist für Celsus nur vorstellbar, dass sie sich auf diese
schlaue Weise bei ihren Kritikern bei der Feststellung von geschichtlicher
Wahrheit entziehen wollten, eine wahrhaft verschlagene Immunisierungs-
strategie des Christentums.

Unter dem Vorbehalt, dass die nur in der Gegenschrift von Origenes enthaltenen Argumente des Celsus[192] von diesem angemessen wiedergeben
werden und einer zutreffenden Interpretation zugeführt wurden, lässt sich
demnach darauf hinweisen, dass die sich widersprechende Pluralität der
Evangelienbücher bereits bei Kritikern des Christentums zu der Theorie
führte, dass es jenseits der Evangelienschriften ein wahres Evangelienbuch
geben müsse. Dieses enthalte die wahre und einzige geschichtliche Wahrheit über Jesus Christus. Um Celsus und anderen Kritikern bei der Verteidigung des christlichen Wahrheitsanspruches den Wind aus den Segeln zu
nehmen, könnte sich Tatian zur Konzeption seiner Evangelienharmonie

---

ein spezifisch christliches Reproduktionsproblem von Schriften handelt, gegen E. NESTLE, Einführung in das griechische Neue Testament, Göttingen ³1909, 224f.

[189]   H. MERKEL, Widersprüche, 12, spricht von »einem apologetischen Ablenkungsmanöver
des Origenes ..., der natürlich nicht zugeben kann, daß die Verschiedenheiten der kanonischen
Evangelien ein betrügerisches μεταχαραττεῖν seien«.

[190]   Vgl. H. MERKEL, Widersprüche, 11; M. HENGEL, vier Evangelien, 42. Und das von Celsus
abschließend genannte »vielfach« kann eine polemische Übertreibung sein oder es bezieht sich
»auf die relativ zahlreichen, im 2. Jahrhundert entstandenen ›apokryphen‹ Evangelien bezie-
hungsweise auf evangelienähnliche Schriften vor allem gnostischer Herkunft« (M. HENGEL, vier
Evangelien, 42f).

[191]   T. BAARDA, Factors, 30 (Hervorhebungen T. Baarda).

[192]   Vgl. grundlegend R. BADER, Der Αληθης Λογος des Kelsos, TBAW 33, Stuttgart 1940.

herausgefordert gefühlt haben. Während aber Celsus die Evangelienschriften auf die Vervielfältigung eines verloren gegangenen Urevangeliums zurückführt,[193] ist für Tatian das eine, erste Evangelium noch greifbar: Es braucht nur durch Kompilationsarbeit aus den vier vorhandenen Evangelienbüchern wiedergewonnen werden.

10.3.9 Zusammenfassung

»Aber die Vierzahl der Evangelienschriften hatte auch ihre Nachteile. Es gab doch in Wahrheit für die Kirche nur *ein* Evangelium, nur *eine* Botschaft Gottes an die Menschheit: wozu war die auf vier Bücher verteilt? Noch dazu mit so vielen Wiederholungen, aber auch mit Unstimmigkeiten und anscheinenden Widersprüchen der verschiedenen Texte? Der ideale Zustand war doch sicherlich ein Evangelium in einem Buch. Das war vielleicht in ältester Zeit auch der Fall gewesen ...«[194] – Mit diesen Worten des Altmeisters der Alten Kirchengeschichte dürfte sich das Problem formulieren lassen, vor der die christliche Kirche in der Mitte des 2. Jh. n.Chr. die Pluralität der neutestamentlichen Evangelienüberlieferung stellte.

Tatian, so viel ist sicher, stieß zur Zeit seiner christlichen Bekehrung bei der stadtrömischen Christenheit auf ein Verständnis der vier zu einer Sammlung zusammengebundenen Evangelienschriften, das sich als dialektisches Verständnis »von Vielheit in Einheit« bezeichnen lässt: das eine wahre eschatologische Evangelium tritt danach in vier Evangelienbüchern je verschieden und insgesamt immer näherungsweise zu Tage. Diese Theorie, die sich gut mit der urchristlichen Überzeugung über das von Menschen bezeugte Auferstehungsevangelium verbinden ließ, brachte christlicherseits eine gewisse Freiheit im Umgang mit den sich im neutestamentlichen Kanon versammelnden Evangelienschriften mit sich. Ja, es führte sogar dazu, die apostolische Tradition, so geschehen am textlich neu konzipierten Schluss des Markusevangeliums, an die drei anderen neutestamentlich bekannten Evangelienschriften manipulativ heranzuführen.

Grundsätzlich aber wird es in der Christenheit ein philosophisches Unbehagen gegenüber der differierenden Vielfalt der Evangelienschriften gegeben haben. Indiz dafür ist einerseits Tatians christlich-monistische Philosophie, die sich Einheit nur in Harmonie vorstellen kann. Und Indiz ist auch die pagane Kritik in Gestalt des Christentumsgegners Celsus, die es

---

[193]   Vgl. TH.K. HECKEL, Evangelium, 339, Anm. 390.

[194]   H. LIETZMANN, Geschichte II, 93. – Auf das Problem der Evangelienpluralität weist auch O. CULLMANN, Die Pluralität der Evangelien als theologisches Problem im Altertum. Eine dogmengeschichtliche Studie, in: Oscar Cullmann. Vorträge und Aufsätze 1925–1962, hg. v. K. Fröhlich, Tübingen/Zürich 1966, 548–565, hin.

sich erlaubt, den Finger auf die schwärende Wunde der sich widersprechen-
den Evangelienschriften zu legen. Pagan wie christlich ist man überzeugt,
dass hinter der Pluralität der Evangelienschriften ein wahres einheitliches
Evangelium der Geschichte von Jesus Christus verborgen sein muss. Und
man ist auch schon bereit, verschiedene Versuche zu wagen, dieses Evangelium in einem Buch zu rekonstruieren, um den christlichen Bedarf nach
einheitlicher Wahrheit über seinen geschichtlichen Anfang zu stillen.

Allein dem Diatessaron von Tatian ist es dabei gelungen, sich in der östlichen Christenheit durchzusetzen. Das bedeutet nicht nur, dass Tatians
Evangelienbuch ein überzeugend konzeptionell durchgeführter Entwurf
war, es bedeutet auch, dass ein immenser Fleiß von Tatian und seinen Schülern am Werk war, der einen Text aus vier verschiedenen Büchern zu vollenden in der Lage war.

Dabei kann die noch fassbare Gestalt einer Art von *Evangelienharmonie*
des Ammonios von Alexandrien[195] die Frage beantworten helfen, welchen
Umfang Tatians Evangelienharmonie in etwa gehabt haben wird: Aufgrund
der Vermeidung von doppelt oder sogar mehrfach genanntem Text – in der
Regel Matthäus-Markus-Lukas und Matthäus-Markus und Markus-Lukas –
dürfte das Buch ca. 25% weniger Textvolumen als alle vier Evangelienbücher zusammen genommen gehabt haben. Das ist weniger als erwartet,
da große Teile der neutestamentlichen Evangelienschriften aus sog. Son-
dergut bestehen, also Texte sind, die nur bei einem Evangelisten zu lesen
sind.[196] Wie das Dura-Fragment Nr. 0212 ansatzweise zeigt, wird Tatian
einige wenige außerneutestamentliche Überlieferungen hinzugefügt haben.
Das wird jedoch den Umfang seines Evangelienwerkes wenig vergrößert
haben. So wird insgesamt Tatians Evangelienbuch ein praktikables Buch
gewesen sein, das gegenüber dem Tetraevangelium im Umfang leichte
Vorteile besessen haben dürfte. Diese werden aber nicht ausgereicht haben,
dass Tatians Diatessaron in der syrischen Kirche und über sie hinaus eine so
überaus reiche Wirkungsgeschichte beschieden worden ist:

---

[195] Zur mittelalterlichen Nachricht von Dionysios bar Salibi (12 Jh. n.Chr.) über die Evangelienharmonie von Ammonios vgl. T. BAARDA, The Resurrection Narrative in Tatian's Diatessaron
according to three Syrian Patristic Witnesses, in: Ders., Early Transmission of Words of Jesus.
Thomas, Tatian and the Text of the New Testament, hg. v. J. Helderman/S.J. Noorda, Amsterdam
1983, 103–115, 103–106.

[196] Vgl. T. BAARDA, Factors, 37f, der die angeblich für die Anfertigung einer Evangelien-
harmonie sprechenden Argumente der Ökonomie und Praktikabilität (vgl. W.L. PETERSEN, The
Diatessaron and Ephrem Syrus as Sources of Romanos the Melodist, CSCO 475, Löwen 1985, 21,
Anm. 2) entkräftet.

10.4 Zur Wirkungsgeschichte von Tatians Evangelienharmonie

Bei seiner Darstellung von Tatians Wirken gibt Eusebius in seiner *Kirchen-geschichte* den Hinweis, dass Tatians Evangelienbuch bis auf den heutigen Tag von manchen Christen benutzt werde (HE 4,29,6). An dieser zeitgenös-sischen Auskunft lässt sich erkennen, dass Tatians Evangelienharmonie zur Zeit von Eusebius, d.i. am Beginn des 4. Jh. n.Chr., in Teilen der syrischen Kirche[197] als kirchlich anerkannte Schrift auf- und angenommen worden war. Wenn die syrische Übersetzung von Eusebius *Kirchengeschichte* an dieser Stelle hervorhebt, dass Tatians Werk als ein »Evangelium« gilt,[198] lässt sich auf eine liturgische Verwendung des Buches in weiten Teilen der syrischen Christenheit schließen. Als »Evangelium der vermischten (Schrif-ten)« – *Euaggelion da-Mehallete* – wird Tatians Werk während des 3. Jh. n.Chr. in Handschriftenkopien innerhalb der syrischen Kirche konserviert und verbreitet. Es ist in christlichen Gemeinden in Syrien anstelle der in vier einzelne Schriften unterteilten Evangelienbuchsammlung – dem *Euag-gelion da-Mepharreshe* – in Gebrauch.[199]

Wie sehr nun Tatians Diatessaron in der Mitte des 4. Jh. n.Chr. in die Po-sition der traditionellen Evangelienschrift der orthodoxen syrischen Kirche einrücken wird, bezeugt der syrische Kommentar des Kirchenvaters Eph-raem (306–373 n.Chr.).[200] Ephraem gilt als der theologische und poetische Architekt des syrischen Christentums, das auf das christliche Zentrum von Edessa, einer kleinen in der Osrhoene, östlich des Euphrats gelegenen Stadt konzentriert ist.[201] Obwohl Ephraem die aus vier Einzelschriften bestehen-

---

[197] Vgl. HE 4,30,1: »Mesopotamien«.

[198] Siehe o. Kap. 10.1.

[199] Nach Ephraems Kommentar zu den Paulusbriefen (Text bei TH. ZAHN, Geschichte des Neutestamentlichen Kanons Bd. 2/2, Erlangen/Leipzig 1892, 598f) benutzte der Syrer Bardaisan (154–222 n.Chr.) einen Apostolos als NT. Da es einen Apostolos – d.i. die Apg mit der Paulus-briefsammlung – nie ohne dazugehöriges »Evangelium« gegeben hat, schließt W. BAUER, Recht-gläubigkeit, 35–37, dass in Bardaisans Aufenthaltsort Edessa eine Evangelienschrift eingeführt war, für das nur das in der syr. Kirche bekannte Diatessaron Tatians in Frage komme. Denn eine Nachricht einer Geschichte Ephraems aus einer nestorianischen Sammlung von arabischen Erzäh-lungen bezeugt, dass Bardaisan ein von den kirchlichen Evangelien abweichendes Evangelium benutzt haben sollte. Diese Angaben sind jedoch insgesamt zu vage, um die Theorie von W. BAUER als geschichtlich zutreffend auszuweisen.

[200] Die armenische Übersetzung von Ephraems Kommentar ist von L. LELOIR (Hg.), Saint Éphrem. Commentaire de l'Évangile concordant, version arménienne, CSCO 137, Löwen 1953, zusammen mit einer latein. Übersetzung herausgegeben, die lange verloren geglaubte syr. Version liegt in einer vervollständigten engl. Übersetzung vor: C. McCARTHY, Saint Ephrem's Commen-tary on Tatian's Diatessaron. An English Translation of Chester Beatty Syriac MS 709 with Introduction and Notes, JSSt.S 2, Oxford 1993.

[201] Zur Geschichte, Kultur und Religion von Edessa vgl. den Überblick von H.J.W. DRIVERS, Hatra, Palmyra und Edessa. Die Städte der syrisch-mesopotamischen Wüste in politischer, kultur-geschichtlicher und religionsgeschichtlicher Beleuchtung, in: ANRW II/8, 1977, 799–906, 863ff.

den Evangelienausgabe kennt,[202] schreibt er einen fortlaufenden Kommentar zu gerade Tatians Evangelienharmonie. Ephraem nennt darin die von ihm kommentierte Perikope aus Tatians Evangelienharmonie gelegentlich »Schrift«, aber auch einmal mit dem Buchnamen »Evangelium« (E 6, Z. 9). Diese Umgangsweise von Ephraem ist ein deutlicher Hinweis auf die selbstverständliche kirchliche Autorität von Tatians Evangelienbuch.

In seinem Kommentar zu Tatians Evangelienharmonie zitiert Ephraem gelegentlich den Text des von ihm als sog. »griechischen Evangeliums« bzw. kurz des *Griechen* genannten Vierevangelienwerkes, »und zwar zur willkommenen Erläuterung und Ergänzung des Diatessarontextes, ohne etwa theologischen Anstoß an den verschiedenen vorhandenen Formen des Evangeliumstextes zu nehmen«[203]. Auch in dieser Art der Benutzung von Tatians Diatessaron ist Ephraem Zeuge für die kirchliche Autorität von Tatians Diatessaron in der damaligen syrischen Kirche.

Über das zeitliche Ende der Wirkungsgeschichte von Tatians Evangelienharmonie in der syrischen Kirche informiert der orthodoxe Theologe Theodoret von Cyrus (393–466 n.Chr.). Er wurde im Jahre 423 n.Chr. Bischof von Cyrus, einer kleinen, östlich von Antiochia am Orontes gelegenen syrischen Stadt. Auf die mit seiner Amtsübernahme verbundenen Reformbestrebungen in seiner Diözese bezieht sich folgender Abschnitt aus seiner *Häretikergeschichte*:[204]

Dieser (sc. Tatian) hat auch das Diatessaron genannte Evangelium verfasst, indem er sowohl die Stammbäume ausliess als auch alle anderen (Schriftstellen), die beweisen, dass der Herr hinsichtlich seiner menschlichen Seite aus dem Samen Davids geboren ist. Und dieses Werk war nicht nur in Gebrauch allein bei denjenigen jener Partei, sondern auch bei denjenigen, die den apostolischen Grundsätzen folgen: sie erkannten nicht die Schlechtigkeit seiner Anordnung, aber benutzen es in vereinfachter Weise als eine Zusammenfassung für das biblische Buch[205]. Ich aber fand mehr als 200 dieser Bücher in den Kirchen bei uns in ehrerbietigem Gebrauch und sammelte alle ein, um sie zu beseitigen, und führte an ihre Stelle die Evangelienschriften nach den vier Evangelisten ein.

Die Liturgiereform, die Theodoret in seiner Diözese durch Einziehung von 200 Kopien von Tatians Evangelienharmonie durchführen ließ, darf wohl zu Recht eine frühmittelalterliche *Bücherverbrennung* genannt werden. Sie stellt keine Einzelaktion dar, wenn Theodorets Ausführungen im Zusammenhang mit einer kirchenamtlichen Vorschrift gelesen wird, die der ortho-

---

[202] Vgl. Sermon de fide 2,39; Hymnus des fide 48,10.

[203] B. ALAND, Art. Bibelübersetzungen, 189f.

[204] Theodoret von Cyrus, haer., in: PG 83, 372.

[205] Theodoret umschreibt mit diesem Ausdruck die in einem Evangelienbuch enthaltenen vier Evangelienschriften.

doxe Bischof von Edessa, Rabbula (412–435 n.Chr.), erließ:[206] Im Kanon 43 heißt es[207]:

> Die Priester und Diakone tragen dafür Sorge, daß in allen Kirchen eine Kopie des Evangeliums der getrennten (Schriften) (*Euangelion da-Mepharesshe*) vorhanden ist und aus ihm vorgelesen wird.

Beide Nachrichten zusammen bezeichnen die erste Hälfte des 5. Jh. n.Chr. als diejenige Zeit, in der Tatians Evangelienharmonie nach über zwei Jahrhunderten Verwendung aus dem offiziellen liturgischen Gebrauch der syrischen Kirche ausscheidet.

Das bedeutet einen einschneidenden Vorgang. Denn Theodoret von Cyrus unterscheidet hinsichtlich des Gebrauches von Tatians Evangelienwerk drei Gruppen: einmal die theologischen Parteigänger Tatians, sodann die christlichen Gemeinden, die ausschließlich Tatians Diatessaron in ihrer Kirchenliturgie verwenden, und schließlich orthodoxe Gemeinden seines Bischofsbezirks, die das Diatessaron als gute Zusammenfassung der in vier Einzelschriften getrennten Evangelienbuches hochschätzen. Findet Tatians Evangelienharmonie als indizierte Schrift in der offiziellen syrischen Christenheit keine Förderung mehr, so wird ihre weitere Tradierung auf den kleinen Kreis der unmittelbaren Vertreter von Tatians theologischen Anschauungen beschränkt.

Die Ausführungen von Theodoret belegen, dass zur Zeit der syrischen Liturgiereform nur ca. ein Viertel der Gemeinden Tatians Evangelienharmonie in offiziellem kirchlichem Gebrauch benutzten. Folglich dürfte am Beginn des 5. Jh. n.Chr. der Höhepunkt des kirchlichen Einflusses von Tatians Evangelienharmonie auf die syrische Christenheit bereits überschritten gewesen sein. Die überwiegende Mehrheit der syrischen Christen ist bereits entschieden, nur das in vier Schriften aufgeteilte Evangelium zu verwenden. Mit kirchlicher Macht wird damit von Theodoret für die syrische Christenheit eine Entwicklung zum Abschluss gebracht, die die kirchliche Ökumene mit dem westlich-lateinischen Christentum fördert.

In der syrischen Christenheit entsteht folgerichtig zu dieser Zeit ein großer Bedarf an Evangelienhandschriften, die die viergeteilte Buchform des Evangeliums enthalten, ohne jedoch von Einflüssen von Tatians Evangelienharmonie ganz frei zu sein. Zwei syrische Manuskripte sind aus dem

---

[206]   Dazu F.C. BURKITT (Hg.), Evangelion da-Mepharreshe. The Curetonian Version of the Four Gospels, with the Readings of the Sinai Palimpsest 2 Bd., Cambridge 1904, II, 164: Obwohl der Kanon das Diatessaron nicht namentlich nennt, war es »evident that when Rabbula became bishop of Edessa the form in which the Gospel was practically known to Syriac-speaking Christians was Tatian's Harmony«.

[207]   A. VÖÖBUS, Syriac and Arabic Documents regarding Legislation Relative to Syrian Asceticism, PETSE 11, Stockholm 1960, 47.

4./5. Jh. n.Chr. näher bekannt: Einmal der sog. Curetonianus, benannt nach seinem Entdecker W. Cureton, gefunden 1842 in einem ägyptischen Kloster (sy^c),[208] und zweitens der sog. Sinai-Syrer, aufgespürt 1892 im Katharinenkloster auf dem Sinai von den Schwestern A.S. Lewis und M.D. Gibson (sy^s)[209].

Im Zuge der in Syrien am Beginn des 5. Jh. n.Chr. konsequent durchgeführten Kirchenreform gingen viele (griechische und syrische) Handschriften von Tatians Evangelienharmonie verloren. Von seiner Evangelienausgabe blieb nur durch einen großen Zufall das winzig kleine Pergamentfragment Nr. 0212 aus Dura Europos aus dem Anfang des 3. Jh. n.Chr. erhalten.

Doch Tatians Evangelienwerk lebte in verschiedenen Übersetzungen und Übertragungen fort.[210] Bekannt geworden sind mittelalterliche Handschriften von Übertragungen ins Lateinische[211], Arabische[212], Persische[213] und Syrische[214], um nur einige von ihnen zu nennen.[215] Jede Übersetzung bedeutete jedoch keine näherungsweise Übertragung von Tatians Fassung in eine andere Sprache, sondern geschah bereits in der Anpassung an den in der ökumenischen Christenheit seit 367 n.Chr. allgemeine kanonische Geltung erlangenden neutestamentlichen Evangelientext der vier getrennten Evangelienschriften. Tatians eigenartiges Werk reizte zu »verbessernden« Umgestaltungen.[216] Das Diatessaron Tatians ist auf diese Weise (fast) ausschließlich (!) in textlicher Um- und Überarbeitung vorhanden. Hinzukommt, dass apokryphe Zusätze Tatians zum Text der Evangelien, die aus dem kirchlichen Vierevangelium nicht bekannt waren, mehr und mehr von den Bearbeitern getilgt wurden.

Dieser vielschichtige Vorgang der sog. *Enttatianisierung* macht es schwierig, wenn nicht sogar unmöglich, den ursprünglichen Text von Tatians Evangelienharmonie aus den ständig überarbeiteten Fassungen zu re-

---

208   F.C. Burkitt (Hg.), Evangelion da-Mepharreshe.
209   A.S. Lewis (Hg.), The Old Syriac Gospels, or Evangelion da-Mepharreshê, London 1910.
210   Vgl. W.L. Petersen, Tatian's Diatessaron, 84ff.
211   E. Ranke (Hg.), Codex Fuldensis, Marburg/Leipzig 1868.
212   E. Preuschen/A. Pott, Tatians Diatessaron aus dem Arabischen übersetzt, Heidelberg 1926.
213   G. Messina (Hg.), Diatessaron Persiano, BibOr 14, Rom 1951.
214   Chr. Lange (Übers.), Ephraem der Syrer Kommentar zum Diatessaron 2 Bd., FC 54/1+2, Turnhout 2008.
215   Vgl. weiter die Bibliografie bei W.L. Petersen, Tatian's Diatessaron, 448–489.
216   Vgl. das Urteil von H.J. Vogels, Handbuch der Textkritik des Neuen Testaments, Bonn ²1955, 144f: »Und es ist gewiß, daß dieses Buch dazu reizte wie kaum ein anderes. Das Unternehmen, die vier getrennten Evangelien zu einem Werk zu verarbeiten, wird ja notwendigerweise immer nur ein mehr oder weniger geglückter Versuch bleiben. In der zeitlichen Anordnung der einzelnen Perikopen sowohl, wie bei der Auswahl dessen, was von den Parallelberichten zu bevorzugen ist, wird dieser eine andere Meinung haben als jener«.

konstruieren. Bruchstücke dürften am ehesten aus dem zwei Jahrhunderte später (sic !) angefertigten fortlaufenden Tatiankommentar von Ephraem zu erschließen sein.[217] Wirkungsgeschichtlich aber hat Tatians Evangelienwerk über den Umweg eines versteckten Vermittlungsprozesses auf die christliche Theologie und Geistesgeschichte in Ost und West in einer breiten Weise eingewirkt.[218]

Es bleibt jedoch bei dem überlieferungsgeschichtlichen Paradox, dass Tatians Evangelienharmonie in Hinsicht auf ihren ursprünglichen Wortlaut fast (!) vollständig verloren ist. Nur zwei Bruchstücke von Tatians Evangelienharmonie sind in ursprünglicher Weise erhalten: als schriftlicher Text das griechische Pergamentfragment Nr. 0212 von Dura Europos aus der Mitte des 3. Jh. n.Chr. und das auf Tatians Evangelium beruhende neutestamentliche Bildprogramm der Fresken im Baptisterium der christlichen Hauskirche von Dura Europos.

---

[217]   L. LELOIR (Hg.), Éphrem de Nisibe Commentaire de l'Évangile concordant ou Diatessaron traduit du Syriaque et de L'Arménien, SC 121, Paris 1966.
[218]   Vgl. U. BORSE, Art. Evangelienharmonie, LThK³ 3, 1995, Sp. 1030.

11. Die Deutung des Auferstehungszyklus im Licht von Tatians Evangelienharmonie

An dem Abriss zur Wirkungsgeschichte von Tatians Evangelienharmonie (s.o. Kap. 10.4) ist erkennbar, dass große Teile der frühen syrischen Christenheit von dieser besonderen Abfassungsform der neutestamentlichen Evangelientexte in Liturgie und Theologie beeinflusst wurden. Dass auch die ostsyrische Christengemeinde von Dura Europos von Tatians Evangelienbuch Kenntnis hatte, legt sich insofern nahe, als das griechische Fragment Nr. 0212 aus dem Anfang des 3. Jh. n.Chr. einen winzigen Auszug aus einer Evangelienharmonie darstellt und die Zeit seiner (primären) Benutzung (vor 255 n.Chr.) auf die Christenheit in Dura Europos verweist. Das griechische Fragment dürfte dabei als winziger Teil einer Handschrift von Tatians Diatessaron zu bewerten sein, die ursprünglich einmal wohl den ganzen Umfang von Tatians Evangelienwerk enthielt.

Im Folgenden soll der Versuch unternommen werden, das Fresko des Auferstehungszyklus' im Baptisterium der Hauskirche unter der Prämisse zu interpretieren, dass als textliche Grundlage auf Tatians Evangelienharmonie, respektive der in ihr enthaltenen Auferstehungserzählung zurückgegriffen wurde. Dabei ist vorbereitend zunächst das negative Ergebnis vorzuführen, wenn als Annahme gelten soll, dass der mit der Ausmalung beauftragte Künstler *eine* der vier neutestamentlich-kanonischen Erzählungen über »Das leere Grab« als Grundlage für seinen dreiteiligen Bildzyklus benutzt hätte. Also, dass er entweder den Text Mt 28,1–8 oder Mk 16,1–8 oder Lk 24,1–11 oder Joh 20,1–18 bildlich umsetzte:

1. Es ist ja bibelkundlich bekannt, dass die neutestamentlichen Evangelienschriften über die Zahl der Verkündigungsengel – einer oder zwei – und über die Zahl der weiblichen Auferstehungszeugen – eine oder mehrere Frauen – verschiedene Angaben machen:

1.1 Nach der Darstellung des Matthäusevangeliums kommen *zwei Frauen* mit dem Namen Maria, und zwar »Maria von Magdala« und die »andere Maria«, zum Grab des am Kreuz verstorbenen Christus (Mt 28,1). Aus dem Kontext ist zu entnehmen (vgl. 27,56.61), dass mit der letztgenannten Maria die Mutter von Jakobus und Joseph gemeint ist. Nach der weiteren Erzählung zufolge verkündet den anwesenden Frauen *eine Engelsgestalt* die Auferstehung Christi von den Toten (Vv.2–6). Dieser Engel sitzt vor dem Grab auf einem Stein.

1.2 Auf etwas andere Weise erzählt die Auferstehungsgeschichte das Markusevangelium. Nach ihm kommen *drei Frauen* zum Ort der Auferstehung Christi, nämlich »Maria von Magdala«, »Maria, die Mutter des Jakobus« und »Salome« (Mk 16,1). Wie im Matthäusevangelium wird die Auferstehung Christi, wenn auch jetzt in der Grabesgruft, wiederum von nur *einer Engelsgestalt* verkündet (Vv.5f).

1.3 Wieder anders lautet die Darstellung des Lukasevangeliums: Nach dem dritten Evangelisten kommen zu Christi Grab *drei Frauen* mit den Namen »Maria von Magdala«, »Johanna« und »Maria, die Mutter des Jakobus« sowie *viertens eine anonyme Gruppe von Frauen*[1] (Lk 24,11). Im Gegensatz zur Darstellung des Matthäus- und Markusevangeliums sind es in der lukanischen Erzählung *zwei Engel*, die die Botschaft von der Auferstehung Christi den Frauen verkündigen (Vv.4–6).

1.4 Noch anders lautet die Narratio des Johannesevangeliums. Danach kommt nur *eine Frau* namens »Maria von Magdala« zum Grab Christi (Joh 20,1). Sie wird – wie in der Erzählung des Lukasevangeliums – von *zwei Engeln*, die sich im Grab aufhalten, angeredet (V.12).

Eine Orientierung an *einer* der vier Auferstehungserzählungen aus den neutestamentlichen Evangelienschriften würde dem Maler des dreiteiligen Auferstehungszyklus folgende Kombination von Frauen- und Engelsfiguren empfehlen: Würde er dem Matthäusevangelium folgen, so hätte er jeweils *zwei Frauengestalten* und *ein Engelsymbol* abzubilden und würde er dem Markusevangelium nachkommen, müsste er jeweils *drei Frauen* und *ein Engelsymbol* malen. Würde er aber sich dem Lukasevangelium anschließen, hätte er jeweils entweder *vier Frauengestalten* – für jede namentlich genannte Frau eine Frauenfigur, für die Frauengruppe eine – oder insgesamt jeweils *sechs Frauengestalten* – für jede namentlich genannte Frau eine Frauenfigur, für die Frauengruppe mindestens drei Figuren – und *zwei* Engelsymbole zur Darstellung bringen müssen. Und würde der Künstler des Baptisteriums endlich versuchen, den literarischen Vorschlag des Johannesevangeliums aufzugreifen, so hätte er *eine Frau* und *zwei Engelszeichen* zeichnen müssen. Die in der Bildszenerie des Baptisteriums vorhandene Zahl von zweimal *fünf* Frauen und einmal *zwei* Engelsymbolen ist jedoch in keiner neutestamentlich-kanonischen Evangelientradition enthalten!

Der Schluss aus diesen Überlegungen lautet zunächst, dass bei aller zugegebenen künstlerischen Freiheit der Maler des didaktisch-theologischen Auferstehungszyklus' keine (!) der vier im neutestamentlichen Kanon versammelten Evangelienschriften als einzelnes literarisches Vorbild benutzt haben wird. Da aber anzunehmen ist, dass der beauftragte Künstler der in

---

[1]   Die Femininform von αἱ λοιπαί zeigt an, dass das LkEv sich eine anonyme Frauengruppe vorstellt.

der christlichen Gemeinde von Dura Europos geltenden Evangelientradition folgt, könnte er die im syrischen Raum im liturgischen Gebrauch stehenden Evangelienharmonie von Tatian benutzt haben. Diese basiert auf allen vier neutestamentlich bekannten Evangelienschriften, enthält mithin auch eine Auferstehungserzählung, gibt diese aber in einer die vier neutestamentlichen Versionen vereinheitlichenden Weise wieder.

Das in Dura Europos gefundene griechische Fragment von Tatians Evangelienharmonie aus dem ehemaligen Bestand der christlichen Gemeinde beinhaltet zwar einen Ausschnitt aus der Passionserzählung Christi, leider jedoch nicht Teile der Erzählung »Das leere Grab« (Mk 16,1–8 parr.; Joh 20,1f.11–14). An dem Pergamentfragment lässt sich aber die oben (s.o. Kap. 9) bereits analysierte Arbeitsweise eines Harmonisten studieren: Er nahm aus allen Evangelienschriften zum jeweiligen Thema einzelne Satzteile und fügte sie in neuer Weise zusammen. Das geschah wie wenn einzelne Steine, die ursprünglich zu verschiedenen Ganzen gehörten, nach der Zerstörung ihrer Ursprungszugehörigkeiten zu einem neuen Mosaikbild zusammengestellt werden. Dabei versuchte der Harmonist in eigenständiger Formulierung möglichst alle Erzählzüge der vorhandenen Versionen der Evangelienschriften wörtlich zu präsentieren und konnte sich zugleich dabei trauen, aus eigener Überlieferung kleinere Zusätze anbringen.[2]

Nach dieser Arbeitsweise, die sich am Dura-Fragment Nr. 0212 studieren lässt, hat ein Harmonist der Evangelientexte nun zwei Möglichkeiten, mit der in den vier Auferstehungserzählungen verschieden bezeugten Anzahl von Namen und Gestalten in einer Auferstehungserzählung vorzugehen: Für seine einheitliche Erzählung kann er entweder auf *additive* oder aber auf *kumulative Weise* die verschiedenen Personen zusammenstellen:

Die *additive Vorgehensweise* ist im Ebionäer-Evangelium belegt (s.o. Kap. 10.3.7.1). Nach dieser Vorgehensweise hätte die Dura-Harmonie im Fall der Auferstehungserzählung insgesamt *acht Frauen* mit Namen zu nennen, dazu müsste sie eine weitere Frauengruppe erwähnen. Will die Evangelienharmonie aber die bei dieser Gestaltung vorkommenden Doppel-, ja Mehrfachnennungen von Personennamen vermeiden, so wählt sie das *kumulative Verfahren*: Die Evangelienharmonie führt namentlich alle in den Evangelienschriften zum Thema genannte Frauengestalten an, also insgesamt vier: *Maria von Magdala* (1), *Maria, die Mutter des Jakobus und*

---

[2]   Vgl., dass das Fragment Nr. 0212 bei der Perikope »Die Zeugen unter dem Kreuz« aus Mk 15,40 den Namen »Salome« und aus Mt 27,56 eine weitere Frauenperson, die die Mutter »(der Söhne) des Zebedäus« ist, in harmonistischer Weise zusammen nennt. Da nur zwei verschiedene Personen in der Evangelienharmonie genannt werden, kann bedauerlicherweise nicht entschieden werden, ob das additive oder kumulative Verfahren der Zusammenordnung vom Harmonisten verwandt wurde.

Joseph (2), *Salome* (3) und *Johanna* (4), und nennt fünftens eine *anonyme Frauengruppe* (5).

Bei der Frage, wie viele Engel in seiner Auferstehungserzählung auftreten sollen, hat der Harmonist es leichter: sowohl auf kumulative als auch auf additive Weise kommt er auf die Zahl von *zwei Engelsgestalten*.

Erklärt sich unter der Prämisse des zur Anwendung kommenden kumulativen Verfahrens das Zustandekommen von vier namentlich genannten Frauen und einer anonymen Frauengruppe in der Auferstehungserzählung einer Evangelienharmonie wie derjenigen von Tatian, so steht der malende Künstler bei der bildnerischen Umsetzung dieser literarischen Auferstehungstradition vor einer anderen Problematik: Er muss sich entscheiden, ob er summarisch eine (anonyme) Frauengruppe darstellen will – dann würde sich eine Gruppe von zwei oder drei Frauengestalten nahe legen – oder ob er möglichst annähernd die im Evangelientext genannte Frauenzahl übernehmen will. Der Freskenmaler des Baptisteriums, der fünf Frauenfiguren auftreten ließ, dürfte letzteres getan haben: vier weibliche Figuren repräsentieren die im Text von Tatians Evangelienharmonie namentlich genannten vier Frauen: nämlich *Maria von Magdala* (1), *Maria, die Mutter des Jakobus und Joseph* (2), *Salome* (3) und *Johanna* (4) und die fünfte Figur steht für die eine *anonyme Frauengruppe* (5). Auf diese Weise kommt der den Auferstehungszyklus auf den Wänden des Baptisteriums ausmalende Künstler den literarischen Vorgaben der in der Gemeinde von Dura Europos kursierenden Evangelientradition in der literarischen Gestalt von Tatians Diatessaron am nächsten.

12. Die Bedeutung der Bilder des Baptisteriums für die Rekonstruktion von Tatians Evangelienharmonie

Im vorherigen Abschnitt konnte plausibel gemacht werden, dass der dreiteilige Bilderzyklus über die Auferstehung Christi mit der auffälligen Anzahl und Kombination von fünf Auferstehungszeuginnen und zwei Verkündigungsengeln auf der literarischen Vorlage von Tatians Evangelienharmonie und seiner besonderen Fassung der Erzählung über »Das leere Grab« beruht. Diese Schlussfolgerung lässt sich ausbauen: Danach sind die im Baptisterium enthaltenen Bilder Anlass, auf die inhaltliche Darstellung ihres literarischen Vorbild zu schließen. Diese Überlegung, von den Bildern auf ihren literarischen Grund zurückzufolgern, ist besonders hinsichtlich der Rekonstruktion von Tatians Diatessaron interessant. Von seinem antiken Werk dürfte nämlich bis auf das winzige griechische Dura-Pergamentfragment Nr. 0212 keine weitere Handschrift erhalten geblieben sein. Die bildliche Evangeliendarstellungen im Baptisterium der Hauskirche zu Dura Europos ist danach die einzige (!) weitere, zweite antike Quelle zu Tatians Diatessaron, die Auskunft über dessen Inhalt gibt.

Die Ansicht, mithilfe der auf einen Evangelientext anspielenden Bilder des Baptisteriums Aspekte zur Rekonstruktion von Tatians Evangelienharmonie beizubringen, ist mit besonderer Vorsicht vorzutragen. Zuvörderst ist zu bemerken, dass der Charakter der antiken Quelle, die archäologisch gesicherte und z.T. wiederhergestellte Freskomalerei des Baptisteriums, nicht zu Ergebnissen im Sinne der Wiederherstellung von ursprünglichem Text im Wortlaut führen kann. Es können allenfalls nur thematische Inhalte und Erzählstrukturen nachgewiesen werden. Sodann muss bei dem Rückschluss von der künstlerischen Darstellung auf die literarische Quelle beachtet werden, dass der Maler bei dem Versuch, die narrative Textaussage in visualisierte Bildersprache zu übersetzen, sich entweder eigene Freiheiten genommen haben oder einer erlernten Bildkonvention folgen könnte. Aufgrund dieser grundsätzlichen Vorbehalte gegenüber dem Verfahren der Zurückführung von Bildinhalten auf literarische Inhalte darf nicht jeder Bildinhalt des Baptisteriums eo ipso für die ursprüngliche Fassung von Tatians literarischer Evangelienharmonie in Anschlag gebracht werden. Inwiefern dennoch Erzählinhalte von Tatians Evangelienharmonie aus dem Bildmaterial des Baptisteriums von Dura Europos gewonnen werden können, mögen die folgenden Überlegungen zeigen:

In Kenntnis der Anfertigungsprinzipien von Tatians Evangelienharmonie (s.o. Kap. 9) führt die Rückführung der neutestamentlich orientierten Themenbilder des Baptisteriums auf literarische Inhalte zunächst zu der wenig überraschenden Aussage, dass das Bild der Frau am Brunnen (Südwand, unteres Register) in der Evangelienharmonie den johanneischen Text von »Jesu Gespräch mit der Samariterin« (Joh 4,4–42) voraussetzen lässt. Des Weiteren dürfte – auch erwartungsgemäß – im Diatessaron aufgrund des zweiten Bildes der Wundergeschichtenkomposition (Nordwand, oberes Register) die matthäische Fassung[1] der Wundererzählung »Jesus wandelt auf dem See« (Mt 14,22–33) enthalten sein. Auch weist Tatians Evangelienwerk eine eigene Fassung der in den Synoptischen Evangelien und dem Johannesevangelium leicht unterschiedlich erzählten Wundergeschichte der »Heilung des Gelähmten« (Mk 2,1–12 parr; Joh 5,1–9) entsprechend dem ersten Bild der Wundergeschichtenkomposition (Nordwand, oberstes Register) auf. Wie diese thematische Bildereinheit weiterhin nahe legt, kommen weitere Wundergeschichten, eventuell sogar ein Wundergeschichtenreihung für Tatians Evangelienharmonie in Frage.

Von größerer Bedeutung für den Versuch der Rekonstruktion von Tatians Evangelienharmonie ist der dreiteilige Auferstehungsbilderzyklus im unteren Register von Ost- und Nordwand. Er belegt zunächst, dass die Evangelienharmonie Tatians von den in den vier Evangelien enthaltenen Erzählung zum Thema »Das leere Grab« eine eigene Version herstellte. Ihr besonderer Inhalt dürfte sein, dass vier namentlich genannte Frauen, nämlich »Maria von Magdala«,[2] »Maria, die Mutter von Jakobus (und Joseph)«[3], »Salome«[4] und »Johanna«[5] und eine anonyme Frauengruppe als Zeuginnen der Auferstehung genannt wurden. Dazu kommen die im Grabraum sich befindenden zwei Verkündigungsengel.[6]

Die Auferstehungserzählung dürfte folgende Elemente enthalten haben: Sie begann mit der Ankunft aller Frauen am Grab Christi, ausgestattet mit Spezereien (und Fackeln),[7] zur frühmorgendlichen, noch nächtlichen Zeit.

---

[1]   Da Mk 6,45–52; Joh 6,16–21 parallel zu Mt 14,22–27 den Seewandel von Jesus – ohne den von Petrus – bezeugen, ist es möglich, dass Tatian aus diesem parallelen Textmaterial eine eigene Fassung herstellte.

[2]   Vgl. Mt 28,1; Mk 16,1; Lk 24,11; Joh 20,1.

[3]   Vgl. Mt 28,1; Mk 16,1; Lk 24,11.

[4]   Vgl. Mk 16,1.

[5]   Vgl. Lk 24,11.

[6]   Vgl. Lk 24,4–6; Joh 20,12.

[7]   Vgl. Mk 16,1; Lk 24,1. Anstelle der ἀρώματα stattet der Künstler des Baptisteriums die Frauengestalten mit Gefäßen aus. Ob Tatians Auferstehungserzählung auch berichtete, dass die Frauen Fackeln bei sich hatten, ist unwahrscheinlich, da der Künstler die Auferstehungsverkündigung mithilfe der antithetischen Lichtmetaphorik – schwarzer Fackelschein ⇔ farbiges Sternenlicht – darzustellen versuchte.

Die Frauen entdecken bei ihrer Annäherung an das Grab, dass der Stein vor dem Grab auf wunderbare Weise weggenommen wurde[8] und betreten daraufhin das Grabinnere[9]. Dort werden sie durch zwei Engel Adressatinnen der Verkündigung der Auferstehung Christi von den Toten.[10]

Diese hier postulierte erzählerische Fassung der Perikope »Das leere Grab« in der Evangelienharmonie Tatians – und das ist Wert zu bemerken – folgt dabei in der aus den Fresken des Baptisteriums rekonstruierten Art keiner der vier aus dem Neuen Testament bekannten Erzähltraditionen!

---

[8]   Der Künstler des Baptisteriums markiert mit einer offenstehenden Doppeltür die Aussage, dass der Zugang zu Christi Grab für die Frauen überraschenderweise offen steht.

[9]   Vgl. Mk 16,5; Lk 24,3.

[10]   Vgl. Mt 28,5f; Mk 16,6; Lk 24,5f.

13. Die Taufe als rituelle Aneignung von Christi Auferstehung

Ausgehend von dem dreiteiligen Auferstehungszyklus ist jetzt nach seiner Bedeutung für den im Baptisterium stattfindenden Taufritus zu fragen. Bei der Eingrenzung des sachlichen Zusammenhangs von Auferstehungsbotschaft und Taufe soll Leitfunktion eine bildnerische Auffälligkeit des Auferstehungsfreskos übernehmen: Nämlich dass der Künstler auf einem neun Meter breiten Fresko ein massives personales Aufgebot von (2 Mal) fünf Frauen auftreten lässt, die am Ostermorgen stehend bezeugen, dass die Macht des Todes, präsentiert von einem überproportional groß gemalten Sarkophag, durch Gottes Eingreifen, dargestellt durch die geöffnete Tür zum Hypogäum von Jesus Christus, auf wunderbare Weise gebrochen ist.[1] Von den neutestamentlichen Auferstehungserzählungen, seien sie getrennt in den vier Evangelienschriften überliefert oder in ihrer Zusammenstellung zu einer Erzählung in Tatians Evangelienharmonie rezipiert, lässt sich kein Bezug zur Taufe erkennen. Und aus der Theologie der Alten Kirche ist auch nicht zu erkennen, inwiefern die Auferstehung Christi mit der Taufe des Christen in Beziehung steht.[2] Ein sachlicher Bezug von Taufe und Auferstehung ist jedoch für die paulinische Theologie, wie sie in der neutestamentlichen Paulusbriefsammlung überliefert wurde, konstitutiv.

Für den Zusammenhang von Auferstehungsevangelium und Taufritus ist einerseits Römerbrief 6,3f einschlägig, wo es heißt:[3]

Oder wisst ihr nicht, dass wir alle, die wir auf Christus Jesus getauft sind, auf seinen Tod getauft sind? Wir sind also durch die Taufe auf seinen Tod mit ihm begraben, damit, wie Christus durch die Herrlichkeit des Vaters von den Toten auferweckt wurde, so auch wir in einem neuen Leben wandeln.

---

[1]   Vgl. A. Grabar, Christian Iconography. A Study of its Origins, Bollingen Series 35,10, Princeton 1968, 21: »... those on the socle (the Resurrection can be identified) have monumental proportions and present large figures completely painted and worked into a solemn and majestic rhythm«.

[2]   Vgl. R. Staats, Art. Auferstehung, 467–477; Ders., Art. Auferstehung Jesu Christi II/2. Alte Kirche, TRE 4, 1979, 513–529.

[3]   Vgl. auch Kol 2,12f: »Mit Christus wurdet ihr in der Taufe begraben, mit ihm auch auferweckt, durch den Glauben an die Kraft Gottes, der ihn von den Toten auferweckt hat. Ihr wart tot infolge eurer Sünden, und euer Leib war unbeschnitten; Gott aber hat euch mit Christus zusammen lebendig gemacht und uns alle Sünden vergeben«.

Der Apostel Paulus führt aus, dass das weltwendende Ereignis der Auferstehung Christi von den Toten im Ritus der Taufe für den einzelnen Christusgläubigen aktuell wird. Das Zurücklassen des »alten Menschen« (V.6) im rituell vermittelten Vorgang des Mit-Christus-Gekreuzigtseins ist zugleich verbunden mit der Herrlichkeit der Auferstehung, die den Neophyten zu einem neuen Leben der Gerechtigkeit führt. Der Wechsel von der Herrschaft der Sünde und des Todes zu der der Herrlichkeit des Lebens realisiert sich in einem ethischen Kampf für Gerechtigkeit. Clemens von Alexandrien hat im Sinne der paulinischen Tauftheologie darum treffend »die Taufe Tod und Ende des alten Lebens genannt« (excerpta ex Theodoto 77,1).

Sodann ist für die paulinische Tauftheologie wichtig, dass durch die Auferstehung Christi die Macht des Todes ein-für-alle-Mal besiegt ist, wenn es etwas später im Römerbrief heißt (Röm 6,9f):[4]

Wir wissen ja, dass Christus, nachdem er von den Toten auferweckt ist, nicht mehr stirbt; der Tod hat keine Gewalt mehr über ihn. Denn mit seinem Sterben ist er der Sünde gestorben ein für allemal, mit seinem Leben aber lebt er für Gott. So müsst auch ihr euch als solche betrachten, die für die Sünde tot sind, für Gott aber in Jesu Christus leben.

Im Lichte des Paulustextes bzw. der in der Paulusschule gepflegten Tauftheologie lässt sich das Bild des dreiteiligen Auferstehungszyklus auf den Ritus der Taufe recht gut beziehen: Die Zeugenschaft der fünf Frauen soll dokumentieren, dass durch Christi Auferstehung der göttliche Sieg über den Tod gelungen ist, der in der rituellen Aneignung im Taufgeschehen den Täufling frei von der zum Tod versklavenden Sünde macht, um ihn in ein neues Leben im Kampf für die Gerechtigkeit einzuweisen. Denn sterben Getaufte »für die Welt, [so] leben sie aber für Gott, damit der Tod durch den Tod vernichtet werde und das Verderben durch die Auferstehung« (Clemens von Alexandrien, Excerpta ex Theodoto 80,2).

Exkurs: Zur gottesdienstlichen Zeit des Taufgottesdienstes

Grundsätzlich ist im Urchristentum die Auffassung von einem besonderen Zeitpunkt – einem Tag oder auch eine bestimmte Jahreszeit – für die Durchführung der christlichen Taufe unbekannt. Sobald sich jemand als Erwachsener zum christlichen Glauben entschied, konnte er getauft wer-

---

[4]   Vgl. auch Kol 3,9f: »... ihr habt den alten Menschen mit seinen Taten abgelegt und seid zu einem neuen Menschen geworden, der nach dem Bild seines Schöpfers erneuert wird, um ihn zu erkennen«.

den.[5] Das Wichtigste war die Erklärung seiner Bereitschaft. Als theologischer Grund für die Durchführung der Taufe ist die damit rituell vollzogene Zugehörigkeit des Christen zu dem alleinigen Herrn und seiner Herrschaft zu nennen. Bereits Paulus hatte aus dieser christlichen Herrschaftsverpflichtung die Freiheit zur christlichen Zeitgestaltung abgeleitet. So heißt es im Römerbrief 14,5–6a.7–9:

> Der eine bevorzugt bestimmte Tage, der andere macht keinen Unterschied zwischen den Tagen. Jeder soll aber von seiner Auffassung überzeugt sein. Wer einen bestimmten Tag bevorzugt, tut es zur Ehre des Herrn ... Keiner von uns lebt sich selbst, und keiner stirbt sich selber: Leben wir, so leben wir im Herrn, sterben wir, so sterben wir dem Herrn. Ob wir leben oder ob wir sterben, wir gehören dem Herrn. Denn Christus ist gestorben und lebendig geworden, um Herr zu sein über Tote und Lebende.

Diese freiheitliche Einstellung zur Zeit änderte sich jedoch, als sich in frühchristlicher Zeit ein liturgischer Rahmen für die christliche Taufe entwickelte. Jetzt bildeten sich auch bevorzugte Tauftermine heraus. Aus dieser Perspektive der Zeit des 2. und 3. nachchristlichen Jahrhunderts lässt sich darum fragen, ob es ein Indiz des Baptisteriums gibt, aus dem zu entnehmen ist, wann der Bischof der christlichen Gemeinde zu Dura Europos Taufgottesdienste abgehalten hat.

Einen im wahrsten Sinne des Wortes übergroßen Hinweis auf die liturgische Zeit des Taufgottesdienstes gibt der überlange (ca. 9 m) dreiteilige Bildzyklus über die Erzählung von der Auferstehung Jesu. Seit urchristlicher Zeit gilt nämlich der christliche (!) »erste Tag« der Woche, der uneigentliche »achte Tag« nach jüdischer Wochentagsinterpretation (s.o. Kap. 8.1), als liturgischer Wochentag der Auferstehung Christi (vgl. Mk 16,2 parr.; Joh 20,1). Die z.T. auf Bänken sitzende kleine Gottesdienstgemeinde des Baptisteriums, die sich optisch mit den hinter ihr an den Wänden platzierten 2 x fünf Zeuginnen der Auferstehung Christi »vereinigt«, lässt darum an den frühen, nächtlichen Sonntagmorgen als wöchentlichen Termin für den Taufgottesdienst denken: Als es draußen in den Straßen der Stadt Dura Europos genauso dunkel ist wie im kleinen Baptisterium unter dem stilisierten Nachthimmel an der Decke.

Seit dem 3. Jh. n.Chr. setzte sich zudem die Auffassung durch, dass die Osternacht für den Empfang der Taufe die vornehmlich geeignete Zeit sei. Im Hintergrund steht die mystagogische Theorie, dass der Christ zusammen mit Christus aufersteht (vgl. Röm 6,4).[6] Dabei ist von Tertullian bekannt, dass er das christliche Pascha, aber auch die Zeit zwischen Ostern und

---

5   Vgl. Apg 8,37–39; 9,18; 10,47f; 1Kor 1,13f. – Vgl. für die Zeit der Alten Kirche Tertullian, De baptismo 19,3; Basilius, hom. 13, dass jeder Zeitpunkt für die Taufe geeignet ist.

6   Vgl. dazu S.G. HALL, Paschal Baptism, in: StEv 6 (= TU 112, 1973), 239–251.

Pfingsten als die am besten geeigneten Tage für die Taufe empfehlen konnte (de baptismo 19,1–3):

Den feierlichsten Tag für die Taufe bietet uns das Osterfest, wo auch das Leiden des
Herrn, auf welches wir getauft werden, sich erfüllt hat. ... Sodann ist die Pfingstzeit
für die Vornahme des Taufbades ein freudenvoller Zeitraum, in welchem der auferstandene Herr häufig unter seinen Jüngern weilte, die Gnade des Heiligen Geistes
mitgeteilt wurde und endlich die Hoffnung auf die Wiederkunft des Herrn durchblick-
te ... Im übrigen ist jeder Tag ein Tag des Herrn, jede Stunde, jede Zeit für die Vornahme der Taufe geeignet; wenn dann auch in den Feierlichkeiten ein Unterschied ist,
für die Gnade verschlägt das nichts.

Unter Beachtung von Tertullians Einschränkung ist zu schließen, dass in
der Gemeinde von Dura Europos eine festlich begangene Tauffeier –
Taufanmeldungen vorausgesetzt – jahreszeitlich am Morgen des christlichen Osterfestes, dem ersten Sonntag nach dem ersten Vollmondtag nach
der Frühlingstagundnachtgleiche, oder in der Zeit zwischen Ostern und
Pfingsten begangen wurde.

14. Das zentrale Heilsbildarrangement an der Westwand

Die Besucher, die in das relativ kleine Baptisterium von der schmalen Hoftür aus eintreten, werden durch die in den Raum hereinragende Ädikula auf
die Wahrnehmung der an der Stirnseite des Raumes angebrachten zentralen
ikonologischen Botschaft konzentriert. Nehmen sie während des Taufgottesdienstes auf den in L-Form angeordneten Sitzbänken im hinteren Teil
des Baptisteriums Platz, so spielt sich nach der präbaptismalen Salbung die
Taufe der Neophyten im Wasserbassin vor einem Heilsbildarrangement ab,
das sich aus drei Teilen zusammensetzt:
1. Der stilisierten Bemalung der Ädikula einerseits,
2. der unter ihrem Bogen hinter dem Täufling an der Westwand erscheinenden Bild-in-Bild-Komposition von Sündenfall und weidendem Hirten
andererseits. Und
3. der durch die Architektur des Baldachins vermittelte Eindruck, nämlich
die rahmende Präsentation des Täuflings unter dem gewölbten Dach eines
achtsymbolisch stilisierten Sternenhimmels.

Für den oder die Verantwortlichen der christlichen Gemeinde von Dura
Europos, die das ursprüngliche Bild eines weidenden Hirten durch einen
Bildzusatz, nämlich durch das Bild des Sündenfalls von Eva und Adam
ergänzen ließen, kommt zusätzlich eine diachronische Betrachtungsweise
des Zentralbildes in Betracht: Sie können
1. zwischen dem Ursprungsbild des weidenden Hirten und
2. der späteren Bild-in-Bild-Komposition von prototypischem Sündenfall
und eschatologischem Weidebild differenzieren. Eine Interpretation muss
versuchen, alle drei Teile synchron wie diachron als eine komplexe Gesamtheit vorzustellen.

14.1 Die Neuschöpfungsmotive an der Ädikula

Auf den Pilastern der Ädikula und auf ihrem Rundbogen erscheinen folgende drei botanisch identifizierbare Früchte: rote Weintrauben, gelbe
Granatäpfel und verschiedene Bündel von gelbfarbenen Getreideähren.
Daneben gibt es noch verschiedene Blätterranken und Beeren zu identifizieren. Die Zusammenstellung von Weinstock, Granatapfelbaum und Getrei-
depflanzen lässt weder eine landschaftliche[1] noch eine kultische noch eine

---

[1]   Vgl. für Palästina Dtn 8,8; Joël 1,12.

symbolische Kategorisierung erkennen. Kann im Einzelfall bei jeder Pflanze ein biblischer Bezug hergestellt werden,[2] so gibt es keinen für diese Art der Sammlung.

Auffällig ist nun, dass es in der Natur keine gelben, sondern nur rote Granatäpfel (*Punica granatum L.*) gibt.[3] Der idealfarbene Eindruck wird verstärkt, wenn die goldfarben gemalten Getreideähren, die nicht das naturalistische Bräunlich-Grau tragen, hinzugenommen werden. Absicht des Künstlers ist es demnach, eine goldene oder besser: vollendete Schöpfung zu malen.

Der Künstler bildet mithin auf der Ädikula drei für die Ernährung des Menschen bedeutsame Kulturpflanzen ab. Sie gedeihen von alters her im Gebiet des Zweistromlandes. Durch ihre Kultivierung dienen sie den Bewohnern am Euphrat nicht nur zur Deckung von Grundbedürfnissen der Ernährung (Brot, Wein und Obst), sondern auch zum geschmacklichen Genuss der Natur. Im theologischen Kontext einer verklärten, nämlich nicht durch blutige Tierschlachtung gestörten Schöpfung (vgl. Gen 1,29 mit 9,3), bedeutet die rein pflanzliche Ernährung des Menschen die Teilnahme an einer göttlichen Wohlordnung. Aufgrund vegetativer Nahrung herrscht Frieden in der göttlichen Natur. Zusammen mit dem von der Achtzahl geprägten unnatürlichen Sternenhimmel am inneren Gewölbe der Ädikula lassen sich die das »Himmelsgewölbe« tragenden Kulturpflanzen an den Säulen der Ädikula als Darstellung eines guten, vollkommenen Kosmos interpretieren, in dessen Mitte der Täufling erscheint. Dieses universalsoteriologische Konzept ist neutestamentlich unter dem Stichwort »neue Schöpfung« geläufig (vgl. Gal 6,15; 2Kor 5,17).

14.2 Das Ursprungsbild des weidenden Hirten: die Teilhabe an der göttlichen Heilsgemeinschaft

Auszugehen ist bei der Interpretation des Hirtenbildes von der unbezweifelbaren Feststellung, dass das Fresko unter der Ädikula nicht nur einen jugendlichen Hirten, sondern auch eine ausgewachsene Schafherde von 14–16 Schafen zeigt.[4] Ja, nicht nur das: der links platzierte, stehend gemalte Hirt erscheint in seinem Arbeitsgewand, der Exomis, jedoch ohne Kopfbedeckung, und trägt auf seinen Schultern einen Widder. Und die rechts platzierte Schafherde, zumeist männliche Tiere, weidet, eng zusammenge-

---

[2]   Vgl. für den Weinstock z.B. Joh 15, den Granatapfelbaum Hld 4,3 = 6,7 und das Getreide Mk 4,1–9.

[3]   Vgl. M. ZOHARY, Pflanzen der Bibel. Vollständiges Handbuch, Stuttgart 1983, 62.

[4]   Vgl. C. H. KRAELING, Building, 54.

drängt, auf einer Graswiese. Versucht man sich an einer deskriptiven Benennung des Bildes, so lässt sich von einem eine Schafherde weidenden Hirten sprechen. Das Bild trägt unzweifelhaft idyllische Züge, die dem antiken Betrachter eine Wunschvorstellung von einer ländlichen Existenz der Einfachheit in Frieden mit der Natur anbieten. Auch assoziiert der antike Konsument die Hirtenthematik als zugehörig zu dem weiten Bereich der römischen Bukolik, die auf idealisierte Weise das friedliche Leben auf dem selbstgenügsamen Lande dem von fortschreitender Naturbeherrschung korrumpierten, aber auch verunsicherten »Stadtmenschen« vor Augen malt.[5] Die Platzierung des weidenden Hirten unter dem Baldachin erlaubt dem Betrachter jedoch keinen kulturell selbstorganisierten Zugang zum Bild. Will doch das Heilsbild des weidenden Hirten in einer räumlichen Beziehung zum Neophyten interpretiert werden, der sich unter dem Baldachin gerade der christlichen Taufe unterzieht.

Die zuerst zu beantwortende Frage nach der Naturalistik des Bildes vom weidenden Hirten ist zweigeteilt zu beantworten: Die auf der Grasweide äsende Schafherde, ist – soweit das gesicherte Bildmaterial ein Urteil zulässt – in jeder Hinsicht realistisch dargestellt. Eine gänzlich andere Bewertung verlangt die Figur des Hirten: Denn ein Hirt, der seine Schafherde auf die Weide führt und anschließend bei ihrer Nahrungssuche durch die Fluren begleitet, und bei dieser Wanderschaft ständig einen Widder auf seinen Schultern trägt, dürfte unter seiner recht schweren Last nach einiger Zeit aus Kräftemangel zusammenbrechen. Der eine Schafherde weidende Widderträger gehört darum nicht in die tägliche Praxis der Weidewirtschaft. Aus diesem Grund wird das Bild von Widderträger und Schafherde insgesamt als teilrealistisch bewertet.

---

5   Zur röm.-literarischen Bukolik vgl. W. SCHMID, Art. Bukolik, RAC 2, 1954, Sp. 786–800 (Lit.); N. HIMMELMANN, Über Hirten-Genre in der antiken Kunst, Abhandlungen der Rheinisch-Westfälischen Akademie der Wissenschaften 65, Opladen 1980, 18f.130; K.-H. STANZEL, Art. Bukolik II. Lateinisch, DNP 2, 1997, Sp. 833–835 (Lit.).

Abbildung 30: Das Ursprungsbild des weidenden Hirten

Ist der Notfall gut vorstellbar, dass ein verletztes Tier vom Hirten getragen wird, etwa, um es der weiterziehenden Herde wieder einzugliedern oder als vermisstes Tier zur Herde zurückzubringen (vgl. Ez 34,4.16), so will das Fresko diese zeitlich begrenzte Tätigkeit des seine Herde umsorgenden Hirten gerade nicht zeigen: Es ist der aufrecht gehende Hirt, der mit dem geschulterten Widdertier seine Schafherde zur fruchtbaren Trift führt, und nicht ein Hirt, der ein Tier zu seiner in einem Pferch zurückgelassenen Schafherde zurückbringt.

Die nächste zu beantwortende Frage ist, ob das Bild des weidenden Hirten Verweischarakter besitzt. In Frage kommt eine Interpretation des Freskos als Wiedergabe eines Opferganges: Etwa in der Hinsicht, dass ein beladener Tierführer gezeigt werde, der seine Schafherde als Teil seines Besitzes vor die Gottheit als Opfer bringen möchte.[6] Zwar sind sowohl die Figur des weidenden Hirten und als auch die Tiere seiner Herde nach rechts gewandt,

---

[6]   Vgl., dass in der altorientalischen Ikonographie der Widderträger für den Opfernden, resp. Stifter steht, s. N. HIMMELMANN, Hirten-Genre, 36f.

doch das in sich ruhende Bild des weidenden Hirten gibt keinen einzigen Hinweis, dass die Führung der Herde eine Perspektive beinhaltet, die sich für den Betrachter außerhalb des Bildes realisieren soll. Das Treiben einer Schafherde auf eine Weide ist der vom Künstler gemalte Vorgang selbst und eben kein anderer soll vom Betrachter wahrgenommen werden«.

Ist bei dem Heilsbild des Baptisteriums per se auch ein Bezug zur antiken pejorativen Bewertung des Hirten als Typ für einen niedrigen Menschen auszuschließen,[7] so ist zu prüfen, ob eine literarische Bezugnahme auf einen biblischen Text vorliegt. Entsprechend der Erfahrungswelt einer Ackerbau und Weidewirtschaft betreibenden Gesellschaft würdigt Israel[8] als Teil der altorientalischen Kulturwelt[9] die Herrschafts- und Führungsqualität des Hirten über die (wilden) Tiere[10]. Im Alten Testament wird die Hirtenthematik auf die Oberschicht eines Volkes,[11] aber auch auf Herrscher und Könige[12] übertragen. In religiöser Hinsicht erscheint in Israels Theologie dementsprechend JHWH, der Königsgott Israels,[13] im bildlichen Gewand der Hirtensymbolik[14].

Der Beter des Vertrauenspsalms, der ausführt (Ps 23,1f):

JHWH ist mein Hirte,
    ich leide nicht Not;
auf grünender Weide lässt er mich lagern,
    Er führt mich an Wasser der Ruhe ...,

interpretiert die individuell erfahrene Fürsorge seines königlichen Schöpfergottes, die ihn weder Hunger noch Durst spüren lässt, in der Metaphorik des fürsorgend tätig werdenden Hirten. Im Unterschied zum Bild unter der Ädikula des Dura-Baptisteriums besteht die Schafherde des Psalmisten jedoch nur aus einem einzelnen Tier: dem Beter selbst. Aus diesem Grund dürfte eine direkte literarische Aufnahme von Ps 23 für das Dura-Fresko nicht in Frage kommen.

---

[7]   Vgl. Hom., Od. 9.182.218; Gen 46,34; Lk 15,15f.

[8]   Dazu J. JEREMIAS, Art. Ποιμήν κτλ., ThWNT 6, 1959, 484–501, 485; G.J. BOTTERWECK, Hirt und Herde im Alten Testament und im Alten Orient, in: Die Kirche und ihre Ämter und Stände, FS J. Frings, hg. v. W. Corsten u.a., Köln 1960, 339–352.

[9]   Dazu W. HELCK, Art. Hirt, LÄ 2, 1977, Sp. 1220–1223; J. ENGEMANN, Art. Hirt, RAC 15, 1991, Sp. 577–607, 578f.

[10]   Vgl. J.A. SOGGIN, Art. רעה, ThHWAT 2, 1984, Sp. 791–794, 793. Auch Philo, Sacr 104 (vgl. Det 25): »Alle Tiere aber, die in Herden aufgezogen werden, sind zahm und folgsam, weil sie von dem beaufsichtigenden Nachdenken als Hirten geführt werden. Denn die, welche aufsichtslos und frei sind ohne einen, der sie zähmt, verwildern; deren Führer aber Ziegen-, Rinder- und andere Hirten sind, Aufseher über die Tier je nach ihrer Art, die werden notgedrungen zahm«.

[11]   Vgl. Jer 2,8; Jes 56,11; Jer 23,1–4; Ez 34,1–11, auch Sach 10,3; 11,4ff: Schafhändler.

[12]   Vgl. 2Sam 5,2; 24,17; für die Zukunft: Jer 3,15; 23,4 u.ö., vgl. Philo, Agr 50f.

[13]   Vgl. Gen 48,15; Am 3,12; Jes 40,11; Jer 23,3; 31,10; Ez 34,11–16.

[14]   Vgl. Jer 31,10.

Dasselbe Ergebnis ergibt sich bei der Prüfung einer literarischen Abhängigkeit von der prophetischen Vision über die Befreiung der Gola aus dem babylonischen Exil zu (Jes 40,9–11). Sie lässt JHWH als sieghaften Heerführer erscheinen und führt anschließend aus (V.11):

> Wie ein Hirte weidet er seine Herde,
>> auf seinen Arm nimmt er die Lämmer;
>>> er trägt sie an seinem Busen
> und leitet sorgsam die Mutterschafe.

In prophetischer Heilserwartung erscheint hier Israels Glaube an den Geschichte bewegenden Gott in einer Personalallegorie über JHWH als den »Guten Hirten« seines Volkes Israel.[15] JHWH wird die Exilierten auf dem weiten Weg von Babylon nach Palästina zurückbringen, indem er neugeborene Jungtiere auf Händen trägt und die weiblichen Tiere – eine Schafherde braucht zur Reproduktion nur wenige männliche Tiere – in die rechte Richtung führt. Die Differenz des prophetischen Heilsbildes zum gemalten Fresko des Baptisteriums ist deutlich: Der hier abgebildete Schafträger schultert ein ausgewachsenes Tier und seine Schafherde lässt keine ausgreifende Vorwärtsbewegung erkennen.

Damit steht die Suche für ein literarisches Vorbild beim Neuen Testament. Es gebraucht das Hirtenbild überwiegend[16] christologisch und lässt u.a. den johanneischen Christus die göttliche Königsallegorie benutzen, wenn er sich als »guter Hirte« (Joh 10,11[2x].14) stilisiert.[17] Jedoch: Auch an der in der johanneischen Offenbarungsrede über das mehrmals bearbeitete Gleichnis[18] zu Tage tretenden Metaphorik kann keine literarische Beziehung zum Dura-Fresko hergestellt werden. So heißt es in V.4:

> Wenn er (sc. der Hirt, s. V.2) die Seinen alle hinausgebracht hat, geht er vor ihnen her, und die Schafe folgen ihm, weil sie seine Stimme kennen.

Beim Dura-Bild ist es aber genau umgekehrt: Es ist der Hirt, der seine Schafherde vor sich hertreibt.

So bleibt schließlich für ein literarische Beziehungsklärung das Gleichnis vom »Verlorenen Schaf« (Lk 15,4–6 par. Mt 18,12–14 = Q) zu besprechen. Es kommt auf den zum Berufsethos des Hirten gehörenden Fall zu sprechen, dass ein wachsamer Hirt gezwungen wird, die ihm anvertraute Schafherde sich selbst zu überlassen – beispielsweise eingesperrt in einen Pferch

---

[15]   Vgl. auch Ez 34,11–15.
[16]   Vgl. nur Lk 15,7 par (Q): Gott als Hirte. Zur übrigen, zumeist allegorisch gebrauchten ntl. Hirtenbild vgl. J. ENGEMANN, Hirt, Sp. 589f; J. JEREMIAS, Art. ποιμήν, 484–501.
[17]   Vgl. die Prophetie vom davidischen Messiaskönig, Ez 34.
[18]   Dazu J. BECKER, Die Herde des Hirten und die Reben am Weinstock. Ein Versuch zu Joh 10,1–18 und 15,1–17, in: Die Gleichnisreden Jesu 1899–1999. Beiträge zum Dialog mit Adolf Jülicher, hg. v. U. Mell, BZNW 103, Berlin/New York 1999, 149–178.

–, um ein fehlendes Schaf zu suchen und zur Herde zurückzubringen. Lk 15,5 lautet:

Und wenn er es gefunden hat, legt er es voll Freude auf seine Schultern.

Damit ist in der erzählerischen Miniatur des Q-Gleichnisses zwar der einen Widder schulternde Schafträger des Dura-Freskos vorhanden, jedoch tritt jener, im Unterschied zum Dura-Bild, unabhängig von seiner Schafherde auf.

Ist das Ergebnis der Suche nach einem unmittelbaren biblischen Bezugstext für das Dura-Weidebild negativ, so ist bei der von der Christengemeinde in Auftrag gegebenen Thematik bedeutsam, dass im Frühjudentum eine literarische Verbindung von Hirt und Herde erscheint. In Philos jüdisch-hellenistischer Tugendphilosophie wird das Bild des Hirten auf den Verstand übertragen, der aufgrund seiner leitenden Kraft die unvernünftigen, wilden Seelenkräfte wie ein Hirte weidet und dadurch zähmt.[19] So heißt es in Sacr 45:

Nun wird er (sc. der Verstand) auch ein Hirt der Schafe, der unvernünftigen Seelenkräfte Leiter und Lenker, der sie nicht ohne Ordnung aufsichts- und führerlos in der Irre schweifen lässt.

Gehört die Metaphorik von Hirt und Herde im Frühjudentum zur Beschreibung der individuellen Lebensführung,[20] so findet im christlichen Kontext eine Verwendung bei der Beschreibung des Taufgeschehens als dem ureigenen Beginn des christlichen Lebens statt.[21] Spricht Clemens von Alexandrien (140/50–220 n.Chr.) – ganz im Sinne der christologischen Väterrezeption von Joh 10/Lk 15,4–7 par – von Christus als dem »Hirten der Schafe«[22], so ist die Taufe für ihn Anfang einer Teilhabe an der christlichen Heilsgemeinschaft, im Bild: einer Schafherde, wenn er prot. 9,88,2[23] ausruft:

---

[19]   Vgl. Sacr 104; Agr 30f; Som 2,151–4, dazu J. QUASTEN, Der Gute Hirte in hellenistischer und frühchristlicher Logostheologie, in: Heilige Überlieferung. Ausschnitte aus der Geschichte des Mönchtums und des heiligen Kultes, FS I. Herwegen, hg. v. O. Casel, Münster 1938, 51–58; J. JEREMIAS, Art. Ποιμήν, 484–498.

[20]   Vgl. aber auch Orig., Hom. in Jer. 5,6: »Doch muß ich Christus auch in mir, in meiner Seele, haben. Ich muß den guten Hirten, der die vernunftlosen Regungen in mir hütet, in mir haben«.

[21]   Dazu E. DASSMANN, Sündenvergebung, 322ff (Lit.: 322f, Anm. 810).

[22]   Paid. 1,9,83,3.

[23]   Vgl. auch paid. 1,9,84,1–3: »Das (sc. Ez 34,14.16) sind die Verheißungen eines guten Hirten. Weide uns Unmündige wie Schafe! Ja, Herr, sättige uns mit deiner Weide, der Weide der Gerechtigkeit! Ja, Erzieher, führe uns auf die Weide auf deinen heiligen Berg, zu der Kirche, die erhöht ist, die über die Wolken ragt, die den Himmel berührt«!

Laßt uns eilen zum Heile, zur Wiedergeburt! Laßt uns eilen, daß wir, die wir viele sind, entsprechend der Einheit des einzigartigen Wesens zu einer Herde versammelt werden.

Die Taufe als Beginn einer neuen Zugehörigkeit zur Herde Christi versteht ebenso auch Cyprian von Karthago (200–258 n.Chr.), der für den Ketzer, der in die Großkirche zurückkehrt, die Wiedertaufe mit der Begründung fordert (epist. 71,2):

... denn es gibt nur ein Wasser in der heiligen Kirche, das Schafe erzeugt.

Diese zitatweise hier dargestellte metaphorische Linie über das Verständnis der christlichen Taufe als Eingliederung in die göttliche Heilsgemeinschaft einer Schafherde lässt sich auch in der syrischen Taufliturgie verfolgen: So spricht nach ActThom 25 der Apostel Judas Thomas ein Dankgebet über die Bereitschaft von König Gundafor und seinem Bruder, sich taufen zu lassen, welches folgende Worte enthält:

Und jetzt nimm um meines Bittens und Flehens willen den König und seinen Bruder an und vereinige sie mit deiner Herde, reinige sie durch dein Bad und salbe sie durch dein Öl rein von dem sie umgebenden Irrtum. Bewahre sie auch vor den Wölfen, indem du sie auf deine Wiesen bringst.

Und Menschen, die vom Apostel Judas Thomas geheilt werden, sprechen die dankbaren Gebetsworte (ActThom 59):

Gesund und voller Freude bitten wir dich (sc. Jesus), daß wir deiner Herde und deinen Schafen zugezählt werden! Nimm uns doch an, und rechne uns unsere Fehltritte und Sünden nicht an, die wir begangen haben, als wir in Unwissenheit waren.

Wird die Taufe im Sinne der Eigentumsbestimmung analog zur Tierbrandmarkung als Besiegelung verstanden, so trägt der Täufling das Siegel der Herde Gottes, wenn nach ActThom 131[24] Siphor den Apostel für sich und seine Frau bittet:

... daß wir von dir das Siegel empfangen, damit wir Verehrer des wahren Gottes werden und beigezählt werden seinen Lämmern und Schäflein.

Und da die Sünde auch nach der Taufe eine ständige Gefährdung für jeden Christen ist, so nehmen die ActPetr auch bei dem postbaptismalen Umkehrgeschehen auf die Taufe als Begründung einer geordneten Heilsgemeinschaft Bezug. So heißt es im Gebet Petri bei der Rückkehr des umkehrwilligen Marcellus (4,10):

Dich flehen wir alle an, o Herr, du Hirt der einst zerstreuten Schafe, jetzt aber werden sie durch dich wieder vereinigt werden. So nimm auch den Marcellus (wieder) auf

---

[24] Vgl. auch ActThom 26, dass Gott seine Schafe am Siegel der Taufe erkennt.

wie eines von deinen Schäflein und dulde nicht, daß er noch länger in Irrtum oder Unwissenheit umherschweift; sondern nimm ihn auf in die Zahl deiner Schafe.

Mit diesen altkirchlichen Zeugnissen zur Tauftheologie lässt sich exemplarisch belegen, dass die Auftraggeber des Hirt-und-Herde-Freskos sich darauf stützen können, dass in christlicher Theologie die Taufe metaphorisch als Eingliederung eines Schafes in die Herde als der entscheidenden Heilsgemeinschaft verstanden wird: Das orientierungslose alte, sündige Leben hat ein Ende, begonnen hat jetzt ein neues Leben unter der göttlichen Führung zu einer gelingenden Existenz in der ekklesiologischen Sozialität einer christlichen Herde.

Bei dieser Eigenart christlicher Hirtenmetaphorik lassen sich nun zwei Herdenführer unterscheiden: Entweder leitet *Christus* oder *Gott* selbst die getaufte Herde der zur Lebensweide geführten Lämmer- und Schafchristen. Mit diesem Ergebnis der literarischen Recherche steht die Bildinterpretation vor der Frage, ob der Widderträger des Dura-Freskos vom Betrachter eine christologische oder theologische Identifizierung erfahren soll.

Zunächst gilt es vom ikonographischen Kontext des Baptisteriums her herauszustellen, dass der Widderträger *keine* christologische Identifizierung zulässt. In der Wundergeschichtenkomposition zum Thema des vertrauenden Glaubens wird Christus zwei Mal abgebildet. Jedes Mal erscheint er gekleidet in einen ärmellangen Chiton, der von einem Obergewand, einem sog. Himation bedeckt wird (s. Abb. 17 + 18). Die Kleidung entspricht einer Person von besonderem sozialem Rang. Der Widderträger aber trägt einen kurzen Chiton, die im Tötungsbild an der Südwand des Baptisteriums auch der »Hirtenkönig« David trägt, als er Goliat im Kampf erschlägt (s.o. Kap. 6.3.1.2).

Abbildung 31: Jesus Christus in der Wundergeschichtenkomposition (Heilung des Gelähmten)

Neben diesem Indiz vom Kontext des ausgemalten Baptisteriums her ist nun aber die Beobachtung entscheidend, dass der jugendliche Hirte weder durch eine Kopfbedeckung noch einen Hirtenstab noch einen Begleithund als solcher gekennzeichnet wird, sondern bei seiner täglichen Hirten-tätigkeit realitätsfern als Widderträger gemalt wird. Diese kontrafaktische Besonderheit ist nicht anders zu erklären, als dass der Maler mit dem wid-dertragenden Hirten einen ikonographischen Topos seiner Zeit aufgreift:

Eine Person, die ein Schaf oder eine Ziege trägt, ist seit dem 3. Jt. v.Chr. aus der altorientalischen Ikonographie bekannt.[25] In der frühgriechischen Kunst sind dabei drei Darstellungsweisen dieses ikonologischen Typus des Opferbringers (Stifters)[26] zu unterscheiden: 1. der Opferer, der das Tier vor der Brust hält, 2. der Opferer, der junge Ziegenböcke schultert und sie an

---

[25]   Vgl. nur Th. KLAUSER, Studien zur Entstehungsgeschichte der christlichen Kunst I, JbAC 1, 1958, 20–51, 27ff.

[26]   Mit N. HIMMELMANN, Hirten-Genre, 30, gegen Th. KLAUSER, Studien, 28.

den gefesselten Beinen festhält, und 3. der Opferer, der das Opfertier an der Hüfte trägt.[27]

Im Unterschied zu dieser bürgerlichen Variante wird in Anknüpfung an die griechische Mythologie seit dem ausgehenden 6. Jh. v.Chr. besonders Hermes (Ἑρμῆς), der Schutzgott der Viehherden[28] und der Boten- und Mittlergott[29] par excellence, als jugendlicher Hirtentyp mit oder ohne Bart abgebildet, der nackt oder gekleidet in einen kurzen Chiton, aber ohne Kopfbedeckung, einen Widder schultert.[30] Dieser bukolische Darstellungstyp wird als Hermes Kriophoros (»Schafträger«) bezeichnet (s. Abb. 32).[31] Er lässt die dem Hirtenmilieu zugeordnete Gottheit Hermes[32] als den »Opfergott κατ᾽ ἐξοχήν«[33] erscheinen.

---

[27]   Dazu TH. KLAUSER, Studien, 27–29; N. HIMMELMANN, Hirten-Genre, 30; J. ENGEMANN, Art. Hirt, Sp. 579.

[28]   Vgl. A. LEY, Art. Hermes, DNP 5, 1998, Sp. 426–432, 427: »Als Hirtengott war er für den Schutz (Anth. Pal. 6,334; 16,190), das Gedeihen und die Vermehrung der Viehherden zuständig (Hom. Il. 14,490f; Hes. theog. 444; Hom. h. 4,567–573)«.

[29]   Vgl. A. LEY, Art. Hermes, Sp. 430: »Zeus schickt ihn (sc. im Epos) zu anderen Göttern und zu Menschen, um Aufträge zu überbringen (Hom. Il. 24,333ff; Od. 5,29ff). Zw[ischen]. Himmel und Erde, Ober- und Unterwelt vermittelnd, wird H[ermes]. zum göttl[ichen]. Urbild der Dolmetscher und Herolde (Plat. Krat. 408ab)«.

[30]   Vgl. die Beispiele aus klassischer Zeit in: LIMC 5/2, 1990, Taf. 272.283.279.284f, dazu G. SIEBERT, Art. Hermes, LIMC 5/1, 1990, 285–387.

[31]   Literatur- und Denkmälerhinweise bei TH. KLAUSER, Studien, 29f; N. HIMMELMANN, Hirten-Genre, 72–74; J. ENGEMANN, Art. Hirt, Sp. 580.

[32]   Bei Homer ist eine echte Hirtengottheit nur Hermes, der nach Semonides von Amorgos ebenso wie die Nymphen Hirtenblut in den Adern hat (Fragment 18 bei Diels).

[33]   N. HIMMELMANN, Hirten-Genre, 74.

Abbildung 32: Hermes Kriophorus

In Hirtendarstellungen aus der römischen Kaiserzeit erscheinen Schafträger
denn auch weniger in realistischer Darstellung, sondern zumeist in allegori-
scher Bedeutung, z.B. als Personifikation einer Jahreszeit.[34] Die vielen
bukolischen Hirtenabbildungen auf Gemmen und Lampen sowie die reiche
Zahl von Schafträgern, die auf den zur Haus- und Gartendekoration zählenden Tischfußstatuetten erscheinen, lassen den Schafträger zudem als einen

---

[34]   Dazu TH. KLAUSER, Studien, 43f; J. ENGEMANN, Art. Hirt, Sp. 582–587.

allgegenwärtigen religiösen Zierschmuck römischer Gesellschaftskultur erscheinen, der jederleute Glück verheißt.[35]

Als ikonographische Parallele zum Dura-Fresko des weidenden Hirten ist aus den überlieferten Beispielen[36] besonders erwähnenswert nun ein paganer römischer Sarkophag, dessen Ausführung auf das Ende des 2. Jh. n.Chr. datiert wird (s. Abb. 33).[37]

Abbildung 33: Sarkophag Pisa, Campo Santo

Das Relief zeigt auf der linken Seite eine nach rechts orientierte Darstellung eines bärtigen Schaftträgers, der, gekleidet in das Hirtenkostüm des kurzen Chitons, eine Herde von 11 Widdern vor sich hertreibt. In der Mitte der Sarkophagfront erscheint in einem »Tondo das Büstenporträt einer Frau im Pallium. Von rechts wenden sich ihr acht Frauen zu, die die gleiche mädchenhafte Frisur mit einem Knoten am Hinterkopf tragen. Ihre hochgegürteten Gewänder entsprechen keiner Tagesmode, sondern gehen auf hellenistische Vorbilder zurück. Die Mädchen haben also idealen, göttlichen

---

[35]   Dazu W.N. SCHUMACHER, Hirt und »Guter Hirt«. Studien zum Hirtenbild in der römischen Kunst vom zweiten bis zum Anfang des vierten Jahrhunderts unter besonderer Berücksichtigung der Mosaiken in der Südhalle von Aquileja, RQ.S 34, Rom u.a. 1977, 89–114; J. ENGEMANN, Art. Hirt, Sp. 583f.

[36]   Vgl. noch die Darstellung auf einer Lampe von einem Hirten im Profil nach rechts mit gegürteter Tunika und Mantel hinter der Herde, dazu die Abbildung von Sonne, Mond und Sternen, die auf ein Felicitas-Konzept schließen lässt (Attis ist Hirt der leuchtenden Sterne), dazu W.N. SCHUMACHER, Hirt, 95f + Taf. 31 i-k.

[37]   Pisa, Campo Santo. Vgl. zur Datierung N. HIMMELMANN, Hirten-Genre, 21, der für die Frisur des zerstörten Gesichtes eine Ähnlichkeit mit der Frisur der Kaiserin Crispina annimmt, dazu M. WEGNER, Die Herrscherbildnisse in antoninischer Zeit, Das römische Herrscherbild II/4, Berlin 1939, 78, Taf. 57 + 63.

Charakter. Obwohl Attribute fehlen, ergibt sich die Benennung aus ihrer Anzahl. Es sind acht Musen, in deren Kreis die Verstorbene als neunte aufgenommen ist.«[38]

Die Zuordnung des Bildes vom »weidenden Hirten« zu dem der neun Musen[39], den Göttinnen der Erinnerung,[40] macht für das Hirtenbild eine göttliche Symbolsprache unabweisbar. Aufgrund der speziellen Verwendung in der Sepulkralkunst ist dieser »weidende Hirt« ikonologisch mit der paganen Hoffnung auf ein glückliches und friedvolles Leben nach dem Tod in Verbindung zu verbinden.[41] Ja, in Analogie dazu, dass der Verstorbenen eine Apotheose zugesprochen wird und sie als neunte Muse auf dem Sarkophagrelief erscheint, darf das vom Hirten getragene zwölfte Schaf als die postmortal gerettete Abgeschiedene interpretiert werden.

Weiterhin ist an diesem Beispiel römischer Sarkophagkunst bemerkenswert, dass bereits am Ende des 2. Jh. n.Chr. der göttliches Heil assoziierende »weidende Hirte« ein festes Sujet darstellt, das dem Künstler erlaubt, es mit einem gänzlich anderen mythologischen Thema zusammenzustellen. Die Bukolik des »weidenden Hirten« dürfte mithin zu einer allgemein akzeptierten Symbolsprache gehören, die als heilsreligiöse »Allegorie des Glücks und des Friedens«[42] zu bezeichnen ist.

Die Mitte des 3. Jh. n.Chr. ansteigende Flut von bukolischen Darstellungen und die dabei zu beobachtende Herauslösung des Schafträgers aus der bukolischen Idylle lassen mithin erkennen, »daß die allegorische Bedeutung eine sehr allgemeine Wunschvorstellung gewesen sein muß, die auch für Christen annehmbar war u[nd]. einer möglichen eigenständig

---

[38]   N. HIMMELMANN, Hirten-Genre, 20.

[39]   Vgl. literarisch die Zusammenstellung von Bauern und Musen bei Vergil, Georgica 2,458ff.

[40]   Dazu CHR. WALDE, Art. Musen, DNP 8, 2000, Sp. 511–514.

[41]   Vgl. dazu im späten 3. Jh. n.Chr. die erste der vier Eklogen von Nemesian, die sich mit dem Weiterleben nach dem Tod beschäftigt, dazu N. HIMMELMANN-WILDSCHÜTZ, Nemesians erste Ekloge, RhMus 115, 1972, 342–356; W. SCHETTER, Nemesians Bucolica und die Anfänge der spätlateinischen Dichtung, in: Ch. Gnilka/Ders. (Hg.), Studien zur Literatur der Spätantike, Antiquitas R. 1, Abhandlungen zur Alten Geschichte 23, Bonn 1975, 1–43.

[42]   N. HIMMELMANN, Hirten-Genre, 23, vgl. J. QUASTEN, Das Bild des Guten Hirten in den altchristlichen Baptisterien und in den Taufliturgien des Ostens und Westens. Das Siegel der Gottesherde, in: Th. Klauser/A. Rücker (Hg.), Pisciculi. Studien zur Religion und Kultur des Altertums, FS Fr.J. Dölger, Münster 1939, 220–244, 224: »Der Gute Hirte war schon in der vorchristlichen Epoche das Symbol des σωτήρ, des Heilbringers und Erlösers«; FR. W. DEICHMANN, Einführung, 174f.; G. NITZ, Art. Hirt, Guter Hirt IV. Ikonographie, LThK 5, 1996, Sp. 158.; D.R. CARTLIDGE, Which Path at the Crossroads? Early Christian Art as a Hermeneutical and Theological Challenge, in: Common Life in the Early Church, FS G.F. Snyder, hg. v. J.V. Hills, Harrisburg 1998, 357–372, 365: »One may well suspect that third-century Christians, worshipping in the Dura baptistery, would find in the good shepherd a great deal more than a reference to certain Christian stories«.– J. ENGEMANN, Art. Hirt, Sp. 586, hat TH. KLAUSER widerlegt, der die Gestalt des widdertragenden Hirten als spezielles Symbol der Menschenfreundlichkeit interpretierte (Studien, 31).

christl[ichen]. Interpretation nicht im Weg stand«.[43] Belege für die christliche Adaption der paganen Ikonographie des sogenannten Guten Hirten finden sich denn auch bei Tertullian und Eusebius:

Während Eusebius Mitte des 4. Jh. n.Chr. eine öffentliche Hirtendarstellung an einem Brunnen in Konstantinopel im Licht der heiligen christlichen Überlieferung als »Sinnbild des schönen Hirtens (τὰ τοῦ καλοῦ ποιμένος σύμβολα)« interpretiert (v. C. 3,49), lässt das frühere Zeugnis von Tertullian am Beginn des 3. Jh. n.Chr. erkennen, dass in der (Italischen und Karthagischen) Kirche die christliche Adaption paganer Hirtengestalten ein Streitfall ist. Daraus ist zu folgern, dass das 3. Jh. n.Chr. die Zeit ist, in der das allgemein-religiöse Glückssujet des »(weidenden) Schafträgers« zu einem anerkannten Heilstopos christlicher Religionskultur wird. Diese Entwicklung lässt sich auch an der Ausmalung christlicher Katakomben in Rom studieren.[44]

Während seiner montanistischen Zeit wendet sich der Bischof von Karthago »im Kampf gegen die seiner Ansicht nach zu großzügige Bußpraxis der Großkirche«[45], die für Getaufte auch nach schweren Sünden die Möglichkeit einer zweiten Buße vorsieht, u.a. gegen Becherdarstellungen,[46] auf denen ein Schafträger mit Herde dargestellt wird (s. Abb. 34)[47]. Tertullian verhöhnt in pudic. 10,12f (ca. 220 n.Chr.) diesen »Hirten« als einen »Schänder der christlichen Heilslehre (prostitutorem ... Christiani sacramenti), als ein Götzenbild der Trunkenheit und als eine Zuflucht für den Ehebruch, der auf das Bechern zu folgen pflegt«.

---

43   J. ENGEMANN, Art. Hirt, 584. Vgl. auch das Urteil von H. BRANDENBURG, Überlegungen zum Ursprung der frühchristlichen Kunst, in: Atti del IX Congresso Internazionale di Archeologia Cristiana Roma 21–27 Settembre 1975 Bd. 1, SAC 32, Rom 1978, 331–360, 348: »Sie (sc. die frühesten christlichen Bildzeugnisse des 3. Jh. n.Chr.) sind dem Bedürfnis entsprungen, den neutralen und mehrdeutigen idyllischen ... Szenerien, die auch für den Christen Lebenshaltung und vertraute Vorstellung wohl umschreiben konnten, aber nicht in diesem Sinne aufgefasst werden mussten, entsprechend Motive einzufügen oder zu assoziieren, die es erlaubten, den Bezug auf die christliche Heilslehre ... sicherzustellen«.

44   Vgl. in der Katakombe San Callisto die Wandmalerei aus der Mitte des 3. Jh. n.Chr., in der Priscilla-Katakombe das Fresko an der Decke im sog. Cubiculum der velatio aus der 2. Hälfte des 3. Jh. n.Chr. und in der Domitilla-Katakombe die Decke im Cubiculum des Guten Hirten, dazu F. NICOLAI U.A., Roms, 92, Abb. 101; 97, Abb. 107; G.B. LADNER, Handbuch der frühchristlichen Symbolik. Gott Kosmos Mensch, Wiesbaden 2000, 10, Abb. 4; 132f, Abb. 82f.

45   J. ENGEMANN, Art. Hirte, Sp. 592.

46   Zu den verwendeten Glasgefäßen, Geschenkbecher, die man zu festlichen Anlässen einander verehrte vgl. TH. KLAUSER, Studien, 24f.33; E. DASSMANN, Sündenvergebung, 337.

47   Die Umschrift: dignitas amicorum vivas cum tuis feliciter, lautet in etwa: »Du Zierde deiner Freunde, Du sollst mit den Deinigen glücklich leben«.

Abbildung 34: Boden einer Goldglasschale mit Kriophoros und Schafen

Aus der Polemik des asketisch eingestellten Tertullian wird deutlich, dass zu Beginn des 3. Jh. n.Chr. orthodoxe römische Christen das vorhandene pagane (!) Bild des weidenden Hirten benutzt haben, um ihrem soteriologischen Verlangen nach postbaptismaler Sündenvergebung Ausdruck zu verleihen.[48] Unabhängig von der Frage, ob der Schafträger des neutestamentlichen Gleichnisses vom römischen Kirchenvolk als Christus bzw. Pastor bonus[49] interpretiert wurde, und unabhängig von der Frage, ob das Gleichnis auf die baptismale[50] oder postbaptismale Umkehr interpretiert wurde, lässt Tertullians Formulierung (pudic. 10,12): »jener Hirte, den du dir auf einem Becher abbildest (quem in calice dipingis)«, bereits die Möglichkeit erkennen, dass von christlicher Autorität Eigenanfertigungen mit

---

[48] Mit TH. KLAUSER, Studien, 24.27; E. DASSMANN, Sündenvergebung, 338, gegen J. KOLLWITZ, Art. Christusbild, RAC 3, 1957, Sp. 1–24, 6.

[49] Vgl. Tert., pudic. 7,1.

[50] Vgl. Tert., de paenitentia 8,5.

einem weidenden Schafträger zum Zwecke der Illustration eines christlichen Grundsatzes in Auftrag gegeben werden könnten.[51] Das im Baptisterium der Hauskirche von Dura Europos angebrachte göttliche Heilsbild der mit der Taufe erlangten Sündenvergebung zu einem neuen Leben in der Heilsgemeinschaft der geretteten Christengemeinde ist denn nur wenige Jahre später (ca. 240 n.Chr.)[52] als ein offizielles kirchliches Beispiel der christlichen Realisation des paganen Heilsbildes des »weidenden Hirten« zu interpretieren. Der Hirte des Dura-Freskos darf darum als eine Gottesdarstellung gewürdigt werden.[53]

14.3 Die Bild-in-Bild-Komposition: Die von Sünde erlöste neue Menschheit

Etwa halb so groß wie die Darstellung des »weidenden Hirte« ist in die linke untere Ecke des Zentralbildes die Szene des Sündenfalls von Eva und Adam gemalt (s. Abb. 35). Vom Betrachter soll die kleinere Sündenfallszene in einem kompositionellen Zusammenhang mit der größeren Szene des »weidenden Hirten« aufgenommen werden. Da Hirt und Herde nach rechts orientiert sind, soll das links unten platzierte, »vignettenhaft der wandfüllenden Hirtenszene«[54] angehängte Bild als ein zurückliegender, überwundener, aber dennoch immer präsenter Moment des gesamten göttlichen Heilsbildes gelten.

---

[51]   Vgl. V. BUCHHEIT, Tertullian und die Anfänge der christlichen Kunst, RömQS 69, 1974, 133–142, 135; J. ENGEMANN, Art. Hirt, Sp. 594.

[52]   Mit P.C. FINNEY, The Invisible God. The Earliest Christians on Art, New York/Oxford 1994, 125: »Thirty years later, on the example of the painted shepherd carrying the oversize sheep in the lunette decoration over the Dura baptismal font, the practise had spread from Rome to the Syrian *limes*«.

[53]   Mit A.M. GIUNTELLA, Art. Shepherd, The Good II. Iconography, EECh 2, 1992, 777f, (777: »Following the iconographical tradition Ram-bearing Hermes, in Christian art this image draws attention to the saving action and should not be considered as a portrayal of Christ, but as an ideogramm«), gegen O. EISSFELD, Art. Dura Europos, Sp. 365; J. ENGEMANN, Art. Hirt, Sp. 594, u.a.m., die eine christologische Intention für das Dura-Bild des »weidenden Hirten« vertreten. – Für das 4. Jh. n.Chr. vgl. auch die Mosaiken des Baptisteriums des Hl. Johannes (San Giovanni in fonte) in Neapel und der Taufkirche am Lateran (Kapelle der Rufina und Sekunda) in Rom, dazu J. WILPERT/W.N. SCHUMACHER, Die römischen Mosaiken der kirchlichen Bauten vom IV.–XIII. Jahrhundert, Freiburg u.a. 1976, 35 + Abb. 17; 40ff.

[54]   E. DASSMANN, Sündenvergebung, 376.

Abbildung 35: Das Doppelbild von Sündenfall und weidendem Hirten

Der Bildzusatz vom Sündenfall erfolgte nach der Fertigstellung des Bildes vom »weidenden Hirten«. Diachronisch betrachtet, stellt damit die hinzu-gesetzte Sündenfallszene eine absichtsvoll angebrachte Kritik am Aussage-gehalt des vormaligen Ursprungsbildes dar. Dieses erfüllt als göttliches Rettungsbild von der Aufnahme des Täuflings in die christliche Heilsge-meinschaft die mit dem Ritus der Taufe verbundene christlich-theologische Botschaft nicht in einem zureichenden Sinne. Bei der Bildkomposition handelt es sich also nicht nur um die Nebeneinanderstellung der christlichen Heilssymbolik von »Fall und Erlösung«.[55] Vielmehr will die Sündenfallsze-ne das Heilsbild des »weidenden Hirten« um eine entscheidende Dimension bereichern. Wie ist diese Perspektive zu beschreiben?

---

[55]   So mit vielen A. GRABAR, Christian Iconography. A Study of Its Origins, Bollingen Series 35,10, Princeton 1968, 20: »In other words, images representing the essential dogmas of original sin and redemption are made central by their location; and furthermore, for obvious reasons, it is the image of redemption, in the form of the Good Shepherd and His Flock, that predominates«.

Neutestamentlich betrachtet, gibt es nur wenige Texte, die eine motivische Verbindung von »weidendem Hirten« und »Sündenfall« erkennen lassen. Dazu gehört auf jeden Fall 1 Petr 2,24f:

> Er (sc. Christus, s. V.21) trug unsere Sünde an seinem Leib selbst auf das Holz hinauf, damit wir, den Sünden abgestorben, der Gerechtigkeit leben sollten. Durch seine Wunden seid ihr geheilt worden. 25 Denn ihr seid umgeirrt wie Schafe; nun aber seid ihr heimgekehrt zum Hirten und Hüter eurer Seelen.

Hier klingt im Zusammenhang mit Jes 53,6 (»alle gingen wie Schafe in die Irre«)[56] das Sünden vernichtende Tun der Erlösungstat von Christi an, der den in die Heilsgemeinde integrierten Christen aufgrund seiner Heilstat die Freiheit schenkt, nicht mehr der Sünde, sondern für die Gerechtigkeit zu leben. Diese an das Verständnis des Paulus anknüpfende Vorstellung, dass die Taufe Herrschaftswechsel von der Macht der Sünde zur Macht der Gerechtigkeit ist, die Vernichtung der Sündenherrschaft und die Aufrichtung des Gerechtigkeitsgehorsams bewirkt (vgl. Röm 6,1–19), ist in Bezug auf die Sündenlehre nicht unabhängig von der Adam-Christus-Typologie. So stellt Paulus den protologischen Fall Adams der weit größeren eschatologischen Erlösung in Christus entgegen, wenn er Röm 5,16.18f behauptet:

> Ebenso entspricht auch nicht die Gabe dem, was aus der Sündentat des Einen folgte. Denn das Gericht auf Grund einer einzigen Sünde führt zur Verdammung, die Gnadengabe aber auf Grund vieler Vergehen führte zur Rechtfertigung. ... Also: wie durch den Fall des Einen über alle Menschen die Verdammnis kam, so kommt auch durch die gerechte Tat des Einen über alle Menschen die leben wirkende Rechtfertigung. Denn wie durch den Ungehorsam des einen Menschen die Vielen zu Sündern gemacht wurden, so werden auch durch den Gehorsam des Einen die Vielen zu Gerechten gemacht.

Neutestamentlich gesehen, universalisiert also der Bildzusatz vom Sündenfall des ersten Menschenpaares die vom Heilsbild des »weidenden Hirten« nahegelegte Intention, und zwar in der Hinsicht, dass die Taufe als Aufnahmegeschehen in die göttliche Heilsgemeinschaft die Zugehörigkeit zu einer erlösten Menschenexistenz bedeutet.[57] Die Thematisierung des das

---

56   Vgl. auch das Jesaja-Wort bei Clemens Romanus, 16,6; Justin, Dialog 13,5.

57   Für diese schöpfungstheologische Universalisierung der Hirtenmetaphorik lässt sich auch auf Philo aufmerksam machen, der Agr 50f ausführt: »Ein so hohes Gut ist aber das Hirtenamt, daß es nicht nur Königen, weisen Männern und ganz reinen Seelen, sondern auch Gott dem Allherrn mit Recht zugeschrieben wird. Dafür bürgt uns kein Beliebiger, sondern ein Prophet, dem man vertrauen muß, der Dichter der Psalmen; denn er sagt: [folgt Zitat von] Ps 23,1. Dies Lied paßt indessen nicht nur zum Vortrag für jeden von Gottesliebe erfüllten Menschen, sondern auch in besonders hohem Maße für das Weltall; denn wie eine Herde, so leitet Erde, Wasser, Luft, Feuer samt den sie erfüllenden Pflanzen und Tieren, sterblichen und göttlichen Wesen, überdies den Himmel, die Kreisbewegungen der Sonne und des Mondes, die Wendungen und harmonischen Reigen der anderen Himmelkörper, Gott, der Hirt und König, nach Recht und Gesetz ... Es spreche

Geschick der ganzen Menschheit betreffenden Sündenfalls von Eva und Adam lässt die Taufe nicht nur als einen individuellen Akt der Sündenvergebung und die christliche Heilsgemeinde nicht nur als die Gemeinschaft der Geretteten verstehen, sondern behauptet darüber hinaus die Partizipation an der vollendeten Schöpfung, die der Herrschaft der Sünde nicht mehr angehört, und darum ihrer Folge, dem Tod, nicht mehr unterliegt. Die Taufe ist damit die Eingliederung in eine Lebensform des gelingenden Lebens, welches die zerstörerischen Mächte der alten Welt ein-für-alle-Mal überwunden hat. Das christliche Leben ist, mit Paulus gesprochen, ein Leben in Freiheit von der Macht des Todes (vgl. Röm 6,9).

In der altkirchlichen Theologie wird diese vom Neuen Testament fokussierte Schöpfungsperspektive des christlichen Heilsgeschehens in verstärkter Weise aufgenommen. Dazu lässt sich mit Irenäus von Lyon (125–200 n.Chr.) ein treffendes Beispiel anführen, wenn er ausführt (haer. 3,23,1):

> Als der Herr zum verlorenen Schaf kam[58] und eine so großartige Heilsordnung rekapitulierte (recapitulationem) und sein Geschöpf aufsuchte[59], da mußte er genau den Menschen retten, der nach seinem Bild und Gleichnis geschaffen war[60], das heißt Adam, indem er die Zeiten seiner Strafe beendete, die wegen seines Ungehorsams über ihn verhängt war, »die der Vater in seiner Macht festgesetzt hat« (Apg 1,7), weil sich ja die gesamte Ordnung des Heils, die den Menschen betrifft, nach dem Wohlgefallen des Vaters vollzog[61], damit Gott nicht besiegt und seine Kunst nicht um ihre Kraft gebracht würde,

Irenäus verbindet sodann im Rahmen seiner Rekapitulationslehre den Fall Adams, dessen Geschick als prototypischer Mensch allen Menschen zuzueignen ist, mit der eschatologischen Tat Christi, die das verlorene Schaf rettet, und damit allen Menschen die Rettung aus dem Sündengeschick anbietet.[62] In Irenäus' Metaphorik über die göttliche Heilsökonomie von Schöpfung und Erlösung gehören alle Menschen zu der in die Irre gehenden Herde, die Gott erlöst, indem er Christus, den Hirten, die durch die Sünde verlorenen Schafe retten lässt.

---

also die ganze Welt, diese größte und vollkommenste Herde des seienden Gottes: ›Der Herr ist mein Hirt, nichts wird mir mangeln‹(Ps 23,1)«.

[58] Vgl. Mt 18,14 par. Lk 15,5. Irenäus interpretiert den Schaftträger als Christus.
[59] Vgl. Lk 19,10.
[60] Vgl. Gen 1,26.
[61] Vgl. Eph 1,5.9.
[62] Vgl. auch haer. 3,19,3: »Und der da geboren war, war der ›Gott mit uns‹ (Jes 7,14). Er stieg auf die Erde hier unten herab, um das verlorene Schaf zu suchen, das doch sein eigenes Geschöpf war, und stieg wieder zur Höhe hinauf, um dem Vater den Menschen zu bringen und zu übergeben, der wiedergefunden war. Er vollzog Auferstehung des Menschen an sich selbst als erstem, damit so, wie das Haupt von den Toten auferstand, auch der übrige Leib aus allen Menschen, die da leben, aufersteht, wenn die Zeit des Fluches abgelaufen ist, der wegen des Ungehorsams verhängt wurde«.

Dass die Metaphorik von der »Menschenherde« in altchristlicher Theologie Verwendung findet, lässt sich an einer Bemerkung von Clemens von Alexandrien (140/150–220 n.Chr.) belegen, wenn protr. 11,116,1 ausführt:

Es ist aber Gott immer am Herzen gelegen, die Menschenherde zu retten. Deshalb sandte der gute Gott auch den guten Hirten.

Für das theologische Konzept des Bild-in-Bild-Programms des Dura-Freskos ist nun bemerkenswert, dass die heilsökonomische Theologie des Irenäus eine deutliche antihäretische Stoßrichtung besitzt. So bemerkt Irenäus von Lyon in haer. 3,23,8:

Also lügen alle, die Adams Rettung bestreiten. Sie schließen sich selbst fortwährend vom Leben aus, weil sie nicht glauben wollen, daß das Schaf gefunden wurde, das verloren war[63]. Wenn es nämlich nicht gefunden wurde, dann gehört ja das gesamte Menschengeschlecht noch immer dem Verderben.

Irenäus wendet sich also mit seiner in *Gegen die Häresien* formulierten Betonung der Einheit Gottes, der als Schöpfer der Welt zugleich ihr Erlöser und Vollender ist, indem er Christus die Wiederherstellung aller Dinge bewirken sieht (vgl. Eph 1,10), gegen alle christlich-gnostischen Lehren seiner Zeit. Er kritisiert, dass diese vermeintlich christliche, nämlich häretische Theologie über die in Christus geschenkte Erlösung einen theologischen Dualismus zulässt, indem sie fahrlässig zwischen dem am Bösen versagenden Schöpfergott und dem durch seine Liebe siegenden Rettergott unterscheidet.[64] Mit der Betonung, dass das von Christus, dem Schafträger, gerettete und zur Herde zurückgeführte Schaf der von seiner Sünde erlöste und zu der neuen Menschheit zugeführte Mensch ist, lässt Irenäus' Theologie Gott nicht an der Sünde scheitern – »damit Gott nicht besiegt« werde –, sondern über die Sünde letztlich triumphieren.[65]

Da mit Irenäus die altkirchliche Mehrheitstheologie die Auseinandersetzung mit der frühchristlichen Gnosis über den in der Einheit Gottes bereitliegenden Zusammenhang von Schöpfung und Erlösung bzw. Vollendung führte,[66] lässt sich für das Dura-Fresko folgern, dass der Bildzusatz vom »Fall des ersten Menschenpaares« zum ursprünglichen Bild des »weidenden Hirten« auf die Entscheidung einer »orthodoxen« Theologie zu-

---

[63] Vgl. Lk 15,4–7 par.

[64] Dazu vgl. H.-J. JASCKE, Art. Irenäus von Lyon, TRE 16, 1987, 258–268 (Lit.).

[65] Vgl. zu Irenäus' Heilsökonomie CH. KANNENGIESSER, Art. Adam and Eve I. Patristic Exegesis, Encyclopedia of the Early Church 1, 1992, 9: »A[dam]. and E[ve]. were created by a good God who foresaw from the beginning the final end of their descendants. Children, endowed with freedom, seduced but not destroyed, re-educated by God through their descendants, made perfect in Christ (the new A[dam].), they represent the universality of the plan of salvation«.

[66] Vgl. zur christl. Gnosis CHR. MARKSCHIES, Art. Gnosis/Gnostizismus II. Christentum 2. Kirchengeschichtlich, RGG^4 3, 2000, Sp. 1049–1053 (Lit.).

rückzuführen ist: Sie wehrt mit dem Bildzusatz einem christlich-gnostischen Missverständnis von der im Erlebnis der Taufe geschenkten Sündenvergebung[67]: Gerettet wird in der Taufe der Mensch als leibliches Geschöpf Gottes und nicht etwa nur ein abstraktes Selbst, das durch Erkenntnis des Absoluten seine Erlösung erfährt. Da das Heilsbildarrangement an der Westwand im Kontext aller Bildelemente auf den Betrachter wirken soll, ist, ausgehend von den Schöpfungsmotiven der Ädikula und dem die Ogdoas thematisierenden Sternenhimmel des Baldachins, am treffendsten das vom Bild-im-Bild nahegelegte Verständnis der Taufe als »neue Schöpfung« – vgl. 2Kor 5,17 (vgl. Gal 6,15): »Ist jemand in Christus, so gilt: neue Schöpfung« – zu bezeichnen.

14.4 Das Ciborium: Der Neophyt als König

Offene Aufbauten aus einem kuppelförmigen Gebilde mit drei bis zu acht Stützen in fester Ausführung sind in der antiken Herrscherarchitektonik gebräuchlich und werden im Unterschied zu funktionsähnlichen Baldachinen, die beweglich und aus Stoff hergestellt sind, Ciborien genannt.[68] Das im Baptisterium der Hauskirche verwendete Ciborium ist aus Platzgründen an die Westwand angelehnt, so dass die rückwärtigen Stützen zu Pilastern reduziert wurden. Es ist aus diesem Grund auch nur nach drei Seiten offen.

Ciborien bewirken eine Hervorhebung des unter ihnen aufgestellten Thrones, Altares etc., indem sie symbolisch das Modell des verkleinerten Alls bemühen: Die Welt wird aufgefasst als Rechteck mit vier (und mehr) Pfosten, überwölbt von einem halbkugeligen Himmel. Unter dem Himmelsgewölbe, sozusagen in der kosmischen Mitte, befindet sich das Zentrum der Welt, vorgestellt als fünfte Säule oder besser: als Weltachse. Im Sinne des »kosmischen Modells« kennt auch Israels Theologie entsprechend der babylonischen Tradition ein Ciborium über dem himmlischen Thronwagen (vgl. Ez 1,22).

Das Ciborium über der stehenden Figur nun, wie es in der römischen Antike über Götter- und Kaiserstatuen praktiziert wird,[69] bringt architektonisch eine Apotheose, im abgeschwächten Sinne zumindest eine Glorifizierung

---

[67] Vgl. E. Dassmann, Sündenvergebung, 332.

[68] Dazu Th. Klauser, Art. Ciborium, RAC 3, 1957, 68–86 (Lit.); Kl. Wessel, Art. Ciborium, RLBK 1, 1966, Sp. 1055–1065 (Lit.). – Der Name ist etymologisch ungeklärt. Verwendung finden auch die griech. bzw. lat. Bezeichnungen: tholus, turris bzw. fastigium.

[69] Vgl. die Beispiele bei E.B. Smith, Architectural Symbolism of Imperial Rome and the Middle Ages, Princeton 1956, Abb. 107.111.119f; Th. Klauser, Art. Ciborium, Sp. 76f.

für den unter ihm Gestellten zum Ausdruck.[70] Plutarch nennt das Ciborium das »Himmelchen«, wenn er über mazedonischen König Alexander den Großen schreibt (Alex. 37,2,2)[71]:

… als er zum ersten Male unter dem goldenen Himmelchen (οὐρανίσκον) auf dem königlichen Throne saß …

Das Ciborium des Baptisteriums in der christlichen Hauskirche von Dura Europos wölbt sich nun nicht über einem politischen Herrscher, sondern über dem Taufbecken, der sogenannten Piscina. Es ist damit das älteste erhaltene christliche Ciborium.[72] In Anlehnung an die königliche Herrscherarchitektonik wird durch dieses christliche Ciborium die religiöse Erhabenheit des unter dem Himmelsgewölbe stehenden Neophyten betont.[73]

Ist das Ciborium des Baptisteriums nicht mit einer königlichen Goldfarbe angemalt, aber mit z.T. goldfarbenen Früchten verziert, und trägt es einen mit dem Neuheitssymbol ausgestatteten Sternenhimmel, so symbolisiert es das Modell des vollendeten, neuen Alls (s.o.). In seiner Mitte steht der christliche Täufling, der ausweislich der hinter ihm erscheinenden Lünette durch das Sakrament der Taufe zur geretteten Herde der neuen Schöpfung gehört. Damit zählt er zu einer besonderen Herde, nämlich der von »königlichen Schafen«, wenn es in Clemens' von Alexandrien großem poetischem Hymnus über den Retter Christus heißt (paid. 3,101,3):

Zaum ungezähmter Füllen,
Flügel nicht irrender Vögel,
untrügliches Steuer der Schiffe,
Hirte königlicher Lämmer (ποιμὴν ἀρνῶν βασιλικῶν).

---

[70]   Vgl. Tert., idol. 8, der von auctoritas spricht, die u.a. eine aedicula dem Götterbild verleiht.
[71]   Vgl. auch Plut., Phoc 33,8,1.
[72]   Vgl. die Belege ab dem 5. Jh. n.Chr. bei KL. WESSEL, Art. Ciborium, Sp. 1062.
[73]   Vgl. KL. WESSEL, Art. Ciborium, Sp. 1061.

15. Die Illustrationen des Baptisteriums als biblische Tauftheologie

Der Künstler, der das Baptisterium der christlichen Hauskirche von Dura Europos um 240 n.Chr. mit Fresken fast vollständig ausmalte, tat dies auf Geheiß einer christlichen Gemeindeleitung, die wiederum ihre theologischen Anschauungen auf christliche *Heilige Schriften* gründete. Unter diesen Voraussetzungen ist es möglich, nach der sich in den einzelnen Bildern und Bildzyklen des Baptisteriums artikulierenden theologischen Gesamtanschauung zu suchen. Zu fragen ist nach der sich bildlich artikulierenden, z.T. mit biblischen Texten begründeten Tauftheologie, von der anzunehmen ist, dass es sich auch um dasjenige Verständnis der in Dura Europos in der Mitte des 3. Jh. n.Chr. ansässigen christlichen Gemeinde handelt. Von den ermittelten theologischen Grundstrukturen her ergeben sich einige Hinweise auf Liturgie und Ritus der im Baptisterium praktizierten Taufe. Bevor aber die Ikonografie des Baptisteriums ikonologisch als Hinweis auf eine konsistente Tauftheologie interpretiert werden soll, sind vier Ansichten zu den Baptisteriums-Fresken als nicht zureichend vorzustellen:

1. Die Behauptung, dass bei der erhaltenen Ausschmückung des Baptisteriums von Dura Europos »gänzlich neutrale oder gar heidnische figürliche Motive« fehlen und »der Raum völlig von den biblischen Darstellungen beherrscht« wird,[1] lässt sich, so ausschließlich formuliert, nicht halten. Das Hauptkultbild unter dem Baldachin, so ergab die Analyse, zeigt nämlich nicht den *Guten Hirten*, der erst im 4. Jahrhundert n.Chr. in der christlichen Ikonografie weit verbreitet sein wird, sondern einen eine *Schafherde weidenden Hirten*, der als allgemeine religiöse Allegorie des Glücks und der Erfüllung angesehen werden muss.

2. Die Ansicht sodann, dass sich in den mehrheitlich biblische Texte aufnehmenden Illustrationen des Baptisteriums eine »klare Dominanz« neutestamentlicher Bezugstexte auffinden lässt, ist eine Bewertung,[2] die auch nicht überzeugen kann. Zu beachten ist nämlich, dass in den überlieferten Bildern der Taufkapelle neben vier aus dem Neuen Testament stammenden Überlieferungen, nämlich das Thema des lebendigen Wassers (vgl. Joh 4,6f), die Heilung des Gelähmten (vgl. Mk 2,1–12 parr.; Joh 5,1–9) und der

---

[1]   Fr.W. Deichmann, Einführung, 122.
[2]   So M. Sommer, Roms, 345, vgl. A. Grabar, Iconography, 20.

Seewandel des Petrus (vgl. Mt 14,22–33), auch auf drei im Alten Testament basierende Erzählungen, nämlich die Paradieserzählung (vgl. Gen 2), diejenige des Sündenfalls (vgl. Gen 3) und diejenige der Kampfesschilderung zwischen David und Goliath (vgl. 1Sam 17,51) zurückgegriffen wird. Bei der in der Baptisteriumsausmalung vorliegenden Mischung von alttestamentlich-jüdischen und neutestamentlich-christlichen Bilderthemen dürfte die in der Christengemeinde gepflegte Lektüre einer zweigeteilten christlichen Bibel, bestehend aus Erstem und Letztem Testament (Altes Testament und Neues Testament), vorauszusetzen sein. Und werden in einem *christlichen* Baptisterium alttestamentliche Bildmotive im rituellen Kontext der Taufe präsentiert, setzt diese Tatsache die Hermeneutik einer christlich interpretierten jüdischen Schriftensammlung (= Altes Testament) voraus. Dabei gilt es zu beachten, dass das zentrale Kultbild, der *Schafe weidende Hirte*, keinen biblischen Text zur direkten literarischen Grundlage hat.

3. Die in den Fresken repräsentierte Auswahl an biblischen Texten lässt sich auch nicht einlinig in der Hinsicht interpretieren, dass alle Bilder der Evokation göttlicher Rettungsmacht über den gerade Getauften dienen. Die These von A. GRABAR[3]:

The idea that inspired the Jewish and Christian prayers, as well as the Paleo-Christian liturgical offices which followed them, produced similar results in the catacombs of Rome and the third-century baptistery at Dura. In praying for the dead or for the neophyte, the Christians constantly went back to evocations of salvation or deliverance and, consequently, to the idea of an appeal to divine power,

lässt gut ihre begrenzte Herkunft aus der Interpretation der Katakombenmalerei und Sepulkralkunst erkennen. Könnte sie für den Wundergeschichtenzyklus des Baptisteriums noch zutreffen, insofern bildnerisch das wunderbare Eingreifen Christi zur Hilfe und Rettung des gläubigen Menschen erzählt wird, so doch nicht für alle Bilder des Baptisteriums, beispielsweise für die Darstellung des *lebendigen Wassers* durch die aus einem Brunnen schöpfende Frau.

4. Unzureichend ist es schließlich auch, wenn A. GRABAR behauptet:[4]

At Dura the remaining fragments testify that the images were intended to celebrate the baptismal rite.

Aus den erhaltenen Bildern lässt sich in keiner Hinsicht die Liturgie oder auch nur der Ritus der im Baptisterium vollzogenen Taufe ableiten. –

Zweifelsohne besitzen nun alle Bilder des Baptisteriums einen thematischen Bezug zur christlichen Taufe.[5] Das Besondere des christlichen Ini-

---

[3]   A. GRABAR, Iconography, 20.
[4]   EBD., 20.

titationsritus' ist es, dass er Teil der christlichen Anschauung von einem erfüllten Leben ist. Nach christlicher Überzeugung ist nämlich eine Taufe notwendig, insofern nämlich mit dem Moment der Taufe die bisherige Existenz des Menschen endet und eine neue, nämlich das Leben des Glaubens inmitten einer kirchlichen Gemeinschaft von Christusgläubigen beginnt. Die Taufe als Beginn des christlichen Lebens gibt darum einerseits darüber Auskunft, wie es um die gesamte menschliche Existenz bestellt ist und andererseits verdeutlicht sie, was christlich der Sinn des Lebens ist bzw. sein soll. Um diese fundamentaltheologische Bedeutung der Taufe zu erfassen, wird darum von einer christlichen Tauftheologie gesprochen, die sich in den Fresken des Baptisteriums für die anwesende christliche Teilgemeinde artikuliert. Die Fresken selbst sind also keineswegs als autonome Kunstwerke mit einer eigenen Semiotik anzusehen. Denn entweder entscheidet ihr Ort im Baptisterium über das Bildthema – so besonders beim Hauptkultbild unter dem Baldachin – oder es ist durch einen schriftlichen Hinweis der literarische Bezug des Bildes angegeben – so bei der Tötung Goliaths durch David – oder es ist offensichtlich ein biblischer Text von der Abbildung gemeint, der durch das Betrachten evoziert werden soll. So richtig auch die Feststellung ist, »that every image in early Christian art was inspired by a patron's or artist's reading of a text, the resultant image would remain a new creation in its own art medium«,[6] im Falle der Fresken des Baptisteriums trifft sie nur bedingt zu. Denn die für die meisten Fresken zutreffende Beobachtung, dass sie »in allen ihren Elementen auf das Notwendige, auf das zum Verständnis der Darstellung Unerlässliche beschränkt« sind, bedeutet, dass sie »keine eigentliche Illustrierung, das heisst eine Wiederholung oder Ausschmückung des Textes dar(-stellen), sondern lediglich einen bildlichen Hinweis, der ohne Kenntnis des hierdurch evozierten Textes nicht entzifferbar ist«.[7] Aus diesem Grunde soll zur ikonologischen Klarstellung davon gesprochen werden, dass eine in den Fresken des Baptisteriums von Dura Europos durch biblische Texte begründete christliche Tauftheologie einer zur altsyrischen Kirche gehörenden Gemeinde vorliegt.

Einzusetzen ist bei der zusammenfassenden Vorstellung der durch die Fresken des Baptisteriums Dura Europos »erzählten« *biblischen Tauftheologie* mit der Feststellung, dass die Bilder nicht zufällig auf die durch zwei Register eingeteilten Wänden verteilt wurden. Vielmehr wurde, noch bevor der Künstler aktiv werden konnte, durch die Gemeindeleitung eine

---

5   Gegen FR.W. DEICHMANN, Einführung, 123: »Grundlage der Darstellungen sind hier wie dort die allgemein und überall gültigen christlichen Vorstellungen von der Manifestation des Heils in beiden Testamenten«.

6   D.R. CARTLIDGE, Path, 368.

7   H. BRANDENBURG, Überlegungen, 354.

Entscheidung über ihre Platzierung getroffen. Leitend für die örtliche Anbringung der Bilder im Taufraum dürfte dabei das Taufritual der altsyrischen Kirche gewesen sein, das sich aus zwei Teilen, der Ganzkörpersalbung des Neophyten mit Salböl und der anschließenden Immersions-
taufe im Wasserbad zusammensetzte. Während die kleine Taufgemeinde
das Baptisterium durch die Tür vom Hof aus betrat, fanden die Neophyten
von Raum Nr. 5 ihren Weg ins Taufabteil. Zusammen mit dem taufenden
Bischof und den Diakonen/-issen nahmen sie zunächst Aufstellung, um
einzeln das Salböl, stehend auf dem kleinen Podest bei der Bogennische, zu
empfangen:

1. Das eschatologische Verständnis des christlichen Lebens
Am Beginn des Taufrituals steht der Neophyt vor zwei Bildern, die sich im
Umriss erhalten haben: der *Gartenszene*, die wahrscheinlich das gesamte
obere Register der Südwand einnahm, und der *Tötung Goliaths durch David*, die unter der Bogennische an der Südwand platziert wurde. Ist das
Gartenbild als Paradiesdarstellung zu würdigen, so markiert es das theologische Vorzeichen, unter dem das gesamte Taufritual steht: Es ist das
eschatologische Verständnis des christlichen Lebens, das durch die Aufnahme in die christliche Kirche Teil an der in ihr vermittelten heilvollen
und ewigen Gottesgemeinschaft gewinnt. Diese erfüllte Gottesgemeinschaft
beginnt mit der salbenden Mitteilung des Heiligen Geistes: Zu Ende, weil
wie Goliat besiegt, ist das Leben unter der Herrschaft des Todes und zu
Ende ist das Leben unter der Macht des Bösen, das gegen die Herrschaft
Gottes agitiert und agiert.

2. Die königliche Neuschöpfung des Neophyten
Nach dem Ritus der Ganzkörpersalbung tritt der Täufling mit Bischof und
Diakonen zur Piscina hin, um darin die Taufe zu empfangen. Bevor er jedoch die wenigen Stufen in das Taufbecken hinabsteigt, geht der Neophyt
an dem Bild der *frisches Brunnenwasser schöpfenden Samaritanerin* vorbei: Dieses Fresko illustriert, dass das aus dem Euphrat herbeigetragene
Wasser der Piscina das lebendige Wasser ist, das als sakramentales Wasser
das ewige Leben vermittelt. Im Taufbecken nun stehend und vom Bischof
mit Wasser auf den dreieinigen Gott getauft werdend, wird der Täufling
unter dem Baldachin der beiwohnenden Taufgemeinde als ein zur Königsherrschaft gelangender Neophyt präsentiert: Der kleine Himmel über ihm
ist als ein oktogonaler Nachthimmel gezeichnet und die Säulen des Baldachins sind von Pflanzen- und Fruchtsymbolen einer vollendeten Schöpfung
geziert. Der aus dem Wasser sich erhebende Täufling ist Teil der eschatologischen Neuschöpfung Gottes. Erscheint hinter ihm zugleich an der Westwand das Bild des *göttlichen Schafträgers, der eine Herde von Schafen zur
Weide führt*, so gehört er mit dem Moment des Abschlusses des zweiten
Teiles des altsyrischen Taufrituals, der Wassertaufe, als gläubiges Mitglied

zur Kirche des göttlichen Glückes und des ewigen Friedensheiles. Der Gott, der die Neuschöpfung des Täuflings bewirkt, ist dabei derselbe Gott, der einst die sich verfehlende Menschheit geschaffen hat und in seiner Treue jetzt auch beständig erhält. Der protologische Fall Adams – so illustriert es das absichtlich hinzugesetzte *Bild des Sündenfalls* – wird durch den im Taufritual angeeigneten, weit größeren Akt der eschatologischen Erlösung durch Christus überwunden. Der Täufling ist von nun ab Teil des gelingenden Lebens, welches die zerstörerischen Mächte der alten Welt ein für alle Mal hinter sich gelassen hat.

3. Das christliche Leben und die Helfermacht Christi

Der nach dem Vollzug der Wassertaufe aus der Piscina austretende Täufling befindet sich nun vor einem Bildarrangement, das im oberen Register auf der Nordwand den Beginn eines Wunderzyklus zeigt und im unteren Register rückläufig, beginnend bei der Südwand und sich fortsetzend über Ost- und Nordwand, einzig die Erzählung des Auferstehungswunders an Christus monumental ins Bild setzt. Im Wunderzyklus erscheinen Menschen, die wie der *Gelähmte* von Krankheit gezeichnet sind und die wie der *versinkende Petrus* vor ängstlichem Kleinglauben unterzugehen drohen. Durch die Bildkomposition des Wunderzyklus wird in dramatischer Weise von der helfenden Macht des Christus erzählt: Sie lässt dem Menschen seine geschöpfliche Gesundheit gewinnen und reicht ihm in der Not die helfende Hand. Das Christenleben ist damit realistisch gezeichnet, insofern es mit menschlicher Ohnmacht zu tun hat, die ihre ganze vertrauende Zuversicht jedoch auf die helfende Schöpfermacht Christi setzt bzw. setzten soll.

4. Das christliche Leben und der Sieg über den Tod

Gegenläufig zum Bilderzyklus über Christi Wundertaten im oberen Register steht der Täufling vor dem monumental gezeichneten göttlichen Wunder, der *Auferstehung Christi von den Toten*, das das gesamte untere Register ziert. Fünf Frauengestalten bezeugen in verdoppelter majestätischer Größe und Erhabenheit den Sieg Gottes über den Tod, wie er in der neutestamentlichen Auferstehungserzählung als Gottes Heilstat verkündet wird. Der monumentale Sarkophag im Hypogäum demonstriert zwar die große Macht des Todes, die Engelsymbole und die geöffnete Tür verweisen aber auf das befreiende Evangelium von der göttlichen Neuschöpfungsmacht, die Christus nicht dem Tod überließ. –

Nach Abschluss des Taufrituals tritt der Täufling zusammen mit den gemeindlichen Zeugen seiner Taufe und den christlichen Amtsträgern aus dem Baptisterium hinaus in den Hof, um nach dem Beginn des christlichen Lebens im Gottesdienst zusammen mit der Mitgliedergemeinde in Raum Nr. 4 zum ersten Mal an der Feier der Eucharistie als Erhaltung des christlichen Lebens teilzunehmen.

16. Die neutestamentliche Wissenschaft und das Problem der Evangelienpluralität

Die Anfertigung von Schriften, die in einem einzigen Buch die im neutestamentlichen Kanon in einer Sammlung von vier gesonderten Evangelienschriften vorliegenden Texte wiedergeben, die Herstellung von sog. *Evangelienharmonien*, endete im europäischen Christentum mit dem Zeitalter der Aufklärung.[1] Die Evangelienharmonie, die im deutschsprachigen Raum zuletzt noch großen Einfluss gewann, ist diejenige von M. CHEMNITZ geplante und begonnene, von P. LEYSER weitergeführte und schließlich von J. GERHARD 1626 abgeschlossene *Harmonia evangelica*. Sie erschien als Ganzes erst 1652 in Genf.[2] »Durch eine Empfehlung der Wittenberger Theologischen Fakultät bekam das Kolossalwerk (drei Folianten) einen offiziösen Charakter«.[3] Seitdem entzogen jedoch die Ergebnisse der historisch-kritischen Bibelexegese die methodische Basis für die Anfertigung von Evangelienharmonien.

Stellen heutige Evangelienharmonien seit der literarischen Erforschung des Vier-Evangelien-Problems im Zuge der Aufklärung einen wissenschaftlichen Anachronismus dar, so sind sie dennoch im 21. Jahrhundert nicht verschwunden. Zu verweisen ist beispielhaft auf das von FR. RIENECKER herausgegebene, kürzlich von G. MAYER neu bearbeitete Lexikon zur Bibel.[4] Es führt in seinem Anhang eine »Evangelienharmonie«, eine gereihte Übersicht mit Stellenangaben aus allen vier neutestamentlichen Evangelienschriften.[5] Die einleitende Bemerkung: »Die Anordnung verwertet die Aussagen des Textes, ist in ihren Einzelheiten aber vielfach auf Vermutungen angewiesen«, lässt die Bibelwissenschaft als Vermutungswissenschaft erscheinen und bemerkt nicht, dass man sich im Widerspruch zu der ohne Lemmata vom Lexikon verzeichneten sog. *Zweiquellentheorie*[6] befindet. Die sachliche Unver-

---

[1]   Vgl. dazu D. WÜNSCH, Art. Evangelienharmonie, TRE 10, 1982, 626–636, 634f.

[2]   Vgl. Harmonia quatuor Evangelistarum. A Martino Chemnitio primum inchoata: Polycarpo Lysero post continuata: atque Johanne Gerhardo tandem felicissime absoluta. Quae nunc perfecta, iusto commentario illustrata 2 Bd., Frankfurt/Hamburg 1652.

[3]   D. WÜNSCH, Evangelienharmonie, 634.

[4]   Lexikon zur Bibel, hg. v. Fr. Rienecker, neu bearb. + hg. v. G. MAIER, Wuppertal 2004.

[5]   EBD. o.S.

[6]   Vgl. unter dem Lemma Evangelien, Sp. 450: »Da sowohl das MtEv. als auch das LkEv. über weite Strecken dem Text des MkEv. relativ genau entsprechen, wird weithin angenommen, daß Mk das zuerst geschriebene Evangelium ist ..., das dann von Mt und Lk jeweils aus anderen Quellen, etwa aus einer Sammlung von Reden Jesu, und aus ihrer Kenntnis der mündlichen Über-

einbarkeit wird mithilfe eines supranaturalen Jesusbildes bewältigt,[7] dessen Überwindung philosophiegeschichtlich spätestens dem 18. Jahrhundert angehört.

Der methodisch verantwortete geschichtliche Abschied von der Produktion von Evangelienharmonien ging in der neutestamentlichen Wissenschaft einher mit dem Beginn des Zeitalters der *Synopsen* (nach griech. σύνοψις = »Zusammenschau«). Dabei handelt es sich um Bücher, die in Kolumnen nebeneinander die inhaltlich ähnlichen Texte der neutestamentlichen Evangelienschriften unverändert (!) abdrucken.[8] »Der Titel *Synopse* dürfte [dabei] zum ersten Mal von dem Altdorfer Theologen Georg Siegel in seiner 1583 erschienenen *Synopsis* verwendet worden sein«.[9] Schon G. SIEGEL beschränkte sich bei der Durchführung auf die Wiedergabe der Evangelienschriften von Matthäus, Markus und Lukas, die seit Anfang des 19. Jahrhunderts als die sogenannten *Synoptischen Evangelien* oder kurz: die *Synoptiker* bezeichnet werden. Die erste Synopse zur historischen Erforschung der neutestamentlichen Evangelien veröffentlichte jedoch erst der Hallenser Neutestamentler J.J. GRIESBACH[10]. Sie erschien 1774 in dem ersten Band seiner dreiteiligen Ausgabe des griechischen Neuen Testaments (1774–77). Separat wurde sie 1777 mit den Texten der Synoptischen Evangelien wieder abgedruckt, während erst in der 3. Auflage 1809 (Halle) auch alle Paralleltexte aus dem Johannesevangelium enthalten waren.[11]

Aufgrund einer Analyse der durch die Synopsen präsentierten parallelen Texte konnte das spezifische Phänomen der im neutestamentlichen Kanon versammelten Evangelienschriften, nämlich ihre ähnliche Gestalt hinsichtlich Text und Gliederung bei deutlichen Unterschieden in Text und Aufbau einer näheren Klärung zugeführt werden. Methodisch zum Tragen kam die sog. *Literarkritik*, die das Zustandekommen ähnlicher Texte als literarische Bezugnahme erklärt.[12] Da das Johannesevangelium hinsichtlich Text und Gliederungsreihenfolge nur wenig gemein mit den drei ersten neutestamentlichen Evangelienschriften hat, die ersten drei Evangelienschriften aber im Unterschied dazu zueinander eine Menge textlicher und gliederungsmäßiger

---

lieferung erweitert wurde«. – Zur literarkritischen Lösung des sog. *Synoptischen Problems* durch die Zweiquellentheorie s.u.

[7]   Vgl. G. MAIER (Hg.), Lexikon zur Bibel, Sp. 1044: »... daß der Herr diese Überlieferung vorausgesehen, gewollt und z.[um] T[eil]. selber geformt hat«.

[8]   Ein Übergangsphänomen stellt die von J. Clericus 1699 angefertigte Harmonia evangelica dar, die über dem lateinischen Harmonietext die zugrunde liegenden Evangelientexte in vier Kolumnen griechisch und lateinisch abdruckte.

[9]   D. WÜNSCH, Evangelienharmonie, 635.

[10]   Vgl. B. ALAND, Art. Griesbach, RGG⁴ 3, 2000, Sp. 1293–1294.

[11]   Synopsis evangeliorum Matthaei, Marci et Lucae una cum iis Joannis pericopis quae omnino cum caeterorum evangelistarum narrationibus conferendae sunt, dazu W. SCHMITHALS, Art. Evangelien, Synoptische, TRE 10, 1982, 570–626, 572.

[12]   Vgl. H. ZIMMERMANN, Methodenlehre, 81.

Gemeinsamkeiten enthalten, wurde das *Synoptische Problem* auf die Frage der Verwandtschaft der drei ersten Evangelienschriften zueinander eingegrenzt. Die Frage nach der Beziehung des Johannesevangeliums zu einem oder zu allen drei anderen Evangelienwerken wird in der Johannes-Forschung hingegen gesondert behandelt. Dabei kommt neben der literarkritischen auch die *traditionskritische Theorie* zum Einsatz.[13]

16.1 Die Entstehung der neutestamentlichen Texte »Die Zeugen unter dem Kreuz« und »Das Begräbnis Jesu«

Alle Texte im neutestamentlichen Kanon, die erzählen, dass verschiedene Frauen bei der Kreuzigung Jesu anwesend waren – d.s. Mt 27,55f; Mk 15,40f; Lk 23,49; Joh 19,24b–27 – und dass Jesus von Nazaret durch Josef von Arimathäa beerdigt wurde – d.s. Mt 27,57–61; Mk 15,42–47; Lk 23,50–56; Joh 19,38–42 – sind integraler Bestandteil ihrer jeweiligen Evangelienschrift. Das heißt, die Texte sind nur innerhalb des jeweiligen Evangelienbuches und nicht für sich überliefert. Von daher ist es zwingend, dass ein Urteil über ihre literarische Verwandtschaft eine Bewertung über das literarische Verhältnis der Evangelienbücher insgesamt und vice versa enthält. Da das og. Dura-Fragment Nr. 0212, das als eine Handschrift der Evangelienharmonie Tatians beurteilt wurde (so. Kap. 9), den Schluss bzw. Anfang der beiden neutestamentlichen Perikopen »Die Zeugen unter dem Kreuz« und »Das Begräbnis Jesu« enthält, soll an diesem Textbeispiel die seit der Aufklärung angewandte literarische Hypothese zur Lösung der Ähnlichkeit der neutestamentlichen Evangelientexte zur Anwendung kommen. Im Näheren soll es um die Klärung gehen, welcher Text die Vorlage der jeweils anderen Texte gewesen ist und welcher Text sich dadurch als relativ älter erweisen lässt. In zweiter Hinsicht soll sodann mithilfe der *redaktionskritischen Theorie*[14] geklärt werden, wie es zu den inhaltlichen Veränderungen der jeweils jüngeren Texte gekommen ist. Dabei soll es inhaltlich einschränkend nur um die Klärung des Frauenmotivs in der sog. *Passionserzählung*[15] gehen.

---

[13] Vgl. J. BECKER, Das Evangelium nach Johannes, ÖTK 4/1, Gütersloh [3]1991, 41–45.
[14] Vgl. dazu H. ZIMMERMANN, Methodenlehre, 223ff.
[15] Die *Passionserzählung* beginnt Mk 14,1ff; Mt 26,1ff; Lk 22,1ff und Joh 18,1ff.

16.1.1 Vergleich der Gliederungsreihenfolge
von Mt 27,55–61, Mk 15,40–47, Lk 23,49–56 und Joh 19,24b–27.38–42

Beginnt man den *literarkritischen Vergleich* aller vier neutestamentlichen Evangelientexte mit der Untersuchung der *Gliederungsreihenfolge*, so ist zunächst festzustellen, dass ab der Perikope »Der Weg nach Golgotha« (Mt 27,31bf; Mk 15,20bf; Lk 23,26–32; Joh 16b–17a) bis zur Perikope »Das Begräbnis Jesu« (Mt 27,57–61; Mk 15,42; Lk 23,50–56; Joh 19,38–42) ähnlicher Inhalt vorliegt und vor allen Dingen die Reihenfolge der Texte bei den Evangelienschriften Matthäus, Markus und Lukas identisch ist. Diese Gemeinsamkeit in der Abfolge der Texte ist ein erstes Indiz, das für eine literarische Beziehung dieser Texte spricht.

Im Falle des Johannesevangeliums aber lässt sich Abweichendes erheben: Auf die Perikope »Der Weg nach Golgotha« (Joh 19,16b.17a) folgt dort der Text »Die Kreuzigung« (Vv.17b–24)[16], um sodann die Perikope »Die Zeugen unter dem Kreuz« (Vv.24b–27) und erst dann den Text »Der Tod Jesu« (Vv.28–30) zu führen, ergänzt um den nur im Johannesevangelium enthaltenen Text »Beweis des Todes Jesu« (Vv.31–37). Die fehlende Übereinstimmung mit der Gliederungsabfolge der Synoptischen Evangelien gibt also für eine literarische Abhängigkeit keinen Hinweis.

Die auffällige Gemeinsamkeit in der Gliederungsreihenfolge bei den Evangelienschriften Matthäus, Markus und Lukas und die abweichende Textabfolge des Johannesevangeliums lassen das Problem der literarischen Abhängigkeit der Evangelienschriften im Weiteren in zwei Abschnitten angehen: Im sogleich folgenden zweiten Teil des *Synoptischen Vergleichs* hinsichtlich des inhaltlichen Textbestandes wird es zunächst nur um die Frage der literarischen Beziehung der ersten drei im neutestamentlichen Kanon angeordneten Evangelienwerke, Matthäus, Markus und Lukas, gehen. Darauf folgt ein zweiter Teil, der die literarische Beziehung des sogenannten *Vierten Evangeliums,* des Johannesevangeliums, zu den Texten der Synoptischen Evangelien erörtert (s.u. Kap. 16.1.3).

16.1.2 Synoptischer Vergleich der Texte
Mt 27,55–61, Mk 15,40–47 und Lk 23,49–56; 24,10

Untersucht man an zweiter Stelle den Wortlaut der Evangelientexte im Falle der beiden Perikopen »Die Zeugen unter dem Kreuz« und »Das Be-

---

16   Die Synoptischen Paralleltexte sind: Mt 27,33–37; Mk 15,22–26; Lk 23,33f.

gräbnis Jesu«, so kann zunächst auf eine Reihe übereinstimmender Worte,[17] die auch gleichzeitig in derselben grammatikalischen Form erscheinen,[18] hingewiesen werden. Für eine literarkritische Beziehung der Texte sind sie neben der übereinstimmenden Gliederungsreihenfolge ein weiteres Indiz, aber für den Beleg einer literarischen Beziehung nicht hinreichend, da auch bei anderweitiger, z.B. mündlicher Tradierung der Passionserzählung zu erwarten wäre, dass ein annähernd gleicher Wortgebrauch benutzt wird.

Schränkt man den Textvergleich nun auf zwei Vergleichstexte ein, nämlich zunächst auf Mt 27,55–61 und Mk 15,40–47, so kann neben einer Reihe von gemeinsamen Formulierungen[19] auf ein bemerkenswertes gemeinsames inhaltliches Detail aufmerksam gemacht werden, das als ein Merkmal für die literarische Beziehung beider Texte zu bewerten ist: Mt 27,56 hebt nämlich unter den Frauen, die der Kreuzigung Jesu zusahen, drei Personen besonders hervor: »Maria von Magdala«, »Maria, die Mutter von Jakobus und Joseph« und schließlich eine namentlich unbekannte »Mutter der Söhne von Zebedäus«. Dieselbe Hervorhebung von drei Frauen aus einer Menge von Frauen kennt auch Mk 15,40b. Die auffällige textliche Gemeinsamkeit zwischen den beiden Evangelienschriften besteht nun darin, dass erst im Rahmen der jeweiligen Passionserzählung Frauenlisten erscheinen und die erst hier erwähnte »Maria von Magdala« die Listen anführt (vgl. Mt 27,61 // Mk 15,47; Mt 28,1 // Mk 16,1).[20] Für das Matthäusevangelium ist diese mit dem Markusevangelium übereinstimmende Dreierliste von Frauen an dieser Stelle darum bemerkenswert, weil im späteren matthäischen Erzählverlauf nur zwei Frauen, nämlich »Maria von Magdala« und »die andere Maria« genannt werden (vgl. Mt 27,61; 28,1).

Fragt man, welcher Text von wem bearbeitet wurde, also der markinische Text von Matthäus oder umgekehrt der matthäische durch Markus, so lässt sich aufgrund des matthäischen Vorzugsvokabulars in den Veränderungen des markinischen Textes ein Bearbeitungsgefälle vom markinischen zum matthäischen Text nachweisen:

---

[17] Gemeinsam sind allen drei synoptischen Texten die Worte: ἀπὸ μακρόθεν, γυναῖκες, Γαλιλαία, Μαρία, ἡ Μαγδαληνή, καὶ Μαρία, Ἰακώβου, παρασκευή, Ἰωσήφ, ἀπὸ Ἁριμαθαίας, Πιλᾶτος, αἰτέω, τὸ σῶμα, Ἰησοῦς, σινδών und πέτρα.

[18] Gemeinsamen grammatische Wortformen und -folgen der synoptischen Texte sind: ἦσαν δέ, ἀπὸ μακρόθεν, ᾐτήσατο τὸ σῶμα τοῦ Ἰησοῦ, καὶ ἔθηκεν und σινδόνι.

[19] Gemeinsame Worte und Wortfolgen des mt und mk Textes sind: Ἦσαν δέ, γυναῖκες, ἀπὸ μακρόθεν θεωροῦσαι, ἐν αἷς, Μαρία ἡ Μαγδαληνή καὶ Μαρία ἡ, Ἰακώβου, μήτηρ, ὀψίας, γενομένης, Ἰωσήφ, ἀπὸ Ἁριμαθαίας, ὃς καί αὐτός, ᾐτήσατο τὸ σῶμα τοῦ Ἰησοῦ, Πιλᾶτος, σινδόνι, καὶ ἔθηκεν, μνημείῳ, λίθον, τοῦ μνημείου, δέ, ἡ Μαγδαληνη und Μαρία.

[20] Anders die lk Passionserzählung, die zunächst keine Frauenliste führt (vgl. bereits Lk 8,2), jedoch nachklappend in 24,10 drei Frauen namentlich nennt (Maria aus Magdala, Johanna und Maria, die Mutter des Jakobus).

In Mt 27,57 setzt nämlich Matthäus die von ihm häufig verwendete Partikel δέ[21] entsprechend seinem Sprachgebrauch[22] in die Formulierung ὀψίας γενομένης ein. Auch setzt Matthäus an zwei Stellen (Mt 27,55.61 // Mk 15,40.47) das von ihm bevorzugte Ortsadverb ἐκεῖ[23] hinzu wie er auch seiner Vorliebe für μέγας[24] (s. Mt 27,60) folgt. Matthäisches Vorzugsvokabular lässt sich auch bei dem Gebrauch von μαθητεύω[25], προσέρχομαι[26], καθαρός[27], τότε[28], κελεύω[29], ἀποδίδωμι[30], ἀπέναντι[31] und τάφος[32] nachweisen.

Die damit wahrscheinlich werdende unabhängige Bearbeitung des markinischen Textes durch Matthäus[33] besteht bei Wahrung der Erzählzüge[34] in einer Kürzung[35] und Klarstellung[36] der umständlich formulierenden markinischen Vorlage.[37] Matthäus bringt nur wenige inhaltliche Veränderungen an: So ersetzt er die bei Markus genannte »Salome« durch die namentlich nicht benannte »Mutter der Söhne des Zebedäus« (vgl. Mk 15,40 mit Mt 27,56), lässt Josef von Arimathäa den Leichnam Jesu in »ein reines Leinentuch« schlagen (vgl. Mk 15,46 mit Mt 27,59) und weist das Grab, in das dieser gelegt wird, als »neu« aus (vgl. Mk 15,46 mit Mt 27,60). Lassen sich letztere Klarstellungen mit der in der christlichen Gemeinde zunehmenden

---

[21] Wortstatistik: 495/164/543(559).

[22] Vgl. Mt 8,16; 14,15.23; 20,8; 26,20.

[23] Wortstatistik: 31/12/16(11).

[24] Wortstatistik: 30/18/33(31). Vorgriff aus Mk 16,4b.

[25] Wortstatistik: 3/0/0(1).

[26] Wortstatistik: 51/5/10(10).

[27] Wortstatistik: 3/0/1(2).

[28] Wortstatistik: 90/6/15(21).

[29] Wortstatistik: 7/0/1(10).

[30] Wortstatistik: 18/1/8(9).

[31] Wortstatistik: 2/0/0(0).

[32] Wortstatistik: 6/0/0(0).

[33] Die kleinere Übereinstimmung der Bearbeitung des mk Textes von Mt 27,55 + Lk 23,49 mit ἀπό (τῆς Γαλιλαίας) im Sinne von Mk 15,41 (ἐν τῇ Γαλιλαίᾳ) ist zufällig gleich, da beide Seitenreferenten mit ἀκολουθέω bzw. συνακολουθέω Mk 15,41 klarstellen, dass die Jesus nach Jerusalem begleitenden Frauen bereits in Galiläa zu den nachfolgenden Jüngerinnen Jesu zählen, gegen A. ENNULAT, Die »Minor agreements«. Untersuchungen zu einer offenen Frage des synoptischen Problems, WUNT 2/62, Tübingen 1994, 402.

[34] Vgl. die gemeinsamen Erzählzüge, als da sind: die herausragende soziale Stellung von Josef von Arimathäa, seine theologische Qualifizierung, die Wickelung der Leiche in Leinen, die Grabkammer sowie die Nennung des Verschlusssteins.

[35] Die erzählerische Kürze des MtEv lässt eine Eindeutigkeit vermissen: So wird aus der Formulierung von Mt 27,58b: »Da befahl Pilatus, dass er (sc. der Leichnam Jesu) ausgehändigt werden sollte« nicht deutlich, dass und von wem (den römischen Soldaten? Josef von Arimathäa?) der Leichnam Jesu vom Kreuz abhängt wurde. Nach dem MkEv ist es eindeutig Josef, der nach Freigabe durch Pilatus den Leichnam Jesu vom Kreuz abnimmt (vgl. Mk 15,46b).

[36] Vgl. die erzählerische Präzisierung von Mk 15,41b, ob die Frauen Jesus auch nachgefolgt sind oder ihn nur nach Jerusalem begleiteten, durch Mt 27,55f: Frauen aus Jesu Jüngernachfolge in Galiläa sind ihm nach Jerusalem gefolgt.

[37] Dazu U. LUZ, MtEv I/3, 371.376.

Verehrung des von den Toten auferstandenen Jesus begründen (vgl. Lk 23,53; Joh 19,41)[38], dem eine würdige Bestattung (die letzte Ehre!) widerfahren soll,[39] so verdankt sich die Änderung, den jüdischen Ratsherrn Josef von Arimathäa zum wohlhabenden Jünger Jesu zu machen (vgl. Mk 15,44 mit Mt 27,57), der aktuellen Auseinandersetzung der matthäischen Gemeinde mit dem pharisäisch dominierten Judentum:

Der Graben zwischen den Jesusanhänger/innen und den jüdischen Führern ist zur Zeit des Matthäus so groß, daß dieser sich ein Jesus freundlich gesinntes Mitglied des Synhedriums ebensowenig vorstellen kann wie einen jüdischen Schriftgelehrten, der nicht weit vom Reich Gottes ist (Mk 12,34; diff. Mt 22,34).[40] –

Im Falle des zweiten Textvergleichs, nämlich von Mk 15,40–47 mit Lk 23,49–55; 24,10[41], kann zunächst auch wieder auf eine Reihe von gemeinsamen Worten und Wortfolgen hingewiesen werden,[42] die eine literarische Beziehung dieser beiden Evangelientexte nahelegen. Dabei fällt auf, dass Lk 24,10 nachklappend die personale Identität der Frauengruppe erklärt und dabei wie Mk 15,41 par. eine Dreierliste von Frauen nennt, die von Maria von Magdala angeführt wird. Da der lukanische Text insgesamt gegenüber dem markinischen erzählerisch kürzer ist, findet sich auch nur ein kleine sprachliche Gemeinsamkeit, die gegen eine unabhängige mündliche Tradierung der Texte spricht: Lk 23,50 verwendet wie Mk 15,46 die Parataxe καί – καί.

Ist daher anzunehmen, dass der markinische Text vom Lukasevangelium benutzt wurde, so ist festzustellen, dass Lukas die markinischen Erzählzüge, wenn auch mit Umstellung, beibehält, aber den markinischen Text deutlich kürzt, u.a. dadurch, dass er die Mk 15,40 einzeln aufgeführten Frauen zunächst in einer anonymen Frauengruppe aufgehen lässt (vgl. Lk 23,49.55). Im Falle seiner textlichen Veränderungen des Markustextes ist weiterhin zu beobachten, dass Lukas seinem Sprachgebrauch folgt[43]. –

Mt 27,55–61 und Lk 23,49–56, so ist als Ergebnis des literarkritischen Vergleiches festzuhalten, benutzen Mk 15,40–47 unabhängig voneinander,

---

[38]   Ein unbenutztes Grab lässt den von Toten auferstehenen Jesus durch die Anwesenheit anderer Toter nicht unrein werden, vgl. FR. BOVON, Das Evangelium nach Lukas, EKK III/4, Neukirchen-Vluyn 2009, 501.

[39]   Vgl. J. BECKER, JohEv 4/2, 711.

[40]   U. LUZ, MtEv I/4, 377f.

[41]   Lk 24,10 gehört zum Synoptischen Vergleich dazu, da das LkEv erst an dieser Stelle, quasi nachklappend, die Identität der Frauengruppe lüftet.

[42]   Gemeinsame Worte und Wortfolgen des lk und mk Textes sind: Γυναῖκες, ἀπὸ μακρόθεν, Μαρία, ἡ Μαγδαληνή, καὶ Μαρία, Ἰακώβου, βουλευτής, Ἰωσήφ ἀπὸ Ἁριμαθαίας, τὴν βασιλείαν τοῦ Θεοῦ, ᾐτήσατο τὸ σῶμα τοῦ Ἰησου, καὶ ... καθελών, σινδόνι, καὶ ἔθηκεν αὐτόν ἐν, ἥν und δέ.

[43]   Vgl. die Wortstatistik zu γνωστός 0/0/2(10); ἀνήρ 8/4/27(100); ὑπάρχω 3/0/15(25); προσδέχομαι 0/1/5(2) und μνῆμα 0/2/3(2).

um ihre Vorlage in konzeptioneller Hinsicht zu überarbeiten und somit einen ihrer Ansicht »verbesserten« Text zu erzeugen.

Gegen die unabhängige Benutzung des markinischen Textes durch das Matthäus- wie das Lukasevangelium scheinen zwei kleinere Änderungen zu sprechen, die beiden Evangelien gemeinsam sind: Mt 27,58 // Lk 23,52: οὗτος προσελθὼν τῷ Πιλάτῳ und Mt 27,59 // Lk 23,59: ἐνετύλιξεν αὐτό.[44] Sie lassen sich nur zum Teil erklären. So ändert Matthäus εἰσέρχομαι aus Mk 15,43 in Mt 27,58 in das seinem Sprachgebrauch entsprechende προσέρχομαι c. Dativ[45]. Ist nicht auszuschließen, dass gerade bei der liturgisch wichtigen Passionsüberlieferung die Evangelisten aus urchristlich gemeinsamer mündlicher Überlieferung schöpfen, so reicht das verbliebene eine (!) Minor agreement nicht aus, an dieser Stelle zu Hilfskonstruktionen wie der Deuteromarkusthese[46] zu greifen oder die Verarbeitung der Matthäusversion durch den (späteren?) Lukas anzunehmen[47].

16.1.3 Das Frauenmotiv in Mt 27,55–61 und Lk 23,49–56; 24,10

Was bedeutet aber das Ergebnis des Synoptischen Vergleichs (s.o. Kap. 16.1.2), dass der markinische Text der Perikopen »Die Zeugen unter dem Kreuz« und »Das Begräbnis Jesu« gegenüber der matthäischen und lukanischen Version der ältere ist, nun für das Frauenmotiv in der jüngeren matthäischen und lukanischen Passionserzählung?

1. Bei der Matthäusversion wurde festgestellt, dass Mt 27,55 Salome durch »die Mutter der Söhne des Zebedäus« ersetzt. Dazu ist zu bemerken, dass das Matthäus- im Unterschied zum Markusevangelium[48] eine Frau mit Namen Salome nicht kennt, während die Mutter der Zebedäussöhne ihm als eine Jesus nachfolgende Jüngerin hervorhebenswert erscheint (vgl. Mt 20,20 diff. Mk 10,35)[49]. Nach Matthäus' Ansicht sollen zwei Jüngerinnen mit dem Namen »Maria« (vgl. die Formulierung in Mt 27,51; 28,1: »die andere Maria«) als von der Thora[50] vorgeschriebene Mindestzahl Zeugen des Auferstehungsereignisses sein (vgl. 28,1–6). Die beiden Marien sollen weiterhin vom Engel zu Beauftragten an die geflohenen Jünger[51] werden

---

[44] Vgl. auch die eigenwillige Auflistung bei U. LUZ, Mt I/4, 376f. – Die gemeinsamen Auslassungen (weitgehend Mk 15,44f) lassen sich durch das beide Evangelisten leitende Kürzungsbedürfnis des umständlich erzählenden mk Textes gut begründen.

[45] Wortstatistik: 51/5/10(10).

[46] Gegen U. LUZ, MtEv I/4, 377, im Anschluss an A. ENNULAT, Agreements, 402–408. Zur Urmarkus- bzw. Deuteromarkushypothese vgl. W. SCHMITHALS, Art. Evangelien, 594–596.

[47] Gegen M.D. GOULDER, Luke's Knowledge of Matthew, in: G. Strecker (Hg.), Minor Agreements, GThA 50, Göttingen 1993, 143–160: 156–158.

[48] Vgl. Mk 15,40; 16,1.

[49] Dazu U. LUZ, MtEv I/3, 161.

[50] Vgl. Mt 18,16 mit Dtn 19,15.

[51] Vgl. Mt 26,56.75; zu vermuten ist ein Fluchtort im Großraum der Stadt Jerusalem.

und diesen das Auferstehungsbekenntnis mitteilen (vgl. Vv.7f), um schließlich selbst dem Auferstandenen glaubend zu begegnen (vgl. V.9).

Auf diese Weise möchte das Matthäusevangelium erzählerisch sicherstellen, dass durch zwei sich in der Jesus-Nachfolge befindenden Frauen via Jüngergemeinde in Jerusalem die gesamte Welt (vgl. Mt 28,8.20 diff. Mk 16,8) vom Auferstehungsereignis Kenntnis erhalten hat. Die matthäische Erzählabsicht, den geschichtlichen Beginn der (unendlichen) Verkündigungskette des Auferstehungsevangeliums zu erzählen, lässt den Evangelisten dabei die schwankenden Angaben von Mk 15,40.47; 16,8 über die Frauennamen und -zahl vereinheitlichen.[52] –

2. Bei der lukanischen Textversion fällt auf, dass in der Kreuzigungsszene einer anonymen männlichen Gruppe von »Bekannten« Jesu (Lk 23,49) eine gleichfalls namentlich unbekannte Frauengruppe zugeordnet wird,[53] die schon in Galiläa Jesus nachgefolgt war (vgl. V.49a+b). Diese Gegenüberstellung von *Mann und Frau* besitzt für die nachfolgende lukanische Darstellung der Auferstehungsereignisse Leitfunktion (vgl. Vv.11f): Sieht die Frauengruppe gleichwie alle Bekannten Jesus am Kreuz sterben, so erlebt sie hingegen aus der Nähe[54] die Bestattung seiner Leiche durch Josef von Arimathäa und kennt deshalb den Ort von Jesu Grab (vgl. V.55), um am dritten Tag nach der Grablegung ein Grab zu besuchen, in dem der Leichnam Jesu nicht mehr vorhanden ist (24,1–3). Diese sie ratlos machenden Ereignisse und auch das ihnen mittels einer Angelophanie als Auferstehung gedeutete Fehlen des Leichnams Jesu (vgl. Vv. 4–8.23) teilen die Frauen den sich im Großraum Jerusalem aufhaltenden männlichen Aposteln mit. Ihre Kundgabe findet aber bei diesen keinen Glauben (vgl. 24,11). Jedoch wird sich zur Überprüfung der Angaben der *Frauen* sogleich der *Mann* Petrus zu Jesu Grab aufmachen, um voller Verwunderung über die leeren Leinenbinden zurückzukehren (vgl. V.12).

Die lukanische Konzeption geht also dahin, in Anknüpfung an seine markinische Vorlage (vgl. Mk 15,41b) die Zahl der Auferstehungszeugen von drei Frauen auf eine Gruppe von Frauen zu erhöhen[55] und entgegen dem allgemeinen antiken Vorurteil[56] darauf hinzuweisen, dass die ge-

---

[52]   Vgl. J. BECKER, Die Auferstehung Jesu Christi nach dem Neuen Testament. Ostererfahrung und Osterverständnis im Urchristentum, Tübingen 2007, 29.

[53]   Darauf macht FR. BOVON, LkEv III/4, 494, aufmerksam.

[54]   Vgl. Lk 23,49a mit 22,54.

[55]   Vgl. auch die Erhöhung der Zeugen bei Jesu Erscheinung (Lk 24,36 mit V.10), dazu J. BECKER, Auferstehung, 45.

[56]   Die zeitgenössische jüd. Auffassung war gegen das alleinige Zeugnisrecht von Frauen (vgl. Jos., Ant 4,219), ohne es jedoch generell aufzuheben (dazu T. ILAN, Jewish Women in Greco-Roman Palestine. An Inquiry into Image and Status, TSAJ 44, Tübingen 1995, 163–166). In der paganen Umwelt existierten Vorbehalte gegenüber dem Wort von Frauen (vgl. Plat., leg. 11,937a).

schichtliche Wahrheit der Auferstehung Jesu von Toten nicht auf dem alleinigen Zeugnis von Frauen beruht.[57]

Erst zum Schluss seiner Erzählung über das *Zeugnis mehrerer Frauen
und einem Mann* über die Ereignisse bei Jesu Bestattung und Auferstehung
wird Lukas drei Frauen namentlich hervorheben (Lk 24,10): »Maria von
Magdala und Johanna und Maria, die (Mutter) des Jakobus«. Von zwei
Frauen hatte Lukas bereits ihre Identität mitgeteilt: Maria von Magdalena
wurde durch den Wundermann Jesus von ihrer schlimmen Krankheit der
Besessenheit von sieben Dämonen[58] geheilt und Johanna ist die vornehme
Frau von Chuza, einem Verwalter des Königs Herodes Antipas (vgl. 8,1–3).
Beide gehören sie nach Lukas zum Kreis von Sympathisantinnen, der Jesus
in Galiläa finanziell unterstützte. Dass der Evangelist an dritter Stelle die
bereits 8,3 zum Bericht über Jesu Wirkungszeit in Galiläa vorgestellte »Su-
sanna« nicht als Zeugin von Jesu Auferstehung nennt, dürfte seiner markinische Vorlage geschuldet sein: Denn Mk 15,40; 16,1 hatte ausdrücklich
namentlich Maria, die Mutter des Jakobus und Joses, neben Salome als
Auferstehungszeugin genannt.

16.1.4 Literarkritischer Vergleich von Joh 19,24b–27.38–42
mit den synoptischen Paralleltexten

Setzt man den zunächst ausgeklammerten literarkritischen Vergleich der
Johannestexte mit den synoptischen Paralleltexten zu den Perikopen »Zeugen unter dem Kreuz« und »Das Begräbnis Jesu« nun hinsichtlich des
Textbestandes fort (s.o. Kap. 16.1.1), so lässt sich die literarische Eigenständigkeit der johanneischen Texte gegenüber den synoptischen Versionen
zeigen. Dabei darf der inhaltlich ähnliche Bestand der Texte so umschrieben werden:

Zwar stehen nach Joh 19,25 auch Frauen »bei dem Kreuz Jesu«, im Unterschied zu
den Texten der Synoptischen Evangelien sind es aber vier Frauen. Und nur zwei
Frauen sind keine leiblichen Verwandten von Jesus. Stimmt zwar allein die Nennung
»Maria von Magdala« mit Mk 15,40 par.; Lk 24,10 überein, so werden die Frauen im
Johannesevangelium vor dem Tod Jesu genannt: Sie sprechen mit Jesus, während er
am Kreuz hängt (vgl. Joh 19,23).
Das Begräbnis Jesu wird nach Joh 19,38–42 (vgl. wie Mk 15,43 parr.) von »Josef von
Arimathäa« durchgeführt. Dieser hatte zuvor bei »Pilatus« nachsucht, den »Leichnam
Jesu« vom Kreuz abzunehmen, was ihm auch gestattet wurde (vgl. Joh 19,38 parr.).
Wie Mt 27,57 (diff. Mk 15,43; Lk 23,51) wird Josef als ein Jünger Jesu vorgestellt

---

[57] Vgl. Celsus ca. 180 n.Chr., der am Christentum kritisiert, dass das Wunder der Auferstehung u.a. auf dem Zeugnis einer Frau beruht (Orig., c. Celsum 2,55).
[58] Vgl. Lk 11,26 par.

(vgl. Joh 19,38). Die Bestattung selbst führt dieser jedoch zusammen mit Nikodemus durch; dabei wird erzählt, dass sie den toten Jesus mit Leinenbinden umwickelten (vgl. 19,40 parr.). Übereinstimmend mit Mt 27,60 behauptet das Johannesevangelium, dass Jesus in einem »neuen Grab« beerdigt wurde, und mit der lukanischen Version ist die Erläuterung gleich, dass in diesem Grab noch niemand bestattet wurde (vgl. Joh 19,41 mit Lk 23,53). Erst Joh 20,1 erwähnt gleichwie Mk 15,46 par. einen Stein, der das Grab Jesu verschloss.

Ist nun auffällig, dass es zwar einige gemeinsame Vokabeln mit den Synoptischen Texten insgesamt,[59] aber auch mit der markinischen,[60] matthäischen[61] und lukanischen Fassung[62] gibt, so existiert außer der Wendung τὸ σῶμα τοῦ Ἰησοῦ (Joh 19,38 parr.) keine einzige längere sprachliche Gemeinsamkeit. Ist der johanneische Text von den Synoptischen Evangelientexten darum als literarisch unabhängig einzuschätzen, so lassen die inhaltlichen Gemeinsamkeiten jedoch eine überlieferungsgeschichtliche Nähe annehmen: Wie die markinische, so dürfte auch die johanneische Passionserzählung auf eine Vorlage zurückgehen. Da diese mit der im Markusevangelium verarbeiteten vormarkinischen Passionserzählung große Ähnlichkeiten aufweist, dürfte auch das Johannesevangelium an dieser urchristlichen Traditionslinie partizipieren.[63] Diese Annahme wird durch die nur vom Johannesevangelium eingebrachten Veränderungen gestärkt:

Die erzählerische Absicht von Joh 19,26f, dass Jesus seiner Mutter den Lieblingsjünger als Versorgungsinstanz zur Seite gestellt hat, benötigt für eine testamentarische Verfügung Jesus als einen noch Lebenden. Daher ist es unumgänglich, dass die joh Fassung die Szene von den Frauen unter dem Kreuz, unter ihnen Maria Magdalena, anders als Mk 15,40f parr. bzw. die vormarkinische Passionserzählung noch vor dem Kreuzestod Jesu platzieren muss.[64]
Und kennen die synoptischen Texte im Unterschied zum JohEv eine Person namens Nikodemus nicht (vgl. Joh 3,1ff), so führt das JohEv diesen als zweiten Bestatter in die Beerdigungsszene ein (vgl. 18,39–42), damit dem Rezipienten seine Darstellung

---

[59] Als da sind: Μαρία ἡ Μαγδαληνή, Ἰωσήφ ἀπὸ Ἁριμαθαίας, Πιλᾶτος, τὸ σῶμα τοῦ Ἰησοῦ und μνημεῖον.

[60] Als da sind: Μαρία ἡ Μαγδαληνή, Ἰωσήφ ἀπὸ Ἁριμαθαίας, Πιλᾶτος, τὸ σῶμα τοῦ Ἰησοῦ und μνημεῖον.

[61] Als da sind: Μαρία ἡ Μαγδαληνή, Ἰωσήφ ἀπὸ Ἁριμαθαίας, Πιλᾶτος und τὸ σῶμα τοῦ Ἰησοῦ, καινός und μνημεῖον, vgl. noch μαθητής τοῦ Ἰησοῦ mit ἐμαθητεύθη τῷ Ἰησοῦ.

[62] Als da sind: Μαρία ἡ Μαγδαληνή, Ἰωσήφ ἀπὸ Ἁριμαθαίας, Πιλᾶτος, τὸ σῶμα τοῦ Ἰησοῦ und μνημεῖον, vgl. noch ἐν ᾧ οὐδέπω οὐδεὶς ἦν τεθειμένος mit οὗ οὐκ ἦν οὐδεὶς οὔπω κείμενος.

[63] Dazu J. Becker, Das vierte Evangelium und die Frage nach seinen externen und internen Quellen, in: Fair Play. Diversity and Conflicts in Early Christianity, FS H. Räisänen, hg. v. I. Dunderberg u.a., NT.S 103, Leiden 2002, 203–241.

[64] Vgl. J. Becker, JohEv 4/2, 697f.

eines königlichen Begräbnisses Jesu (vgl. 19,39)[65] plausibel wird: Zwei vornehme und daher wohlhabende Juden haben die immensen Kosten für Jesu luxuriöse Bestattung getragen. Als Sympathisant bzw. Jesusanhänger meiden beide aus Furcht vor dem Verlust von liebgewonnenen Privilegien die jüdische Öffentlichkeit (vgl. 3,2; 19,38).

Bringt man beide johanneischen Neuerungen in Abzug, so zeigen die verbleibenden inhaltlichen Gemeinsamkeiten, dass das Johannesevangelium eine vorjohanneische Passionserzählung kannte, die gleichwie die markinische Version Frauen unter dem Kreuz Jesu nannte (1) und auch erzählte, dass das Begräbnis durch Josef von Arimathäa durchgeführt wurde (2). Dass auch die vorjohanneische Passionserzählung die Zeugenschaft der Frauen von Kreuzestod, Bestattung und geöffneten Grab enthielt (3), lässt sich vom johanneischen Text aus mit Joh 20,1 plausibel machen, der parallel zur vormarkinischen Passionserzählung (vgl. Mk 16,1.4f) von Maria von Magdala als Zeugin erzählt. Auffälligerweise spricht dann in der nachfolgenden wörtlichen Rede Maria in der Mehrzahl (vgl. Joh 20,2), so als ob die Entdeckung des offenen Grabes von mehreren Frauen erlebt wurde.[66]

Die inhaltlich neuen Akzente des johanneischen Passionsberichtes führen also dazu, dass eine vorjohanneische Fassung der Passionserzählung gekürzt und umgearbeitet wurde. Die nämliche Absicht dieser vorjohanneischen Passionserzählung, Frauen als Zeugen von Kreuzestod Jesu, seiner Grablegung und dem abhandenen Leichnam Jesu auftreten zu lassen, damit schließlich das leere Grab Ort der himmlischen Auferstehungsbotschaft werde (vgl. Mk 16,6 parr.), spielt für das Johannesevangelium jedoch keine Rolle. Nach seiner Meinung kann das leere Grab nur die Ansicht eines Leichenraubes nahelegen,[67] wofür die von Petrus und Johannes gefundenen wohlgeordneten Leichentücher jedoch keinen Anhalt geben (vgl. Joh 20,3–9). Für das Johannesevangelium ist vielmehr für das Verständnis der Osterbotschaft notwendig (vgl. V.9), dass eine direkte personale Begegnung mit dem Auferstandenen zustande kommt (vgl. Vv.11ff). Diese Christophanie lässt das Johannesevangelium, in dessen fiktionaler Jesuserzählung einzelne Frauen jeweils eine Schlüsselstellung einnehmen,[68] eine Frau erleben. Da die Frauenliste seiner vorjohanneischen Passionserzählung immer von einer

---

[65]   100 Pfund sind ca. 33 Kilogramm einer Mischung aus kleingestampfter Myrrhe, einem aus Südarabien und Äthiopien importierten Harz, und Aloe, einem aus Indien eingeführten Heilmittel! Nach Jos., Ant 17,199 trugen bei Herodes' I. Bestattung 500 Sklaven Öl und kostbare Spezereien. Auf die joh Vorstellung einer königlichen Beerdigung Jesu verweist auch die Ortslage von Jesu Grab in einem »Garten« (Joh 19,41), vgl. 2Kön 21,18.26; Neh 3,16.

[66]   Vgl. dazu J. BECKER, JohEv 4/2, 717.

[67]   Vgl. Mt 27,64.

[68]   Vgl Joh 4 (sie Samaritanerin); 11 (Martha); 12,1ff (Maria), dazu J. BECKER, JohEv 4/2, 728ff.

Person angeführt wird (vgl. Mk 15,40 par.47 par.;16,1 parr.), ist ihr Name Maria Magdalena.

16.2 Die Frauen in der (vor-)markinischen Passionserzählung

Unter der Voraussetzung, dass Mk 16,1–8 nicht als unabhängige Perikope auf den Evangelisten Markus gekommen oder von ihm ad hoc für seine Evangelienschrift formuliert wurde, sondern ehemals Bestandteil einer *vor-markinischen Passionserzählung* war, die Markus ab Kap. 14,1ff mit geringer eigener redaktioneller Bearbeitung in den Schluss seiner Evangelienschrift über den Gottessohn Jesus Christus aufnahm (vgl. 1,1),[69] ist die Zahl und verschiedene Benennung von Frauen in der *vormarkinischen Passionserzählung* auffällig:

1. Unter dem Kreuz Jesu erscheint eine Frauengruppe, aus der drei Frauen hervorgehoben werden (Mk 15,40): »Maria von Magdala, Maria, Jakobus des Kleinen/Jüngeren und Joses Mutter, und Salome«[70]. Bemerkt wird, dass diese drei[71] (und auch andere) Frauen seit der galiläischen Wirkungszeit zu Jesu Jüngerkreis gehören und dass weitere Personen, die mit Jesus aus Galiläa nach Jerusalem mitgezogen waren (vgl. V.41), seiner Kreuzigung und damit seinem gewaltsamen Tod »aus der Ferne zusahen« (V.40). Das Motiv, dass gerade Freunde den Leidenden allein lassen, gehört zur alt-testamentlichen Tradition der leidenden Rechtfertigung des Gerechten (vgl. LXX Ps 37,12). Mk 15,40 wird damit zum Bestand der *vormarkinischen Passionserzählung* gehören,[72] V.41 ist hingegen markinisch-redaktioneller Zusatz[73].

2. Zur *vormarkinischen Passionserzählung* gehört auch Mk 15,47, wenn erzählt wird, dass zwei Frauen, nämlich »Maria von Magdala und Maria,

---

[69] Stichhaltige Begründung bei J. BECKER, Auferstehung, 15–17.19f. – Die sachliche Un-ebenheit, dass die (nicht erfolgte) Salbung des Leichnams eine provisorische Bestattung unterstellt (Mk 16,1), während 15,42-47 zuvor von einem ordentlichen Begräbnis Jesu erzählte, ist der erzählerischen Einleitung der *vormarkinischen Passionserzählung* zu verdanken, die von einer vor dem Begräbnis erfolgenden Salbung Jesu erzählte (vgl. 14,3-9).

[70] Die Textüberlieferung weist bei der ungewöhnlichen Bezeichnung leichte Veränderungen auf, ist aber im Prinzip eindeutig.

[71] Gegen die Lesart von B + Ψ: καὶ ἡ Ἰωσῆ(τος), die bedeutet, dass eine dritte Maria und damit insgesamt vier Frauen genannt werden.

[72] Mit R. PESCH, MkEv 2, 503f. Vgl. die Singularität des Namens »Jose« im MkEv (anders: 15,43.45).

[73] Aufgrund des Vokabulars (zu ἀκολουθέω vgl. bes. Mk 2,15fin.; 3,7; 5,24; 6,1; 11,9, zu διακονέω vgl. 1,31fin.; 9,35fin., zu ἄλλαι πολλαί vgl. 7,4; 12,5) darf angenommen werden, dass der Evangelist Markus V.41 formuliert hat (mit T. REIPRICH, Das Mariageheimnis. Maria von Nazareth und die Bedeutung familiärer Beziehungen im Markusevangelium, FRLANT 223, Göttingen 2008, 80f, gegen R. PESCH, Mk II, 504).

die des Joses«[74] den Ort des Grabes sahen, in welches Josef von Arimathäa
Jesu Leiche legte. Die verkürzende Bezeichnung lässt die zweite Maria
rückbezüglich gemäß V.40, einem Text der vormarkinischen Passionserzählung, als Mutter von Jakobus dem Kleinen/Jüngeren und Joses erscheinen.[75]
3. Schließlich ist auch Mk 16,1 Bestandteil der *vormarkinischen Passionserzählung*: Der Text berichtet, dass drei Frauen, und zwar die bereits genannten: »Maria von Magdala, Maria (Mutter) des Jakobus«[76], sowie »Salome« das Grab Jesu besuchen und dort seinen Leichnam nicht vorfinden.
Auch an dieser Stelle soll die zweite Maria vom Rezipienten gemäß dem
vorherigen Kontext 15,40.47 als Maria, die Mutter von Jakobus dem Klei-
nen/Jüngeren und Joses, identifiziert werden.[77]

Die drei bzw. zwei Frauen besitzen in der *vormarkinischen Passionserzählung* eine deutliche literarische Aufgabe: Sie werden als Zeuginnen
vorgestellt, die zunächst mit vielen anderen Menschen zusammen den
Kreuzestod Jesu erlebten, dann jedoch allein mit dem bestattenden Joseph
von Arimathäa den Ort von Jesu Grab erfahren und für sich allein schließlich das offen stehende Grab Jesu in Augenschein nehmen (Mk 15,40.47;
16,4f). Literarisches Ziel der Darstellung ist es, dass die Frauen den bestat-
teten Leichnam Jesu nicht finden und in einer Angelophanie von einem
Engel belehrt werden, dass Gott den Gekreuzigten auferweckt habe und
darum dieser in den Himmel entrückt wurde (V.6a+b). Die *vormarkinische
Passionserzählung* sieht keine Probleme darin, Frauen als Zeuginnen zu
benennen.

Zum erzählerischen Stil der *vormarkinischen Passionserzählung* gehört
die verkürzende Nennung von Maria, der Mutter von Jakobus und Joses.[78]
Dass »Salome« bei der Bezeugung des Begräbnisortes Jesu fehlt (vgl. Mk
16,1 mit 15,47), lässt sich vielleicht dadurch begründen, dass der bestatten-
de Josef von Arimathäa thoragemäß der notwendige dritte Zeuge ist (vgl.
Dtn 16,15), der die Ortslage von Jesu Grab in Golgotha kennt.

Überblickt man nun die gesamte *vormarkinische Passionserzählung*, so
erzählt sie von sechs namentlich hervorgehobenen Personen – allesamt

---

[74]   Die Textüberlieferung schwankt; die Lesart ἡ Ἰωσῆτος ist aber durch die alexan-
drinische Textform (2. Korr. von ℵ und B) gut bezeugt und entspricht Mk 14,40.

[75]   Mit J. GNILKA, MkEv II/2, 334.

[76]   Der Genitiv-Artikel τοῦ (geführt von u.a. ℵ [2.Korr.], A, B, 33 und 2427) ist die längere
und damit unwahrscheinlichere Lesart, die auch dem mk Sprachgebrauch Mk 15,47 (ohne τοῦ)
nicht entspricht.

[77]   Vgl. J. GNILKA, MkEv 2, 331.

[78]   Vgl. Mk 14,1 (Hohepriester und Schriftgelehrten) mit V.10 (Hohepriester); V.53 (Hohepriester, Ältesten und Schriftgelehrten) mit V.55 (Hohepriester); 15,1 (Hohepriester, Ältesten und
Schriftgelehrten) mit V.3.10f (Hohepriester).

nachfolgende Jünger Jesu – ein menschliches Scheitern:[79] Der Gruppe von drei namentlich genannten Frauen, die sich der Weitergabe der Auferstehungsbotschaft verweigern, korrespondieren nämlich wiederum drei namentlich genannte Jünger: »Petrus, Jakobus und Johannes« (Mk 14,33).[80] Während die drei Jünger angesichts der Verhaftung Jesu in Gethsemani aus seiner Nähe »fliehen« (V.50), »fliehen« die drei Frauen von Jesu Grab in Golgotha (16,8). Während die Flucht der männlichen Jünger sich dem Rezipienten als verständliche Furcht vor Anklage und Strafe durch die Jerusalemer Autoritäten erschließt (vgl. 14,53ff), wird die Flucht der Frauen mit »Angst und Schrecken« (16,8) motiviert. Die Epiphanieerfahrung des die Endzeit einleitenden (vgl. 13,3ff; 14,62) weltwendenden Auferstehungs- und Entrückungsgeschehens Jesu Christi bewirkt eine Desorientierung, deren Folge das Schweigen über das Vorgefallene ist.[81]

Darf als Sitz im Leben einer Passionserzählung die Liturgie des sich wöchentlich wiederholenden urchristlichen Gottesdienstes angenommen werden,[82] so gehört das Verlassen der christlichen Mitgliedergemeinde aus dem äußeren Grund der Verfolgung[83] wie aus dem inneren über die den Verstand übersteigende Größe des Christusevangeliums zu den Möglichkeiten jedes Gemeindegliedes: Beide Anfechtungen können nur durch ein immer wieder neu begründendes Zutrauen zu einer Führung der christlichen Gemeinde durch Gott überwunden werden, wie es die vormarkinische Passionserzählung mit der gottgewollten Erzählung von Kreuzigung und Auferstehung Jesu Christi herzustellen sich bemüht (vgl. Mk 14,36f).

Folgt der Evangelist bis Mk 16,6.8 der vormarkinischen Passionserzählung, indem er mit ihrem Text seine eigene, eben markinische episodische Erzählung[84] über die vergangene Geschichte (vgl. ἦν 15,39) des Gottessohnes Jesus Christus (vgl. 1,1) an ihr Ende kommen lässt,[85] so deutet er in dem von ihm hinzugesetzten Vers 16,7 (vgl. 14,28)[86] dem Rezipienten an, dass durch eine außerhalb seiner Erzählung liegende Christophanie auf

---

[79]   Vgl. J.D. CROSSAN, Wer tötete Jesus? Die Ursprünge des christlichen Antisemitismus in den Evangelien, München 1999, 226.

[80]   Vgl. die Anordnung, dass dem an zweiter Stelle genannten »Jakobus« (Mk 15,33) in den Frauenlisten 15,40.47; 16,1 die zweite Maria als »Mutter des Jakobus (und des Joses)« entspricht; mit J. GNILKA, MkEv 2, 326.

[81]   Dazu vgl. J. BECKER, Auferstehung, 12.

[82]   Vgl. 1Kor 11,23b; Mk 14,22–24.

[83]   Vgl. 1Thess 2,14.

[84]   Dazu C. BREYTENBACH, Das Markusevangelium als episodische Erzählung. Mit Überlegungen zum ›Aufbau‹ des zweiten Evangeliums, in: Der Erzähler des Evangeliums. Methodische Neuansätze in der Markusforschung, hg. v. F. Hahn, SBS 118/119, Stuttgart 1985, 137–169.

[85]   Ob auch die vormk Passionserzählung in Mk 16,8 ihr erzählerisches Ende hatte, ist eine nicht zu beantwortende Frage, vgl. dazu J. BECKER, Auferstehung, 50.

[86]   Mk 14,28 sprengt mit der Angabe, eine Ostererscheinung Jesu sei in Galiläa zu erwarten, den Kontext, dem es um Jüngerversagen und Verratsansage geht (vgl. Vv. 26f.29–31).

dem Weg nach Galiläa in der palästinischen Gemeinde eine Glaubensge-
schichte begonnen hat, die sich bereits weltweit fortgesetzt hat (vgl. 9,9;
13,20; 14,9).[87] Parallel dazu kann sich auch durch die Verlesung der Evan-
geliumserzählung von Jesus Christus bei jedem Rezipienten eine Glaubens-
geschichte einstellen (vgl. das Rezipientenwissen 8,31; 9,30–32; 10,32–34).
Denn zu diesem Zweck wurde das Markusevangelium ja geschrieben.

16.3 Zur Biografie der drei Frauen

Ist also nicht plausibel zu machen, dass der Evangelist Markus der ihm
vorliegenden Passionserzählung die Frauengruppe oder auch nur die eine
oder andere namentlich genannte Frau aus redaktionellen Gründen hinzugesetzt hat,[88] so dürfen die Frauen zum Bestandteil der schriftlich vorliegenden *vormarkinischen Passionserzählung* gerechnet werden, die vermutlich
um 50 n.Chr. entstanden ist. Ihrem christlichen Rezipientenkreis könnten zu
dieser Zeit ihre fiktionalen Figuren als geschichtliche Personen noch bekannt gewesen sein. Dürften den ersten christlichen Gemeinden Grundzüge
der Biografie von Petrus, Jakobus und Johannes, so auch diejenigen der
namentlich genannten Frauen vertraut gewesen sein. Der insgesamt schmale
Textbestand[89] lässt über ihre geschichtliche Identität jedoch nur Weniges
mitteilen:

Aufgrund von Mk 15,40 par. Mt 27,56 darf angenommen werden, dass
alle drei namentlich genannten Frauen dem Sympathisantenkreis um Jesus
angehörten, den dieser in Galiläa am Nordwestlichen Ufer des Sees Genezaret bei seinem Wirken und Verkündigen für die Gottesherrschaft um sich
gebildet hatte.[90] Dafür spricht, dass sie sich in Jerusalem in der Nähe des zur
Kreuzigung geführten Jesus aufhalten, also solange wie möglich die Nähe
zum personalen Mittler der Gottesherrschaft[91] suchen. Folglich dürften die

---

[87]   Dazu J. BECKER, Auferstehung, 14.

[88]   Allenfalls könnte man erwägen, ob in Mk 15,40 der Zusatz τοῦ μικροῦ von Markus
stammt, damit diese Maria von Maria, der Mutter Jesu (vgl. 6,3), unterscheidbar ist (vgl. I. BROER,
Die Urgemeinde und das Grab Jesu. Eine Analyse der Grablegungsgeschichten im Neuen Testament, StANT 31, München 1972, 133f; gegen J. GNILKA, MkEv, 313, T. REIPRICH, Mariageheimnis, 150ff): Wurde doch Marias Sohn, der nach dem Weggang von Petrus die christliche Gemeinde
in Jerusalem leiten wird (vgl. Apg 12,17), mit dem erhabenen Beinamen »der Gerechte« (EvHebr
7, Hegesipp bei Eus., HE 2,23,8–18) verehrt.

[89]   Maria von Magdala ist nur aus Mk 15,40.47 par(r).; 16,1 par.; Lk 8,2; Joh 19,25; 20,1ff,
Maria, die Mutter von Jakobus und Joses, nur aus Mk 15,40.47 parr.; 16,1 par., Salome nur aus
Mk 15,40; 16,1 bekannt. Zu Joh 20,11ff über Maria von Magdala als fiktionale Person des JohEv
vgl. J. BECKER, JohEv 4/2, 727ff.

[90]   Jüngerin Jesu ist Maria von Magdala auch für das JohEv, vgl. 20,16; nur für das MtEv gilt
dies für Maria, die Mutter von Jakobus und Joses, vgl. 20,20.

[91]   Vgl. Lk 11,20; 17,20f par.

jüdischen Frauen – alle drei aus Galiläa stammend – auch mit Jesus in einer Pilgergruppe von ihrer Heimat aus nach Jerusalem gekommen sein. Dass diese Pilgerreise im Frühling des Jahres 30 n.Chr. anlässlich eines Passah-festes geschah, legt sich nahe (vgl. Mk 14,1).

Auffällig ist in der antiken patriarchalen Welt, dass der vormarkinische Passionsbericht alle drei Frauen unabhängig von einem Mann bzw. Ehe-mann einführt. Ihre eigenständige Nennung dürfte geschichtlich auf einen gehobenen sozialen Status der Frauen hinweisen.[92] Dieser ist besonders für Maria, die zur Unterscheidung von anderen Frauen mit dem beliebten Na-men Maria als diejenige bezeichnet wird, deren Heimat Magdala ist (= Tarichaeae, gelegen am Westufer des Sees Genezaret), anzunehmen: Sie dürfte eine unverheirate, wohlhabende Geschäftsfrau gewesen sein,[93] die Jesus, der eine Existenz als Bettler führte, finanziell unterstützte.

Ob die drei Frauen auch zu der nach Jesu gewaltsamen Tod sich konsti-tuierenden Jerusalemer Christengemeinde fanden, deren Glieder an das Evangelium von Jesu Auferstehung von den Toten glaubten, dürfte allein[94] für Maria von Magdala zu belegen sein: Nach der lukanischen Apostelge-schichte ist sie Mitglied der Jerusalemer Urgemeinde (vgl. Apg 1,14 in Fortsetzung von Lk 24,10.33.36) und für das Matthäus- wie das Johannes-evangelium erlebte sie eine Christophanie mitsamt einem Verkündigungs-auftrag (vgl. Mt 28,9f; Joh 20,1.11–18). Dass eine Christophanie des Aufer-standenen auch Frauen erlebten, lässt sich mithilfe einer von Paulus aufge-nommenen urchristlichen Tradition (1Kor 15,3b–7) belegen, die u.a. mitteilt, dass mehr als 500 Geschwister[95] auf einmal eine solche erlebten (vgl. V.6). Und der christliche Status von Maria von Magdala als Christi Apostelin könnte auch geschichtlich zutreffend sein, da schon Paulus mit der ihm zuteil gewordenen Christophanie des von Toten auferstandenen Jesu seine eigene Apostolizität begründen konnte (vgl. V.9f).

16.4 Auswertung: Evangelienharmonie und Evangelieneinzelschriften

Die Neutestamentliche Wissenschaft, deren herausragendes theologisches Thema das Verstehen der frühchristlichen Schriften ist, zeigt sich mit ihrem

---

[92] Für das LkEv ist dies für Johanna, die Frau von Chuza, dem Verwalter von Herodes Anti-pas (vgl. Lk 8,3) offensichtlich.
[93] Vgl. I.R. KITZBERGER, Art. Maria Magdalena I. Neues Testament, RGG[4] 5, 2002, Sp. 800–801, 800.
[94] Vgl., dass nur das MtEv 28,9f für Maria, die Mutter des Jakobus und Joses, eine Christophanie erzählt.
[95] 1Kor 15,6 ist der griech. Plural »Brüder« mit Geschwister wiederzugeben, insofern Men-schen beiderlei Geschlechts gemeint sind.

methodischen Instrumentarium von Literar- und Redaktionskritik in der Lage, die jeweils verschiedene Intention einer Schrift zu beschreiben. Das trifft für das frühchristliche Vorhaben einer Evangelienharmonie, die die unterschiedlichen Angaben verschiedener Evangelienschriften zusammenführt, genauso zu wie auf einzelne urchristliche Evangelienwerke, die in eigener theologischer Absicht von Jesus erzählen. Wie lassen sich aber die verschiedenen frühchristlichen Versionen, nämlich die der Evangelienharmonie gegenüber denjenigen der vier Evangelieneinzelschriften des neutestamentlichen Kanons, bewerten?

Im Falle des Auferstehungsfreskos im Baptisterium der christlichen Hauskirche von Dura Europos, für das in dieser Monografie als christlich-kanonische Grundlage die Evangelienharmonie des syrischen Kirchenvaters Tatian angenommen wird, sind die fünf Frauen vor und im Grab Jesu unzweifelhaft Teil einer eigenständigen Version der neutestamentlich-kanonischen Perikope »Das leere Grab«. Diese Evangelienversion dokumentiert sich durch das Dura-Fragment Nr. 0212. U.a. die Zahl der Frauen erklärt sich in dieser Fassung aus der Absicht des Verfassers, verschiedene Ostertexte von Evangelienschriften, die unterschiedliche Angaben über die Zahl der Frauen machen, in kumulativer Weise zu harmonisieren. Zwar gelingt es der Evangelienharmonie auf diese Weise, eine neue Ausgabe der Ostererzählung herzustellen, diese enthält jedoch keine neuen inhaltlichen Akzente, außer denen, die bereits in ihren schriftlichen Vorlagen, nämlich den Evangelieneinzelschriften, vorhanden waren. Die Frauen z.B. sind – vornehmlich[96] in den Synoptischen Evangelien – Zeuginnen von Tod und Bestattung Jesu sowie seinem fehlenden Leichnam im Grab und werden durch ihre Anwesenheit zu Adressaten des himmlischen Auferstehungsevangeliums. Diese literarische Funktion dürften sie im Falle der Tatian'schen Evangelienharmonie und seiner Erzählung der Auferstehung Jesu auch gehabt haben: Beleg dürfte der dreiteilige Auferstehungszyklus im Baptisterium der Hauskirche von Dura Europos sein. Die Zahl von fünf Frauen als Auferstehungszeuginnen trägt jedoch – so ungewöhnlich und so interessant sie auch sein mag – mit ihrer numerischen Zahl keinen neuen Inhalt vor.

Eine eigene inhaltliche Dimension besitzt aber demgegenüber jede einzelne Evangelienschrift:
Im Falle der Ostererzählung verifiziert für das Johannesevangelium die Christophanie einer *einzelnen Frau*, nämlich Maria Magdalena, die diese neben dem leeren Grab Jesu erfährt, das göttliche Wunder der Auferstehung Jesu von den Toten.

---

[96]   Vgl. aber Joh 20,1.

Für das Lukasevangelium ist in apologetischer Hinsicht bedeutsam, dass *mehrere Frauen* und schließlich mit Petrus auch ein Mann das geschichtliche Wunder der Auferstehung Jesu bezeugen können.

Anders stellt es sich wiederum das Matthäusevangelium dar, für das Thoragemäßheit Kennzeichen des Christlichen ist, und das daher *zwei Marien* als Zeugen des leeren Grabes auftreten und mit ihnen die geschichtliche Verkündigungskette des weltweiten Evangeliums beginnen lässt.

Und wieder anders schildert es das Markusevangelium, das im Großen und Ganzen seiner vormarkinischen Passionsüberlieferung folgt, insofern drei namentlich zu nennende Frauen, *Maria Magdalena, Maria, die Mutter von Jakobus und Jose, und Salome,* zu Zeugen des leeren Grabes Jesu werden, aber vor Angst und Entsetzen über das göttliche Auferweckung- und Entrückungsgeschehen die Flucht ergreifen und dabei mit den drei männlichen Jüngern Petrus, Jakobus und Johannes im Scheitern an Jesu göttlich veranlassten Geschick sich vereinen.

Lässt sich für jede einzelne Evangelienschrift im Umrissen ihr literarische Bestreben in Abhängigkeit der geschichtlichen Situation ihres Autor/-in und des von ihm/ihr angenommenen Rezipientenkreises seiner Evangelienschrift beschreiben,[97] so ist die Intention einer Evangelienharmonie abhängig von einem Sammelwerk: Denn erst durch die Zusammenstellung mehrerer Evangelienschriften in einem Buch, in diesem Fall von vier Evangelienschriften im neutestamentlichen Kanon, wird die Differenz unterschiedlicher literarischer Darstellungen wie bei den Evangelienschriften, die jeweils verschieden von Jesus erzählen, wahrgenommen.[98] Und zum theologischen Problem wird die Differenz und damit die Pluralität der Darstellungen, als der Auswahl urchristlicher Schriften kanonische Dignität verliehen wurde. Erst in diesem geschichtlichen Augenblick um die Mitte des 2. Jh. n.Chr., als sich die frühchristliche Kirche entschied, mit einem autoritativen Schriftenkanon analog dem Judentum die Stufe zu einer Buchreligion zu erklimmen, entstand das philosophische Problem, ob die sich in der Heiligen Schrift mittels verschiedener Schriften auf unterschiedliche Weise mitteilende göttliche Wahrheit noch als eine Einheit, als ein Evange-

---

[97] Vgl. die neuesten Einleitungen von U. SCHNELLE, Einleitung in das Neue Testament, Göttingen [5]2005; P. POKORNÝ/U. HECKEL, Einleitung in das Neue Testament. Seine Literatur und Theologie im Überblick, Tübingen 2007.

[98] Evangelienharmonien sind also eine nachneutestamentliche Erscheinung, die »den theol.[gischen] u.[nd] schriftstel.[rischen] Eigenarten der Evangelisten nicht gerecht« werden (U. BORSE, Art. Evangelienharmonie, Sp. 1030), gegen U.B. SCHMID, Unum ex quattuor. Eine Geschichte der lateinischen Tatianüberlieferung, Vetus Latina 37, Freiburg u.a. 2005, 277ff, der, methodisch unzureichend, die eigenständige Verarbeitung von Quellentexten durch die Evangelisten zu einer signifikant anderen Aussage – z.B. Mk und Q durch Matthäus und Lukas – mit der Erzeugung eines Einheitstextes, wie er durch die Evangelienharmonien herbeigeführt wird, ineinssetzt.

lium, verstehen lässt. Für die Theologie der Alten Kirche, die mit dem pluralen Schriftenkanon eine expansive Erfolgsgeschichte des christlichen Glaubens als Christentum einleitete, löste Tatian das Problem der vierfachen Vielheit der Evangelienschriften, indem er ein summarisches Evangelienbuch herstellte.

Dass dieses in der altsyrischen Kirche zu kanonischem Ansehen gelangte Evangelienbuch keine »verständliche Lösung« des Problems des viergestaltigen Evangeliums war, konnte erst Jahrhunderte später das Zeitalter der europäischen Aufklärung zeigen, das mit seiner Vernunftorientierung eine literarische Methodik im hermeneutischen Umgang mit historischen Texten entwickelte, die in der neutestamentlichen Wissenschaft zu großem Ansehen gelangte. Das bleibende Verdienst dieser vernunftgemäßen Interpretation kanonischer wie außerkanonischer geschichtlicher Texte ist es, verstehensvolle Achtung vor der jeweils andersartigen Aussageintention eines Textes einzuüben, sei es, dass er als Einzelschrift begegnet oder in der Großgestalt eines Schriftenkanons. Oder sei es, dass der neutestamentliche Text – umgearbeitet in eine Evangelienharmonie und adaptiert von frühchristlicher Kunst – in einem Fresko im Baptisterium der Hauskirche von Dura Europos um 240 n.Chr. erscheint. Quod erat demonstrandum!

Literatur

1. Literarische und archäologische Quellen

H. ACHELIS (Hg.), Acta S Nerei et Achillei. Text und Untersuchung, in: TU 11/2, 1893, 1–70.

– /J. FLEMMING (Hg.), Die ältesten Quellen des orientalischen Kirchenrechts, 2. Buch: Die syrische Didaskalia, in: TU N.F. 10/2, Leipzig 1904.

B. ALAND U.A. (Hg.), Novum Testamentum Graece post Eberhard et Erwin Nestle, Stuttgart ²⁷1993.

– U.A. (Hg.), Novum Testamentum Graecum. Editio critica maior, Bd. IV/1–3, Stuttgart 1997ff.

K. ALAND (Hg.), Synopsis Quattuor Evangeliorum. Locis parallelis evangeliorum apocryphorum et patrum adhibitis, Stuttgart ¹⁵1996.

D. ARENHOEVEL U.A., Die Bibel. Die Heilige Schrift des Alten und Neuen Bundes mit den Erläuterungen der Jerusalemer Bibel, Freiburg u.a. 1968.

W.A. BAEHRENS (Hg.), Origenes Werke Bd. 6, GCS 6, Leipzig 1920.

P.V.C. BAUR (Hg.), The Excavations at Dura-Europos. Conducted by Yale University and the French Academy of Inscriptions and Letters. Preliminary Report of the Fourth Season of Work October 1930–March 1931, New Haven u.a. 1933.

– , The Paintings in the Christian Chapel with an Additional Note by A.D. Nock/Cl. Hopkins, in: M.I. Rostovtzeff (Hg.), The Excavations at Dura Europos. Conducted by Yale University and the French Academy of Inscriptions and Letters. Preliminary Report of Fifth Season of Work October 1931–March 1932, New Haven u.a. 1934, 245–288.

E. BECK (Übers.), Des Heiligen Ephraem des Syrers Hymnen De Nativitate (Epiphania), GSCO 187.SS 83, Löwen 1959.

– (Übers.), Des Heiligen Ephraem des Syrers Paschahymnen (De Azymis, De Crucifixione, De Resurrectione), CSCO 249.SS 109, Löwen 1964.

A. BENOÎT/CH.MUNIER, Die Taufe in der Alten Kirche (I.–3. Jahrhundert), TC 9, Bern u.a. 1994.

G. BEYER, Die evangelischen Fragen und Lösungen des Eusebius in jakobitischer Überlieferung und deren nestorianische Parallelen, in: OrChr 12–14, 1925, 30–70; 23, 1926, 80–97; 24, 1927, 57–69.

G.N. BONWETSCH (Hg.), Hippolyt Werke Bd. 1/1: Kommentar zu Daniel, GSC N.F. 7, Berlin 2000.

DERS./H. ACHELIS (Hg.), Hippolytus Werke 1. Bd., GCS 1, Leipzig 1897.

PH. BORLEFFS (Hg.), Quinti Septimi florentis Tertulliani opera P. 4, CSEL 76, Wien 1957.

M. BORRET (Hg.), Origène contre Celse t. 1, SC 132, Paris 1967.

– (Hg.), Origène Homélies sur l'Exode, SC 321, Paris 1985.

R. BRAUN (Hg.), Tertullien Contre Marcion Bd. 2, SC 368, Paris 1991.

K. BRODERSEN (Hg.), C. Plinius Secundus d.Ä. Naturkunde Bd. VI, Zürich/Düsseldorf 1996.

N. BROX (Übers.), Irenäus von Lyon. Adversus Haereses. Gegen die Häresien Bd. 2+3, FC 8/2+3, Freiburg u.a. 1993–95.

F.C. BURKITT (Hg.), Evangelion da-Mepharreshe. The Curetonian Version of the Four Gospels, with the Readings of the Sinai Palimpsest 2 Bd., Cambridge 1904.

C. MCCARTHY, Saint Ephrem's Commentary on Tatian's Diatessaron. An English Translation of Chester Beatty Syriac MS 709 with Introduction and Notes, JSSt.S 2, Oxford 1993.

H. CLEMENTZ (Übers.), Flavius Josephus Jüdische Altertümer, Halle 1899 (Nachdr. Wiesbaden 2004).

L. Cohn (Hg.), Die Werke Philos von Alexandria in deutscher Übersetzung, SJHL 1–6, Breslau 1909–1938.

Fr.W. Deichmann, Repertorium der christlich-antiken Sarkophage, Mainz 1967.

H. Diels (Hg.), Die Fragmente der Vorsokratiker, Hamburg 1964.

M.H. Dodgeon/S.N.C. Lieu (Hg.), The Roman Eastern Frontier and the Persian Wars (AD 226–363). A Documentary History, London/New York 1991.

P. Dräger (Hg.), Über das Leben des glückseligen Kaisers Konstantin (De vita Constantini), Bibliotheca Classicorum 1, Oberhaid ²2007.

K. Elliger/W. Rudolph, Biblia Hebraica Stuttgartensia, Stuttgart 1984.

G. Esser (Hg.), Tertullians apologetische/dogmatische und montanistische Schriften, BKV 24, Kempten/München 1915.

R.O. Fink, XV Supplementary Inscriptions I. An Addition to the Inscription of the Arch of Trajan (Rep IV, no. 167), in: M. Rostovtzeff u.a. (Hg.), The Excavations at Dura-Europos Conducted by Yale University and the French Academy of Inscriptions and Letters. Preliminary Report of the Sixth Season of Work October 1932–March 1933, New Haven 1963, 480–482.

J.A. Fischer (Hg.), Die Apostolischen Väter, SUC 1, Darmstadt 1986.

J. + M. Götte (Hg.), Vergil, Landleben. Bucolica, Georgica, Catalepton, Darmstadt 1977.

S. Gould, III Inscriptions I. The Triumphal Arch, in: P.V.C. Baur u.a. (Hg.), The Excavations at Dura-Europos. Conducted by Yale University and the French Academy of Inscriptions and Letters. Preliminary Report of the Fourth Season of Work October 1930–March 1931, New Haven u.a. 1933, 56–65.

P. Guyot/R. Klein, Das frühe Christentum bis zum Ende der Verfolgungen. Eine Dokumentation 2 Bd., Darmstadt 1997.

Ph. Haeuser (Übers.), Justinus Dialog mit dem Juden Tryphon, hg. v. K. Greschat/M. Tilly, BKV, Wiesbaden 2005.

L. Hallier (Hg.), Untersuchungen über die edessenische Chronik, in: TU 9, 1893, 1–170.

A. (von) Harnack, Bruchstücke des Evangeliums und der Apokalypse des Petrus, TU IX, 1893, 1–80.

– , Kritik des Neuen Testaments von einem griechischen Philosophen des 3. Jahrhunderts [Die im Apocriticus des Macarius Magnes enthaltene Streitschrift], in: TU 37/4, 1911, 1–150.

– (Hg.), Porphyrius »Gegen die Christen«, 15 Bücher. Zeugnisse, Fragmente und Referate, in: APAW.PH 1, Berlin 1916.

G. Hartel (Hg.), S. Thasci caecili Cypriani opera omnia, CSEL3/2, Wien 1871.

M. Heinemann (Übers.), Cäsarenleben, Stuttgart 1957.

R. Helm (Hg.), Eusebius Werke 7. Bd. Die Chronik des Hieronymus. Hieronymi Chronicon, GCS 47, Berlin ²1956.

D.R. Hillers/E. Cussini, Palmyrene Aramaic Texts, Publications of the Comprehensive Aramaic Lexicon Project, Baltimore u.a. 1996.

G. Hoffmann, Auszüge aus syrischen Akten persischer Märtyrer, Leipzig 1880.

K. Holl/J. Dummer (Hg.), Epiphanius (Ancoratus und Panarion) Bd. II, GCS 66, Berlin ²1980.

Cl. Hopkins, The Christian Church, in: M.I. Rostovtzeff (Hg.), The Excavations at Dura Europos. Conducted by Yale University and the French Academy of Inscriptions and Letters. Preliminary Report of Fifth Season of Work October 1931–March 1932, New Haven u.a. 1934, 238–253.

– , V. The excavations in Blocks M7 and M8. II. The Private Houses in Block M8, in: M. Rostovtzeff u.a. (Hg.), The Excavations at Dura-Europos Conducted by Yale University and the French Academy of Inscriptions and Letters. Preliminary Report of the Sixth Season of Work October 1932–March 1933, New Haven 1963, 172–178.

– , The Temple of Azzanathkona, in: M.I. Rostovtzeff (Hg.), The Excavations at Dura Europos. Conducted by Yale University and the French Academy of Inscriptions and Letters. Preliminary Report of Fifth Season of Work October 1931–March 1932, New Haven 1934, 131–200.

G. Howard (Hg.), The Teaching of Addai, Texts and Translations 16, Early Christian Literature Ser. 4, Chico 1981.

E. Junod/J.-D Kaestli (Hg.), Acta Iohannis, C.Chr.SA 1.2, Turnhout 1983.

Ioannes Malalae Chronographica. Ex recensione Ludovici Dindorfii. Accedunt Chilmesdi Hodiique Annotationes et Ric. Bentleii Epistola ad Io. Millium, Corpus Scriptorum Historiae Byzantinae 11, Bonn 1831.

P. Kawerau (Hg.), Die Chronik von Arbela, CSCO 467f = Scriptores Syri 199f, Löwen 1985.

O. Keel, Gott weiblich. Eine verborgene Seite des biblischen Gottes, Freiburg ²2008.

H. Kellner (Übers.), Tertullians apologetische/dogmatische und montanistische Schriften, BKV 2, Kempten/München 1915.

– , Tertullians private und katechetische Schriften, BKV 1, Kempten/München 1912.

E. Klebba (Hg.), Des heiligen Irenäus fünf Bücher gegen die Häresien 2. Bd., BKV, Kempten/München 1912.

U.H.J. Körtner/M. Leutzsch (Hg.), Papiasfragmente. Hirt des Hermas, SUC 3, Darmstadt 1998.

P. Koetschau (Übers.), Des Origenes acht Bücher gegen Celsus 2 Tl., BKV, München 1926.

– (Hg.), Origenes Werke 2. Bd., GCS, Leipzig 1899.

C.H. Kraeling (Hg.), A Greek Fragment of Tatian's Diatessaron from Dura, with Facsimile, Transcription and Introduction, StD 3, London 1935.

– , The Christian Building, with a contribution by C.Br. Welles, The Excavations at Dura-Europos conducted by Yale University and the French Academy of Inscriptions and Letters, Final Report Bd. VIII/II, New Haven/New York 1967.

– , The Synagogue, The Excavations at Dura-Europos conducted by Yale University and the French Academy of Inscriptions and Letters, Final Report Bd. VIII/1, New Haven 1956.

H. Kraft (Hg.), Eusebius von Caesarea, Kirchengeschichte, München ²1981.

R. Krautheimer, Corpus Basilicarum Christianarum Romae Bd. 1, Monumenti di Antichità cristiana II. Serie II, Rom 1937.

G. Krüger (Hg.), Ausgewählte Märtyrerakten, Sammlung ausgewählter Kirchen- und Dogmengeschichtlicher Quellenschriften N.F. 3, Tübingen 1965.

R.C. Kukula (Übers.), Tatians des Assyrers Rede an die Bekenner des Griechentums, in: Frühchristliche Apologeten und Märtyrerakten Bd. 1, BKV 12, Kempten/München 1913.

B. Kytzler (Hg.), M. Minucius Felix Octavius, München 1965.

M.-J. Lagrange, Deux nouveaux textes relatifs a l'Évangile, RB 44, 1935, 321–343.

Chr. Lange (Übers.), Ephraem der Syrer Kommentar zum Diatessaron 2. Bd., FC 54/1+2, Turnhout 2008.

M. Lattke (Hg.), Oden Salomos, FC 19, Freiburg u.a. 1995.

R. Leeb, Konstantin und Christus. Die Verchristlichung der imperialen Repräsentation unter Konstantin dem Großen als Spiegel seiner Kirchenpolitik und seines Selbstverständnisses als christlicher Kaiser, AKG 58, Berlin/New York 1992.

J. Leitl (Übers.), Des heiligen Theophilus, Bischof von Antiochia, Schrift an Autolykus, BKV, Kempten 1873.

P. Leriche/A. al-Mahmoud, Bilance des Campagnes 1991–1993 de la mission francosyrienne à Doura-Europos, in: P. Leriche/M. Gelin, Doura-Europos. Études IV. 1991–1993, Beyrouth 1997, 1–20.

L. Leloir (Hg.), Éphrem de Nisibe Commentaire de l'Évangile concordant ou Diatessaron traduit du Syriaque et de L'Arménien, SC 121, Paris 1966.

A.S. Lewis (Hg.), The Old Syriac Gospels, or Evangelion da-Mepharreshê, London 1910.

Cl. Lindskog/K. Ziegler (Hg.), Plutarchi vitae parallelae Bd. 2/2, BSGRT, Leipzig 1968.

E. Lohse (Hg.), Die Texte aus Qumran. Hebräisch und Deutsch, Darmstadt 1981.

M.D. MacLeod (Hg.), Luciani Opera. Recognovit brevique adnotatione critica instruxit T. I, Libelli 1–25, Oxford 1972.

M. Marcovich (Hg.), Tatiani Oratio ad Graecos, PTS 43, Berlin/New York 1995.

R. Marcus (Hg.), Josephus, Jewish Antiquities Books V–VIII, Cambridge/London 1977.

A. Maricq (Hg.), Inscription of Shapur at the Kaaba of Zoroastre. Res Gestae Divi Saporis, Syria 35, 1958, 245–260.

G.W. Meates, The Roman Villa at Lullingstone, Kent, Monograph Series of the Kent Archaeology Society 1, London 1979.

F. van der Meer/C. Mohrmann, Bildatlas der frühchristlichen Welt, Gütersloh, 1959.

J.P. Migne (Hg.), Eusebii Pamphili Caesareae palestinae episcopi opera omnia quae exstant Bd. 4, PG 22, Paris 1857.

– , Origenes opera omnia T. 4, PG 14, Paris 1862.

– , S.P.N. Basilii, casareae Cappadociae archiepiscopi, opera omnia quae exstant Bd. 3, PG 31, Paris 1885.

O. Michel/O. Bauernfeind (Hg.), Flavius Josephus. De bello Judaico. Der jüdische Krieg 3 Bd., Darmstadt 1969; [2]1982.

F. Nicolai u.a., Roms christliche Katakomben. Geschichte – Bilderwelt – Inschriften, Darmstadt [2]2000.

E. Preuschen/A. Pott, Tatians Diatessaron aus dem Arabischen übersetzt, Heidelberg 1926.

A. Gerlo (Hg.), Quinti Septimi Florentis Tertulliani Opera P. 2, CCL 2, Turnholt 1954.

A. Rahlfs, Septuaginta. Id est Vetus Testamentum graece iuxta LXX interpres 2 Bd., Stuttgart [7]1962.

E. Ranke (Hg.), Codex Fuldensis, Marburg/Leipzig 1868.

A. Reifferscheid (Hg.), Anobii adversus nationes Bd. 5, CSEL 4, Wien 1875.

– /G. Wissowa (Hg.), Quinti septimi florentis Tertulliani opera P. 1, CSEL 20, Prag u.a. 1890.

B. Rehm (Hg.), Die Pseudoklementinen. II Rekognitionen in Rufins Übersetzung, GCS 51, Berlin 1965.

P.A. Richard (Übers.), Die Apologien des heiligen Justins, Philosophen und Märtyrer, BKV, Kempten 1871.

W. Rordorf, Sabbat und Sonntag in der Alten Kirche, TC 2, Zürich 1972.

M.I. Rostovtzeff (Hg.), The Excavations at Dura Europos. Conducted by Yale University and the French Academy of Inscriptions and Letters. Preliminary Report of Fifth Season of Work October 1931–March 1932, New Haven 1934.

– u.a. (Hg.), The Excavations at Dura-Europos Conducted by Yale University and the French Academy of Inscriptions and Letters. Preliminary Report of the Sixth Season of Work October 1932–March 1933, New Haven 1963.

– u.a. (Hg.), The Excavations at Dura Europos. Conducted by Yale University and the French Academy of Inscriptions and Letters. Preliminary Report of the Seventh and Eighth Season of Work 1933–1934 and 1934–1935 Bd. VIIf, New Haven 1939.

E. Sachau (Hg.), Die Chronik von Arbela. Ein Beitrag zur Kenntnis des ältesten Christentums im Orient, APAW 6, Berlin 1915.

M. Sartre (Hg.), Inscriptions grecques et latines de la Syrie 13,1, Paris 1982.

E. Schadel (Übers.), Die griechisch erhaltenen Jeremiahomilien, BGrL 10, Stuttgart 1980.

W. Schadewaldt (Übers.), Homer. Odyssee, Zürich/Stuttgart 1966.

W. Schneemelcher (Hg.), Neutestamentliche Apokryphen in deutscher Übersetzung 2 Bd., Tübingen [5]1987; [6]1997 (= NTApo[5] 1; NTApo[6] 2).

J. Schreiner, Das 4. Buch Esra, in: JSHRZ V/4, 1981, 291–412.

E. Schwartz (Hg.), Eusebius Werke Bd. II Die Kirchengeschichte T. 3, GCS 9/3, Leipzig 1909.

J. L. Schulze (Hg.), Theodoreti Cyrensis episcopi opera omnia, PG 83, Paris 1864.

E. Schwartz (Hg.), Eusebius Kirchengeschichte (kleine Ausgabe), Berlin [5]1952.

F. Siegert u.a. (Hg.), Flavius Josephus. Aus meinem Leben (Vita), Tübingen 2001.

A. Städele (Übers.), Laktanz, De mortibus persecutorum. Die Todesarten der Verfolger, FC 43, Turnhout 2003.

O. Stählin (Hg.), Clemens Alexandrinus 1. Bd., Protrepticus und Paedagogus, GCS, Leipzig 1905.

– (Hg.), Clemens Alexandrinus 3 Bd., Stromata Buch VII und VIII. Excerpta ex Theodoto – Eclogae propheticae quis dives salvetur – Fragmente, GCS, Leipzig 1909.

– (Hg.), Des Clemens von Alexandreia Mahnrede an die Heiden. Der Erzieher Buch 1 + 2–3, BKV[2] 2/7+8, München 1934.

– (Übers.), Des Clemens von Alexandreia Teppiche wissenschaftlicher Darlegungen entsprechend der wahren Philosophie (stromateis) B. IV–VI; VII, BKV² 2/19+20, München 1937f.

Supplementum Epigraphicum Graecum 31, Leiden 1981.

G. Tchalenko, Villages antiques de la Syrie du Nord. Le massif du Bélus à l'époque romaine, 2. Bd., Bibliothèque archéologique et historique 50,2, Paris 1953.

Y. Tepper/L. di Segni, A Christian Prayer Hall of the Third Century CE at Kefar ʿOthnay (Legio). Excavations at the Megiddo Prison 2005, Jerusalem 2006.

H.St.J. Thackeray/R. Marcus (Übers.), Josephus. Jewish Antiquities Books V–VIII, LCL 281, Cambridge/London 1977.

Thesaurus Linguae graecae workplace, Version 9.02, Silver mountain software 2001 (= TLG).

C.C. Torrey, Inscriptions. A. Palmyrene, in: M.I. Rostovtzeff u.a. (Hg.), The Excavations at Dura Europos. Conducted by Yale University and the French Academy of Inscriptions and Letters. Preliminary Report of the Seventh and Eighth Season of Work 1933–1934 and 1934–1935 Bd. VIIf, New Haven u.a. 1939, 318–320.

H. Veil (Übers.), Justinus des Philosophen und Märtyrers Rechtfertigung des Christentums (Apologie I u. II), Strassburg 1894.

C.Br. Welles, Appendix. The shrine of Epinicus and Alexander, in: M. Rostovtzeff u.a. (Hg.), The Excavations at Dura-Europos Conducted by Yale University and the French Academy of Inscriptions and Letters. Preliminary Report of the Seventh and Eighth Seasons of Work 1933–1934 and 1934–1935, New Haven u.a. 1939, 128–134, 129f (No. 868).

–, Graffiti and Dipinti, in: C.H. Kraeling, The Christian Building, with a contribution by C.Br. Welles, The Excavations at Dura-Europos conducted by Yale University and the French Academy of Inscriptions and Letters, Final Report Bd. VIII/II, New Haven/New York 1967, 89–97.

– u.a. (Hg.), The Parchments and Papyri, The Excavations at Dura-Europos conducted by Yale University and the French Academy of Inscriptions and Letters, Final Report V/1, New Haven 1959.

Kl. Wengst (Hg.), Didache (Apostellehre). Barnabasbrief. Zweiter Klemensbrief. Schrift an Diognet, SUC 2, Darmstadt 1984.

Fr. Williams (Übers.), The Panarion of Epiphanius of Salamis, NHS 35, Leiden u.a. 1987.

J. Wilpert, I sarcofagi Cristiani Antichi 3 Bd., Monumenti di Antichità Christiana 1–3, Rom 1929–1936.

–, Le pitture delle catacombe romane 2 Tle., Roma sotterranea, Rom 1903.

– /W.N. Schumacher, Die römischen Mosaiken der kirchlichen Bauten vom IV.–XIII. Jahrhundert, Freiburg u.a. 1976.

G. Winckler (Übers.), C. Plinius Secundus d.Ä. Naturkunde Bd. V, München 1993.

M. Whittaker (Hg.), Tatian Oratio ad Graecos and Fragments, OECT, Oxford 1982.

Fr. Zanchi Roppo, Vetri paleocristiani. A figure d'oro conservati in Italia, Studi de Antichità Cristiani 5, Bologna 1969.

K. Ziegler (Übers.), Plutarch. Grosse Griechen und Römer Bd. 5, Zürich/Stuttgart 1960.

C. Ziwsa (Hg.), S. Optati Milevitani Libri VII, CSEL 26, Prag u.a. 1893.

2. Hilfsmittel

K. Aland (Hg.), Vollständige Konkordanz zum griechischen Neuen Testaments 2 Bd., Berlin/New York 1983.

K. Aland/B. Aland, Der Text des Neuen Testaments. Einführung in die wissenschaftlichen Ausgaben sowie in Theorie und Praxis der modernen Textkritik, Stuttgart ²1989.

– / – (Hg.), Griechisch-deutsches Wörterbuch zu den Schriften des Neuen Testaments und der frühchristlichen Literatur von W. Bauer, Berlin/New York ⁶1988.

O. Bardenhewer, Geschichte der altkirchlichen Literatur Bd. I, Freiburg [2]1913 (Nachdr. Darmstadt 1962).

Fr. Blass/A. Debrunner, Grammatik des neutestamentlichen Griechisch, bearb. v. Fr. Rehkopf, Göttingen [15]1979.

D.R. Cartlidge/J.K. Elliott, Art and the Christian Apocrypha, London 2001.

F.T. Gignac, A Grammar of the Greek Papyri of the Roman and Byzantine Periods Bd. I, Mailand 1976.

S. Döpp/W. Geerlings (Hg.), Lexikon der antiken christlichen Literatur, Freiburg u.a. [3]2002.

E.J. Goodspeed (Hg.), Index apologeticus sive clavis Iustini Martyris operum aliorumque apologetarum pristinorum, Leipzig 1912.

A. Harnack, Geschichte der altchristlichen Literatur bis Eusebius T. I/2 + II/1, Leipzig [2]1958.

W.G. Kümmel, Einleitung in das Neue Testament, Heidelberg [17]1973.

G.B. Ladner, Handbuch der frühchristlichen Symbolik. Gott Kosmos Mensch, Wiesbaden 2000.

H. Lietzmann, Geschichte der Alten Kirche 4 Bd., Berlin/New York [4/5]1975.

B.M. Metzger, Der Text des Neuen Testaments, Stuttgart u.a. 1966.

J.H. Moulton, A Grammar of New Testament Greek Bd. 2/1, Edinburgh 1919.

E. Nestle, Einführung in das griechische Neue Testament, Göttingen [3]1909.

W. Pape/G. Benseler, Wörterbuch der griechischen Eigennamen 2 Bd., Braunschweig [3]1911 (Nachdr. Graz 1959).

P. Pokorný/U. Heckel, Einleitung in das Neue Testament. Seine Literatur und Theologie im Überblick, Tübingen 2007.

G. Schiller, Ikonographie der christlichen Kunst Bd. 1 + 3, Gütersloh 1966; [2]1986.

U. Schnelle, Einleitung in das Neue Testament, Göttingen [5]2005.

E.B. Smith, Architectural Symbolism of Imperial Rome and the Middle Ages, Princeton 1956.

G. Stemberger, Einleitung in Talmud und Midrasch, München [8]1992.

Ph. Vielhauer, Geschichte der urchristlichen Literatur. Einleitung in das Neue Testament, die Apokryphen und die Apostolischen Väter, Berlin/New York 1975.

H.J. Vogels, Handbuch der Textkritik des Neuen Testaments, Bonn [2]1955.

A.G. Woodhead, The Study of Greek Inscriptions, Cambridge 1959.

Th. Zahn, Forschungen zur Geschichte des neutestamentlichen Kanons und der altkirchlichen Literatur I. T., Erlangen 1881.

– , Geschichte des Neutestamentlichen Kanons Bd. 2/1+2, Erlangen/Leipzig 1890–1892.

H. Zimmermann, Neutestamentliche Methodenlehre. Darstellung der historisch-kritischen Methode, Stuttgart [7]1982.

M. Zohary, Pflanzen der Bibel. Vollständiges Handbuch, Stuttgart 1983.

3. Kommentare

J. Becker, Das Evangelium nach Johannes, ÖTK 4/1+2, Gütersloh [3]1991.

Fr. Bovon, Das Evangelium nach Lukas, EKK III/1+4, Zürich 1989 + Neukirchen-Vluyn 2009.

N. Brox, Der erste Petrusbrief, EKK 21, Zürich u.a. [2]1986.

H. Frankemölle, Der Brief des Jakobus, ÖTK 17/2, Gütersloh/Würzburg 1994.

J. Gnilka, Das Evangelium nach Markus, EKK II/2, Zürich u.a. 1979.

– , Der Philemonbrief, HThK 10/4, Freiburg u.a. 1982.

K. Niederwimmer, Die Didache, KAV 1, Göttingen 1989.

E. Schweizer, Das Evangelium nach Markus, NTD 1, Göttingen [14]1975.

[H. Strack]/P. Billerbeck, Kommentar zum Neuen Testament aus Talmud und Midrasch 4 Bd., München 1922–28 (= Bill.).

G. Strecker, Die Johannesbriefe, KEK 14, Göttingen 1989.

P. Stuhlmacher, Der Brief an Philemon, EKK 18, Zürich u.a. [2]1981.

Th. Zahn, Das Evangelium des Matthäus, KNT 1, Leipzig/Erlangen [4]1922.

4. Sekundärliteratur

H. ACHELIS, Das Christentum in den ersten drei Jahrhunderten Bd. 1, Leipzig 1912.

–, Eine Christengemeinde des dritten Jahrhunderts, in: DERS./J. Flemming, Die ältesten Quellen des orientalischen Kirchenrechts, 2. Buch: Die syrische Didaskalia, in: TU N.F. 10/2, Leipzig 1904, 266–317.

B. ALAND, Art. Bibelübersetzungen I. Die alten Übersetzungen des Alten und Neuen Testaments, TRE 6, 1980, 189–196.

–, Art. Griesbach, RGG[4] 3, 2000, Sp. 1293–1294.

–, Art. Marcion (ca. 85–160)/Marcioniten, TRE 22, 1992, 89–101.

K. ALAND, Art. Bibelübersetzungen I. Die alten Übersetzungen des Alten und Neuen Testaments, TRE 6, 1980, 161–162.

–, Der Schluss des Markusevangeliums, in: Ders., Neutestamentliche Entwürfe, TB 63, München 1979, 246–283.

–, Der Schluss und die ursprüngliche Gestalt des Römerbriefes, in: Ders., Neutestamentliche Entwürfe, TB 63, München 1979, 284–301.

R. ALBERTZ, Religionsgeschichte Israels in alttestamentlicher Zeit 1. Tlbd., GAT 8/1, Göttingen 1992.

T. BAARDA, Διαφονία-Συμφονία. Factors in the Harmonization of the Gospels. Especially in the Diatessaron of Tatian, in: Ders., Essays on the Diatessaron, Contributions to Biblical Exegesis and Theology 11, Kampen 1994, 29–47.

–, The Resurrection Narrative in Tatian's Diatessaron according to three Syrian Patristic Witnesses, in: Ders., Early Transmission of Words of Jesus. Thomas, Tatian and the Text of the New Testament, hg. v. J. Helderman/S.J. Noorda, Amsterdam 1983, 103–115.

S. BACCHIOCCHI, From Sabbath to Sunday. A Historical Investigation of the Rise of Sunday Observance in Early Christianity, LAPUG, Rom 1977.

R. BADER, Der Αληθης Λογος des Kelsos, TBAW 33, Stuttgart 1940.

B. BAGATTI, Art. Dura Europos, Encyclopedia of the Early Church 1, 1992, 255.

P. BARCELÓ, Art. Christenverfolgungen I. Urchristentum und Alte Kirche, RGG[4] 2, 1999, Sp. 246–248.

L.W. BARNARD, The Heresy of Tatian once again, JEH 19, 1968, 1–10.

–, Art. Apologetik I. Alte Kirche, TRE 3, 1978, 371–411.

W. BAUER, Rechtgläubigkeit und Ketzerei im ältesten Christentum, hg. v. G. Strecker, BHTh 10, Tübingen [2]1964.

A. BAUMSTARK, Das griechische »Diatessaron«-Fragment von Dura-Europos, OrChr 32, 1935, 244–252.

P.V.C. BAUR, Les peintures de la chapelle chrétienne de Doura, Gazette des Beaux Arts 75, 1933, 65–78.

E. BECK, Die Taufe bei Ephräm, in: Ders., Dorea und Charis. Die Taufe. Zwei Beiträge zur Theologie Ephräms des Syrers, CSCO 457. Subsidia 72, Löwen 1984, 56–185.

J. BECKER, Das vierte Evangelium und die Frage nach seinen externen und internen Quellen, in: Fair Play. Diversity and Conflicts in Early Christianity, FS H. Räisänen, hg. v. I. Dunderberg u.a., NT.S 103, Leiden 2002, 203–241.

–, Die Auferstehung Jesu Christi nach dem Neuen Testament. Ostererfahrung und Osterverständnis im Urchristentum, Tübingen 2007.

–, Die Gemeinde als Tempel Gottes und die Tora, in: Das Gesetz im frühen Judentum und im Neuen Testament, FS Chr. Burchardt, hg. v. D. Sänger u.a, NTOA 57, Göttingen 2006, 9–25.

–, Die Herde des Hirten und die Reben am Weinstock. Ein Versuch zu Joh 10,1–18 und 15,1–17, in: Die Gleichnisreden Jesu 1899–1999. Beiträge zum Dialog mit Adolf Jülicher, hg. v. U. Mell, BZNW 103, Berlin/New York 1999, 149–178.

–, Paulus und seine Gemeinden, in: Die Anfänge des Christentums. Alte Welt und neue Hoffnung mit Beitr. von Dems. u.a., Stuttgart u.a. 1987, 102–159.

A.J. BELLINZONI, The Sayings of Jesus in the Writings of Justin Martyr, NT.S 17, Leiden 1967.

A. BEN-DAVID, Jerusalem und Tyros. Ein Beitrag zur palästinensischen Münz- und Wirtschaftsgeschichte (126 a.C.–57 p.C.). Mit einem Nachwort: Jesus und die Wechsler von Salin, Edgar, Kleine Schriften zur Wirtschaftsgeschichte 1, Basel/Tübingen 1969.

H. BENGTSON, II. Syrien in hellenistischer Zeit, in: P. Grimal (Hg.), Fischer Weltgeschichte Bd. 6, Frankfurt a.M. 1965 (Nachdr. Bd. 2, 2003), 244–254.

H. BENJAMINS, Paradisiacal Life: The Story of Paradise in the Early Church, in: Paradise Interpreted. Representations of Biblical Paradise in Judaism and Christianity, hg. v. G.P. Luttikhuizen, Themes in Biblical Narrative. Jewish and Christian Traditions 2, Leiden u.a. 1999, 153–167.

D.A. BERTRAND, L'Evangile des Ebionites: Une Harmonie Evangélique antérieure au Diatessaron, NTS 26, 1980, 548–563.

K.-H. BIERITZ/CHR. KÄHLER, Art. Haus III. Altes Testament/Neues Testament/Kirchengeschichtlich/Praktisch-theologisch, TRE 14, 1985, 478–492.

L. BLAU, Early Christian Archaeology from the Jewish Point of View, HUCA 3, 1926, 157–214.

CHR. BÖTTRICH, »Ihr seid der Tempel Gottes«. Tempelmetaphorik und Gemeinde bei Paulus, in: Gemeinde ohne Tempel. Zur Substituierung und Transformation des Jerusalemer Tempels und seines Kults im Alten Testament, antiken Judentum und frühen Christentum, hg. von B. Ego u.a., WUNT 118, Tübingen 1999, 411–425.

FR. BOLGIANI, Vittore di Capua e il »Diatessaron«, MAST.M Ser. 4a, n. 2, Turin 1962.

U. BORSE, Art. Evangelienharmonie, LThK³ 3, 1995, Sp. 1030.

H. BOTERMANN, Das Judenedikt des Kaisers Claudius. Römischer Staat und Christiani im 1. Jahrhundert, Hermes. E 71, Stuttgart 1996.

P.J.J. BOTHA, Houses in the World of Jesus, Neotest. 32, 1998, 37–74.

G.J. BOTTERWECK, Hirt und Herde im Alten Testament und im Alten Orient, in: Die Kirche und ihre Ämter und Stände, FS J. Frings, hg. v. W. Corsten u.a., Köln 1960, 339–352.

P.FR. BRADSHAW, Art. Gottesdienst IV. Alte Kirche, TRE 14, 1985, 39–42.

H. BRANDENBURG, Die frühchristlichen Kirchen Roms vom 4. bis zum 7. Jahrhundert. Der Beginn der abendländischen Kirchenbaukunst, Regensburg ²2005.

– , Art. Kirchenbau I. Der frühchristliche Kirchenbau, TRE 18, 1989, 421–442.

– , Überlegungen zum Ursprung der frühchristlichen Kunst, in: Atti del IX Congresso Internazionale di Archeologia Cristiana Roma 21–27 Settembre 1975 Bd. 1, SAC 32, Rom 1978, 331–360.

V.P. BRANICK, The House Church in the Writings of Paul, Zacchaeus Studies: New Testament, Wilmington 1989.

J.N. BREMMER, Paradise: From Persia, Via Greece, into the Septuagint, in: Paradise Interpreted. Representations of Biblical Paradise in Judaism and Christianity, hg. v. G.P. Luttikhuizen, Themes in Biblical Narrative. Jewish and Christian Traditions 2, Leiden u.a. 1999, 1–20.

B. BRENK, Die Christianisierung der spätrömischen Welt. Stadt, Land, Haus, Kirche und Kloster in frühchristlicher Zeit, Spätantike – Frühes Christentum – Byzanz. Kunst im ersten Jahrtausend R. B: Studien und Perspektiven 10, Wiesbaden 2003.

C. BREYTENBACH, Das Markusevangelium als episodische Erzählung. Mit Überlegungen zum ›Aufbau‹ des zweiten Evangeliums, in: Der Erzähler des Evangeliums. Methodische Neuansätze in der Markusforschung, hg. v. F. Hahn, SBS 118/119, Stuttgart 1985, 137–169.

S.P. BROCK, Studies in the Early History of the Syrian Orthodox Baptismal Liturgy, JThS.NS 23, 1972, 16–64.

– , The Transition to a Post-Baptismal Anointing in the Antiochene Rite, in: B.D. Spinks (Hg.), The Sacrifice of Praise. Studies on the Themes of Thanksgiving and Redemption in the Central Prayers of Eucharistic and Baptismal Liturgies, FS A.H. Couratin, EL Bibliotheca. Subsidia 19, Rom 1981, 215–225.

I. BROER, Die Urgemeinde und das Grab Jesu. Eine Analyse der Grablegungsgeschichten im Neuen Testament, StANT 31, München 1972.

V. BUCHHEIT, Tertullian und die Anfänge der christlichen Kunst, RömQS 69, 1974, 133–142.

Fr. Büttner/A. Gottdang, Einführung in die Ikonographie. Wege zur Deutung von Bildinhalten, München 2006.

F.C. Burkitt, The Dura Fragment of Tatian, JThS 36, 1935, 255–259.

– , Tatian's Diatessaron and the Dutch Harmonies, JThS 25, 1924, 113–130.

Th.A. Busink, Der Tempel von Jerusalem von Salomo bis Herodes. Eine archäologisch-historische Studie unter Berücksichtigung des westsemitischen Tempelbaus 2. Bd., SFSMD 3, Leiden 1980.

K. Butcher, Roman Syria and the Near East, London 2003.

H. von Campenhausen, Die Bilderfrage als theologisches Problem der alten Kirche, in: Das Gottesbild im Abendland, Glaube und Forschung 15, Witten/Berlin [2]1959, 77–108.

– , Die Entstehung der christlichen Bibel, BHTh 39, Tübingen 1968.

E. Carbonell Esteller, Frühes Christentum. Kunst und Architektur, Petersberg 2008.

D.R. Cartlidge, Which Path at the Crossroads? Early Christian Art as a Hermeneutical and Theological Challenge, in: Common Life in the Early Church, FS G.F. Snyder, hg. v. J.V. Hills, Harrisburg 1998, 357–372.

– /J.K. Elliott, Art and the Christian Apocrypha, London/New York 2001.

L. Casson, Ships and Seafaring in Ancient Times, London 1994.

M.-L. Chaumont, Études d'histoire parthe V. La route royale des Parthes de Zeugma à Séleucie du Tigre d'après l'itinéraire d'Isidore de Charax, Syria 61, 1984, 63–107.

Ph.W. Comfort/D.P. Barrett, The Complete Text of the Earliest New Testament Manuscripts, Grand Rapids 1999.

H.M. Cotton u.a., The Papyrologie of the Roman Near East. A Survey, JRS 85, 1995, 214–235.

E. Crisci, Scritture greche Palestinesi e Mesopotamiche (III. secolo A.C.–III. D.C.), Scrittura e Civiltà 15, 1991, 125–183.

J.D. Crossan, Wer tötete Jesus? Die Ursprünge des christlichen Antisemitismus in den Evangelien, München 1999.

O. Cullmann, Die Pluralität der Evangelien als theologisches Problem im Altertum. Eine dogmengeschichtliche Studie, in: Oscar Cullmann. Vorträge und Aufsätze 1925–1962, hg. v. K. Fröhlich, Tübingen/Zürich 1966, 548–565.

Fr. Cumont, The Dura Mithraeum, in: Mithraic Studies. Proceedings of the First International Congress of Mithraic Studies Bd. 1, hg. v. J.R. Hinnells, Manchester 1975, 151–214.

E. Dabrowa, The Governors of Roman Syria from Augustus to Septimius Severus, Ant. 1,45, Bonn 1998.

P.L. Danove, The End of Mark's Story. A Methodological Study, IntS 3, Leiden u.a. 1993.

E. Dassmann, Art. Haus II (Hausgemeinschaft), C. Christlich, RAC 13, 1986, Sp. 854–905.

– , Hausgemeinde und Bischofsamt, in: Vivarium, FS Th. Klauser, JAC.E 11, Münster 1984, 82–97.

– , Sündenvergebung durch Taufe, Buße und Martyrerfürbitte in den Zeugnissen frühchristlicher Frömmigkeit und Kunst, MBTh 36, Münster 1973.

Fr.W. Deichmann, Einführung in die christliche Archäologie, Darmstadt 1983.

– , Repertorium der christlich-antiken Sarkophage (Text- und Tafelband), Wiesbaden 1967.

– , Vom Tempel zur Kirche, in: Mullus, FS Th. Klauser, JbAC.E 1, Münster 1964, 52–59.

E. Dinkler, Art. Altchristliche Kunst, RGG[3] 1, 1957, Sp. 276–280.

– , Die ersten Petrusdarstellungen. Ein archäologischer Beitrag zur Geschichte des Petrusprimates, Marburger Jahrbuch für Kunstwissenschaft 11, 1939, 1–80.

– , Art. Dura-Europos III. Bedeutung für die christliche Kunst, RGG[3] 2, 1958, Sp. 290–292.

– , Jesu Wort vom Kreuztragen, in: Neutestamentliche Studien für Rudolf Bultmann, BZNW 21, Berlin [2]1957, 110–129.

Fr.J. Dölger, Sol Salutis. Gebet und Gesang im christlichen Altertum mit besonderer Rücksicht auf die Ostung in Gebet und Liturgie, LF 4/5, Münster [2]1925.

Chr. Dohmen, Das Bilderverbot. Seine Entstehung und seine Entwicklung im Alten Testament, BBB 62, Königstein/Bonn 1985.

D. Dormeyer, Evangelium als literarische und theologische Gattung, EdF 263, Darmstadt 1989.

– /H. FRANKEMÖLLE, Evangelium als literarische Gattung und als theologischer Begriff. Tendenzen und Aufgaben der Evangelienforschung im 20. Jahrhundert, mit einer Untersuchung des Markusevangeliums in seinem Verhältnis zur antiken Biographie, in: ANRW II 25.2, 1984, 1543–1704.

R. DREXHAGE, Untersuchungen zum römischen Osthandel, Bonn 1988.

H.J.W. DRIJVERS, Hatra, Palmyra und Edessa. Die Städte der syrisch-mesopotamischen Wüste in politischer, kulturgeschichtlicher und religionsgeschichtlicher Beleuchtung, in: ANRW II 8, 1977, 799–906.

–, Art. Salomo III. Sapientia Salomonis, Psalmen Salomos und Oden Salomos, TRE 29, 1998, 730–732.

A. EFFENBERGER, Frühchristliche Kunst und Kultur. Von den Anfängen bis zum 7. Jahrhundert, München 1986.

O. EISSFELDT, Art. Dura-Europos, RAC 4, 1959, Sp. 358–370.

W. ELLIGER, Die Stellung der alten Christen zu den Bildern in den ersten vier Jahrhunderten (Nach den Angaben der zeitgenössischen kirchlichen Schriftsteller), Studien über christliche Denkmäler NF 20, Leipzig 1930, 1–98.

J.K. ELLIOTT, The Language and Style of the Concluding Doxology to the Epistel to the Romans, ZNW 72, 1981, 124–130.

M. ELZE, Tatian und seine Theologie, FKD 9, Göttingen 1960.

J. ENGEMANN, Deutung und Bedeutung frühchristlicher Bildwerke, Darmstadt 1997.

– , Art. Hirt, RAC 15, 1991, Sp. 577–607.

A. ENNULAT, Die »Minor agreements«. Untersuchungen zu einer offenen Frage des synoptischen Problems, WUNT 2 R. Bd. 62, Tübingen 1994.

E. FASCHER, Art. Tatianus 9)Tatian der Syrer, in: PRE 2/4, 1932, Sp. 2468–2471.

G.D. FEE, Modern Text Criticism and the Synoptic Problem, in: B. Orchard/Th.R.W. Longstaff (Hg.), J.J. Griesbach: Synoptic and text-critical studies 1776–1976, MSSNTS 34, Cambridge 1978, 154–169.

A. FELBER, Syrisches Christentum und Theologie vom 3.–7. Jahrhundert, in: P.W. Haider u.a., Religionsgeschichte Syriens. Von der Frühzeit bis zur Gegenwart, Stuttgart u.a. 1996, 288–299.

M. FIEDROWICZ, Apologie im frühen Christentum. Die Kontroverse um den christlichen Wahrheitsanspruch in den ersten Jahrhunderten, Paderborn u.a. ³2000.

G. FILORAMO, Art. Paradise, Encyclopedia of the Early Church 2, 1992, 649f.

F.V. FILSON, The Significance of the Early House Churches, JBL 58, 1939, 105–112.

P.C. FINNEY, The Invisible God. The Earliest Christians on Art, New York/Oxford 1994.

KL. FITSCHEN, Was die Menschen damals »wirklich« glaubten. Christusbilder und antike Volksfrömmigkeit, ZThK 98, 2001, 59–80.

H. FRANKEMÖLLE, Evangelium – Begriff und Gattung. Ein Forschungsbericht, SBB 15, Stuttgart 1988.

CHR. FREIGANG, Art. Kirchenbau II. Im Westen 1. Alte Kirche, RGG⁴ 4, 2001, Sp. 1061–1067.

A. FÜRST, Die Liturgie der Alten Kirche. Geschichte und Theologie, Münster 2008.

KL. GAMBER, Die frühchristliche Hauskirche nach Didascalia Apostolorum II,57,1–58,6, in: TU 107, 1970, 337–344.

– , Domus Ecclesiae. Die ältesten Kirchenbauten Aquileias sowie im Alpen- und Donaugebiet bis zum Beginn des 5. Jh. liturgiegeschichtlich untersucht, SPLi 2, Regensburg 1968.

H.[Y.] GAMBLE, Books and Readers in the Early Church. A History of Early Christian texts, New Haven 1995.

– , The Textual History of the Letter to the Romans. A Study in Textual and Literary Criticism, StD 42, Grand Rapids 1977.

M.-H. GATES, Dura Europos. A Fortress of Syro-Mesopotamian Art, Biblical Archaeologist 47, 1984, 166–181.

R.W. GEHRING, Hausgemeinde und Mission. Die Bedeutung antiker Häuser und Hausgemeinschaften – von Jesus bis Paulus, BWM 9, Gießen 2000.

A. VON GERKAN, Die frühchristliche Kirchenanlage von Dura, RQ.S 42, 1934, 219f.

–, Zur Hauskirche von Dura Europos, in: Mullus, FS Th. Klauser, hg. v. A. Stuiber/A. Hermann, JbAC.E 1, Münster 1964, 143–149.

W.M. GESSEL, Art. Hauskirche I. Historisch-theologisch, LThK³ 4, 1995, Sp. 1217–1218.

M. GIELEN, Art. Hausgemeinde, LThK³ 4, 1995, Sp. 1216.

–, Zur Interpretation der paulinischen Formel ἡ κατ᾽οἶκον ἐκκλεσία, ZNW 77, 1986, 109–125.

J.F. GILLIAM, The Dux Ripae at Dura, TAPA 72, 1941, 157–175.

A.M. GIUNTELLA, Art. Shepherd, The Good II. Iconography, Encyclopedia of the Early Church 2, 1992, 777–778.

J. GNILKA, Die neutestamentliche Hausgemeinde, in: Freude am Gottesdienst. Aspekte ursprünglicher Liturgie, FS J.G. Plöger, hg. v. J. Schreiner, Stuttgart 1983, 229–242.

M. GÖRG, Art. Dura, NBL 1, 1991, Sp. 452.

B. GOLDMAN, The Dura Synagogue Costumes and Parthian Art, in: J. Gutmann (Hg.), The Dura-Europos Synagogue: A Re-Evaluation (1932–1972), Missoula 1973, 53–77.

E.R. GOODENOUGH, Jewish Symbols in the Graeco-Roman Period Bd. 9, Bollingen Series 37, New York 1964.

M.D. GOULDER, Luke's Knowledge of Matthew, in: G. Strecker (Hg.), Minor Agreements. Symposium Göttingen 1991, GThA 50, Göttingen 1993, 143–160.

J.D. GRAINGER, The Cities of Seleukid Syria, Oxford 1990.

A. GRABAR, Christian Iconography. A Study of its Origins, Bollingen Series 35,10, Princeton 1968.

–, Die Kunst des frühen Christentums. Von den ersten Zeugnissen christlicher Kunst bis zur Zeit Theodosius' I., Universum der Kunst, München 1967.

R. GRANT, The Date of Tatian's Oration, HThR 46, 1953, 99–101.

–, The Heresy of Tatian, JThS.NS 5, 1954, 62–68.

B. GRIMM, Untersuchungen zur sozialen Stellung der frühen Christen in der römischen Gesellschaft, o. O. 1975.

H. GÜLZOW, Soziale Gegebenheiten der altkirchlichen Mission, in: H. Frohnes/U.W. Knorr (Hg.), Kirchengeschichte als Missionsgeschichte Bd. 1, München 1974, 189–226.

J. GUTMANN, The »Second Commandment« and the Image in Judaism, HUCA 32, 1961, 161–174.

W. HAGE, Das orientalische Christentum, Die Religionen der Menschheit 29,2, Stuttgart 2007.

P.W. HAIDER, Eine christliche Hauskirche in Dura Europos, in: Ders. u.a., Religionsgeschichte Syriens. Von der Frühzeit bis zur Gegenwart, Stuttgart u.a. 1996, 284–288.

–, Hellenistische und römische Neugründungen, in: Ders. u.a., Religionsgeschichte Syriens. Von der Frühzeit bis zur Gegenwart, Stuttgart u.a. 1996, 147–188.

I. HADOT, Art. Celsus, RGG⁴ 2, 1999, Sp. 86–87.

S.G. HALL, Paschal Baptism, in: StEv 6 (= TU 112, 1973), 239–251.

R. HANIG, Tatian und Justin. Ein Vergleich, VigChr 53, 1999, 31–73.

A. (VON) HARNACK, Bruchstücke des Evangeliums und der Apokalypse des Petrus, in: TU IX, 1893, 1–78.

–, Entstehung und Entwicklung der Kirchenverfassung und des Kirchenrechts in den zwei ersten Jahrhunderten nebst einer Kritik der Abhandlung R. Sohm's: »Wesen und Ursprung des Katholizismus« und Untersuchungen über »Evangelium«, »Wort Gottes« und das trinitarische Bekenntnis, Leipzig 1910.

–, Die Mission und Ausbreitung des Christentums in den ersten drei Jahrhunderten, Leipzig ⁴1924 (Nachdr. Wiesbaden o. J.).

G.F. HAWTHORNE, Tatian and his Discourse to the Greeks, HThR 57, 1964, 161–188.

TH.K. HECKEL, Vom Evangelium des Markus zum viergestaltigen Evangelium, WUNT 120, Tübingen 1999.

W. HELCK, Art. Hirt, LÄ 2, 1977, Sp. 1220–1223.

M. HENGEL, Die Evangelienüberschriften, SHAW.PH 3, Heidelberg 1984.

–, Die vier Evangelien und das eine Evangelium von Jesus Christus. Studien zu ihrer Sammlung und Entstehung, WUNT 224, Tübingen 2008.

– , Zwischen Jesus und Paulus. Die »Hellenisten«, die »Sieben« und Stephanus (Apg 6,1–5; 7,54–8,3), ZThK 72, 1975, 151–206.

N. Himmelmann, Über Hirten-Genre in der antiken Kunst, Abhandlungen der Rheinisch-Westfälischen Akademie der Wissenschaften 65, Opladen 1980.

N. Himmelmann-Wildschütz, Nemesians erste Ekloge, RhMus 115, 1972, 342–356.

B. Hirt, Das Bild des Hirten im Alten und Neuen Testament, in: Das Motiv des Guten Hirten in Theologie, Literatur und Musik, hg. v. M. Fischer/D. Rothaug, Mainzer Hymnologische Studien 5, Tübingen/Basel 2002, 15–49.

Chr. Höcker, Art. Haus, DNP 5, 1998, Sp. 198–210.

– , Art. Hippodamus aus Milet, DNP 5, 1998, Sp. 582–583.

W. Hoepfner/E.-L. Schwandner, Haus und Stadt im klassischen Griechenland, Wohnen in der klassischen Polis 1, München 1986.

Cl. Hopkins, The Discovery of Dura-Europos, hg. v. B. Goldman, New Haven/London 1979.

Fr.W. Horn, Stephanas und sein Haus – die erste christliche Hausgemeinde in der Achaia. Ihre Stellung in der Kommunikation zwischen Paulus und der korinthischen Gemeinde, in: Paulus und die antike Welt. Beiträge zur zeit- und religionsgeschichtlichen Erforschung des paulinischen Christentums, FS D.-A. Koch, hg. v. D.C. Bienert u.a., FRLANT 222, Göttingen 2008, 82–98.

Cl.-H. Hunzinger, Art. Bann II. Frühjudentum und Neues Testament, TRE 5, 1980, 161–167.

R. Hurschmann, Art. Chiton, DNP 2, 1997, Sp. 1131–1132.

– , Art. Pallium, DNP 9, 2000, Sp. 201.

F.G. Hüttenmeister, Die Synagoge. Ihre Entwicklung von einer multifunktionalen Einrichtung zum reinen Kultbau, in: Gemeinde ohne Tempel. Zur Substituierung und Transformation des Jerusalemer Tempels und seines Kults im Alten Testament, antiken Judentum und frühen Christentum, hg. v. B. Ego u.a., WUNT 118, Tübingen 1999, 357–370.

N. Hyldahl, Philosophie und Christentum. Eine Interpretation der Einleitung zum Dialog Justins, AThD 9, Kopenhagen 1966.

T. Ilan, Jewish Women in Greco-Roman Palestine. An Inquiry into Image and Status, TSAJ 44, Tübingen 1995.

H.-J. Jascke, Art. Irenäus von Lyon, TRE 16, 1987, 258–268.

R.M. Jensen, Face to Face. Portraits of the Divine in Early Christianity, Minneapolis 2005.

– , The Dura Europos Synagogue, Early Christian Art, and Religious Life in Dura Europos, in: St. Fine (Hg.), Jews, Christians, and Polytheists in the Ancient Synagogue. Cultural Interaction During the Greco-Roman Period, Baltimore Studies in the History of Judaism, London/New York 1999, 174–189.

J. Jeremias, Art. ποιμήν κτλ., ThWNT 6, 1959, 484–501.

G. Jeremias-Büttner, Rezension zu Josef Engemann, Deutung und Bedeutung frühchristlicher Bildwerke, in: JBTH 13, 1998, 293–299.

H. Kähler, Die frühe Kirche. Kult und Kultraum, Berlin 1972.

E. Käsemann, Gottesdienst im Alltag der Welt, in: Ders., Exegetische Versuche und Besinnungen Bd. 2, Göttingen 1964, 198–204.

Ch. Kannengiesser, Art. Adam and Eve I. Patristic Exegesis, Encyclopedia of the Early Church 1, 1992, 9.

K. Kessler, Art. Euphrat, DNP 4, 1998, Sp. 269–272.

I.R. Kitzberger, Art. Maria Magdalena I. Neues Testament, RGG⁴ 5, 2002, Sp. 800–801.

H.-J. Klauck, Art. Hausgemeinde, NBL 2, 1995, Sp. 57–58.

– , Hausgemeinde und Hauskirche im frühen Christentum, SBS 103, Stuttgart 1981.

– , Die Hausgemeinde als Lebensform im Urchristentum, MThZ 32, 1981, 1–15.

Th. Klauser, Art. Ciborium, RAC 3, 1957, Sp. 68–86.

– , Der Beitrag der orientalischen Religionen, insbesondere des Christentums, zur spätantiken und frühmittelalterlichen Kunst, in: Ders., Gesammelte Arbeiten zur Liturgiegeschichte, Kirchengeschichte und christlichen Archäologie, hg. v. E. Dassmann, JbAC.E 3, Münster 1974, 347–392.

– , Die Äußerungen der Alten Kirche zur Kunst. Revision der Zeugnisse, Folgerungen für die archäologische Forschung, in: Ders., Gesammelte Arbeiten zur Liturgiegeschichte, Kirchengeschichte und christlichen Archäologie, hg. v. E. Dassmann, JbAC.E 3, Münster 1974, 328–337.

– , Erwägungen zur Entstehung der altchristlichen Kunst, in: Ders., Gesammelte Arbeiten zur Liturgiegeschichte, Kirchengeschichte und christlichen Archäologie, hg. v. E. Dassmann, JbAC.E 3, Münster 1974, 338–346.

– , Taufet in lebendigem Wasser! Zum religions- und kulturgeschichtlichem Verständnis von Did 7,1/3, in: Ders., Gesammelte Arbeiten zur Liturgiegeschichte, Kirchengeschichte und christlichen Archäologie, hg. v. E. Dassmann, JbAC.E 3, Münster 1974, 177–183.

– , Studien zur Entstehungsgeschichte der christlichen Kunst I, JbAC 1, 1958, 20–51.

H. KLENGEL, Syrien zwischen Alexander und Mohammed, Denkmale aus Antike und frühem Christentum, Berlin 1985.

M. KLINGHARDT, »... auf daß du den Feiertag heiligest«. Sabbat und Sonntag im antiken Judentum und frühem Christentum, in: Das Fest und das Heilige. Religiöse Kontrapunkte zur Alltagswelt hg. von J. Assmann, Studien zum Verstehen fremder Religionen 1, Gütersloh 1991, 206–233.

W.-D. KÖHLER, Die Rezeption des Matthäusevangeliums in der Zeit vor Irenäus, WUNT 2/24, Tübingen 1987.

U. KÖPF, Art. Passionsfrömmigkeit, TRE 27, 1997, 722–764.

H. KÖSTER, Überlieferung und Geschichte der frühchristlichen Evangelienliteratur, in: ANRW II 25.2, 1984, 1463–1542.

J. KOLLWITZ, Art. Bild III. (christlich), RAC 2, 1954, Sp. 318–341.

– , Art. Christusbild, RAC 3, 1957, Sp. 1–24.

C. KONIKOFF, The Second Commandment and its Interpretation in the Art of Ancient Israel, Genf 1973.

W. KRAUS, Zwischen Jerusalem und Antiochia. Die ›Hellenisten‹, Paulus und die Aufnahme der Heiden in das endzeitliche Gottesvolk, SBS 179, Stuttgart 1999.

R. KRAUTHEIMER, Early Christian and Byzantine Architecture, The Pelican History of Art 24, Baltimore 1965.

W. KROLL, Nachtrag Art. Dura, in: RE.S 5, 1931, Sp. 183–186.

S. KRÜGER, Zum Verständnis der Oeconomica Konrads von Meyenberg. Griechische Ursprünge der spätmittelalterlichen Lehre vom Haus, DA 20, 1964, 475–561.

K.G. KUHN/H. STEGEMANN, Art. Proselyten, PRE.S 9, 1962, Sp. 1248–1283.

M. KÜCHLER, Jerusalem. Ein Handbuch und Studienreiseführer zur Heiligen Stadt, Orte und Landschaften der Bibel IV,2, Göttingen 2007.

G.B. LADNER, Handbuch der frühchristlichen Symbolik. Gott Kosmos Mensch, Wiesbaden 2000.

P. LAMPE, Das korinthische Herrenmahl im Schnittpunkt hellenistisch-römischer Mahlpraxis und paulinischer Theologia Crucis (1 Kor 11,17–34), ZNW 82, 1991, 183–213.

– Die stadtrömischen Christen in den ersten beiden Jahrhunderten, Untersuchungen zur Sozialgeschichte, WUNT 2/18, Tübingen ²1989.

– , The Roman Christians of Roman 16, in: K.P. Donfried (Hg.), The Romans Debate, Massachusetts 1991, 216–230.

F. LANDSBERGER, The Sacred Direction in Synagogue and Church, in: The Synagogue, Studies in Origins, Archaeology and Architecture, hg. v. J. Gutmann, The Library of Biblical Studies, New York 1975, 239–261.

B. LANG, Art. Diatessaron, NBL 1, 1991, Sp. 423.

K. LEHMEIER, OIKOS und OIKONOMIA. Antike Konzepte der Haushaltsführung und der Bau der Gemeinde bei Paulus, MThSt 92, Marburg 2006.

P. LERICHE/A. al-MAHMOUD, Bilance des Campagnes 1991–1993 de la mission francosyrienne à Doura-Europos, in: P. Leriche/M. Gelin, Études IV. 1991–1993, Beyrouth 1997, 1–20.

A. LEY, Art. Hermes, DNP 5, 1998, Sp. 426–432.

H. LIETZMANN, Die liturgischen Angaben des Plinius, in: Geschichtliche Studien für A. Hauck zum 70. Geburtstage, Leipzig 1916, 34–38.

– , Rezension von: M. Rostovtzeff u.a. (Hg.), The Excavations at Dura-Europos Conducted by Yale University and the French Academy of Inscriptions and Letters. Preliminary Report of Fifth Season of Work October 1931–March 1932; Preliminary Report of the Sixth Season of Work 1932–March 1933, New Haven 1934 + 1936, Gnomon 13, 1937, 225–237.

– , Dura-Europos und seine Malereien, ThLZ 65, 1940, 113–117.

CHR. LINK, Art. Konstantinisches Zeitalter, RGG⁴ 4, 2001, Sp. 1620.

E. LINNEMANN, Der (wiedergefundene) Markusschluß, ZThK 66, 1969, 255–287.

A.H.B. LOGAN, Post-Baptismal Chrismation in Syria. The Evidence of Ignatius, the Didache and the Apostolic Constitutions, JThS.NS 49, 1998, 92–108.

TH. LORENZEN, Die christliche Hauskirche, ThZ 43, 1987, 333–352.

D. MACDONALD, Dating the fall of dura-europos, Historia 35, 1986, 45–68.

J. MAIER, Art. Bilder III. Judentum, TRE 6, 1980, 521–525.

CHR. MARKSCHIES, Art. Gnosis/Gnostizismus II. Christentum 2. Kirchengeschichtlich, RGG⁴ 3, 2000, Sp. 1049–1053.

P. MASER, Art. Ostern/Osterfest/Osterpredigt III. Ikonographie, TRE 25, 1995, 533–537.

– , Synagoge und Ekklesia. Erwägungen zur Frühgeschichte des Kirchenbaus, in: Begegnungen zwischen Christentum und Judentum in Antike und Mittelalter, FS H. Schreckenberg, hg. v. D.-A. Koch/H. Lichtenberger, Schriften des Institutum Judaicum Delitzschianum 1, Göttingen 1993, 271–292.

É. MASSAUX, The Influence of the Gospel of Saint Matthew on Christian Literature before Saint Irenaeus 3 Bd., New Gospel studies 5,1–3, Macon 1990–1993.

S. MATHESON, Dura-Europos on the Euphrates, New Haven 1982.

G. MAIER (Hg.), Lexikon zur Bibel, hg. v. Fr. Rienecker, neu bearb., Wuppertal 2004.

W.A. MEEKS, Urchristentum und Stadtkultur. Die soziale Welt der paulinischen Gemeinden, Gütersloh 1993.

U. MELL, Die »anderen« Winzer. Eine exegetische Studie zur Vollmacht Jesu Christi nach Markus 11,27–12,34, WUNT 77, Tübingen 1994.

– , Gehört das Vater-Unser zur authentischen Jesus-Tradition? (Mt 6,9–13; Lk 11,2–4), BThZ 11, 1994, 148–180 (wieder abgedruckt in: Ders., Biblische Anschläge. Ausgewählte Aufsätze, ABG 30, Leipzig 2009, 97–135).

– , Die Entstehung der christlichen Zeit, ThZ 59, 2003, 205–221.

– , Neue Schöpfung. Eine traditionsgeschichtliche und exegetische Studie zu einem soteriologischen Grundsatz paulinischer Theologie, BZNW 56, Berlin/New York 1989.

A. MERK, Ein griechisches Bruchstück des Diatessaron Tatians, Bib 17, 1936, 234–241.

H. MERKEL, Die Pluralität der Evangelien als theologisches und exegetisches Problem in der Alten Kirche, TC 3, Bern u.a. 1978.

– , Die Widersprüche zwischen den Evangelien. Ihre polemische und apologetische Behandlung in der Alten Kirche bis zu Augustin, WUNT 13, Tübingen 1971.

G. MESSINA, Diatessaron Persiano 2 Tle., BibOr 14, Rom 1951.

B.M. METZGER, Der Text des Neuen Testaments, Stuttgart u.a. 1966.

R. MEYER, Die Figurendarstellung in der Kunst des späthellenistischen Judentums, Jud 5, 1949, 1–40.

H. MIELSCH, Zur stadtrömischen Malerei des 4. Jh. n.Chr., RM 85, 1978, 158–164.

F. MILLAR, Die griechischen Provinzen, in: Ders. (Hg.), Fischer Weltgeschichte Bd. 8, Frankfurt a.M. 1966 (Nachdr. Bd. 4, 2003), 199–223.

– , The Roman Near East, 31 BC–AD 337, Cambridge/London 1993.

– , Dura-Europos under Parthian Rule, in: J. Wiesehöfer (Hg.), Das Partherreich und seine Zeugnisse, Historia-Einzelschriften H. 122, Stuttgart 1998, 473–492.

A. MOMIGLIANO, Hochkulturen im Hellenismus. Die Begegnung der Griechen mit Kelten, Juden, Römern und Persern, Beck'sche schwarze Reihe 190, München 1979.

C.D.G. MÜLLER, Epistula Apostolorum. Einleitung, in: NTApo⁵ I, 1987, 205–207.

CH. MURRAY, Art and the Early Church, JThSt N.S. 28, 1977, 303–345.

T. NAGEL, Die Rezeption des Johannesevangeliums im 2. Jahrhundert, ABG 2, Leipzig 2000.

B. Neunheuser, Art. Oil, Encyclopedia of the Early Church 2, 1992, 611.

U. Neymeyr, Die christlichen Lehrer im Zweiten Jahrhundert. Ihre Lehrtätigkeit, ihr Selbstverständnis und ihre Geschichte, VigChr.S 4, Leiden u.a. 1989.

F. Nicolai u.a., Roms christliche Katakomben. Geschichte – Bilderwelt – Inschriften, Darmstadt ²2000.

St.A. Nitsche, König David. Sein Leben – seine Zeit – seine Welt, Gütersloh 2002.

G. Nitz, Art. Hirt, Guter Hirt IV. Ikonographie, LThK 5, 1996, Sp. 158.

R. Oberforcher, Das Bild von Hirt und Herde im »Morgenland«, in: H.M. Stenger (Hg.), Im Zeichen des Hirten und des Lammes. Mitgift und Gift biblischer Bilder, Innsbruck 2000, 33–77.

C. Osiek, Women in House Churches, in: Common Life in the Early Church, FS G.F. Snyder, hg. v. J.V. Hills, Harrisburg 1998, 300–315.

– , Art. Haus III. Hausgemeinde (im Urchristentum), RGG⁴ 3, 2000, Sp. 1477–1478.

– /D.L. Balch, Families in the New Testament World. Households and House Churches, The Family, Religion, and Culture, Louisville 1997.

K.-H. Ostmeyer, Taufe und Typos. Elemente und Theologie der Tauftypologien 1. Korinther 10 und 1. Petrus 3, WUNT 2/118, Tübingen 2000.

E. Panofsky, Ikonographie und Ikonologie, in: E. Kaemmerling (Hg.), Ikonographie und Ikonologie. Theorien – Entwicklung – Probleme. Bildende Kunst als Zeichensystem Bd. I, Köln ⁶1994, 207–225.

– , Sinn und Deutung in der bildenden Kunst, Köln 1975.

– , Zum Problem der Beschreibung und Inhaltsbedeutung von Werken der bildenden Kunst, in: E. Kaemmerling (Hg.), Ikonographie und Ikonologie. Theorien – Entwicklung – Probleme. Bildende Kunst als Zeichensystem Bd. I, Köln ⁶1994, 185–206.

D.C. Parker u.a., The Dura-Europos Gospel Harmony, in: Studies in the Early Text of the Gospels and Acts, hg. v. D.G.K. Taylor, TaS Ser. 3, Bd. 1, Birmingham 1999, 192–228.

I. Peña, The Christian Art of Byzantine Syria, Madrid 1997.

O. Perler, Die Mosaiken der Juliergruft im Vatikan. Rektoratsrede zur feierlichen Eröffnung des Studienjahres am 15. November 1952, Freiburger Universitätsreden N.F. 16, Freiburg (CH) 1953.

A. Perkins, The Art of Dura Europos, Oxford 1973.

M. Perraymond, Art. Pious Women: iconography, Encyclopedia of the Early Church 2, 1992, 689.

C. Peters, Das Diatessaron Tatians. Seine Überlieferung und sein Nachwirken im Morgen- und Abendland sowie der heutige Stand seiner Erforschung, OCA 123, Rom 1939.

S. Petersen, Die Evangelienüberschriften und die Entstehung des neutestamentlichen Kanons, ZNW 97, 2006, 250–274.

W.L. Petersen, Art. Evangelienharmonie, RGG⁴ 2, 1999, Sp. 1692–1693.

– , The Diatessaron and Ephrem Syrus as Sources of Romanos the Melodist, CSCO 475, Löwen 1985.

– , Art. Tatian, TRE 32, 2001, 655–659.

– , Tatian's Diatessaron. Its Creation, Dissemination, Significance, and History in Scholarship, SVigChr 25, Leiden u.a. 1994.

– , Textual Evidence of Tatian's Dependence upon Justin's ΑΠΟΜΝΗΜΟΝΕΥΜΑΤΑ, NTS 36, 1990, 512–534.

E. Peterson, Εἰς Θεος. Epigraphische, formgeschichtliche und religionsgeschichtliche Untersuchungen, Göttingen 1926.

J. Pfammatter, Die Kirche als Bau. Eine exegetisch-theologische Studie zur Ekklesiologie der Paulusbriefe, AnGr 110, Rom 1960.

D. Plooij, A Fragment of Tatian's Diatessaron in Greek, ET 46, 1934/5, 471–476.

H.-H. Pompe, Der erste Atem der Kirche. Urchristliche Hausgemeinden – Herausforderung für die Zukunft, Neukirchen-Vluyn 1996.

W. Pratscher, Das Christentum in Syrien in den ersten zwei Jahrhunderten, in: P.W. Haider, Religionsgeschichte Syriens. Von der Frühzeit bis zur Gegenwart, Stuttgart u.a. 1996, 273–284.

E. Preuschen, Antilegomena, Gießen [2]1905.

P. Prigent, Le Judaïsme et l'image, TSAJ 24, Tübingen 1990.

J. Quasten, Das Bild des Guten Hirten in den altchristlichen Baptisterien und in den Taufliturgien des Ostens und Westens. Das Siegel der Gottesherde, in: Th. Klauser/A. Rücker (Hg.), Pisciculi. Studien zur Religion und Kultur des Altertums, FS Fr.J. Dölger, Münster 1939, 220–244.

– , Der Gute Hirte in hellenistischer und frühchristlicher Logostheologie, in: Heilige Überlieferung. Ausschnitte aus der Geschichte des Mönchtums und des heiligen Kultes, FS I. Herwegen, hg. v. O. Casel, Münster 1938, 51–58.

R. Reck, Kommunikation und Gemeindeaufbau. Eine Studie zu Entstehung, Leben und Wachstum paulinischer Gemeinden in den Kommunikationsstrukturen der Antike, SBB 22, Stuttgart 1991.

V. Reichmann, Art. Bibelübersetzungen I. Die alten Übersetzungen des Alten und Neuen Testaments, TRE 6, 1980, 172–176.

T. Reiprich, Das Mariageheimnis. Maria von Nazareth und die Bedeutung familiärer Beziehungen im Markusevangelium, FRLANT 223, Göttingen 2008.

E. Rehm, Art. Syrien, in: Antike Stätten am Mittelmeer, Metzler Lexikon, Stuttgart 1999, 646–668.

M. Restle, Art. Maltechnik, RLBK 5, 1995, Sp. 1237–1274.

J. Reumann, One Lord, One Faith, One God, but many House Churches, in: Common Life in the Early Church, FS G.F. Snyder, hg. v. J.V. Hills, Harrisburg 1998, 106–117.

W. Richter, Art. Tatianos, DNP 12/1, 2002, Sp. 42–43.

S. Ristow, Frühchristliche Baptisterien, JbAC E 27, Münster 1998, 27–52.

J. Roloff, Die Kirche im Neuen Testament, GNT 10, Göttingen 1993.

W. Rordorf, Der Sonntag. Geschichte des Ruhe- und Gottesdiensttages im ältesten Christentum, AthANT 43, Zürich 1962.

– , Was wissen wir über die christlichen Gottesdiensträume der vorkonstantinischen Zeit?, ZNW 55, 1964, 110–128.

L. Rost, Archäologische Bemerkungen zu einer Stelle des Jakobusbriefes [Jak. 2,2f.], PJ 29, 1933, 53–66.

M.(I.) Rostovtzeff, Caravan Cities. Petra. Jerash. Palmyra. Dura, Oxford 1932.

– , Das Mithraeum von Dura, Römische Mitteilungen 49, 1934, 180–207.

– , Dura and the Problem of Parthian Art, YCS 5, 1935, 157–304.

– , Gesellschafts- und Wirtschaftsgeschichte der hellenistischen Welt 3 Bd., Darmstadt 1956 (Nachdr. 1998).

– , Kaiser Trajan und Dura, Klio 31, 1938, 285–292.

L.V. Rutgers, Art. Dura-Europos III. Christliche Gemeinde, RGG[4] 2, 1999, Sp. 1026–1028.

G. Santagata, Art. David II. Iconography, Encyclopedia of the Early Church 1, 1992, 221.

E. Sauser, Frühchristliche Kunst. Sinnbild und Glaubensaussage, Innsbruck u.a. 1966.

K. Savvidis, Art. Diatessaron, DNP 3, 1999, Sp. 526–527.

K.Th. Schäfer, Art. Diatessaron, LThK[2] 3, 1959, Sp. 348–349.

W. Schetter, Nemesians Bucolica und die Anfänge der spätlateinischen Dichtung, in: Ch. Gnilka/Ders. (Hg.), Studien zur Literatur der Spätantike, Antiquitas R. 1, Abhandlungen zur Alten Geschichte 23, Bonn 1975, 1–43.

W. Schenk, Evangelium – Evangelien – Evangeliologie. Ein »hermeneutisches« Manifest, TEH 216, München 1983.

G. Schiller, Ikonographie der christlichen Kunst Bd. 3, Gütersloh [2]1986.

Kl. Schippmann, Grundzüge der Geschichte des Sasanidischen Reiches, Darmstadt 1990.

H. Schlier, Art. ἀνατέλλω κτλ., ThWNT I, 1933, 354–355.

U.B. Schmid, Unum ex quattuor. Eine Geschichte der lateinischen Tatianüberlieferung, Vetus Latina 37, Freiburg u.a. 2005.

W. Schmid, Art. Bukolik, RAC 2, 1954, Sp. 786–800.

A. Schmidt-Colinet (Hg.), Palmyra. Kulturbegegnung im Grenzbereich, Sonderbände der Antiken Welt. Zaberns Bildbände zur Archäologie, Mainz [3]2005.

A. SCHMIDTKE, Neue Fragmente und Untersuchungen zu den judenchristlichen Evangelien. Ein Beitrag zur Literatur und Geschichte der Judenchristen, in: TU 37, 1911, 1–302.

W. SCHMITHALS, Art. Evangelien, Synoptische, TRE 10, 1982, 570–626.

W. SCHNEEMELCHER, Petrusevangelium. Einleitung, in: NTApo⁵ I, 1987, 180–185.

CHR. SCHÖNBORN, Die Christus-Ikone. Eine theologische Hinführung, Schaffhausen 1984.

L. SCHOTTROFF, Art. Hirt NT, NBL 2, 1995, Sp. 168–169.

W. SCHOTTROFF, Art. Hirt. AT, NBL 2, 1995, Sp. 167–168.

W. SCHRAGE, Art. συναγωγή κτλ., ThWNT 7, 1964, 798–850.

K. SCHUBERT, Das Problem der Entstehung einer jüdischen Kunst im Lichte der literarischen Quellen des Judentums, Kairos 16, 1974, 1–13.

W.N. SCHUMACHER, Hirt und »Guter Hirt«. Studien zum Hirtenbild in der römischen Kunst vom zweiten bis zum Anfang des vierten Jahrhunderts unter besonderer Berücksichtigung der Mosaiken in den Südhalle von Aquileja, RQ.S 34, Rom u.a. 1977.

M. SCHUOL, Die Charakene. Ein mesopotamisches Königreich in hellenistisch-parthischer Zeit, Oriens et Occidens 1, Stuttgart 2000.

B. SCHWEITZER, Platon und die bildende Kunst der Griechen, Die Gestalt 25, Tübingen 1953.

G. SIEBERT, Art. Hermes, LIMC 5/1, 1990, 285–387.

O. VON SIMSON, Art. Jesus Christus XI. Das Christusbild in der Kunst, TRE 17, 1988, 76–84.

O. SKARSAUNE, Art. Justin der Märtyrer, TRE 17, 1988, 471–478.

G.F. SNYDER, Ante Pacem. Archaelogical Evidence of Church Life Before Constantine, Mercer 1985.

J.A. SOGGIN, Art. רעה, ThHWAT 2, 1984, Sp. 791–794.

M. SOMMER, Roms orientalische Steppengrenze. Palmyra – Edessa – Dura-Europos – Hatra. Eine Kulturgeschichte von Pompeius bis Diocletian, Oriens et Occidens 9, München 2005.

R. STAATS, Art. Auferstehung I/4. Alte Kirche, TRE 4, 1979, 467–477.

– , Art. Auferstehung Jesu Christi II/2. Alte Kirche, TRE 4, 1979, 513–529.

– , Die Sonntagnachtgottesdienste der christlichen Frühzeit, ZNW 66, 1975, 242–263.

– , Ogdoas als ein Symbol für die Auferstehung, VigChr 26, 1972, 29–52.

K.-H. STANZEL, Art. Bukolik II. Lateinisch, DNP 2, 1997, Sp. 833–835.

H.-P. STÄHLI, Antike Synagogenkunst, Stuttgart 1988.

R. STARK, The Rise of Christianity. A Sociologist Reconsiders History, Princeton 1996.

E.W. STEGEMANN/W. STEGEMANN, Urchristliche Sozialgeschichte. Die Anfänge im Judentum und die Christusgemeinden in der mediterranen Welt, Stuttgart u.a. 1995.

G. STEMBERGER, Biblische Darstellungen auf Mosaikfußböden spätantiker Synagogen, in: JBTh 13, 1998, 145–170.

F.J. STEPHENS, A Cuneiform Tablet from Dura Europos, RA 34, 1937, 184–190.

K. STROBEL, Das Imperium Romanum im »3. Jahrhundert«. Modell einer historischen Krise? Zur Frage mentaler Strukturen breiterer Bevölkerungsschichten in der Zeit von Marc Aurel bis zum Ausgang des 3.Jh. n.Chr., Historia Einzelschriften H. 75, Stuttgart 1993.

C. STRUBE, Hauskirche und einschiffige Kirche in Syrien. Beobachtungen zu den Kirchen vom Marmaya, Isruq, Nariye und Banaqfur, Studien zur spätantiken und byzantinischen Kunst 1, Bonn 1986, 109–123.

FR. SÜHLING, Die Taube als religiöses Symbol im christlichen Altertum, RQ.S 24, Freiburg 1930.

U. SÜSSENBACH, Christuskult und kaiserliche Baupolitik bei Konstantin. Die Anfänge der christlichen Verknüpfung kaiserlicher Repräsentation am Beispiel der Kirchenstiftungen Konstantins – Grundlagen, Abhandlungen zur Kunst-, Musik- und Literaturwissenschaft 241, Bonn 1977.

J. TEIXIDOR, Un port romain du désert. Palmyre et son commerce d'Auguste à Caracalla, Semitica 34, 1984, 7–125.

G. THEISSEN, Soziale Schichtung in der korinthischen Gemeinde. Ein Beitrag zur Soziologie des hellenistischen Urchristentums, in: Ders., Studien zur Soziologie des Urchristentums, WUNT 19, Tübingen ³1989, 231–271.

CL.-J. THORNTON, Justin und das Markusevangelium, ZNW 84, 1993, 93–110.

332 Literatur

D. Trobisch, Die Endredaktion des Neuen Testaments. Eine Untersuchung zur Entstehung der christlichen Bibel, NTOA 31, Freiburg (CH)/Göttingen 1996.

Ph. Vielhauer, Oikodome. Das Bild vom Bau in der christlichen Literatur vom Neuen Testament bis Clemens Alexandrinus, in: Ders., Oikodome. Aufsätze zum Neuen Testament Bd. 2, hg. von G. Klein, ThB 65, München 1979, 1–168.

– /G. Strecker, IV. Judenchristliche Evangelien, in: NTApo⁵ I, 1987, 114–147.

Fr. Vittinghoff, »Stadt« und Urbanisierung in der griechisch-römischen Antike, in: Ders., Civitas Romana. Stadt und politisch-soziale Integration im Imperium Romanum der Kaiserzeit, hg. v. W. Eck, Stuttgart 1994, 11–24.

L. Voelkl, Die konstantinischen Kirchenbauten nach den literarischen Quellen des Okzidents, RivAC 30, 1954, 99–136.

–, »Orientierung« im Weltbild der ersten christlichen Jahrhunderte, RivAC 25, 1949, 155–170.

A. Vööbus, Syriac and Arabic Documents regarding Legislation Relative to Syrian Asceticism, PETSE 11, Stockholm 1960.

W. Vogler, Die Bedeutung der urchristlichen Hausgemeinden für die Ausbreitung des Evangeliums, ThLZ 107, 1982, Sp. 785–794.

R. Volp, Liturgik I. Einführung und Geschichte, Gütersloh 1992.

Chr. Walde, Art. Musen, DNP 8, 2000, Sp. 511–514.

C. Watzinger, Art. Dura (Europos), in: RE.S 7, 1940, Sp. 149–169.

M. Wegner, Die Herrscherbildnisse in antoninischer Zeit, Das römische Herrscherbild II/4, Berlin 1939.

A. Weissenrieder/Fr. Wendt, Images as Communication. The Methods of Iconography, in: Picturing the New Testament. Studies in Ancient Visual Images, hg. v. A. Weissenrieder u.a., WUNT 2/193, Tübingen 2005, 3–49.

K. Weitzmann, The Frescoes of the Dura Synagogue and Christian Art T. 1, in: Ders./H.L. Kessler, The Frescoes of the Dura Synagogue and Christian Art, DOS 28, Washington 1990, 1–150.

C.Br. Welles, The Population of Dura Europos, in: P.R. Coleman-Norton (Hg.), Studies in Roman Economic and Social History, FS A.Ch. Johnson, Princeton 1951, 251–274.

Kl. Wessel, Art. Ciborium, RLBK 1, 1966, Sp. 1055–1065.

–, Art. Dura-Europos, RLBK 1, 1966, Sp. 1217–1230.

Kl.-G. Wesseling, Art. Tatian der Syrer, BBKL 11, 1996, Sp. 552–571.

A.J. Wharton, Refiguring the Postclassical City. Dura Europos, Jerash, Jerusalem and Ravenna, Cambridge 1995.

L.M. White, Building God's House in the Roman World. Architectural Adaption among Pagans, Jews, and Christians, The ASOR Library of Biblical and Near Eastern Archaeology, Baltimore/London 1990.

–, Domus Eccelsiae – Domus Dei. Adaption and Development in the Setting for Early Christian Assembly, Ann Arbor 1983 (Microfiches).

–, Art. House Churches, The Oxford Encyclopaedia of Archaeology in the Near East 3, 1997, 118–121.

–, The Christian Domus Ecclesiae and its Environment. A Collection of Texts and Monuments, HThSt 36, Minneapolis 1990.

–, The Social Origins of Christian Architecture, Texts and Monuments for the Christian Domus Ecclesiae in its Environment 2 Bd., HThS 42, Valley Forge 1997.

M. Whittaker, Tatian's Educational Background, StP 13, 1975 (= TU 116), 57–59.

E. Wirth, Syrien. Eine geographische Landeskunde, Wissenschaftliche Länderkunde 4/5, Darmstadt 1971.

M. Wichelhaus, Art. Auferstehung II. Auferstehung Jesu Christi 3. Kunstgeschichtlich, RGG⁴ 1, 1998, Sp. 926–928.

F. Wieland, Mensa und Confessio. Studien über den Altar der altchristlichen Liturgie Bd. I, VKHSM II/11, München 1906.

J. Wiesehöfer, Das antike Persien. Von 550 v.Chr. bis 650 n.Chr., Düsseldorf/Zürich ²2002.

– , Zeugnisse zur Geschichte und Kultur der Persis unter den Parthern, in: Ders. (Hg.), Das Partherreich und seine Zeugnisse. The Arsacid Empire: Sources and Documentation. Beiträge des internationalen Colloquiums, Eutin (27.–29. Juni 1996), Historia-Einzelschriften H. 122, Stuttgart 1998, 425–434.

G. WINCKLER, The Original Meaning of the Prebaptismal Anointing and its Implications, Worship 52, 1978, 24–45.

E. WIRTH, Syrien. Eine geographische Landeskunde, Darmstadt 1971.

W.F. WISSELINK, Assimilation as a Criterium for the Establishment of the Text. A Comparative Study on the Basis of Passages from Matthew, Mark and Luke, Kampen 1989.

W. WRIGHT/N. McLEAN, The Ecclesiastical History of Eusebius in Syriac, Cambridge 1898 (photom. Repr. Amsterdam 1975).

D. WÜNSCH, Art. Evangelienharmonie, TRE 10, 1982, 626–636.

E.J. YARNOLD, Art. Taufe III. Alte Kirche, TRE 32, 2001, 674–696.

W. ZAGER, Art. Salbung III. Neues Testament, TRE 29, 1998, 711–714.

TH. ZAHN, Der Exeget Ammonius und andere Ammonii, ZKG 38, 1920, 1–22.311–336.

– , Die Dormitio Sanctae Virginis und das Haus des Johannes Markus, NKZ 19, 1899, 377–429.

– , Einleitung in das Neue Testament Bd. 2, SThL 2, Leipzig ³1924.

FR. ZAMINER, Art. Musik IV. Griechenland, DNP 8, 2000, Sp. 520–533.

B. ZOUDHI, Syriens Beitrag zur Entwicklung der christlichen Kunst, in: Die Kunst der frühen Christen in Syrien. Zeichen, Bilder und Symbole vom 4. bis 7. Jahrhundert, hg. v. M. Fansa/B. Bollmann, Schriftenreihe des Landesmuseums Natur und Mensch 60, Oldenburg/Mainz 2008, 31–37.

W. ZWICKEL, Art. Rama Nr. 8, NBL 3, 2001, Sp. 277–278.

Register

1. Stellenregister (in Auswahl)

2. Personen- und Sachregister (in Auswahl)

Abbildungsnachweis

Abbildung 1: Land- und Seeverbindungen zwischen Syrien und dem Fernen Osten in der römischen Kaiserzeit (nach F. Coarelli), aus: A. Schmidt-Colinet (Hg.), Palmyra. Kulturbegegnung im Grenzbereich, Sonderbände der Antiken Welt. Zaberns Bildbände zur Archäologie, Mainz ³2005 (Verlag Philipp von Zabern, Mainz am Rhein), Abb. 101, 66.

Abbildung 2: Dura Europos. Lage der Stadt im Seleukidischen Großreich + Abbildung 4: Dura-Europos. Stadtanlage am Euphrat, aus: W. Hoepfner/ E.-L. Schwandner, Haus und Stadt im klassischen Griechenland, Wohnen in der klassischen Polis 1, München 1986 (Deutscher Kunstverlag), Abb. 200, 206 + Abb. 201, 207.

Abbildung 3: Rekonstruktion des hellenistischen Europos aus der Vogelschau (Zeichnung von H. Pearson), aus: M. Rostovtzeff, Gesellschafts- und Wirtschaftsgeschichte der hellenistischen Welt Bd. 1, Darmstadt 1962 (Wissenschaftliche Buchgesellschaft Darmstadt), Abb. 4, 377.

Abbildung 5: Vorderasien 211 n.Chr. + Abbildung 6: Vorderasien 240–260 n.Chr., aus: M. Sommer, Roms orientalische Steppengrenze. Palmyra – Edessa – Dura-Europos – Hatra. Eine Kulturgeschichte von Pompeius bis Diocletian, Oriens et Occidens 9, München 2005 (Franz Steiner Verlag), Karte 6, 71 + Karte 7, 73.

Abbildung 7: Stadtplan von Dura Europos + Abbildung 10: Bacchantischer Schmuckfries Raum 4 B + Abbildung 14: Nord-, Ost- und Südwand des Baptisteriums (Rekonstruktion) + Abbildung 16: Die Wasser schöpfende Frau (Zeichnung H. Pearson) + Abbildung 18: Wundersame Rettung aus Seenot (Zeichnung H. Pearson) + Abbildung 19: Fünf Frauengestalten, Ostwand (Zeichnung H. Pearson) + Abbildung 20: Offene Tür (Rekonstruktion) + Abbildung 21: Das Hypogäum + Abbildung 24: Sündenfall von Adam und Eva + Abbildung 35: Das Doppelbild von Sündenfall und weidendem Hirten (Zeichnung H. Pearson), aus: C.H. Kraeling, The Christian Building, with a contribution by C.Br. Welles, The Excavations at Dura-Europos conducted by Yale University and the French Academy of Inscriptions and Letters, Final Report Vol. VIII/II, New Haven/New York 1967 (Verlag J.J. Augustin Publisher, Locust Valley, New York), Frontispiz + Plates VI/I; XLVI; XL/2; XXXVII; XLII/2; XLIII/2; XLV; XXXII/3 und XXXI.

Abbildung 8: Grundriss der Hauskirche ca. 240–256 n.Chr., bearbeitet von Ulrich Mell, nach C.H. Kraeling, The Christian Building, with a contribution by C.Br. Welles, The Excavations at Dura-Europos conducted by Yale University and the French Academy of Inscriptions and Letters, Final Report Vol. VIII/II, New Haven/New York 1967 (Verlag J.J. Augustin Publisher, Locust Valley, New York), 4.

Abbildung 9: Grundriss des christlichen Hauses 232/3–ca. 240 n.Chr., aus: L.M. White, Building God's House in the Roman World. Architectural Adaption among Pagans, Jews, and Christians, The ASOR Library of Biblical and Near Eastern Archaeology, Baltimore/London 1990 (Verlag: The Johns Hopkins University Press Baltimore and London), Fig.17, 108.

Abbildungen 11 + 26: Isometrische Rekonstruktion der Hauskirche, aus: H. Kähler, Die frühe Kirche. Kult und Kultraum, Berlin 1972 (Gebr. Mann Verlag Berlin), Abb. 7, 29.

Abbildung 12: Südwand des Baptisteriums (Rekonstruktion), Ulrich Mell + Abbildung 13: Nordwand des Baptisteriums (Rekonstruktion), Ulrich Mell aus: C.H. Kraeling, The Christian Building, with a contribution by C.Br. Welles, The Excavations at Dura-Europos conducted by Yale University and the French Academy of Inscriptions and Letters, Final Report Vol. VIII/II, New Haven/New York 1967 (Verlag J.J. Augustin Publisher, Locust Valley, New York), Plate XXXIII.

Abbildungen 15 + 27: David und Goliat (Zeichnung H. Pearson) bzw. David tötet Goliat (Zeichnung H. Pearson), aus: C.H. KRAELING, The Christian Building, with a contribution by C.Br. Welles, The Excavations at Dura-Europos conducted by Yale University and the French Academy of Inscriptions and Letters, Final Report Vol. VIII/II, New Haven/New York 1967 (Verlag J.J. Augustin Publisher, Locust Valley, New York), Plate XLI/2.

Abbildungen 17 + 31: Wundersame Heilung (Zeichnung H. Pearson) bzw. Jesus Christus in der Wundergeschichtenkomposition (Heilung des Gelähmten), aus: C.H. KRAELING, The Christian Building, with a contribution by C.Br. Welles, The Excavations at Dura-Europos conducted by Yale University and the French Academy of Inscriptions and Letters, Final Report Vol. VIII/II, New Haven/New York 1967 (Verlag J.J. Augustin Publisher, Locust Valley, New York), Plate XXXV.

Abbildungen 23 + 30: Der weidende Hirte, bearbeitet von Ulrich Mell bzw. Das Ursprungsbild des weidenden Hirten, bearbeitet von Ulrich Mell, nach C.H. KRAELING, The Christian Building, with a contribution by C.Br. Welles, The Excavations at Dura-Europos conducted by Yale University and the French Academy of Inscriptions and Letters, Final Report Vol. VIII/II, New Haven/New York 1967 (Verlag J.J. Augustin Publisher, Locust Valley, New York), Plate XXXI.

Abbildung 25: Sündenfall von Adam und Eva, Kirche in Tunesien 5.–6. Jh. n.Chr., aus: O. KEEL, Gott weiblich. Eine verborgene Seite des biblischen Gottes, Freiburg ^{2}2008 (Gütersloher Verlagshaus), Abb. 21, 35.

Abbildung 28: Das griechische Dura-Fragment Nr. 0212, aus: M.-L. LAGRANGE, Deux nouveaux textes relatifs à d'Évangile, RB 44, 1935, 321-327 (Verlag: Librairie Victor Le Coffre, J. Gabalda et Cie), Planche XIV.

Abbildung 29: Das griechische Dura-Fragment Nr. 0212, aus: C.H. KRAELING (Hg.), A Greek Fragment of Tatian's Diatessaron from Dura, with Facsimile, Transcription and Introduction, StD 3 (Verlag Christophers), London 1935.

Abbildung 32: Hermes Kriophorus, aus: LIMC 5/2 (Artemis Verlag Zürich und München), Abb. 272, 223.

Abbildung 33: Sarkophag Pisa, Campo Santo, aus: N. HIMMELMANN, Über Hirten-Genre in der antiken Kunst, Abhandlungen der Rheinisch-Westfälischen Akademie der Wissenschaften 65, Opladen 1980 (Westdeutscher Verlag), Taf.56.

Abbildung 34: Boden einer Goldglasschale mit Kriophoros und Schafen, aus: F. ZANCHI ROPPO, Vetri paleocristiani. A figure d'oro conservati in Italia, Studi di Antichità Cristiani 5 (Verlag: Patròn), Bologna 1969, Abb. 31.